わが国自動車流通の
ダイナミクス

石川和男

専修大学出版局

はしがき

本書の視点

1）本書のきっかけ

「どうして違う自動車メーカーの新車は同じ店では販売していないのか。中古車だったらしているのに」という素朴な疑問が，その後の私の人生を大きく変えることになった。そして，この 20 年近くの間，ほぼこの疑問と向き合ってきた。わが国では新車はそういうふうにして販売されるのだから，不思議に思う方がおかしいのだと，既に決まり切ったものとして片付けてしまうことができなかった。したがって，この疑問を解決するために研究の道へと進んだといっても過言ではない。

自動車流通には，それに関わるさまざまな機関や最終ユーザーを巻き込んだ問題，取引慣行など他の製品も同様な問題を多く抱えているが，第二次世界大戦後，産業として急成長してきた自動車産業ならではの多くの要素が絡み合って，現在に至るわが国の自動車流通の「かたち」がつくられてきた。したがって，単純な問題であるかもしれない最初に抱いた疑問を明確に解決するためには，自動車産業を取り巻く，殊に自動車流通を取り巻く内外の事象や問題に全て当たっていかなければ，問題解決には至らないことに気づいた。まさに眺めれば眺めるほど，どこからどのように本質に接近すればよいのかと気の遠くなるような作業のようであった。そして，時にこのような作業があまりにも面倒になり，自動車流通とは距離をおいた時期もあった。また，次々と起こるマーケティング事象や流通事象に関心が奪われ，自動車流通についての考察は二の次となった時期もあった。しかし，素朴な疑問を解決せずには何事も前には進めないような気がした。

そして，自動車流通をライフワークにしようと決心ならずとも，ある程度心

に決めてからのこの 10 年は，非常にゆっくりとした歩みではあったが，少し
ずつその史的展開をたどり，さまざまな角度から見るようにしてきた。しか
し，さらに深く掘り下げなければならないことが多くあり，次々と新しいこと
も起こってくる。史的研究はもう 1 秒前のことは過去であり，史的研究の対象
となる。そのために，いつまでたっても継続し，終わることのない研究でもあ
る。しかし，ある時点から以前を振り返り，その中で起こってきたことを，こ
れまでの研究者が採ってきたアプローチだけではなく，自分なりのアプローチ
によって考察することにも意義があることと考えるようになった。

2）わが国自動車流通研究に特化する理由

　自動車という特定製品の流通だけではなく，さまざまな製品やサービスの流
通にはそれぞれの国あるいは地域に適合したかたちが当然あり，グローバルに
標準化されるものではない。その一番の理由は，現在 70 億人弱の人口が生活
するこの地球で，70 億人の状況はすべて異なるということ，そしてもう少し
大きくある程度のまとまり（国家・地域）で見たとき，ある細分と別の細分で
もあらゆる面で異なっているためである。したがって，どうしてもある特定地
域に的を絞り，深く掘り下げるという作業をまずしなければならない。そして
同様の研究の集積をした際に，はじめてより正確な比較分析が可能になるとい
うものであろう。その点でいうと，既に流通研究では小売業種・業態をはじ
め，特定製品の流通についてもグローバルな比較研究のようなものが行われて
いるが，果たしてそれらの研究の基盤は何かと疑うものが多いのも事実であ
る。その意味で，まずはわが国自動車流通を詳細に見ていくという作業を行う
ことにした。ただ，これだけの作業にしても，時間がかかり，特に歴史研究と
いう性格上，多くの文献や事象にあたり，それに関わった多くの人々から話を
聞かなければならないなど，さまざまな情報源を辿る必要がある。特に聞き取
り調査によって得られる情報は，文字で表現されている以上に，多くの真実や
まだ公にされていない事柄が多く含まれている。そのような視点から，文献に
あたり，多くの関係者から話を伺い，裏付け，異なっている点に注意してき
た。

　そして，朧気ながら，わが国の自動車流通全体が掴めそうになった頃，自動
車については「自動車生産」と比べ，あまりにも「自動車流通」の文献は貧弱

であり，研究蓄積もほとんどされていないことに気がついた。さらには自動車流通をある特定の視点からとらえてきたものが多いと感じるようになった。それは自動車流通において，（部品メーカーを含めても，含めなくても）組立メーカーであるいわゆる自動車メーカーから，卸売業者（販売会社），小売業者（ディーラー）という自動車流通への参加者は，これまで常に「流通系列化」という言葉のもとに，メーカーの支配下に置かれていることを前提にしていたということである。つまり支配するメーカーの視点からの自動車流通研究，支配される側の流通業者（特に小売業者であるディーラーと呼ばれる存在）の視点からの自動車流通研究が主流であった。

3）これまでの自動車流通研究のアプローチとは異なる点

　なぜ取引によって，相互により多くの利益を得ようとする，つまり目的が同一である参加者同士が対立しなければならないのか。そして，対立している期間を過ぎると，今度はさまざまなパワーを持った者（自動車流通の場合は自動車メーカー）が，他の参加者を管理しようとする動きが顕著になるのか。それが流通系列化とされ，わが国では家電製品，化粧品，医薬品などで見られた流通系列化と同じ次元で，それぞれの製品流通を考察しようとする向きもある。また，ここではさまざまな軋轢（コンフリクト）が生まれるが，流通においてパワーのある者が，ほぼそのパワーで圧倒してきたという研究が多くあり，現在に至っても，その視点から記述された研究が数多くある。このような研究アプローチが主流であったのは，20世紀が政治的・イデオロギー的な対立があったことがかなり関係しているかもしれない。関係するもの同士をすべて「対立」という眼鏡を通してみようとする見方が，自動車の流通だけではなく，他製品の流通にも当てはめられたのかもしれない。

　素直に考えて，単発の取引ではなく，継続した取引を売手・買手がそれぞれ考慮するならば，このようなパワーのみで圧倒するような取引は，長続きしないと考えるのが当然であろう。しかし，これまでの自動車流通に関しては，パワーで圧倒してきた流通が前提とされてきた。まさに自動車流通においては，「対立的・短期的」取引が主流であるとも言いたげである。これは自動車流通においてだけではなく，流通系列化をしてきたとされるわが国の業界では共通しているものとなっているだろう。

iv

　したがって，本書ではこれまでわが国の自動車流通において主流であったアプローチに依拠して，自動車流通を観察しないということをまず念頭に置いてきた。ただ，これまでの文献や資料が，「対立的・短期的」視座に立ち，記述されてきたものが主流であったことから，それらを利用するにあたっては，当然その視座の影響を受けていることは否定できない。つまり，対立的・短期的視座で記述されてきた文献を完全に否定することもできないということである。

　そこで，文献や資料において取り上げられてきた事象を新たな視点で，とらえ直すということが必要になってこよう。また，歴史というのは，その時々において，それを観察する者の視点により，大きく解釈が変わるのは当然である。そのため，取り上げる事象は同じでも，本書はこれまでの自動車流通研究とは少し異なった解釈をしている面もあろう。その視座となるのは，自動車流通を「協調的・長期継続的」に見ていこうとするものである。

本書によって明らかにしたいこと

　本論文によって明らかにしたいことは，主に以下の４つである。

1）「なぜわが国の自動車流通においては排他的（専売）マーケティング・チャネルが採用されたのか」

　わが国の自動車流通の特徴として，他の製品の流通と比べた場合，最終顧客（ユーザー）に対する販売の場面では，他のメーカーの製品と併売は認められず，単一メーカーの自動車のみを販売する「専売制」が採用されてきた。なぜ自動車流通においては，専売制が採用されなければならなかったのかについて考察する。

2）「同じメーカーでありながら，なぜマーケティング・チャネルを複数展開する必要があったのか」

　海外のメーカーにおいても，大規模メーカーは一部採用しているが，わが国の自動車流通における「排他的マーケティング・チャネル」という特徴のほか，もうひとつの特徴とされるのは，同一メーカーの自動車であっても，小売段階（ディーラー）では，車種ブランドにより，販売するチャネルが異なる

「複数マーケティング・チャネル」が採用されてきた。これはこれまでわが国でいわゆる流通系列化を行ってきた業界とされる家電製品，医薬品などとは，異なるものである。したがって，なぜ自動車では「複数マーケティング・チャネル」を採用しなければならなかったのかについて考察する。

3）「なぜ自動車需要拡大期には複数マーケティング・チャネルを展開し，需要の頭打ちが見られると，一部メーカーはマーケティング・チャネル数を削減するのか」

　近年，わが国の自動車流通において，他製品と比べた場合の特徴とされる「複数マーケティング・チャネル」政策を変更するメーカーが出てきた。各メーカーによりさまざまな理由や背景が考えられるが，概ね需要拡大期には複数マーケティング・チャネルを拡大し，需要が低迷しはじめるとチャネル数を削減するとされるが，別の理由や背景についても考察する。

4）「わが国の自動車流通においてはその参加者であるメーカー，流通業者業者間で『相互利益関係』が成立するのか」

　わが国では，自動車流通をはじめさまざまな製品の流通において，その取引の過程ではこれまで「対立」が前提とされてきた。全体を通してそもそもなぜ同じ製品の流通に関わる参加者が対立しなければならないのかについて，「対立」ではなく，「協調・協力・協働」という相互に利益をもたらす「相互利益」という関係が発見できないのかについて考察する。

　以上，4つの課題を常に念頭に置き，自動車流通の史的展開を考察する前段階となる基礎的考察からはじめ，ごく最近の自動車流通の実態までを追いかけていきたい。

本書の流れ

　本書ではわが国の自動車流通を主に4つの大きな流れによってまとめる。

　まず，わが国では他の製品と比較すると，各メーカーによりマーケティング・チャネルが異なる排他的マーケティング・チャネルが採用されてきたが，専売制をわが国に導入したアメリカ系自動車メーカーの動向に焦点を当てる。そこではわが国に進出してきたアメリカ系メーカーの本国におけるチャネル政

策を概観し，わが国進出時の市場状況，そしてわが国で誕生した自動車メーカーの萌芽期の活動，さらに第二次世界大戦へと進む中で，国策として，国内産業を育成するためにアメリカ系メーカーの国内での事業を縮小へと追い込んだ政策とともに，それと連動するかのようにわが国メーカーがアメリカ系メーカーのチャネルをそのまま移行させようとした経緯などを中心に取り上げる。そして，戦後，わが国の自動車メーカーが排他的マーケティング・チャネル（専売制）を復興させようとした経緯とその実践，さらにそこで見られた同社メーカー同士の激しいマーケティング・チャネルの争奪競争などを中心に取り上げていきたい。したがって，まず，研究課題である「なぜわが国の自動車流通においては専売制チャネルが採用されたのか」という問に対する解答が出されるであろう。

　次に，わが国の自動車流通における複数マーケティング・チャネルの形成について取り上げていきたい。第二次世界大戦後，わが国の自動車産業浮上の契機となったのは，朝鮮戦争であったが，その後，貿易自由化など国際的なさまざまな変化に晒されながらも，各メーカーの努力，さらにはその努力に応えるかのように流通業者のマーケティング努力によって，わが国の交通機関としての自動車産業を発展させてきた。このような交通機関の主軸として成長するためには，メーカーとしてはバラエティに富んだ自動車を研究・開発・生産しなければならず，流通業者にとってはより多くのユーザーとの接点を持たなければならない。そのためメーカー主導で導入されたのが，複数マーケティング・チャネルであった。メーカーに複数マーケティング・チャネル導入を決断させた環境，さらにチャネルを増加させていったメーカーの動機，そのメーカーの意向に呼応し，流通業者側においても，ディーラー店舗を増加させ，自動車の増販に協力し，自らの企業成長を図ろうとした状況，さらには複数マーケティング・チャネルだけではなく，流通業者の販売に協力しようとする業販店との関係についても焦点を当てていきたい。そこでは，研究課題である「同じメーカーでありながら，なぜマーケティング・チャネルを複数展開する必要があったのか」についての解答が出されるであろう。

　さらにわが国の自動車流通における変貌を中心に取り上げる。ここでは，1970 年代に起った 2 度の石油ショックにより，わが国の自動車産業は大きな

打撃を受けた。また，1970年代を通して，自動車流通においては大きな変化も起っていた。それは自動車が国民生活にビルトインし，50年代後半から60年代のように急速な右肩上がりの需要が見込めなくなった。したがって，自動車流通においては新規需要から買い換え需要が主流となるにつれ，これまでのようなマーケティング政策では，自動車産業全体の成長が見込めないことが次第に明らかになりはじめた。そこで，一部のメーカーではこれまでメーカーと販売会社（卸売）を別会社としていたが，合併・統合する動きがあらわれ，さらにはディーラーにおける販売方法まで以前とは変化しはじめた。そして，小手先だけの変更だけでは，メーカーはもとより，ディーラーの経営にも大きな支障が出ることが予測され，複数マーケティング・チャネルの縮小，そして今世紀になってからは単一のマーケティング・チャネルへと変更する動きが起った。その過程を検討することにより，「なぜ自動車需要拡大期には複数マーケティング・チャネルを展開し，需要の頭打ちが見られると一部メーカーはマーケティング・チャネル数を削減するのか」という研究課題に対する解答が示唆されるだろう。

そして最後に，「わが国の自動車流通においてはその参加者であるメーカー，流通業者間で『相互利益関係』が成立するのか」に対する筆者なりの結論を出したいと考えている。20世紀を通して，政治体制や経済体制において，「対立」がことさら強調されてきたが，21世紀になり，自動車流通も新しい視座で見直すという作業を本書を通して行っていきたい。

謝　辞

拙書『わが国自動車流通のダイナミクス』をまとめるにあたって，まずお礼を申し上げなければならないのは，東北大学大学院経済学研究科教授大滝精一先生である。5年前，不躾な手紙を一方的に送った私に対し，ご自身の専門との関係を心配された上で受け容れてくださったことは，当時，閉塞的な状況にあった私には一条の光が差したような気がした。その後，演習を通して，本当に熱心にご指導いただいたことは，教員になり研究内容上の細かな指摘を受け

ることが少なくなっていた私には，本当の救いであった。そして，その思いは現在も日々により強くなっている。大滝先生の幅広くさまざまな文献に当たり，積み重ね，それらを繋げていくという研究アプローチは，今後の研究者としての方向が示されたと考えている。また，同じく東北大学大学院経済学研究科教授権奇哲先生から拙い研究について，多くの刺激的なアドバイスを頂き，その後の研究方向を明確にすることができたことに心から感謝申し上げたい。さらにこのきっかけを与えてくれた大学院時代からの友人である長岡技術科学大学の綿引宣道先生には心から御礼申し上げたい。

　そして，学部時代からの恩師である中央大学商学部教授三浦俊彦先生からは，学会でお会いした際や日常の電子メールの中で，論文の進捗状況を聞かれる度に叱咤激励していただいた。三浦先生に監修いただいた拙著『自動車のマーケティングチャネル戦略史』（2009 年，芙蓉書房出版）をまとめ上げる段階で頂いた多くのアドバイスが，拙書の中でも活かされていると思っている。また，修士課程の時代にご指導いただいた中央大学商学部教授林田博光先生には，季節毎に頂くお便りの中で，励まされ続けている。林田先生からは温かい眼差しで遠くから見守られているという気持ちを強くしている。さらに鬼籍に入られてちょうど 10 年になられるが，博士課程時代にご指導いただいた中央大学名誉教授故及川良治先生には，こうしてまとめた拙著の構想すら伝えられず，悔やまれるばかりである。そして，大学院時代の先輩である松本大学清水聡子先生，後輩の東京経済大学丸谷雄一郎先生には，いろいろとサポートをしていただいた。中央大学での 9 年間の学生生活での多くの出会いのおかげで拙書がまとめられたことに感謝申し上げたい。

　また，最初の勤務校であった相模女子大学短期大学部生活経営専攻の当時の先生方（三宅栄子教授，高橋明子教授，臼井和恵教授）には，20 代で教員の道へと導いてくださったこと，日頃の学生の接し方など，多くのことを学ばせていただいた。拙書の一部を最初に発表したのも，相模女子大学の紀要であった。緑溢れるさがみ野のキャンパスで研究者・教育者としてのスタートを切れたことを今更ながら感謝する次第である。その後，現在の勤務校である専修大学商学部に移籍し，日頃から多くの先生方にさまざまな刺激を受けるようになった。何気ない日常の会話から新しい研究の視点が見つかったり，考え直した

り，反省することができるのは，この環境に置かれているおかげである。そして，常に励ましてくださった前商学部長川村晃正先生には感謝の言葉もないほど感謝している。さらに毎年多くのゼミ生に恵まれ，彼ら彼女らとの日々のゼミ活動からも，さまざまな角度から物事を見る刺激を与えてもらっていることに御礼を言いたい。

　所属している日本商業学会，日本産業科学学会，マーケティング史研究会など，いちいちお名前をあげることはできないが，学会や研究会の度に多くの刺激を与えてくださっている先生方，（財）中小企業総合研究機構，（財）中小企業基盤整備機構，（社）日本クレジット協会の方々にも勉強の機会を与えてくださったことに感謝申し上げたい。そして，これまでおかれてきた環境に感謝するとともに，多くの教えを受けた先生方に心からの感謝を申し上げ，これからも変わらずのご指導をお願いしたい。

　拙著の出版にあたっては，専修大学出版局の川上文雄氏には校正の段階で，何度も何度も無理を言う私に対し，嫌な顔一つせず，丁寧に最後までお付き合いいただいたことに御礼を申し上げたい。

　さらに，本書の出版に際しては，平成22年度専修大学図書刊行助成による援助を受けている。ここに記し，専修大学に感謝の意を表したい。

　最後に父文彬・母妙子，亡祖父彦太郎・祖母ハナ，牧生・尚彦の妹夫婦には，私が研究の道に進んだことで大きな負担をかけたことを詫びると同時に心から感謝したい。また，娘真友子，息子晃右のふたりの子供たちには休みの日にも思い切り遊んでやることができず，妻峰花には多くの苦労をかけてきた。言葉に出してはなかなかいえないものであるが，心から感謝していることを伝えたい。ありがとう。そして，これからは少しは家庭人としての父の姿も見せることを約束したい。

2010年11月
晩秋の光が差す韓国・江南のホテルにて

石 川 和 男

目　　次

第9章　1960年代半ばから70年代にかけてのわが国自動車メーカーの マーケティング・チャネル政策
—トヨタによる複数マーケティング・チャネルの積極的展開を中心に—

第10章　石油ショック後のわが国自動車メーカーのマーケティング展開
—トヨタによる積極的マーケティング・チャネル政策の展開を中心に—

第11章　1960年代半ばから70年代のわが国自動車メーカーによる複数マーケティング・チャネル政策
—フォロワー・メーカーによる複数マーケティング・チャネル政策の展開—

第13章 わが国の自動車流通における新しい胎動
―1990年代から21世紀にかけてのメーカーによる新しい試みを中心として―――――287

第14章 わが国における複数マーケティング・チャネルの崩壊
―日産自動車・本田技研工業のマーケティング・チャネル整理を中心に―
――――――――――――――――――――――――307

補章　わが国自動車流通における根本的問題
—他製品の流通にはない「制度・慣行」を中心として— ————347

■序章

わが国における自動車流通史研究の意義

はじめに

　自動車産業はわが国だけでなく，20世紀の先進国を中心に成長した産業である。特に第二次世界大戦後において，発展した産業であるということは疑いないだろう。これまで自動車については，工学的な研究が進められる一方，社会科学の視点からもさまざまな角度から研究が進められてきた。わが国でのほとんどの研究は，組立を行う自動車メーカー（以下「メーカー」）を中心に据えたものであり，わが国の自動車産業が急成長を遂げはじめた1960年以降，メーカーよりも川上に位置する部品供給業者であるサプライヤーの研究も進捗してきた。

　経済学では，自動車産業が国内経済や世界経済に対して与えた影響を取り上げ，その効用を中心とした研究が進められてきた。一方，経営学では自動車産業における「ヒト，モノ，カネ，ノウハウ（情報）」という経営資源の視点から，それぞれ詳細な研究が進められてきた。また，サプライヤーとメーカーとの取引関係を中心とした研究も進められてきた。さらに最近では，環境問題などの視点から学際的に，自動車そのものやそれを取り巻く社会について扱われることも多くなってきた。そして，筆者が専攻するマーケティング論では，製品特性やブランドによる市場対応が主に取り上げられ，他方で自動車購入前後の消費者行動など，顧客（ユーザー）側からの視点も取り上げられるようになってきた。

　以上のように，自動車を取り巻くさまざまな社会科学における研究分野や研究の焦点を概観するとき，エアポケットとなっている箇所があるのに気づくだろう。それは「自動車流通」である。つまり，完成した製品（商品）としての自動車が，ユーザーの手に届けられるまでの過程については，これまでほとんど触れられてこなかったといってもよい。そこで本章では，自動車流通を研究する意義，特にそれを史的展開から深く研究する意義や課題について取り上げ，以降の章の展開へとつながるようにしたい。

1　自動車流通史研究の貧弱性

（1）忘れ去られた自動車流通

　わが国の社会科学研究においては，学説，実践を問わず，歴史研究を重視する研究が多い。これはアメリカでの研究課題が，現状や将来の見通しを研究するのとはやや趣を異にしている面である。そして，マーケティング論，流通論においても，同様の傾向があるように思われる。実際に日本商業学会，日本流通学会等でも，時期によって多少の差はあるが，歴史研究を扱った報告が多く見られる。また，1988年に発足したマーケティング史研究会[1]には，現在50名以上のメンバーが参加し，毎年2回研究会を開催し，学説史，実践史を中心として，報告が行われており，これまで何冊もの研究書を発刊し，世にその成果を問うている。

　そして，日本商業学会，日本流通学会，さらに研究分野が重なると思われる関連分野の学会である経営史学会，商品学会，消費経済学会，日本消費者行動学会，日本広告学会，日本消費経済学会，日本産業科学学会等で公表されているこれまでの学会開催記録に目を通す時，「自動車流通」を扱った報告や論文がいかに少ないかがわかる。これはしばしば，自動車と同様に，各メーカーが流通チャネル（マーケティング・チャネル）を積極的に管理・維持しようとしてきたとされる家電製品，化粧品，医薬品等と比べると，極端に少ないものである。この理由は何であろうか。それはわが国の産業において，自動車産業の海外での存在感が関係していると思われる。わが国が高度経済成長を迎える時期を境にして，自動車が完成品輸出の中でかなりの額を占めるようになり，そして，1980年にわが国の自動車生産台数が，世界1位となった影響が大きいだろう。つまり，わが国社会だけではなく，自動車は流通過程よりも生産過程について，世界中の注目を浴びるようになったことと無縁ではない。その結果，生産過程に注目が集まり，流通過程は忘れ去られた存在となってしまったのかもしれない。

（2）わが国における生産過程の偏重

　第二次世界大戦後，わが国の経済復興は，生産部門をいかに立て直すかにかかっていた。わが国の金融機関は，限りある資金をいかに有効に活用するかを考え，生産過程に対して重点的に金融を行う姿勢を明確にした。また，わが国の自動車産業は，第二次世界大戦以前には，国内的にも世界的にも，それほど有力な産業ではなかったことから，戦後のわが国の経済復興過程において自動車産業に対する期待は，それほど大きなものではなかった。それは1950年，当時の一万田尚登日銀総裁が「自動車産業不要論」を唱えたことにも表れている。当時の日銀総裁が表立って主張したことからも，いかにその影響度が大きかったかがわかる。さらに当時は，自動車産業が現在と比べて，それほど存在感が大きくなかったことが理解できる。

　したがって，第二次世界大戦後は，わが国の金融機関は生産過程重視の経営姿勢を明確にし，商業・流通部門に対する金融は二の次というよりも，ほとんど考慮されなかったといってもよい。つまり，わが国の自動車産業は，ほとんど国際競争力がない時代であり，その生産についてもそれほど重視されていない時代に，ましてやその流通過程への金融というのは，ほとんどないに等しかったと考えてよいだろう。このように，わが国の自動車流通が当初からそれほど重視されてこなかった背景には，当時のわが国における金融機関の行動の影響が，色濃くあったと考えられる。そのために完成した自動車を流通過程に乗せるための多くの苦労などについて，取り上げられることが少なかったのであろう。それは研究においても同様であり，だからこそ，自動車大国といわれて久しくなった現在，流通・使用・廃棄にまで言及することは意義があろう。

2　自動車における流通系列化

(1) 流通系列化における自動車産業の特異性

　流通研究においては，「系列化」がその主題としてしばしば取り上げられることがある。自動車，家電製品，化粧品，医薬品などの業界における流通の1つの特徴として，いわゆる「流通系列化」がこれまで取り上げられてきた。1990年代には，わが国の家電製品，化粧品，医薬品業界では，量販店が台頭したことによって，大きく流通が変化した。流通系列化に対する研究は，それ以前からも長い間継続していたが，特に90年代には家電製品や化粧品，医薬品業界における流通系列化の変化が研究対象となり，多くの研究が蓄積されるようになった。しかし，国内において，流通という面で，それほど大きな変化がなかったとされる自動車業界は，そのような研究対象となることも少なかった。

　現在でも自動車産業は，わが国のリーディング産業といえるが，メーカー自身について考えると，流通系列化を進めてきた他の産業との相違点が浮上するかもしれない。自動車産業では，特に「カンバン方式」「カイゼン」「ムダ排除」，そして最近盛んに議論されている「見える化」など，生産過程におけるイノベーションについては，これまでさまざまに実践され，研究されてきた経緯がある。生産過程におけるこのようなイノベーションが，多くの書籍タイトルとされ，他の産業部門へと敷衍されてきたことは，自動車以外の産業ではほとんどなかったといえる。したがって，自動車と同様に流通系列化を進めてきた産業において，自動車のように生産過程以外の場面で，特に取り上げられるものを論うことができないのである。

　たとえば，わが国の家電製品は，海外で開発された技術により製品化されたものを，わが国の家電メーカーがコストを下げ，低価格で高品質の製品を市場に送り出し

4

たことが，当該産業を発展へと導いたとされる。したがって，家電メーカーが流通系
列化を積極的にすすめた1960年代以降の時期において，生産過程での顕著なイノ
ベーションの存在，またそれが世界の家電産業に与えた影響力を考えるとき，自動車
の生産過程におけるほどの影響力はなかったことがわかるだろう。それは化粧品や医
薬品についても同様であろう。

これら産業の海外メーカーの場合，大規模な生産施設や研究開発費が前提となって
いる。その面では，わが国の家電メーカーを含め，化粧品や医薬品メーカーは，海外
メーカーに比べて劣位にあったといえる。したがって，わが国では自動車産業以外で
流通系列化をすすめてきた業界の特徴として，生産過程での顕著なイノベーションの
少なさが取り上げられよう。それは生産過程，つまり製品の独自性によって海外メー
カーの製品よりも優位に立つ，あるいは国内競争メーカーに対して，優位に立つとい
うことができない反動であったとも考えられる。それは自動車以外の産業で流通系列
化を進めてきたメーカーは，わが国内での流通系列化を強固なものにすることによっ
て，海外メーカーのわが国への参入を阻止する面もあったといえる。この点では結果
的に，自動車についても同様であった。強固な自動車の流通チャネルが国内で張り巡
らされたことで，1965年の乗用車の貿易自由化後も，何度も海外メーカーが単独で
の参入を試みたことがあったが，わが国の自動車流通チャネル網の前に進出を断念し
た。ただ，自動車においては，各メーカーが強固な流通チャネル（マーケティング・
チャネル）網を構築したことが，海外メーカーの参入障壁となっただけでなく，流通
系列化をすすめる別の理由も存在したのではないだろうか。

わが国のメーカーは，1950年代終わりに製造した自動車をアメリカに輸出した
が，高速道路では十分な走行に耐えることができなかった。その後，わが国自動車産
業，特にトヨタ自動車（以下「トヨタ」）は生産工程におけるイノベーションである
カンバン方式，カイゼンにより，その製品性能を高め，海外製品に比べて，低価格で
製品をユーザーに提供できるようになった。そして，他メーカーも追随することで，
わが国の自動車産業の国際的地位が高まった。また，70年代に世界は2度の石油
ショックを経験し，一方で排出ガス規制が各国で強化された。これらの状況は日本車
にとって有利な環境を迎えたが，これらは幸運として語られるべきものであろう。つ
まり，わが国の自動車産業では，生産面でのさまざまなイノベーションがあり，それ
にあまりにも注目が集まったからこそ，その裏返しとして，完成した自動車という製
品の流通については，それ自体を研究の主軸とした史的研究が少なかったともいえ
る。したがって，これまで自動車の流通チャネルがどのように変遷し，またこれから
どこに向かうのかを考察するために史的展開を追いながら，現在の立ち位置を確認す
ることは，今後の予測にも必要な分析となろう。

(2) わが国の自動車流通の特徴

　わが国の自動車流通において，他の製品流通と比較した上での際立つ点は，排他的マーケティング・チャネルである専売制と複数マーケティング・チャネルの2点に集約される。まず，排他的マーケティング・チャネルは，各メーカーが自社のみの新車を販売するマーケティング・チャネルを構築し，系列下にあるディーラーは当該メーカーの新車のみを取り扱うことを意味する。これは1920年代中頃以降，Ford Motor（以下「フォード」）と General Motors（以下「GM」）のわが国への直接進出によって，両社が全国規模のマーケティング・チャネルを構築したことにその源流がある。したがって，わが国の自動車メーカーが採用したものではなく，海外メーカーがわが国でのノックダウン生産を開始したことで，その開始だけではなく，いかに生産した自動車を流通過程に乗せるかという段階で，アメリカ系2社がそれぞれマーケティング・チャネルを構築のために導入したものである。その後，33年に自動車製造が設立され，34年に日産自動車となり，33年に豊田自動織機製作所内に自動車部が創設され，37年トヨタ自動車工業となったことにより，わが国のメーカーによる自動車生産がはじまった。そして，30年代後半から第二次世界大戦へと向かう中，国内での自動車生産がわが国メーカーにとって有利に働く自動車製造事業法が36年に施行された。これによりアメリカ系2社は，わが国での生産環境が厳しくなったことから，両社は39年に完全にわが国での自動車製造事業から撤退した。この間に，トヨタは GM のマーケティング・チャネルであるディーラーを自社のディーラーへと転換させていった。同様に日産も，フォードのディーラーを自社のディーラーへと転換させていった。この時期にわが国メーカーによる排他的マーケティング・チャネル形成の源流をみることができよう。

　また，もう1つのわが国自動車流通の特徴とされる複数マーケティング・チャネルとは，同一メーカーが生産した自動車を異なるマーケティング・チャネルにより販売することを意味している。ただ，複数マーケティング・チャネルは，わが国のメーカーだけではなく，海外のメーカーの中にも見られる政策であることは注意しなければならない。これはわが国では，トヨタが東京地区において，1953年3月に一部採用をしたことによってはじまった。その3年後の56年3月，トヨタは本格的な複数マーケティング・チャネルを設置し，同年9月からは日産も複数マーケティング・チャネルを構築しはじめ，その後マーケティング・チャネルを拡大させ，さらに他メーカーも追随して複数マーケティング・チャネルを採用したことにより，わが国の複数マーケティング・チャネルが形成されていった。

(3) 自動車における流通系列化による問題の表面化

　わが国において，自動車流通におけるいわゆる流通系列化の開始時期を明確にすることは難しい。排他的マーケティング・チャネルである専売制が布かれはじめたの

6

は，1930 年代半ば過ぎであった。そして，複数マーケティング・チャネルを採用した時期は，50 年代半ば過ぎであった。この状況から，自動車の流通系列化がはじまったといえるのは，第二次世界大戦前からといえることができるかもしれない。また，わが国の自動車流通の特徴とされる 2 つの面が出たのは 50 年代半ば過ぎであったことから，50 年代後半以降といえるかもしれない。さらにメーカー主導でマーケティング・チャネルを構築・管理するようになったことをいわゆる流通系列化とするならば，わが国でこのような事象を観察できるのは，自動車の大量生産体制がほぼ整ったといえる 60 年前後であろう。そして，この時期から約 20 年間は，自動車の流通系列化が次第に強固になっていった時期と考えることができよう。

そして，自動車の流通系列化が問題となりはじめたのは，1980 年前後からであった。それは独占禁止法の側面からであった。そして，通産省は自動車流通委員会を中心として，79 年 9 月に「自動車の取引慣行の中には見直すべき点がある」という報告書をまとめた。

また時期が少し前後するが，1978 年に公正取引委員会は，メーカーと全国の自動車ディーラーを対象として，取引実態調査を実施した。その結果，「取引上の優越した地位の濫用」の疑いのある行為を排除することを目的に，79 年 11 月，各メーカーに対し，ディーラーとの取引に関する改善を要請した。その改善要請の内容は，以下の 3 点に集約された[2]。

① 販売台数の押しつけにつながるおそれのあるディーラーとの取引契約の一部条項を改めること
② リベート制度の見直しを行いできるだけ仕切価格を下げてディーラーに還元すること
③ 白地手形の採用はディーラーの選択に委ねること

以上のように「見直すべき点がある」という表現や，取引に関する改善要請は，完全にメーカーとディーラーにおける自動車の取引慣行が否定されたわけではないと解釈できるだろう。つまり，本格的な自動車の流通系列化がすすめられるようになっての 20 年間は，グレーであったということができるかもしれない。

一方，1960 年頃から自動車産業においては，流通系列化がすすんだことで，わが国の自動車流通は，メーカーによる支配が進み，ディーラーはメーカーに対して，他の小売業と比べ，従属的な状況になったといえるだろうか。そして，これはメーカーにとってのみメリットがあり，小売業者であるディーラーやその先にいるユーザーにはデメリットしかなかったのであろうかという疑問も湧いてくる。流通系列化が問題とされはじめた頃からさまざまな視点でのメリット，デメリットが取り上げられてきたが，70 年代の終わりにグレーと判断された背景には，一概にメーカーのみにメリットがあり，川下に位置するディーラーやユーザーにメリットがないとはいえない

状況があったのではないかと思量される。これまでマーケティングや流通研究においては，流通系列化を行ったメーカーのメリットが過度に強調され，一方では流通業者（卸売業者，小売業者），消費者（顧客・ユーザー）のデメリットが多く取り上げられてきた側面がある。しかし，流通系列化における流通業者や消費者のメリットについても明確に取り上げる時期にきているのではないだろうか。

　以上のように自動車流通に関わるメーカー，流通業者，ユーザーの持つメリット，デメリットを整理することが必要である。その上で，メーカーとディーラーがパートナーとして活動するため，両者間の契約関係が基本的に対等な双務契約であるとの認識を再確認し，適正な取引慣行の維持を図る必要がある[3]。それがメーカー，ディーラー相互のみで通用する取引慣行ではなく，世間からも理解が得られる取引慣行となるものであろう。

3　自動車流通におけるイノベーション

(1) 流通段階におけるイノベーションの重要性

　わが国の自動車産業は，第二次世界大戦後の混乱期と朝鮮特需，オリンピック景気とその後の不況，オイルショック，バブル経済とその後の不況，そして最近の世界的な金融不況など，これまでさまざまな社会・経済環境を生き延び，これからも生き延びようとしている。このような経済環境を生き延びてきた背景には，先に取り上げたような生産過程でのイノベーションが必要であり，存在したことはいうまでもない。当然のことであるが，生産は正常な流通・消費（使用）・廃棄があってこそである。したがって，さまざまな社会・経済環境を生き延びてきたのは，生産過程だけでなく，流通過程での改革・改善があったことも認識しなければならないだろう。

　ただ，自動車の流通過程におけるイノベーションは，これまで自動車産業の社会学的研究の中では，ついでに見られ，取り上げられてきた色彩が濃い。つまり自動車流通は，傍流としてとらえられてきたといえる。しかし，自動車の流通過程は，生産過程のついでに見るのではなく，流通過程を中心に考察し，公表することにも価値があろう。そのためには流通過程でのイノベーションについて考察する必要がある。

　流通過程のイノベーションは，2つの側面が考えられる。1つは，メーカーのマーケティング対応としての側面である。もう1つはディーラーのマーケティング対応としての側面である。まず，メーカーのマーケティング対応の側面として，すぐに思い浮かぶのは，メーカーによるユーザーに対するプロモーション活動であろう。自動車については，これまでテレビ・コマーシャルのキャッチコピーや広告デザインが，ユーザーの脳裏に残っているために，他のプロモーション活動はあまり目立つものではなかった。また，メーカーによるマーケティング・チャネル対応は，一般のユー

ザーには全く見えないものであった。メーカーのマーケティング・チャネル対応としてのディーラー対応は，家電産業などではこれまで盛んに取り上げられ，研究の蓄積もあった。一方の自動車産業では，メーカーによるディーラーの営業員（セールスマン）や技術員などの従業員に対する教育については，家電産業と同様にメーカー自身の経済的な負担がかなり大きなものであった。特にメーカーは，資本的な関係がない小売業であるディーラーに対しても，従業員の採用活動について積極的に支援してきた経緯があった。

一方，ディーラーのマーケティング対応の側面は，これまでほとんど取り上げられてこなかったといってもよい。それは自動車の場合，ユーザーへのマーケティング活動は，メーカーがするものと暗黙のうちにとらえられてきた背景があるかもしれない。さらにメーカーによる流通系列化が強固であった状況で，小売業であるディーラー独自の裁量で行うことが可能であったマーケティング活動は，極端に限定されていたと考えられてきた面があるためかもしれない。

しかし，メーカーと資本関係にないディーラー，あるいはメーカー資本のディーラーであっても，独自のマーケティング活動を行ってきたからこそ生き延びてきた面が強い。特にしばしば「同じセールスマンからずっと自動車を購入する」といわれてきた背景には，ディーラーに所属するセールスマンが各ユーザーの生活に長期間入り込み，関係を構築してきた側面があるだろう。これはディーラー対ユーザー，あるいはセールスマン個人対ユーザーという関係構築によるものである。したがって，関係性マーケティングの側面での考察が必要となるであろう。

さらに自動車ディーラーの場合，小売業でありながら，店頭で販売することはこれまでほとんどなく，訪問販売により契約・販売，あるいは販売の契機を作ってきた側面が強い。これは他の消費財の販売ではほとんど見られないものである[4]。このような流通過程における一般の小売業とは異なる販売方法も，自動車の流通過程におけるイノベーションととらえることができよう。この点にも当然光が当てられてしかるべきであろう。

(2) ディーラーを中小企業としてみる視点

自動車の流通段階である小売をこれまで担ってきたのは，後に大企業となり，上場する企業も現れているが，主として各都道府県に存在する中小規模のディーラーであった。これまで中小企業として経営活動を継続してきたディーラーと，第二次世界大戦以前から大企業であったメーカーとの関係は，先にも取り上げた通り，長期間にわたって流通系列化という言葉で片付けられるのみであった。そして，中小企業からスタートしたディーラーは，「メーカーの意思を忠実に反映する鏡」としてとらえられてきた側面があった。それが先にあげたようにディーラー独自のマーケティング対応（活動）を見えにくくした背景でもあろう。

　しかし，ディーラーとして独自のマーケティング活動を長期間継続し，ユーザーの支持を個店として得てきた面もある。そこには「メーカーの意思を忠実に反映する鏡」ではない面もあり，独自のマーケティング活動を展開し，その面に言及することも価値があると考えられる。それは自動車のマーケティング，特に中小企業としてのディーラー段階におけるイノベーションととらえることもできよう。

　ただ，ディーラーはこれまでメーカーとの契約の中で，行わなければならないこと，行ってもよいこと，行ってはならないこと，という各面で多くの制約があったことも事実である。契約や取引慣行という縛りの中で，わが国の中小企業としてのディーラーは，いかに行動してきたのだろうか。それぞれの経済環境において，中小企業としての個別のディーラーがとった行動について取り上げることについては，それほど影響力が大きなものではないかもしれない。しかし，中小企業である個別のディーラーの集合体として考えるとき，その影響力はメーカーに対しても，ユーザーに対しても，社会に対しても大きなものであろう。

　そして，他の側面から見ると，各ディーラー企業，ディーラーの拠点としての各店舗が，ユーザーに対して独自に行ってきたマーケティング活動も重要なものであり，軽視されるべきではない。それは各ディーラー店舗における1台ごとの販売の積み重ねをマスとして考えるとき，大きなボリュームとなるためである。それは複数マーケティング・チャネルというわが国の自動車流通の特徴とされる面において，いくつのマーケティング・チャネルを展開すべきか，また各ディーラーへの車種の配分程度や，市場規模の割当というメーカーの意思決定にも影響するものだからである。

(3) 自動車メーカーとディーラーとの取引関係研究

　メーカーと流通業者との取引については，これまでさまざまな取り上げられ方をされてきた。これは流通研究分析における有用な方法論となり得てきた面がある。特にCoase は，市場取引においてはさまざまな取引コストが発生するが，それを節約するために企業が存在するとした。ただ，企業内取引という面で取引コストが発生しないというわけでもなく，企業内部であっても擬似的市場が導入されると，それが企業内の取引コストに影響することもあるとした。これを流通系列化というわが国の特殊な事情，特に自動車流通におけるメーカーとディーラーとの関係の上で考える必要もあるだろう。

　また，取引コストは取引の不確実性が高い状況においては，上昇する傾向があるとされる。そのために取引コストの内部化の形態，組織における調整の形態として，内部労働市場，垂直的統合，事業部制組織，部門別目標管理制度の導入などが試みられてきた。Coase の主張は，1930年代後半になされ，特定の経済行為が組織（企業）で行われるか，市場で行われるかを予想する理論的なフレームワークを提示したといえる[5]。

　そして，取引コスト・アプローチがわが国で注目されるようになったのは，1970年代の終わりに2009年にノーベル経済学賞を受賞したWilliamsonが整理した影響も大きい。彼は市場に比べて「階級組織」のメカニズムが，取引コストの観点で優位性を持つことを主張した。それは，①限定された合理性の拡大，②機会主義の抑制，③不確実性の吸収，④情報の偏在を狭くする，⑤打算性のない交換の状況を提供する，といったものであった[6]。そして，流通系列化を分析する方法論としてだけでなく，わが国の流通分析においては，取引コスト・アプローチによる研究が多く見られるようになった。

　しかし，わが国の自動車メーカーとディーラーとの関係を，単純に取引コストとして把握するのみでよいのだろうか。そこには別の分析装置や手法が有効である可能性も否定できない。その中では，「協働利益論」[7]という主張も1つの分析視角になるのではないだろうか。つまり，自動車流通においては，取引コスト・アプローチ以外の分析手法をもたなければならないのかもしれない。また，その分析手法によって自動車流通を考察することも必要なのではないだろうか。

4　自動車の流通過程における競争

(1) わが国自動車流通における競争の特異性

　わが国における自動車の流通段階における競争は，どのようにとらえたらよいであろうか。これを自動車のマーケティング・チャネル間競争ととらえるとき，他の産業での流通過程における競争とは異なった側面が見られる。1つはどの業界においても見ることができる異メーカーの各ディーラーによる競争である。もう1つは，わが国における自動車流通の特徴の1つである複数マーケティング・チャネルによって起こる同一メーカーの異系列による競争である。前者を「外」の競争とすると，後者は「内」の競争とすることができるであろう。つまり，自動車流通においては「競争の二重構造」がこれまで存在してきたといえる。

　わが国の自動車流通にはこのような特異な面があるにもかかわらず，これまで特に後者の面における競争は，ほとんど取り上げられることはなかった。しかし，1990年代後半になると，このような競争の二重構造に変化がみられるようになってきた。それは複数マーケティング・チャネルの減少という変化であった。そして，21世紀になると，さらに変化が進み，複数マーケティング・チャネルから単一マーケティング・チャネルへと移行するメーカーが増えるようになった。

　以上のような状況は，これまでわが国の自動車流通の特徴とされてきた一側面の変化である。それは1950年代半ばから約半世紀近くにわたり，わが国の自動車流通を象徴していた特徴の1つが，消失しはじめたことに表れている。これはこの半世紀近

くの間，さまざまな社会・経済環境を生き延びてきたわが国の自動車産業が，別の段階を迎えたことを象徴しているともいえよう。このような競争状況をディーラーからではなく，メーカー自身が改革しはじめたところに，相変わらずメーカー主導の自動車流通の姿も見ることもできる。それはメーカー自身が取り組まなければ，ディーラーからの改革では対応しきれない社会・経済環境になってきたことを意味しているのかもしれない。

　したがって，わが国の自動車メーカーのうち，数社が複数マーケティング・チャネルを否定し，単一マーケティング・チャネルへと移行する過程を考察することは，わが国自動車流通の特異性の一部が崩壊する背景を探ることもできるであろう。それはこれまで二重の競争構造を維持してきた背景を同時に認識することにもつながり，単なるメーカーのマーケティング・チャネル政策の変更だけとは断じることができない側面も確認できるだろう。

(2) 自動車流通をマーケティング・ネットワークとしてみる視点

　わが国の自動車流通における競争をいかにとらえるかについては，各研究者の視点により異なる。各メーカーによる競争は，生産過程における競争，メーカーのマーケティング競争の視点，また各ディーラーによる競争はマーケティング対応の視点だけでなく，メーカーとディーラーの関係，そしてディーラーとユーザーの関係，さらにはメーカーとサプライヤーとの関係にまで遡って，競争という視点から考察することも必要であろう。そのうえ，それぞれの関係やネットワークの視点から見ていくことが必要となろう。それは流通過程において，あるプレーヤーがパワーを持ち，他のプレーヤーに対してパワーを発揮していくという，パワー論の議論だけでは，わが国の自動車流通を理解することはできないだろう。

　各プレーヤーは，それぞれの対市場活動を主体的に行い，それぞれの成果を上げていくことが重要である。そのマーケティングのつながりとして，マーケティング・ネットワーク，そして，各プレーヤーがさまざまな社会・経済環境に対応するために，現状維持ではなく変革のために，マーケティング・イノベーションを巻き起こすことが重要となろう。マーケティングにおけるイノベーションとは，生産過程における技術革新のようなものではなく，新しいマーケティング・チャネルの発見や新しいパートナーとの関係作り，ユーザーとの関係作りも含めたイノベーションが必要となるものである。それはプレーヤー単独で行うものではなく，マーケティング・チャネルにおける多くのプレーヤーとパートナーシップを築き，その関係を深めていくことが重要となろう。その関係に研究の焦点を当てることも重要であろう。

おわりに

　序章では，わが国自動車流通史研究の意義について，その意義とともに今後の課題について取り上げてきた。まず，生産過程における研究には多大の研究蓄積がありながら，流通過程における研究の貧弱性を取り上げた。それは生産過程があまりにも注目されたため，流通過程はその反動として研究が手薄になったと思量される。また，わが国が戦後の経済体制の立て直しをする中で，生産過程に金融が主に行われたという影響もあったためであろう。そして自動車流通に関しては，これまで家電製品，化粧品，医薬品とともに流通系列化の象徴とされてきたが，他の産業と比べての流通系列化の特異性を確認した。さらに他の製品と比べたうえでの特異な流通系列化について研究を深め，特に自動車流通において顕著に現れる排他的マーケティング・チャネルと複数マーケティング・チャネルの変遷をたどることは，今後の自動車流通を見通すヒントが得られるものになるかもしれない。そして，1980年前後から問題とされるようになった自動車流通おける問題への対応については，流通系列化における各プレーヤーのメリット，デメリットを再検討するよい機会になるものであろう。

　そして，自動車産業では生産過程だけではなく，流通過程にもイノベーションがあったからこそ，これまで生き延びてきたと考えられる。したがって，流通過程は生産過程のついでに見るのではなく，時には中心に見なければならない。特に関係性マーケティングの視点や，一般の小売業とは異なるディーラーにおけるマーケティング方法にも焦点を当てなければならない。また，ほとんどが中小企業であるディーラーを「メーカーの意思を反映する鏡」としてみるだけではなく，各ディーラーの独自性についても検討しなければならない。さらに自動車の流通過程では，他メーカーとの競争という側面と同メーカー内の異系列のマーケティング・チャネル（ディーラー）という2つの側面の競争がこれまで行われてきた。最近は後者の変化が見られるが，変化の契機については今後の自動車流通を考える上でも，検討をしなければならないことである。

　以上のように，自動車流通にはさまざまな研究課題が数多くあり，これらの課題を研究することは，今後のわが国の自動車産業を考える上でも大きな意義を持つものとなろう。

― 注 ―

1）マーケティング史研究会の目的は，「マーケティング史やマーケティング学説史などマーケティングに関する歴史的研究をすすめ，その研究水準の向上と発展に寄与する

こと」を掲げている。

2）トヨタ自動車株式会社（1987）『創造限りなく　トヨタ自動車 50 年史』トヨタ自動
　車，pp.673-674

3）通商産業省自動車課（1987）『明日の自動車流通を考える』（財）通商産業調査会，
　p.34

4）わが国の場合，アメリカの販売方式と根本的に異なる点は，各ディーラーが，多くの
　支店や営業所を持ち，マーケティング・チャネルを細分化し，営業員（セールスマ
　ン）が訪問販売を中心の販売活動を行っていることであった。これはまだ本格的なマ
　ス・セールス時代が日本で始まっていないためだった。自動車の日用品という感覚
　が，わが国ではまだ薄く，セールスマンもめぼしい家庭を訪問する販売方法にならざ
　るを得なかった。（経済評論社（1964）『世界市場に挑戦する日本の自動車工業』経済
　評論社，p.272）

5）　Coase, R.H. (1937), "The Nature of the Firm", *Economica*, N.S., 4(16), pp.386-405, Coase,
　　R.H. (1960), "The Problem of Social Cost", *Journal of Law and Economics*, 3：pp.1-44

6）　Williamson, O.E.(1979), Transaction-Cost Economics：The Governance of Contrctual
　　Relations, *Journal of Low and Economics*, Vol.22, p.422

7）　日本経済新聞，2008 年 12 月 26 日付，加護野忠男「やさしい経済学」

第 1 章

わが国におけるアメリカ系メーカー進出以前の自動車販売
——わが国での自動車開発から販売開始時期を中心に——

はじめに

　20世紀のはじめ，わが国においては自動車はごく一部の富裕層の玩具であった。現在でいえば，自家用ジェット機や豪華なクルーザーよりも遙かに手の届かない製品のようなものであった。そのごく一部の者の玩具が，20世紀にはわが国の国民の移動手段となり，また世界的にはわが国経済の根幹を支える重要な産業へと成長した。

　本章では，20世紀のはじめ，ごく一部の富裕層のための玩具であった自動車をわが国に紹介し，その販売を手がけ，わが国で生産（製造）を試みようとした，まさにわが国自動車産業のパイオニアともいえる人たちの足跡を辿っていきたい。

　現在も自動車産業といえば，部品調達から組立（いわゆる製造）が中心となって研究され，多くの人々の関心を集めている。しかし，自動車の販売が開始された直後からつきまとい，現在の自動車流通においても見られる根本的な問題の源流について考察していきたい。

1　自動車の誕生

(1) 馬車からの転用としての自動車

　自動車はヨーロッパで誕生し，アメリカで成長し，わが国に渡ってきた製品（商品）である。これまで自動車の動力源は，主に蒸気から電気，電気からガソリンへと変化してきた。そしてまた現在，ガソリンと電気というハイブリッド，電気へと動力源が変化しようとしている。しかし，20世紀はガソリンが自動車の動力源の中心であった。

　自動車が誕生した頃は，「馬のいない車」と呼ばれたことからもわかるように，構造上，使用上も馬車からの転換であった。自動車の構造上の要件は，独立の原動機を備えていることである。原動機を有することで馬車とは異なり，独立運行が可能なことで，鉄道車輌とは異なる。特に，少量の燃料で高速・長距離の走行が可能になったのはガソリン・エンジンの完成によってであった[1]。つまり，それ以前の動力源であっ

た蒸気や電気から，ガソリン・エンジンが自動車を大きく発展させたといえよう。

ISO では自動車を「原動機を備え，路上を運行する車輌で4個またはそれ以上の車輪を持ち，レールを用いずに人や荷物の運搬，牽引，特別用途のために使用される車両」と定義している。また，わが国の道路交通法では自動車を「原動機により陸上を移動させることを目的として製作した用具で，軌条もしくは架線を用いないもの，またはこれに牽引して陸上を移動させることを目的として製作した用具」と定義している。

(2) ガソリン自動車の完成

異論もあるが，世界で最初にガソリン自動車を完成させたのは，1884年にドイツでカール・ベンツとゴットリープ・ダイムラーによるというのが定説となっている[2]。ベンツは義父から資金援助を受け，2サイクル・エンジンを完成させ，83年にベンツ・ライン・マンハイム・ガス・エンジン製作所を設立した。その後，エンジンの製造と販売により経営が安定し，自動車製造（生産）に進出した。そして，86年にベンツの三輪自動車が完成した。一方，ゴットリープ・ダイムラーは，81年に N.A.オットーのドイツ・ガス・エンジン製作所を退社した後，86年に自らが発明したガソリン・エンジンを自動車用に製作し，ガソリン自動車を完成させた。その後，生産台数が増加し，94年には67台，99年には572台となり，当時では最大の生産量を誇る自動車工場となった[3]。

一方，現在の自動車大国アメリカで最初にガソリン自動車を製作したのは，チャールズ・E.フランク・デュリアと J.フランク・デュリア兄弟であった。彼らは1892年からガソリン自動車の製作を開始し，翌年には走行に成功し，95年にデュリア・モーター・ワゴン社を設立した。また，90年代には多くの者が試作車を製作した。中でもヘンリー・フォードは，2気筒4サイクルの4馬力のガソリン・エンジンを搭載した自動車を製作した[4]。そして，20世紀になり，フォードはアメリカにおける自動車の大量生産を主導することになった。

2 海外における自動車の大量生産と大量販売の開始

(1) 自動車の工場生産の開始

1880年代後半には，フランスのパナール社やプジョー社が自動車の工場生産を開始した。また，アメリカ最初の自動車の大量生産企業といわれているオールズ社が，97年に組織された[5]。自動車の大量生産は，1901年からオールズ社のカーブド・ダッシ・オールズにより開始され，1,500台のオールズ・モービルが生産された。自動車部品は完全に互換性があり，組み付け工程では冶具，機械の合理的配置，工程の進捗にあわせて自動車が組み立てられるように，小さい車輪の付いた台車を用いて，台上での作業が行われるようになった。この方式は，その後の Ford Motor（以下

「フォード」のベルト・コンベア方式への前段階でもあった[6]。03年まで自動車生産台数は，フランスがアメリカを上回っていたが，それ以降はアメリカの生産台数が圧倒的に上回るようになった[7]。

(2) ベルト・コンベアによる自動車生産の開始

さまざまな製品の生産過程に，ベルト・コンベアが導入されて，大量生産へと向かうことが多い。ベルト・コンベアは，1913年にはじめて造られ，採用されたが，コンベアにより自動車の生産過程は流れ作業となった。そしてベルト・コンベアによる生産方法は，次第にフォード・システムとも呼ばれるようになった。

アメリカ自動車工業の発展は，大衆市場向けに生産を開始したフォードと，その後フォードを追いかけ，マーケティング政策によりフォードを凌駕するようになったGeneral Motors（以下「GM」）によって特徴づけることができる。まず，ヘンリー・フォードは，1903年にそれまで主任技師として勤務していたデトロイト・オートモービル・カンパニーが倒産したため，フォード・モーター・カンパニーを設立した。そして，最初のモデルであるA型を発表した[8]。05年にB型，そして08年に一世を風靡したT型を発売した。T型は，シャシーの諸部分は標準化され，互換性があった。フォードはT型という単一車種だけを生産し続け，シャシーはT型の生産を終了するまで大きな改造を加えなかった[9]。

T型は，大量生産により価格を引き下げるという手法一辺倒であり，GMがモデルチェンジにより，消費者の購買意欲をかき立て，より豪華な自動車へと変化させていったのとは異なっていた。T型は，08年の生産開始から26年の生産中止までの18年間にわずかな変更はあったが，同じモデルを一貫して生産・販売し続けた。その販売価格は09年には850ドルであったが，13年には550ドル，16年には360ドル，24年には290ドルまで価格を約3分の1にまで引き下げた[10]。その結果，アメリカでは農民や大多数の中産階級の人々が，自動車を購入することができるようになり，自動車の大衆化時代を迎えた。アメリカの自動車登録台数は，16年には約340万台，29年には約2,310万台にも達し，世界の自動車保有台数のうち，約78%はアメリカにあるという状況になった。この頃の普及状況は，アメリカでは5人に1台，イギリスは30人，フランス33人，ドイツ102人，日本702人，ソ連6130人にそれぞれ1台であった[11]。大量生産によって生産された自動車には，大量消費（使用・利用）される市場が必要であった。当時は，第一次世界大戦の大戦景気が続いていたため，自動車市場は急拡大し，個人所得の水準もそれに伴い上昇していたので，市場の飽和という問題は深刻にはならなかった。

(3) フォード・システムの進展とGMの誕生

T型フォードの生産は，1908年の生産開始から，27年に生産を終了するまで，累計販売台数は1,500万台を超えた。T型フォードの大量生産方式は，フォードの功績

18

をたたえて「フォーディズム」と呼ばれることが多い。しかし，フォーディズムにはいかに顧客ニーズに応えるかというマーケティングが存在していなかったとしばしば指摘される。つまり，造れば売れるという発想であった。マーケティングの必要性を感じるのは，マーケティングの誕生の経緯とされる過剰生産された農産物をいかに市場に受け容れてもらうかという，生産量が需要を上回ったときである[12]。ただ，マーケティング・マネジメントの基軸をすべて無視していたわけではなく，先にも取り上げたように発売開始時期から生産を中止した18年間に十分な価格対応を行い，その価格を3分の1にまで減少させたのは，十分に顧客（ユーザー）に訴求する手段となったといえる。

　一方，GMの創始者であるウィリアム・C・デュラントは，1885年に友人のドートとともにデュラント＝ドート馬車製造会社を設立した。車体，車輪，内装，スプリングなどの専門工場を買収ないし建設しながら，マーケティング・チャネルを構築し，19世紀末にはアメリカ最大の馬車製造会社に発展させた。1904年にビュイック・モーターとその関連会社を買収し，自動車メーカーへと転身を図った[13]。そして，GMは1908年に，ビューイック社が，オールズモービル，キャデラック，オークランドの3社を買収したことによって設立された。その後も，自動車，各部品メーカーを相次いで買収した。GMは，フォードが成長・発展したことにより，淘汰された自動車メーカーやその他の部品メーカーを買収，合併しながら発展していった。

(4) 自動車におけるマーケティング政策の開始

　1920年のアメリカにおけるGMのシェアは，約13%に拡大していたが，20年の不況期に過剰生産に陥り，社長であったデュラントは退任した。当時は，フォードのT型も全盛期を過ぎ，安価で頑強な大衆車を生産すれば必ず売れ，高級車は必要ではないという信念が崩れはじめた時期であった。そして，23年にGMの社長となったアルフレッド・スローンは，フォードへの対抗を開始した。まず，企業内部では包括的で体系的な経営管理制度の確立につとめ，既に21年に導入が試みられていた事業部制を機能させた。また，1920年からは毎年モデルチェンジを実施し，21年にGM社内に心理調査課を設立した。さらに大量広告を積極的に行い，最高級車をキャデラック，上・中級車はビュイック，大衆車をシボレーとし，複数の価格クラスの自動車のラインナップを行った。スローンは消費者の財布の大きさに応じたあらゆる車をGMは提供するという考えを持っていた。これは，フォードがT型という単一車種に偏向していたのと対照的であった。このような状況に対して，フォードはT型からA型へ変更したが，その後も巻き返すことはできなかった[14]。

　つまりGMは，車種のフルライン生産，クラス分け，価格調整を基本としながら製品差別化，市場細分化を徹底し，単一車種の量産技術重視型のフォードに対して量産効果を生かしながらも，多車種の乗用車を量産したことでフォードよりも優位と

なった。さらに GM は，モデル・チェンジを定期的に行い，中古車の下取りを政策化し，販売金融会社の設立，フランチャイズの区域割り，販売割当基準の提示，自動車ディーラー（以下「ディーラー」）の経営安定化と中古車の下取りも新車の販売政策の1つとした[15]。GM はそれまでフォードが手がけなかったマーケティング政策をいろいろと取り入れていったことになる。それはユーザーが購入しやすい状況をつくり出していったことにあらわれている。

　フォードは，1927年5月に T 型の生産を中止した。計画的なモデルチェンジを考えず，販売悪化を背景としたモデルチェンジには社内設計部門の対立と整備が追いついていかなかった。そして，生産部門におけるマーチャンダイジングの不徹底が，その後のフォードの発展を遅らせたとしばしば指摘される。一方で GM は，商品の幅と深さが顧客満足をより高めることを認識し，既に実行に移していた。

　自動車産業は，非常に裾野の広い産業であり，その発展は鉄工，石油，ガラス，ゴムなどの多くの関連産業を刺激した。したがって自動車産業の発展は，関連産業の発展なくしては考えられない。そして，さまざまな産業が，自動車産業に対して部品や機械を供給することで，ビッグビジネスへと成長していった。当時，多くのアメリカ人にとって自動車は，ラジオ，家電製品と同様に必需品となった。そして，自動車はアメリカ人の生活を変え，アメリカ人に新しい機動力を与え，都市と農村を結んだ[16]。このようにアメリカを中心として成長してきた自動車は，やがて世界の多くの社会も変えていくこととなった。

3　海外における自動車のマーケティング・チャネルの構築

（1）自動車販売における問題

　自動車産業では，技術革新によって大量生産が早くから確立された。しかし，その製品を販売するための販売組織やフランチャイズ・システムが存在しなかったために，その販売・マーケティング・流通課題への対応を迫られた。自動車のマーケティング・チャネル（流通チャネル）が整備されるまでには紆余曲折があり，代理商，トラベリング・セールスマン，百貨店，通信販売業者，メーカーのブランチストア，ディストリビューターなど，さまざまな小売機関が自動車販売を手掛けていた[17]。しかし，既存の伝統的商業（流通）機関にそのまま自動車の販売を委ねるには，次のような問題があった[18]。

① 　自動車はその価格が高価であり現金や前払いであったこと
② 　メーカーによる全国広告が本格化していない段階では地方レベルでの広告やデモンストレーション販売が不可欠であり，プロモーション費用が嵩んだこと
③ 　アフターパーツの提供，修理サービス業務などを販売業務と並行して実施しなけ

ればならなかったこと

④　オフシーズンの在庫ストック

つまり，この当時の自動車販売における問題は，ほとんどが自動車という製品特性に起因するものであったといえる。

(2) 初期の自動車販売

自動車流通の歴史の中で，いわゆるディーラーがどのような形で出現したかについて示すことは困難であるといわれている。自動車販売の初期には，ディーラーという名の下にさまざまな営業形態が存在し，代理商の中にもディーラー機能をほぼ果たす流通業者も存在した[19]。メーカーと資本的な関係のない独立ディーラー企業の嚆矢は，1898 年にデトロイトの W.E.メッツアー社が，蒸気自動車を取り扱うディーラーを設置したのが最初であったといわれており，代理商のシステムは，1902 年に始まったとされている[20]。小売業者の中で，ディーラー企業へと発展していった流通業者は，自転車や馬車の販売業者が多かった。特に馬車の場合は，早くから全国的なディーラーによる販売（流通）組織が確立されていた。そのうちの典型的な馬車販売業者の中に，GM の創業者であったデュラントのデュラント＝ドート馬車製造会社があり，馬車のマーケティング・チャネルを活用して，ビュイックを中心とする自動車販売を手掛けたのは，GM の創業期において軌道に乗る大きな要因となった[21]。したがって，自動車ディーラーとなったのは，馬車と自動車では大きな違いはあるが，「移動手段」の販売について，多少のノウハウがあった業者であるといえる。

また，自動車の専業ディーラーを展開するにはかなりの資金が必要であったが，他人資本の導入が困難であったため，整備されたディーラー組織の全面的展開が難しかった。しかし，1907 年頃を境にして，ディーラーの参入が可能になったのは，自動車は販売のリスクが高くても，自動車販売の利幅が大きかったことにあった。次第に，地方のディストリビューターやブランチストアのマネジャー，地方資産家と結ぶことになった営業員（セールスマン）等は，自動車販売によって得た利益を再投資し，経営基盤を確立していった[22]。つまり，メーカーだけではなく，流通業者も同時に成長しはじめたのである。

(3) マーケティング・チャネルの構築

アメリカでは 1907 年に不況を迎えた後，メーカーはそれぞれのマーケティング・チャネル構築に傾注するようになった。それは専属ディーラー企業の育成やブランチストアとディストリビューターが，マーケティング・ネットワークを構想しはじめたことに表れている。08〜10 年の間は，ディーラー企業においては，それまでの代理店やディーラーとの契約が曖昧であった。それは契約当事者の責任と義務についての規定が設けられていなかったためである。そこで，契約書からエージェンシーの語を除き，ディーラー企業に排他的な販売権利を付与する規定を設けた[23]。この時点で

は，ディーラー企業に対する排他的利権の付与は，メーカーによるディーラー企業の系列化や販売条件の強化による支配というよりも，フランチャイズによる取引条件を明確化することが目的であった[24]。

　商品の販売方式としてのフランチャイズ・システムが，現在のような形に整備されたのは，1910年以降のことであり，自動車販売において典型的に見られた。フランチャイズは，メーカーがディーラー企業に対して，ある程度のコントロールを与えたが，他方でメーカーのディーラー企業への責任を限定する役割も果たすこととなった[25]。したがって，これまでかなり曖昧であり，さまざまな販売業者の多かった自動車流通が，かなり制度化されていったといえよう。

(4) 1920 年代までの自動車流通形態

1 ）自動車の大量流通体制

　1910年代に入ると，フォードはT型などの大量生産体制を背景に，ディストリビューターに依存することから離れ，ディーラー直売方式を採用する動きを見せはじめた[26]。フォードでは，J.カズンとN.ホーキンスが中心となり，全国的なディーラー企業の組織化に乗り出し，13年には7,000軒，20年には17,000軒のディーラー企業を組織化し，各組立工場のブランチ・マネジャーに直接監督させた[27]。GMやクライスラーもこれに倣い，低価格の量産車についてフォードと同様に行なうようになった。その結果，それまで活躍していたディストリビューターの存在は，あまり意味がなくなり，工場とディーラーの直接取引が進められたり，ディストリビューターにブランチ・オフィスが代わったりもした[28]。しかし，ディストリビューターはすぐには消滅せず，30年代まで中価格車や高価格車の流通においては残った[29]。

　1920年代のはじめまでに，自動車の流通形態は5つあった。図表1-1からもわかるように，ディストリビューターが，初期の自動車流通においては大きな地位を占めていたことがわかる。ディストリビューターが，重要な地位を占める条件は，①各メーカーの生産性が相対的に低く，その割にメーカー数が多く車種ブランドが多いこと，②メーカーとディーラー企業の資金が限定されており，市場が広範であるのに生産場所が限定されていることである[30]。したがって，流通段階がパワーを持つのは，相対的なメーカーのパワーの劣位がその背景にある場合といえよう。

2 ）自動車販売におけるフランチャイズ制

　1920年代におけるフォードとGMのマーケティング・チャネル政策は，対照的であったといえる。フォードのチャネル政策は，08年頃はディーラーに対して年間の割当台数を決めたフランチャイズ契約を強制していた[31]。そして，20年の不況の際も，自らの資金難を回避するために，過剰在庫の押しつけとディーラー契約の解除を盾にして，代金の前払い的な回収を行った。一方，GMは中規模メーカーの持ち株会社的な統合から出発した経緯があったため，各子会社のマーケティング政策の統一性

22

図表 1-1　1920 年代までに現れた自動車の流通形態

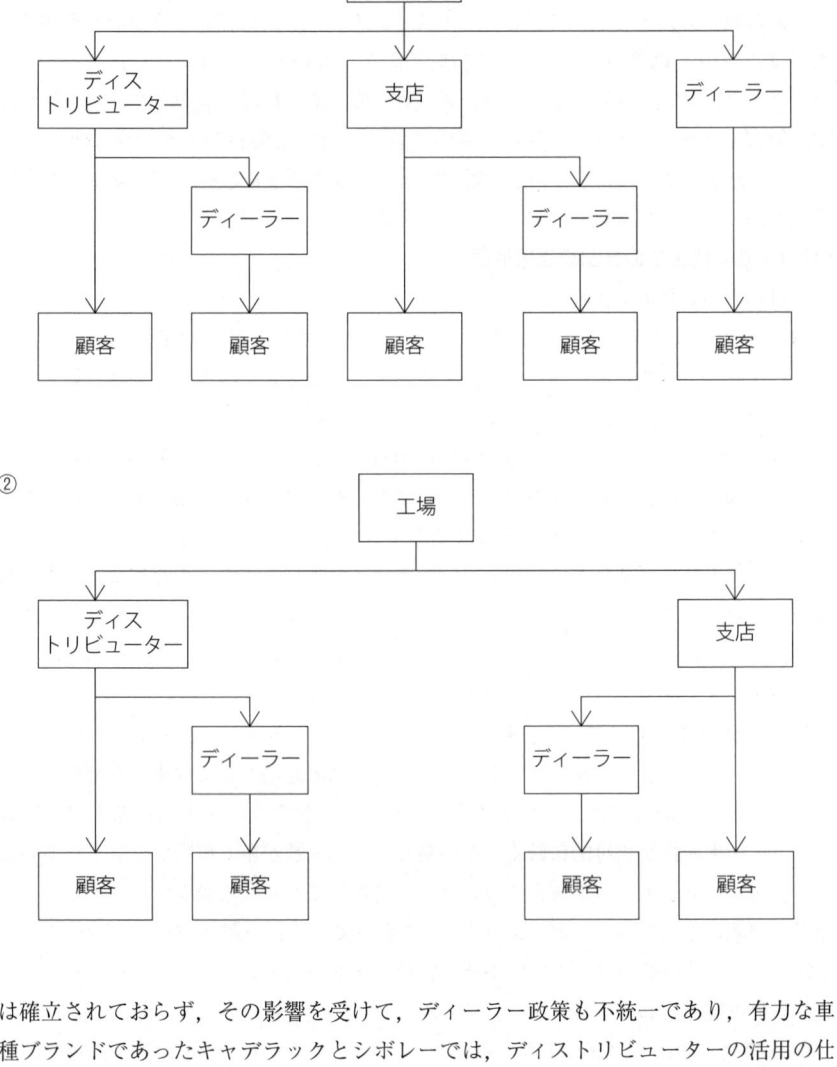

①

②

は確立されておらず，その影響を受けて，ディーラー政策も不統一であり，有力な車種ブランドであったキャデラックとシボレーでは，ディストリビューターの活用の仕方が異なり，シボレーでは早くからディストリビューターを活用せず，各車種ブランド毎にディーラー企業との協約内容には統一性が見られなかった[32]。そこには，低価格車は，フォードと同様にディーラーへの直売となったが，中・高級車においては，かなり遅くまでディストリビューター経由で販売していたことがわかる。

図表 1-1　つづき

③

④⑤

［出所］Epstein, R.C.(1928), "*The Automobile Industry*", p.134（一部改）

3）メーカーのディーラーに対する統制

　1920 年まではフランチャイズをめぐるメーカーのディーラー企業に対する統制の内容は，小売価格の維持とテリトリーの防御に限られたものであった。フランチャイズの契約期間は短く，相互に契約を解消することは比較的簡単であった。しかし，20 年代に入ると，ディーラー直売方式が普及したことで，包括的なディーラー企業に対する統制手法がフランチャイズ契約の中に盛り込まれるようになった。新しい契約内

容は，メーカーがディーラー企業に排他的代表権を要求するようになったことである[33]。この経緯でみられたのは，メーカーのディーラーに対する地位の変化である。それはメーカーが小規模な時代は，ディーラーなどの流通業者には，自動車を販売してもらっていたといえる状況であった。しかし，大量生産体制の確立などにより，メーカーが大規模化してくると，ディーラーなどの流通業者はメーカーにとってコントロール可能な対象となってきたのである。ここにおいて，20年代半ばにはフォードとGMがわが国に進出してきた際のマーケティング・チャネル政策が明確化されていたといえる。そして，このマーケティング・チャネル政策を，その後勃興してきたわが国の自動車メーカーも模倣し，自動車に典型的な流通チャネル・システムとして構築してきたといえる。

4　わが国における自動車の登場と販売

(1) 自動車の登場

　わが国における自動車の登場は，蒸気自動車が最初であった。しかし，登場時期については諸説存在している[34]。また，電気自動車の輸入は，1899年秋，横浜に居住していたアメリカ人が，自家用車としてアメリカ製の電気自動車であったProgressを輸入したのが最初とされる。当時は，三輪車は自動車の分類には入らなかったが，1900年に内務省の自動車取締令改正により，三輪車も自動車とされたため，これがわが国での電気自動車の最初とされる[35]。また，01年，皇太子春宮嘉仁親王（後の大正天皇）のご成婚を祝し，サンフランシスコの日本人会が，四輪の電気自動車を宮内省に献上した。しかし，この自動車の運転にはかなりの技術が要求され，すぐに壊れたという資料もあることから，当時のわが国では大きな話題とはならなかった[36]。したがって，当時としては，数十年後とはいえ，わが国で自動車が一気に普及するとは考えられなかった状況であっただろう。

(2) 自動車の輸入販売の開始

1）わが国における自動車販売の嚆矢

　わが国で販売を目的とした最初の輸入車は，1900年4月，横浜外人居住地のアメリカ貿易会社アメリカン・トレーディング・カンパニーが蒸気自動車（「ロコモビル」）1台を輸入したのが最初とされる。この蒸気自動車の運転は，アメリカン・トレーディング・カンパニーの機械部勤務であった宮崎峰太郎が，10日ほど指導を受けて習得した。したがって，宮崎がわが国で最初に自動車の運転をまともに習い運転した人物といえる[37]。

　わが国の貿易商が販売目的で輸入した最初の自動車は，アメリカ製蒸気自動車（「ナイヤガラ」）であり，横浜のブルーウェル兄弟商会によって輸入された。ブルー

ウェル兄弟商会は，フランス系の貿易商で本店はパリに所在し，支店がニューヨーク，横浜，神戸にあった。営業品目は，宝石や時計類であったが，1901 年 2 月，取扱品目に「ナイヤガラ」という名称の自動車が登場した[38]。わが国で最初の自動車輸入は，自動車が持つ商品特性には，アフターサービスが重要とされるなど，他の貿易品とは大きく異なっている。しかし，自動車販売は専業ではなく，多くの輸入品の 1 つとして取り扱われていたに過ぎない程度であった。さらに 01 年 4 月，アメリカン・トレーディング・カンパニーの支店長であった W.S. ストーンが，ロコモビル・カンパニー・オブ・アメリカ日本代理店を組織し，新橋駅芝口にわが国で最初のディーラーを設立した[39]。

2）日本人経営のディーラーの嚆矢

　日本人が経営したディーラー企業の第 1 号は，01 年 11 月，アメリカのエベンハイム兄弟商会の経営者エベンハイムと，四谷で自転車販売業をしていた松井民治郎が銀座でエベンハイムが輸入した自動車を販売したモーター商会である。モーター商会は，アメリカ製の蒸気自動車（「オリエント号」）を 1 台購入し，店先に展示した[40]。モーター商会は，オリエント号の他に，ブルーウェル兄弟商会のトーマス号，二，三輪車を販売した。02 年には，モーター商会はわが国で最初の新聞広告を掲載した[41]。また，02 年には，日本橋駿河町の三井呉服店が荷物運搬用に馬車や荷車に代えて自動車の使用をはじめた。その自動車はモーター商会が納入したフランス製ガソリン車（「クレメント」）であった[42]。さらに 10 年に京橋出雲町にあった吉澤商会は，東京の風景を車上から撮影し，これを市内の常設の映画館で上映した。これが映画が自動車とタイアップした最初であるといわれている[43]。

　しかし，自動車の構造や運転方法も正確にわかっていない時代であり，わが国では自動車が売れる土壌はなかった。モーター商会も 5 台を販売しただけで，すぐに廃業に追い込まれた[44]。モーター商会は，後に吉田真太郎に譲られ，会員組織によって自動車の運転方法を教え，抽選で 1 年後に自動車を受け取れる一種の無尽を計画したが，時代が先行しすぎていた[45]。わが国では 1911 年までに，21 の自動車ディーラー企業が設立されたが，販売台数がわずかであったために，経営難に陥り，すぐに閉店に追い込まれた[46]。したがって，欧米では既に本格的な自動車の販売が行なわれていたが，わが国においてはまだ自動車販売が可能な土壌すら整っていなかった。

(3) 本格的な自動車販売

1）本格的な自動車販売の開始

　モーター商会，オートモービル商会，東京自動車製作所が自動車販売の先鞭をつけたが，本格的な自動車販売の開始は，1909 年の日本橋の三共商会であったといえる。三共商会は，三共製薬の前身であり，自動車販売を立案したのはジアスターゼを開発した高峰譲吉であった。三共商会は，自動車の輸入と販売を一手に行い，わが国

ではじめて自動車の営業員（セールスマン）を雇用した。この時に契約したメーカーは，フォードであった[47]。その後，三共商会は，フォードの輸入販売権を捨てることになり，その販売権は10年に発足したイギリス系の貿易商社であったセールフレーザーが引き受けた。セールフレーザーが引き受けたことにより，自動車販売はさらに活発になり，11～12年頃には，自動車需要も増加するようになった[48]。また，18年にデトロイトで自動車販売の知識を習得するために働いていた秋口久八が帰国し，わが国で自動車販売をはじめようとした。秋口はフォード車の販売をはじめようとしたが，セールフレーザーが販売権を独占していたことと，アメリカとわが国のモータリゼーションの進捗状況など自動車事情の相違があったため，秋口はブローカー的な暫定的販売を行ったのみであった[49]。そして，セールフレーザーは，フォード代理店契約解消が行われた26年までは，フォードのT型を中心としたフォードの代理店であった[50]。代理店契約の解消は，フォードがわが国でノックダウン生産を開始し，直接ディーラー網を張り巡らせはじめたことが理由であった。

2）初期の自動車販売における影響力

　日本人が経営するディーラーの中で，歴史が古く，初期の自動車販売に大きな影響を与えたのは，日本自動車と梁瀬自動車であった[51]。日本自動車は大倉組と東京自動車製作所をその前身とし，1909年に大日本自動車製造に改組され，輸入自動車販売に力を入れた。さらに10年11月に，日本自動車合資会社に改組された。12年に日本自動車合資会社（後の日本自動車）が，イタリア製のフィアット号，ドイツ製のN.A.G.，イギリス製のデムラー，フランス製のローリング等各種の自動車を取り扱いはじめた。当時の日本自動車合資会社の販売台数は，1年間に22台であった[52]。その後，日本自動車は，昭和になって日産の代理店となった。

　梁瀬自動車は，1915年5月，三井物産自動車係主任であった梁瀬長太郎が，三井物産機械部の組織変更により，梁瀬長太郎個人名義の梁瀬商会を日比谷に創立したことに始まる。同年，日比谷に自動車保管業（貸しガレージ）を開業した。この頃，三井物産から継承したビュイック・モーター・カンパニー，キャデラック・モーター・カンパニーと，わが国における自動車販売に関する代理店契約があり，その後，GMが設立されたのを受けて，その販売とイギリスのウーズレー自動車会社との販売契約を結んだ。そして，20年には梁瀬商会を改組し，梁瀬自動車を創立し，GMの各種自動車の直販を開始した。また，梁瀬長太郎は欧米を旅行中に関東大震災のニュースを知り，震災後の自動車需要に応えるためにビュイック，シボレーなど2,000台の注文をし，第一便に500台を載せて帰国した[53]。その後，梁瀬自動車は，関東大震災後の自動車ブームにより，経営基盤を築き，現在でもわが国最大手の輸入自動車ディーラー企業である。

5　わが国における自動車生産の開始

(1)　自動車組立の開始

　わが国で国産車がはじめて生産されたのは，輸入した自動車を分解し，エンジンなどの主要部品を取り外し組み立てたために，厳密な意味での国産第1号を特定することは難しい。

　東京・京橋区木挽町にあった双輪商会は，アメリカ製の自転車（「デートン号」）を販売していたが，吉田真太郎が，1901年に自転車の仕入のために渡米した際に，自動車の将来性を感じ，エンジンを輸入して帰国した。その後，先に取り上げたように銀座のモーター商会が経営難であることを知った吉田が，これを譲り受け，オートモービル商会として，自動車の組立を開始した。組み立てたのは，ウラジオストックに渡って，自動車の構造や運転を学んだ自転車販売店の技師内山駒之助であった。しかし，組み立てた自動車は構造上の問題から，頻繁にタイヤが外れたり，既存の馬車業者からの営業妨害に遭い，9ヶ月で倒産し，本来の双輪商会の営業に専念することになった[54]。

　また，蒸気自動車は，1904年5月に日本では山羽虎夫が山羽式蒸気自動車を独力で完成させ，岡山の中心街を走行した。しかし，タイヤの耐久性に問題が生じ，使用されなかった[55]。また，吉田真太郎と内山駒之助は一度自動車の製作に失敗した後も，研究を継続していた。わが国ではフォードA型トノーは，大阪の自動車輸入会社の岡商会が輸入していた。このフォードA型は，04年に吉田が設立した東京自動車製作所が，広島の杉本岩吉に乗合自動車を販売した際，営業指導に出張していた内山駒之助が帰郷する折に岡田商会に立ち寄り，3ヶ月かかってスケッチし，国産ガソリン第1号製造の参考にした。この国産ガソリン車は，有栖川宮の要請により，資金援助を受けて製作した。エンジンのシリンダやブロック，ピストンは，埼玉県川口の砲兵工廠の仕事を請け負っていた鋳物屋で製作し，タイヤ，バッテリー，プラグは輸入品を使用した。その後完成させ，07年10月に有栖川宮に納入された。この自動車は，「ガタクリ，ガタクリ」という音を立てて走行することから，「タクリー号」と呼ばれるようになった。第1号車の完成が新聞報道されると，多くの注文に応えるために本格的に生産に移行する段階となった。しかし，自動車は国産よりも外国製の方がよいと考えられていた時代であったために，人気も一時的なものとなり，結局17台生産し，3台の在庫を抱えたまま資金繰りに窮した[56]。ただ，タクリー号に刺激され，10年頃，国産車の生産ブームが起きた。国末自動車製作所が09年に「国末号」を2台生産し，11年には東京自動車製作所が設立され，「東京カー」と呼ばれる自動車を生産し，バスとトラック中心の当時では最大の自動車生産会社となった。

(2) 自動車生産における試行錯誤の継続

1）試行錯誤段階の自動車生産

　電気自動車の生産は，1908 年に東京電燈が電気自動車をアメリカから輸入し，これをスケッチして，日本自動車に製作させ，11 年に完成した。これがわが国における電気自動車生産の最初であった。その後，わが国では多くの人々や組織が自動車生産を手掛けたが，多くは「手作り」段階にとどまっている。手作り段階にあったわが国の自動車生産を産業にする最初の試みは，橋本増治郎が 11 年 4 月，東京・麻布に快進社自動車工業を設立したことによる。橋本が製造した自動車は，二気筒，10 馬力，3 人乗り，時速 20 マイルの試作車を計画し，これに DAT（脱兎）号と命名した。この命名は，出資者であった田，青山，竹内のローマ字読みの最初のアルファベットが付された。DAT 号の第 1 号は失敗したが，13 年には 2 号車が完成し，試運転も成功した。この DAT 号が，ダットサン・ブルーバードの技術の源流となった[57]。同じ頃，大倉組の大倉喜七郎が，留学したケンブリッジで技術を習得し，帰国後，イギリスやフランスから部品を輸入し，日本国内で組み立てて，販売しようとしたが，借金が重なり，大倉組がこれを引き受けて，09 年 7 月に，社名を大日本自動車製造合資会社に変更した[58]。その後，大日本自動車製造は，日本自動車合資会社に改組された。

2）国産自動車の輸出

　1915 年から，三菱財閥の豊川良平の長男順弥は，独創的な自動車生産に着手した。そして，20 年に東京・日本橋通りに白楊社を設立し，小型国産自動車である「オートモ号」を製造した。オートモ号は，技術的にも，工作精度も優秀であったため，25 年には中国・上海から引き合いがあり，わが国の自動車輸出第 1 号となった。オートモ号は，26 年までに 303 台生産されたが，国産車の販売には赤字が発生し，27 年には白楊社は経営不振に陥り，解散した[59]。豊川は，自動車の販売にはワン・プライス制を採用し，国産車発展のために薄利多売を目指したため，利益率が非常に低くなった。当時の自動車販売では，リベートを取ることが常識であったが，オートモ号にはリベートを出す余裕がなかった。また，豊川とオートモ号の崩壊は，わが国の未熟な自動車社会ではなく，自動車のセールスマンにも問題があった[60]。したがって，国産自動車の生産，販売がほとんどシステム化されていなかったといえよう。

3）自動車工場の整備

　東京瓦斯電気工業は，以前からトラックの部品生産を委託されていた。そのため，1913 年に東京瓦斯電気工業（当時は東京瓦斯工業）を設立し，17 年に自動車部が，T.G.E.を試作し，18 年には重量が 1.5 トンもある貨物自動車を 10 台完成させた。そして，純国産であることを示すために，後に「ちよだ」に改称した[61]。また，小型車を手がけた企業には，19 年 12 月に久保田鉄工が支援して，大阪で実用自動車が設立

された。

　ただ，当時のわが国の所得水準は低く，乗用車が普及する基盤は整っていなかった。自動車社会が構築されるにはまだ時期尚早であり，わが国に自動車社会を構築するための担い手となる自動車のセールスマンのモラールが確立していなかったために実現しなかった。

　1918年に，自動車の製造資格は日本人の会社で主要部品を自社で生産し，性能試験を行い，生産能力が年間100台以上とするという「軍用自動車補助法[62]」が公布された。この法律以前に自動車生産を開始していたのは，02年にオートモービル商会，双輪商会，04年に東京自動車製作所，09年に大日本自動車製造合資会社，10年に芝自動車製作所，宮田製作所，日本自動車商会，11年に快進社，東京自働車製作所，16年の東京瓦斯工業であった[63]。また，18年の軍用自動車補助法の公布までに工場が整備できたのは，東京自動車製作所，東京自働車製作所，快進社の3社のみであった[64]。さらに工場を整備し，自動車生産を開始した3社についても，当時のわが国の生産技術の立ち後れや，生産対象としての部品の素材調達が困難であり，企業としての発展には厳しい制約があった[65]。

(3) 自動車生産における大きな壁

　わが国での初期の自動車生産は，稚拙なままの産業から飛躍することができずに，失敗に終わったといえる。また，軍国主義の高まりにより，自動車生産は民間使用から，軍使用へと変化していった。この時期の自動車生産は，個人や零細企業レベルにおける生産の取り組みから，組織的生産への取り組みへと変化してきたといえる。特に，日清戦争，日露戦争により急成長を遂げたわが国の造船会社は，多くの利益を得て，剰余金を自動車生産へと振り向けることを志向しはじめた。

　石川島造船所はイギリスのウーズレー社と契約し，ウーズレーA型乗用車の第1号を生産した。しかし，これは輸入車に比べて割高であったため，軍用自動車の資格取得は1924年となった。石川島造船所とウーズレーとの契約は，25年に解除され，国産車の名称は「スミダ」に決定した。そして，29年に，石川島造船所から自動車部が独立し，石川島自動車製作所となった[66]。また，三菱造船神戸造船所は，自動車の試作を開始し，17年にフィアットA型モデルの試作に成功した。さらに軍用自動車補助法施行後に，自動貨物車を完成させ，軍の試験にも合格したが，自動車産業への参入は時期尚早と判断した。本格的に自動車生産を開始したのは，32年の大型バス「ふそう」B46型からであった[67]。

　東京石川島造船所と三菱造船神戸造船所は，総合工業としての利点を生かすと，自動車生産が可能な条件を備えていたが，造船と自動車生産を比較した場合，生産構造と市場構造には大きな相違があった。特にマーケティング・チャネル網やアフターサービス網は，自動車工業と造船工業とでは生産面以上に対照的な面を有してい

た[68]。自動車の生産面では，既存の他工業の生産設備などを使用し，生産することが可能であった。しかし，生産した自動車を販売するチャネル，また，販売した後に，ユーザーに対して，アフターサービスを提供する体制を整備しなければならなかった。これは自動車という製品の製品（商品）特性に由来するものであり，自動車の普及には必要なことであった。

おわりに

「20世紀は自動車の時代であった」としばしばいわれる。そして，21世紀も，「ガソリン自動車」以外の自動車の可能性を考えると，おそらく，21世紀も当分は自動車の時代が継続するであろう。自動車の世紀といわれた20世紀の最後の四半世紀を牽引してきたのはわが国であった。そのようなわが国であっても，20世紀の最初には，全く自動車産業というものが成立しておらず，また，将来大きくわが国の産業を支える産業になろうとは考えられなかったような状況であった。ただ，自動車に対する志のある者たちは，海外の自動車に刺激され，多くの者は挫折を経験したが，何度も立ち上がり，わが国に自動車を走らせる夢を見ていたことは，本章によって明らかにされたことである。さらに販売の問題は，わが国における自動車時代の初期から存在し，克服していかなければならなかった課題であったことはいうまでもない。そこには，自動車という製品の大きな製品特性があり，非常に技術的な製品であり高価格という問題があった。

— 注 —

1）木村敏男（1959）『日本自動車工業論』日本評論新社，pp.1-2
2）荒川久治（1995）『自動車の発達史（上）』山海堂，pp.6-7
3）荒川（1995），pp.10-12, p.18
4）荒川（1995），pp.25-26
5）木村（1959），p.6
6）荒川（1995），pp.32-33
7）木村（1959），p.6
8）佐々木烈（1994）『明治の輸入車』日刊自動車新聞社，p.84
9）木村（1959），p.18
10）荒川（1995），pp.34-35, pp.38-39
11）田中紀夫（2004）「三大エネルギー革命と自然環境の変貌」『石油天然ガスレビュー』（独）石油天然ガス・金属鉱物資源機構，p.45
12）田内幸一（1990）『マーケティング』日経文庫，pp.21-26
13）天谷章吾（1982）『日本自動車工業の史的展開』亜紀書房，p.10

14) 加茂英司（1996）『再販制と日本型流通システム』中央経済社，pp.4-5，荒川久治（1995）『自動車の発達史（上）』山海堂，pp.39-40，天谷章吾（1982）『日本自動車工業の史的展開』亜紀書房，p.11

15) 荒川（1995），p.40

16) Blackford, M.G. and A. Kerr (1986), *Business Enterprise in American History*, Houghton Mifflin Company，（川邉信雄監訳（1988）『アメリカ経営史』ミネルヴァ書房，pp.254-255），影山喜一（1999）『通商産業政策論研究　自動車産業発展戦略と政策効果』日本評論社，p.125

17) 下川浩一（1975）「米国自動車産業におけるマーケティングの成立と展開（1）」『経営志林』第11巻第3号，pp.3-5

18) Hewitt, C.M. (1956), *Automobile Franchise Agreement*, Richard D. Irwin. Inc. p.18

19) Hewitt (1956), p.10, p.20

20) Hewitt (1956), p.10

21) Pound, A. (1934), *The Turning Wheel*, N.Y., pp.364-365

22) 下川（1975），p.5

23) Hewitt (1956), p.41

24) 下川（1975），p.6

25) 下川（1975），p.7

26) Clewett (1954), p.96

27) Rae, J.B. (1965), *The American Automobile*, p.61, p.82

28) Clewett (1954), pp.96-98

29) Griffin, C.E. (1925), Wholesale Organization in the Automobile Industry, *Harvard Business Review*, April, p.428

30) Clewett (1954), p.95

31) Hewitt (1956), p.47

32) 下川（1975）「米国自動車産業におけるマーケティングの成立と展開（2）」『経営志林』第11巻第4号，p.46

33) Hewitt (1956), pp.16-17

34) 「自動車初輸入」・佛国ブイ機械製造所デフネ技師は佛国に於いて馬車の代わりに発明されしトモビルと称する石油の発動にて自由自在に運転する自動車一輌を見本として携え来たりしが其最高速力は一時間三十キロメートルをしるすよし」（「東京朝日新聞」1898年1月11日付）この記事は，交通史家齊藤俊彦によって発見されたが，この記事の発見の糸口は，フランス人風刺画家ジョルジュ・ビゴーが1898年に出版した「極東にて」野中で，「東京に初めて出現した自動車」と題した絵に自動車の試運転の様子が1897年に描かれているため，日本での自動車は1897年という説も一理ある。

35) 尾崎正久（1955）『自動車日本史　下巻』自研社，pp.35-36

36) 尾崎（1955），p.38，佐々木（1994），pp.14-16，永田広治（1959）「自動車産業はどのような産業か」ダイヤモンド社編『自動車』ダイヤモンド社，pp.4-5

37) 荒川（1995），p.3

38) 佐々木（1994），p.20

39) 荒川（1995），p.3，佐々木（1994），pp.30-34，「日刊自動車新聞」1979年4月16日付

40) 「日刊自動車新聞」1979年4月16日付

41) 1902年1月18日，萬朝報に掲載した「米，仏，英製乗用貨物各種，原動力瓦斯式，電気式，蒸気式各種自動車説明書御入用の向は郵券六銭其他は二銭御送付乞う」というものであった。

42) 佐々木（1994），p.58

43) 大澤喜市（1950）『日本自動車史と梁瀬長太郎』日本自動車史と梁瀬長太郎刊行会，p.15

44) モーター商会が閉鎖したのは，1904年5月という記述（荒川（1995），p.49）と，1903年9月という記述（永田広治（1959）「自動車産業はどのような産業か」ダイヤモンド社編『自動車』ダイヤモンド社，p.46）がある。

45) 永田（1959），p.46

46) 「日刊自動車新聞」1979年4月16日付

47) 尾崎（1955），pp.5-9，永田（1959），pp.47-48

48) 尾崎（1955），pp.10-11

49) 尾崎正久（1942）『日本自動車史』自研社，p.376

50) エンパイヤ自動車（株）(1983)『エンパイヤ自動車70年史』p.21

51) 「日刊自動車新聞」1979年4月16日付

52) 大澤（1950），p.16

53) 大澤（1950），pp.39-40，p.75

54) 荒川（1995），p.5，佐々木（1994），p.47

55) 永田（1959），p.46

56) 荒川（1995），p.10，佐々木（1994），pp.87-88

57) 石山順也（1989）『日産・快進撃へ』日本能率協会，pp.43-44，荒川（1995），p.11，大澤（1950），p.15，加護野忠男（1988）「企業家精神と企業家的革新」伊丹敬之・加護野忠男，小林孝雄・榊原清則・伊藤元重著『競争と革新―自動車産業の企業成長』東洋経済新報社，p.61

58) 荒川（1995），p.10

59) 荒川（1995），p.12

60) 尾崎（1955），pp.111-112

61) 大澤（1950），p.37

62) 軍用自動車補助法は，日本で最初の自動車工業行政であった。この法律は，①年間100台以上の生産能力を有するメーカーを指定し，製造補助金を支給し，軍用保護自動車を製造させる，②その車種の購入者に購入のための維持補助金を支給する，③有事の際は所定の徴発金を支払い，それを軍用に用いる，ということをその骨子とした。（自動車工業会（1967）『日本自動車工業史稿（2）』p.530，永田（1959），pp.49-50）

63) 公正取引委員会（1959）『自動車工業の経済力集中の実態』p.2

64) 小平勝美（1968）『自動車　日本産業経営史大系　第5巻』亜紀書房，p.28

65) 四宮正親（1984）「戦前の自動車産業―産業政策とトヨタ―」西南学院大学『経営学研究論集』第3号，p.62

66) 荒川（1995），pp.13-14

67) 荒川（1995），p.14

68) 星野芳郎・向坂正男（1955）「機械工業の史的展開」『現代日本産業講座Ⅴ　機械工業1』岩波書店，p.37

第 2 章

わが国における 1920 年代のアメリカ系 2 社による自動車販売

——日本フォードと日本 GM のマーケティング・チャネル構築を中心に——

はじめに

　自動車メーカー（以下「メーカー」）のマーケティングは，大量生産を基盤として確立した。そして，それらの大量販売に対応するためにディーラー設置やフランチャイズ・システムの確立要請が強まった。しかし，急速に自動車の大量生産が拡大したことにより，メーカーの要請に応えるディーラー・システムやフランチャイズ・システムが存在しなかった。そのため，各メーカーはマーケティング・チャネル問題への対応を迫られた。また，既存の流通システムにそのままチャネル問題を委ねるには，自動車流通は多くの問題があった[1]。それは自動車が持つ商品の特殊性によるものがほとんどであった。

　わが国市場へのアメリカ系 2 社の進出は，1925 年に Ford Motor（以下「フォード」），27 年に General Motors（以下「GM」）が日本法人を設立，工場を建設し，直接進出を果たした。部品のほとんどを本国から輸送して，わが国の工場で組み立てるノックダウン（KD）方式による生産であった。そして，アメリカ系 2 社のマーケティング・チャネル・システムは，後にトヨタによってわが国の市場に適合するように修正されたとされる[2]。つまり，わが国のメーカーのマーケティング・チャネル・システムの原型は，日本フォードや日本 GM が構築したマーケティング・チャネル政策にあるといえるだろう。また，その後惹起する「競争の二重構造」[3]の問題は，日本フォードと日本 GM のわが国におけるマーケティング・チャネル構築の中で，一部分は醸成されたといえる。本章では，このアメリカ系 2 社がわが国で構築したマーケティング・チャネルの構築の軌跡について，わが国に進出するにあたって，アメリカでのマーケティング方法をどのように入れようとしたのかについて考察していきたい。

1　アメリカにおける大量生産の拡大とモデルチェンジ

(1) 1920年代半ばにおけるアメリカの自動車生産の変容

　1920年代半ばには，アメリカ全体の自動車工場の生産能力は，年産600万台に達しており，自動車産業は，成長段階から競争段階に突入することになった。そして，生産よりもマーケティングが大きな課題となっていった。つまり，メーカーにとっては，顧客に1台目の自動車を販売することが大きな課題ではなく，既にユーザーとなっている顧客に，いかに2台目を購入してもらうかということが課題となった。そして，メーカーにとっては，さまざまなコストを低く抑える一方で，市場における自動車の販売価格の低下を防ぐためには，効果的な調整，評価，計画立案が必要不可欠となっていた[4]。したがって，アメリカでは生産の課題だけではなく，販売（マーケティング）の課題に大恐慌以前に向き合わなければならなくなった。

　前章でも取り上げたように1925年以降，GMが生産する自動車の販売台数が増加し，26年には生産量はフォードに近づいた。フォードはモデルチェンジを計画的に考えず，販売悪化によるモデルチェンジでは社内設計部門の対立を招き，整備が追いつかなかった。28年になるまでフォードは，GMが行ったような改革を行わなかった。そして，27年のはじめに，フォードは，極めて低い販売量（市場の4分の1未満）となったため，ついに27年5月にT型の生産を中止した。人々に「安物自動車」「ブリキ製のエリザベス」と呼ばれ，累計で1,500万台以上も大量生産されたT型によって，市場は満たされ成熟していた[5]。また，フォードは，A型に切り替えるまでの数ヶ月間，工場閉鎖を余儀なくされた。その後，29年にA型を市場に送り出したが，フォードの市場占有率は31.3%に過ぎず，GMは32.3%となり逆転した[6]。

(2) 自動車産業におけるマーケティング政策の浸透

　1929年10月29日の暗黒の火曜日は，自動車産業に大きな打撃を与えた。景気が上昇していたはじめの第3四半期が，29年はフォードにとって利益を上げた最後の年であった[7]。フォードのT型，A型ともにすばらしいエンジンを備えていたといわれるが，依然としてマーケティング政策とディーラー対応を十分に改善しなかったため，自動車産業界における主導権を回復することができなかった[8]。それだけでなく，フォードは車種を拡大するために22年に買収したリンカーン工場に注力したが，市場占有率は回復しなかった。フォードが低い水準のモデルチェンジにならば対応できたため，20年代のアメリカ自動車業界ではモデルチェンジが頻繁に起こった[9]。大量生産が移行期に入ったのは，GMがモデルチェンジ政策を議論しはじめた25年からであった。そして，GMだけでなく，32年あるいは33年までフォードにおいてもモデルチェンジをマーケティング政策として取り入れるようになった。したがって，20世紀アメリカの大量生産を十分に理解するには，「モデルチェンジ」の過

程を理解しなければならないとされる[10]。このモデルチェンジは，その後のメーカーの重要なマーケティング要素となり，わが国でもどのメーカーにおいても戦略的に取り入れるようになった。

　フォードが圧倒的優位を占めていた低価格市場での GM の対抗車は，シボレーであった。シボレーの乗用車生産台数は，1924 年には 28 万台であったが，28 年には 100 万台を超えるようになり，そのスタイルは毎年変更された。フォードの場合，突如としてモデルチェンジを行ったが，シボレーの場合は生産量を着実に増やしながら，モデルチェンジのノウハウを進化させた[11]。31 年以降，GM はフルライン政策を採用し，自動車市場に深く食い込み，優越的な地位を築くことになった。

　フォードは，1908 年から開始した T 型の大量生産により，大きな成功を収め，それにより「新奇さへの追求」がアメリカにもたらされた[12]。新奇さへの追求は，最終的にはアメリカ自動車産業でモデルチェンジを毎年行う時代を招来した。フォードによって幕があけられた自動車の世紀であった 20 世紀は，GM がモデルチェンジと顧客視点のマーケティング政策を採用することによって次第に変化していった。

2　アメリカにおける自動車流通システムの形成と革新

（1）1900 年代初期の自動車流通

1）さまざまなマーケティング・チャネル

　アメリカではメーカーが大量生産を確立する以前，強力な地場資本が自動車流通に参入していたため，ディーラー企業の地位がはじめから高かった。アメリカでは 1900 年から 20 年までにメーカーは，直営ディーラー企業を通して直接販売や独立したディーラー企業への卸売など，さまざまな流通方法を試行した[13]。

　大量生産には大量販売が必要なため，大衆車販売には全国的な流通チャネルが必要であった。それは，販売した自動車に万一トラブルが発生した際には，迅速で適切なサービスを提供していかなければならないからであった。したがって，メーカーの展開の成否は，自社のマーケティング・チャネルをうまく構築できるかどうかにかかっていた[14]。そして既に 1920 年代に入る前から，アメリカ系 2 社はマーケティング・チャネル構築の重要性に気がついていた。

（2）フォードのマーケティング・チャネル政策

　アメリカでは第一次世界大戦後の急激な景気後退により，戦争によってもたらされたブームは，1920 年の春から夏にかけて跡形なく消えた。ブームの消滅とともに自動車需要も急減した。しかし，ヘンリー・フォードは，市場の根本的な変化を受け容れようとはせず，20 年の不況の際も，自らの資金難を回避するために過剰在庫の押しつけとディーラー契約の解除を盾に代金の前払的回収を行った。納入業者に対して

図表 2-1　フォードの販売組織における指揮系統（1917年当時）

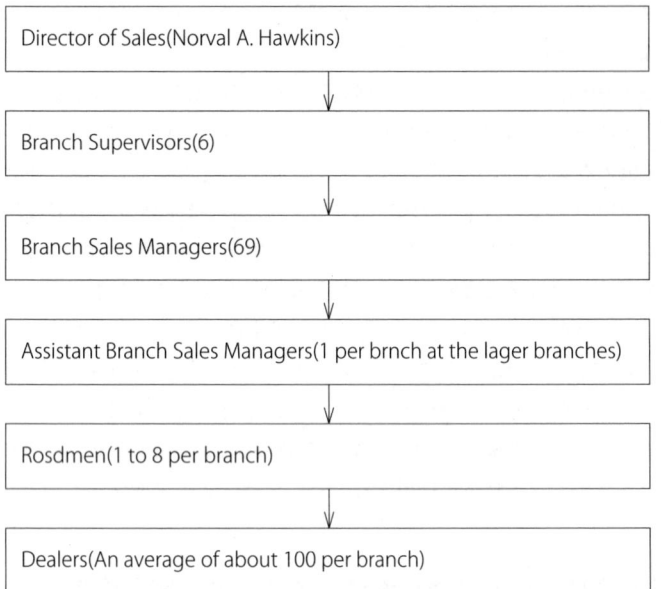

```
┌─────────────────────────────────────────────────────────────┐
│ Director of Sales(Norval A. Hawkins)                          │
└─────────────────────────────────────────────────────────────┘
                            ↓
┌─────────────────────────────────────────────────────────────┐
│ Branch Supervisors(6)                                         │
└─────────────────────────────────────────────────────────────┘
                            ↓
┌─────────────────────────────────────────────────────────────┐
│ Branch Sales Managers(69)                                     │
└─────────────────────────────────────────────────────────────┘
                            ↓
┌─────────────────────────────────────────────────────────────┐
│ Assistant Branch Sales Managers(1 per brnch at the lager      │
│ branches)                                                     │
└─────────────────────────────────────────────────────────────┘
                            ↓
┌─────────────────────────────────────────────────────────────┐
│ Rosdmen(1 to 8 per branch)                                    │
└─────────────────────────────────────────────────────────────┘
                            ↓
┌─────────────────────────────────────────────────────────────┐
│ Dealers(An average of about 100 per branch)                   │
└─────────────────────────────────────────────────────────────┘
```

［出所］Tedlow, R.S. (1990), *New and Improved*, Harvard Business School Press, p.142

は，突然発注を取り消し，捨て値で手持ち品の売却を余儀なくさせた[15]。まさしく，メーカーの経営のみを考えた行動であり，マーケティング志向とはいえないものであった。

(3) GM のマーケティング・チャネル政策

　GM は製品開発や製品差別化と同様，ディーラー企業との関係にも細心の注意を払った。1923年に，GM の社長に就任したアルフレッド・スローンは，独立ディーラー企業との契約によって密接な関係を築くフランチャイズ・ディーラー制度を採用した。その理由は，変動の激しい市場に対応するためにはメーカーとディーラー企業との密接な関係が重要と考えたためであった。ディーラーはユーザーの需要を速やかにメーカーに伝え，また，メーカーは速やかに必要な補修部品や宣伝・広告資源をディーラー企業に供給することが必要であった。スローンは，メーカーとディーラー企業との密接な関係を重視していたが，ディーラー企業を垂直統合することはしなかった。それは中古車の下取り手続き等が煩雑であったため，メーカー自ら行うべきではないと考えたためであった[16]。つまり，流通機関を自社のものとせず，外部に委ねた方が取引コスト等の面で有利と判断したためである。

　また，実際に統合しなかったのは，1919年当時には，6,774社のフォードのディー

ラー企業が存在しており，合計投資額は3,400万ドル，フォードの総資産が2億6,000万ドルに達していたためであった。したがって，すべてのディーラー企業を買収することは難しかったことがその背景にあった。ディーラー企業は既にメーカーが買収して直営するには大きくなりすぎていたのである[17]。さらにGMは，メーカー直営店が雇用したマネジャーよりは，自ら投資しているフランチャイズ・ディーラーのオーナーの方が熱心に販売促進を行うと考えた。つまり，メーカーがディーラー企業を直営にしてしまうと，需要の読み間違いやスタイルの失敗のリスクをメーカーがすべて吸収しなければならないが，フランチャイズ・システムにおいてはそのような失敗の部分をディーラー企業が一部吸収したからである[18]。つまり，スローンは，既にリスク・マネジメントも行っていたことになる。

(4) 販売金融の開始

　1920年代におけるフォード，GM両社のディーラー企業との関係を見ると，その政策はしばしば正反対であったことがわかる。まず，スローンは，時間経過とともに変化するディーラーの欲求を十分に汲み取る態度を示した。新車については，ディーラー・マージンをフォードのそれよりも大幅に上回る定価の24%まで引き上げた。また，スローンらはディーラー企業に近代的な会計制度の導入を指導し，ディーラーが過剰在庫とならないように注意を払った。さらにGMは，ディーラー及び顧客（ユーザー）に対する金融に先鞭をつけ，GMの財務担当者であったジョン・J・ラスコブは，19年に早くもGM販売金融会社を設立した[19]。

　また，メーカーとディーラー企業の専売制契約の契約履行をめぐっては，メーカーとディーラー企業の間での係争が絶えなかった。裁判所は，一旦契約書に署名したならば，結果については当事者が全責任を負わなければならないという「契約の自由」の原則に基づき，メーカー側に有利な判決を下す傾向にあった。そこでディーラー企業側は，アメリカ議会への陳情を積極的に行った。その陳情をする機関となったのは，1917年に設立されていた全米自動車販売店協会（National Automobile Dealers Association：NADA）であった。全米自動車販売店協会は，元来自動車売上税反対と高速道路建設の陳情活動を行っていたが，メーカーとディーラー企業との契約見直しについて議会に陳情するようになった[20]。したがって，アメリカでは第一次世界大戦直後には，メーカーの規模は拡大し，メーカーだけではなくディーラー企業も次第に組織化され，政治的影響力を持つに至っていた。

3　アメリカ系2社のわが国市場進出前後の状況

(1) 関東大震災後のわが国自動車市場の変化

　関東大震災以前のわが国の自動車流通は，貿易商社・ディーラー企業が生産国の

メーカーの代理権を取得して販売を担当していた。ただ大震災前までは，独立の事業としての自動車販売は難しかったといわれている。しかし，大震災の復興のために東京市が，フォードにトラックシャーシ 1,000 台の注文をし，すぐに「円太郎バス」と呼ばれ，使用された。自動車はこれを契機に東京だけでなく，地方へも伝播した。急増した需要に応えるために自動車の着荷期間と価格，そしてユーザーの移動により，わが国の自動車市場は，「ヨーロッパ車時代」から「アメリカ車時代」へと変化し，その規模は一気に拡大した。

秋口久八は関東大震災後の急増するわが国の自動車需要を見て，自動車の将来性に希望を抱き，フォードのわが国での組立による需要拡大を予想した。そして，セールフレザーの輸入権を解消し，自らがフォードの直接販売者になろうとした。そのために秋口は 1924 年 3 月に渡米し，フォードの幹部に面会した[22]。秋口の積極的な説得にはほとんど耳を貸す者がいなかったが，フォードは社員をわが国に派遣することにした。24 年 9 月 15 日に，フォードの調査員であったチェース・A・ロバーチは，横浜に降り立つと無数に往来する自動車と大震災からの復興状況に驚いた。さらに帝国ホテルでは，有力財界人がフォードの工場建設に双手を挙げて歓迎した。そして，1ヶ月後，ロバーチは本社にわが国に工場建設をすることの将来性について打電して報告した[23]。当時，フォードは，東アジアの拠点としては以前から中国・北京を計画していたが，それは遅々として進んでいなかった[24]。また，セールフレザーの販売政策に問題があったために，販売契約を破棄し，わが国進出を決断した[25]。1926 年までに，完成輸入車を扱うディーラーは，メイン・ディーラーが全国で約 40 の商社が設立され，サブ・ディーラー，地区ディーラーを入れると，その数は莫大なものとなっていた[26]。

(2) わが国におけるフォード車販売

前章でも取り上げたが，秋口久八は，わが国で自動車販売をしようとしてアメリカに渡り，それを学び帰国した。当時，わが国でフォード車の販売権を握っていたセールフレザーの代理店には，万世橋の松永商店，エンパイヤ自動車商会，秋口久八の秋口商会，九段で白木屋の事務山田忍三があった。その後，山田がビュイックを扱うようになり，中央自動車がフォードを販売することになった。後に秋口は GM の自動車であるシボレーを販売するようになったが，これはフォードが T 型を廃止して A 型を発表するその空白が待ちきれず，乗り換えたためである。日本商会は，後年大阪から進出して秋口の後を追い，フォード車を販売するようになり，松永，中央，日本商会，エンパイヤの 4 社が，長くフォードのディーラーとして知られるようになった。シボレーは，秋口が販売をやめた後は，太陽自動車，朝日自動車が販売を手がけた。また，梁瀬は最初ビュイックを販売していたが，GM とは折り合わず，当時はシュチュードベーカー代理店をしていた。その後，契約を復活させ，ビュイック，

キャデラックを扱った。安全自動車はダッジ，八洲自動車はプリムス，クライスラー，葵自動車はナッシュ，日本自動車は自動車百貨店といわれたその名にふさわしく，ハドソン，エセックス（後のテラブレン）等を扱っていた。さらに三和自動車は，パッカード，相羽有はスターを扱っていた[21]。しかし，当時のわが国のディーラー企業の状況は，同時期のアメリカの事情と比べると企業としても弱小であり，その地位は販売窓口としての役割しかなく，国産メーカーの地位と同様に低いものであった。

(3) わが国市場へのアメリカ系 2 社の直接進出

1) フォードのわが国への進出

　フォードは，1925 年 2 月に資本金 400 万円で日本フォードを設立した。そして，翌月から用機到着を待って直ちに据え付けを終え，コンベアシステムによる組み立て作業を横浜市緑町で開始した。27 年には横浜市子安埋立地に工場を新設し，移転した。新工場は 11,300 坪の敷地に建坪 4,200 坪，年間組立能力 7,000〜8,000 台と，当時のわが国の自動車工場とは比較にならない規模であった[27]。フォードが横浜を選んだ理由は工場設置条件として，海運の便のよい場所で，鉄道の引き込みが可能なためであった。しかし，適当な場所がなく，太平洋に接し，東京という大消費地を抱えているところに近いということで横浜に決定した。

2) GM のわが国市場への進出

　わが国でフォードが工場建設をした頃，GM の生産車であるシボレーはほとんど走行しておらず，ビュイックが多少走行していた程度であった。GM は，フォードによる東アジア市場独占の懸念とそれへの対抗上，わが国市場への進出を決意した。そこで，1926 年 4 月，ニューヨーク GM 輸出会社社員のハワードが来日し，GM の日本工場設置に対する反応を得ようとした。フォードと同様に各方面から歓迎され，特に大阪，横浜市がその誘致に熱心であった。大阪が熱心であったのは，フォードが進出した横浜への対抗心からであった。そのため大阪市議会は，4 カ年の税金免除と工場設置に可及的に便宜を与えることを決議した。そこには主として，清交社を中心とする関西自動車業界，さらには財界有力者の力が働いていた[28]。また，大阪は東京に次ぐ大消費地であり，付近には以前から開発されていた神戸という貿易港もあり，工場立地に適していた。

　GM の仮工場は，大阪市が大阪市大正区鶴町の紡績工場倉庫を借り受けることを斡旋したため，計画が具体化し，1926 年末には資本金 800 万円の日本 GM が誕生した。日本 GM は，敷地 15,000 坪，建坪 4,700 坪，年間組立能力 1 万台というフォードを上回る工場を建設した。そして，27 年 4 月 18 日には，シボレー第 1 号の組立を終え，15 日には関西朝野の名士を招き，盛大な開所式を開催した[29]。27 年当時におけるわが国の自動車保有台数は約 5 万台であり，いかに両社の組立能力が規模として大きな

ものだったかが理解できる[30]。このようにしてアメリカ系2社は，完成車の輸出によるわが国への市場進出の時代からノックダウン生産による直接市場進出の時代へと移行することになった。そして，わが国に直接進出したフォードとGMは，全国にそれぞれマーケティング・チャネルを張り巡らせることになった。

3）クライスラーの進出模索

　クライスラーも，2社の後を追って進出の調査を行ったが実現せず，横浜の鶴見で共立自動車がクライスラー系車両の組み立てを行ったに過ぎなかった[31]。当時のわが国の自動車工業は，まだ揺籃期であり，アメリカ系2社の思いのままであった。その頃から，わが国自動車工業の確立が，政府や産業界に大きな課題として浮上しつつあった。

4　アメリカ系2社のわが国でのマーケティング

(1) アメリカ系2社のマーケティング政策

1）アメリカ系2社のわが国市場への直接進出

　フォードとGMのわが国市場への直接進出により，わが国の市場はフォードとシボレーに代表されるかのような状況になった。2社のわが国でのマーケティング活動開始は，ディーラー企業の設置であり，国内の主要都市に設置すべく努力した。2社は，無保証特約契約，資格制限なしの一見すると無謀な条件で，全国にディーラー企業の募集をした。フォードの場合，提示した条件は，①市場に応分のストック常置，②所定の陳列所・サービス工場設置，③所定台数の販売能力であった。また，日本GMの場合は，シボレー車の国内一手販売権を持っていた簗瀬自動車に，設立当初一定の条件を提示したが，折り合わなかった。日本GMのディーラー契約の条件は，①陳列場所，サービスステーションの常置，②販売部長を置き，所定の販売員の常置，③契約に基づき，即時販売可能な新車の常時一定台数の在庫，④売上高を型，買手の氏名，支払方法の別を明記し，日本GMへ送付することであった[32]。報告の義務付けが，フォードとは異なっている点であった。「自動車を売ることはサービスを売ること」というヘンリー・フォードの言葉通り，それはディーラーの販売政策となり，販売した自動車にも責任をもたなければならなかった。サービス工場設置に伴って，部品品も相当数を常置しなければならず，すべて純正品でなければならなかった。このように新車のディーラー組織は複雑化し，中古車部，部分品部などの整備のために経営はかなり厳しかった[33]。これら2社の条件は，保証金をとるよりも確実な方法であり，ディーラー企業となるためには相当の資産がなければならなかった。

2）アメリカ系2社のマーケティング政策の相違

　フォードによる生産車のモデルが，T型からA型に変更したことと，日本GMの

販売が軌道に乗りはじめると，両社の販売競争が激しくなった。ディーラー店舗については，店舗設置場所に条件があり，目抜き通りの店舗の最も上位の場所に自動車陳列所を設置しなければならなかった。しかし，陳列所は，ディーラー店舗にとって，非生産的な場所であった。飾られた陳列所には，自動車とともにアメリカ本社の首脳部の全写真，サイン入りの半身像を掲載し，各種印刷物を貼らなければならなかった。それは，自動車の陳列所とともに両社の威容を誇示する宣伝室の役割があったためである[34]。そして，日本フォードと日本 GM は，宣伝費を 1 年間に 100 万円以上も注ぎ込み，銀座の街頭に 1 ヶ月賃料 2 万円という広告塔を設け，キャラバンと称して，20 万円をかけて全国を回り，毎年の新車発表には 10 万円が注がれた[35]。また両社は，優秀な営業員（セールスマン）に対して金時計や賞状を贈り，日本 GM は名誉販売員倶楽部という架空の機関を置き，多数のセールスマンをこの倶楽部に推薦して，外人かぶれのセールスマンを煽ることもした[36]。したがって，プロモーション活動については，フォードの方が地味であり，GM の方が遙かに派手であったようである。

(2) アメリカ系 2 社のわが国での販売

1）アメリカ系 2 社のマーケティング・チャネル

　日本フォードと日本 GM は，地場の有力資本をディーラー企業にしようとした。大衆車店については，日本フォードは，フォード店，日本 GM はシボレー店として，ディーラー・テリトリーは，基本的に各県に 1 ないしは 2 企業置かれた[37]。各県に 1 ないしは 2 企業というのは，当時の市場規模が，1 県で 1 つのディーラー企業経営が成立する程度の市場規模だったことが指摘されている[38]。さらに日本 GM は，中高級車店をビュイック店，キャデラック店として，東京，名古屋，大阪に設置した[39]。すべての商取引は，ディーラー企業を通して行い，日本 GM の場合は，テリトリー外へ販売するときには，テリトリー侵害料として 17% を被害ディーラーに支払わなければならなかった[40]。また，1 県 1 ディーラー制は，アメリカでの自動車メーカーのディーラー展開を模倣したものであった。アメリカでメーカーが「排他的マーケティング・チャネル」を採用したのは，排他的フランチャイズ・システムに関する法律がなかったためとされる。したがって，フォードや GM はメーカー優位で排他性の強い，メーカー専制によるこれまでのわが国の商習慣にはなかった契約第一主義による販売方式の導入が可能であった[41]。さらに，わが国では自動車工業が新興産業であり，新商品であったために，流通に関しては旧弊にとらわれず，アメリカ型のシステムを導入することが可能であったこともその理由であろう。

　1930 年には，全国で日本フォードのディーラー企業は 80 存在し，他にフォード指定の修繕工場であるサービス・ディーラーが 170 あった。一方の日本 GM は，1932年時点で，朝鮮と台湾を含めて 74 あった[42]。2 社の進出以来の約 10 年間に，ディー

ラー企業の参入・退出の延べ数は，サブ・ディーラーとあわせて約300に達している[43]。このようにディーラー企業の参入・退出が激しかったのは，ディーラー企業経営が困難であったことと，ディーラー予備群が存在したことによるものである。

1920年代の終わりには，日本フォード，日本GMのディーラー企業の中では，メーカーに対抗するために協会設立の気運が起った。これはフランチャイズ・システムの中に存在するディーラー企業の自立性を制限し，ディーラーに経営上の経済的負担を転嫁することが当然のように行なわれていたためである。そして，日本フォードのディーラーは，協会設立の動きは，特約販売契約解除を盾に封じられたが，日本GMのシボレー・ディーラーは，協会設立に成功した[44]。しかし，それほど大きな対抗力とはならなかったようである。

2）アメリカ系2社の販売契約の厳しさ

日本フォードや日本GMとのフランチャイズ契約が厳しかったために，ディーラー企業の入れ替わりが激しかった。また，日本フォードや日本GMはディーラー企業に対しては金融面での支援は行わず，ディーラー企業の経営状況が悪化すると，すぐに後継者や他のディーラー候補企業を探す状態であり，本国のフォードやGMも，各ディーラー企業の支配人や販売部長人事にまで干渉した[45]。厳しい販売契約に基づくディーラー企業の入れ替わりは「春にスタート，暮れに経営不振，明くる年に看板塗り替え」と表現されるほどであった[46]。ただ2社の一方的都合でディーラー契約を解消したにもかかわらず，わが国では独占的な地位と圧倒的な売り手市場であったために，ディーラー企業になろうとするものは後を絶たなかった[47]。したがって，当時において自動車販売は，それほど魅力的なものだったということでもある。

(3) わが国での自動車販売金融の開始

わが国市場への直接進出後のフォードとGMが，従来より販売台数を増加させるには，月賦販売を採用するしかなかった。月賦販売は，日本フォードや日本GMが開始したものではなく，わが国独自の自動車販売金融は，既に1919年頃から存在していた。当時は，月賦販売は名目で，保証人が必要であり，最長3ヶ月程度の割賦支払いが認められていたにすぎなかった[48]。27，28年になると，日本フォードと日本GMは自動車金融に本格的に乗りだした。両社の販売競争激化と顧客の9割が企業的に脆弱なタクシー業者であったため，販売方法は月賦販売によってユーザーに迎合する方法でなければならなかった。ディーラーが，月賦販売契約をユーザーとの間で締結する場合，次の方法が通例であった。

① 10ヶ月払いには頭金5割（2割，頭金なしの場合もある）を受け取った残額を10枚の約束手形とする

② 未完済期間中の車輌の預証をとる

③ 保証人または担保物件を設定する

④　廃車届，車輌検査証返納届等を取り，万が一の場合に処する

⑤　印鑑証明を取り，公正証書作成用の委任状をとっておく

　以上のような契約が締結されてはいたが，多くの場合，相手方は無資産者であり，このような保証はディーラー企業の損失になることが多かった。ミシンや家具の月賦販売とは異なり，自動車は使用によって消耗故障を生じるという商品特性だけでなく，突発的な事故で大損した場合には，相手が無資産者である場合，損失はディーラー企業負担で補填する以外に道はなかった。また，月賦販売制度が法制的に認められていなかったことによる不便もあった[49]。そのような状況の中でも，自動車販売金融を引き受けたのは，第百銀行と合併する以前の川崎銀行であった。川崎銀行は，自動車月賦手形割引を行うアメリカの月賦制度をそのまま踏襲していた[50]。しかし，月賦金の回収不能，月賦未済車輌の転売等の訴訟がしばしば起こり，自動車販売に暗影を投げかける面もあった。その結果，自動車金融に乗り出した川崎銀行も手を引き，ディーラー企業は窮地に追い込まれ，やむを得ず高利金融に依存したため，自動車経済は悪化の一途をたどり，ディーラー企業の中には倒産するものも現れた。このような状況で全国のディーラー企業の約 1 割に当たる二十数社が閉社を余儀なくされた[51]。

　そこで，日本フォードと日本 GM は自社のディーラー企業救済のために直接販売金融に乗りだした。1929 年に，両社はそれぞれ日本フォード金融会社，日本 GM 金融会社を設立し，月賦販売を実施した[52]。35 年頃には，販売台数の約 70〜80% は月賦販売であったことから，販売金融がいかにわが国ではアメリカ車の需要拡大とその知識の普及に大きな役割を果たしたかがわかる[53]。また，この当時の自動車金融は，ユーザー対象のものというよりも，ディーラー企業に対する卸金融の色彩が強かったといえる。

　2 社は厳格な販売金融制度をとっていたが，次第に不良債権が積もっていった。それは，アメリカでは独立系の販売金融会社が存在したが，わが国ではその動きがなかったためである[54]。つまり，当時は流通業に対する銀行の評価が低く，アメリカのように過剰資本が存在しない中で，生産部門に金融の重点がおかれたためである。また，そのような状況のために，流通業に対して融資しようとする独立の金融会社が生まれなかった。

おわりに

　わが国ではほとんど自動車が走行していなかった 1900 年代最初に，既にフォードは大量生産体制を確立し，アメリカ国民に対して T 型フォードを次々と供給し，その価格も次第に低下させていっていた。一方，GM はいくつかのメーカーが合併して

形成されたが，それを束ねたスローンという類稀なる経営者によって，一気にメーカーとして頭角を現していった。フォードが，価格一辺倒のマーケティングを行ったのに対し，マーケティングがそれほど認識されていなかった時代から製品差別化をどんどん導入していった手腕は，非常に有名なものとなった。アメリカが次第に自動車社会となっていったが，わが国の社会は自動車とはほとんど無縁なままであった。

　しかし，1923年に発生した関東大震災以前と，以後のわが国自動車市場は完全に変容した。関東大震災以前は，わが国は自動車市場としては魅力的なものではなく，ブローカー的な自動車販売業者が出現した程度であった。震災復興に自動車が使用される場面が増えるとの判断から，アメリカ系2社がわが国に直接進出し，ノックダウン生産を開始し，さらにはマーケティング・チャネルの形成も一気呵成に進めていった。このスピード感は，わが国でそれまで自動車販売を手がけてきた者にとっては，驚くものであったことが容易に想像できる。また，アメリカ系2社のディーラー企業となることを志願し，実際にディーラーとなった者にとっては，慣れない商売であり，またアメリカ流の契約を一方的に要求してくるというビジネス・スタイルは，当時のわが国の商習慣にはなく，戸惑いも大きかったものであったことは想像に難くない。

　アメリカ系2社の直接進出からの約10年間，わが国の自動車市場は2社によって席捲された。そして，2社によりわが国に導入された1県1ディーラー制などの自動車流通システムは，わが国の自動車流通システムの源流として位置付けることができる。つまり，企業としては存在しなくなったが，システムとしては残ったといえよう。

── 注 ──

1 ）下川浩一（1975）「米国自動車産業におけるマーケティングの成立と展開（1）」『経営志林』第11巻第3号，p.3

2 ）近藤和明（1994）「系列化と取引慣行の諸問題」同志社大学商学会『同志社商学』第45巻第5号，p.68

3 ）石川和男（1999）「我が国における自動車流通再編に関する一考察」中央大学『企業研究所年報』第20号，p.175

4 ）Chandler, A.D. (1964), *Giant Enterprise Ford, General Motors , and the Automobile Industry*, Harcourt, Brace & World, Inc.（内田忠夫・風間禎三邦訳（1970）『競争の戦略　GM とフォード─栄光への足跡』ダイヤモンド社，p.11

5 ）Hounshell, D.A. (1984), *From the American System to Mass Production, 1800-1932 : The Developm,ent of Manufacturing Technology in the United States*, The John Hopkins Univ. Press 和田一夫・金井光太朗・藤原道夫訳（1998）『アメリカン・システムから

大量生産へ』名古屋大学出版会，p.331

6）Chandler (1964)（内田・風間訳（1970），p.13）

7）Hounshell (1984)（和田・金井・藤原訳（1998），p.375）

8）Chandler (1964)（内田・風間訳（1970），pp.17-18）

9）Thomas, R.P. (1973), "Style Change and the Automobile Industry during the Roaring Twenties", *Business Enterprise and Economic Change*, Kent State Univ. Press, pp.118-138

10）Hounshell (1984)（和田・金井・藤原訳（1998），p.332）

11）Hounshell (1984)（和田・金井・藤原訳（1998），p.332

12）Boorstin, D.J. (1972), *The Americans : The Democratic Experience*, Random House, pp.546-555

13）Marx, T.G. (1985), "The Development of the Franchase Distribution System in the U. S. Automobile Industry", *Business History Review*, Vol.59 Autumn pp.465-474

14）トヨタ自動車工業(株)(1978)『トヨタのあゆみ』トヨタ自動車工業，p.66

15）Chandler (1964)（内田・風間訳（1970），p.10）

16）Sloan, A.P. (1972), *My Years with G.M.*, N.W. An Anchor Press Book, Ch.16

17）Tedlow, R.S. (1990), *New and Improved*, Harvard Business School Press, p.140

18）Hewitt, C.M. (1956), *Automobile Franchaise Agreements*, Homewood, Illinois : Richard D. Irwin Inc.,p.56

19）Chandler (1964)（内田・風間訳（1970），pp.17-18）

20）Hewitt, C.M. (1956), *Automobile Franchaise Agreements*, Homewood, Illinois : Richard D. Irwin Inc., pp.103-105

21）柳田諒三（1941）『自動車三十年史』山水社，pp.103-104

22）尾崎正久（1942)『日本自動車史』自研社，p.377

23）柳田（1941），p.97

24）Wilkins, M. and Hill, F.E. (1964), *American Business Abroad*（岩崎玄訳（1970）『フォードの海外戦略（上）』小川出版，pp.189-190）

25）柳田（1941），p.104

26）「日刊自動車新聞」1979年4月18日

27）柳田（1941），p.98

28）柳田（1941），pp.98-99

29）柳田（1941）『自動車三十年史』p.99

30）日産自動車(株)調査部（1983）『日産自動車50年史』日産自動車，p.50

31）日産（1983），p.50

32）宇田川勝（1977）「日産財閥の自動車産業進出について（上)」『経営志林』第13巻第4号，pp.107-108

33）柳田（1941），pp.104-105

34）尾崎正久（1955 b)『日本自動車史（下)』pp.24-25

35）尾崎正久（1955 a)『日本自動車史（上)』p.127

36）尾崎（1955 b)，p.25

37）宇田川（1977），pp.107-108

38）塩地洋（1994）『自動車ディーラーの日米比較―「系列」を視座として―』九州大学出版会，p.3

39) 愛知トヨタ自動車(株)史料編集室編『愛知トヨタ 25 年史』1969 年，p.67

40) 宇田川（1977），p.107

41) 大島卓（1991）「自動車メーカーの『流通系列化』」平和経済計画国民会議独占白書委員会編『国民の独占白書第 14 号　日本の流通産業』お茶の水書房，p.121

42) 日本科学史学会編（1966）『日本科学技術史体系』第 18 巻，第一法規出版，p.35
日産自動車株式会社調査部（1983，p.50）では，日本 GM のディーラーは，73 とされている。

43) 尾崎（1942），p.416

44) 四宮正親（1983）「両大戦間期における在日外資系自動車会社の経営活動―日本フォード，日本 GM の創設と販売活動―」西南学院大学大学院『経営学研究論集』第 2 号，pp.137-138

45) 愛知トヨタ自動車(株)社史編集室編（1969）『愛知トヨタ 25 年史』p.83

46) 名古屋トヨペット（1988）『名古屋トヨペット 30 年史』p.7

47) 四宮（1983），p.132

48) 尾崎（1942），p.403

49) 柳田（1941），p.129

50) 尾崎（1942），pp.403-404，尾崎（1955 b），p.30

51) 菊地，p.93

52) トヨタ自動車工業(株)(1978)，p.72

53) トヨタ自動車販売(株)(1970)『モータリゼーションとともに』トヨタ自動車販売，p.47

54) 下川浩一（1976）「トヨタ自販のマーケティング」下川・小林編『日本経営史を学ぶ(3)』有斐閣選書，p.225

第3章

わが国自動車メーカーによる排他的マーケティング・チャネルの形成
——第二次世界大戦前におけるわが国自動車メーカーのマーケティング・チャネル構築——

はじめに

　わが国における自動車流通の特徴は，①専売制やテリトリー制で表現される「排他的マーケティング・チャネル」，②同一メーカー内で，車種ブランドによりディーラー企業・店舗が複数に分かれる「複数マーケティング・チャネル」の2つがある。わが国での排他的マーケティング・チャネルの生成・展開は，1925年に日本フォード，27年に日本GMが設立され，このアメリカ系2社が全国的なマーケティング・チャネルを構築する際に採用して以来のものである。

　1930年代に入り，わが国は第二次世界大戦へとつながる戦争の道を歩むことになったが，その過程においてアメリカ系2社のわが国での企業活動を制限する数々の政策が打ち出された。それによってアメリカ系2社は，39年12月にわが国での事業活動に終止符を打つこととなった。一方で，第二次世界大戦以前の時期に，わが国の新興自動車メーカーである戸畑鋳物自動車部（その後，「自動車製造」を経て「日産自動車」）と豊田自動織機製作所自動車部（その後トヨタ自動車工業）が，本格的な自動車生産を開始し，マーケティング・チャネルを構築していった。

　したがって，最初にアメリカ系2社が，わが国で全国的なマーケティング・チャネルを構築したといえる。そのうえで，いかにわが国のメーカーがマーケティング・チャネルを構築し，第二次世界大戦前の時期に全国的なマーケティング・チャネルを根付かせるきっかけを形成したかを考察していきたい。

1　鮎川義介と日産自動車の設立

(1) 日産による自動車生産の開始

　1920年代後半からのフォードとGMのわが国市場への直接進出により，わが国の自動車市場は，アメリカ系2社が生産する車種ブランドであるフォード，シボレーなどの輸入車により占められた。鮎川義介は，当時ダット自動車製造が生産していた

ダットサンのような国産車や日本フォードや日本GMに供給する部品を大量生産することにより，その間に製造技術を蓄積・発達させ，将来的にアメリカ系2社に対抗できる自動車メーカー（以下「メーカー」）を育成しようとした。

1931年に戸畑鋳物自動車部は，ダット自動車製造の株式の大部分を取得し，石川島自動車製作所とダット自動車製造が合併する際に大阪工場を買収した。また，ヂーゼル自動車の前身である自動車工業が，軍用車及び商工省標準形式車であった「いすゞ」の生産に集中したため，33年3月に遡り，ダットサンの製造権は戸畑鋳物自動車部に無償で譲渡された[1]。その後，日本産業と戸畑鋳物はダットサンの生産と日本フォード・日本GMへ供給する部品の量産化に力を注ぐことになった。

鮎川は，自動車産業への進出にあたり，アメリカ・ビッグスリーのどこかと提携することを基本戦略にしようとした[2]。それは戸畑鋳物の自動車産業進出構想が，①戸畑鋳物自動車部へ製造権が委譲されたダットサンと自動車部品の量産体制の確立，②軍用貨物自動車と商工省標準形式自動車を生産する自動車工業への参加，③GMとの提携による日本GMの経営権獲得を軸として進められたことにあらわれている。しかし，GMとの提携は軍部が目指す自動車国産化政策と対立したため，日本GMの経営権獲得は軍部の反対で実現しなかった。また，戸畑鋳物がGMとの技術提携に動いたことも影響し，自動車製造事業法の制定を早める1つの契機となった。そして，自動車製造事業法の許可会社となるための条件がいろいろと噂されていたため，戸畑鋳物自動車部は自動車部を独立させ，別会社とした方が同法の事業出願資格を持つために有利と判断した[3]。

その後，1933年12月，東京市麹町区丸の内の戸畑鋳物内に設置された創立事務所で総会が開催され，自動車製造が設立された。戸畑鋳物自動車部は，これに伴い廃止された。また，戸畑鋳物の出資分は日本産業が肩代わりし，34年6月に日産自動車（以下「日産」）が設立された。当時の資本金は1,000万円であった。日産はわが国ではじめて大量生産方式を採用し，海外メーカーと対抗できる良質・低価格の乗用車を生産しようとした[4]。そして，日産の横浜工場から35年4月にダットサン1号がコンベアラインからオフラインした。

(2) 日産による大量生産

日産は，生産目標を年産10,000台から15,000台とし，大量に生産をすることにより，規模の経済性を図り，安価に自動車を生産しようとした。当時，わが国の国民所得（1935年，個人収入196円）から見て，小型乗用車（750cc，個人収入の11.2倍）がわが国にとって最も適合すると判断し，ダットサンの生産に集中した。さらにアメリカの自動車業界に倣って，毎年モデルチェンジを行い，小型自動車に対する人々の関心を引き寄せた。また，20年代後半から30年代のはじめにかけて自動車産業に参入したほとんどのメーカーは機械工業からであった[5]。

　注目されるのは，1900年代の最初に自動車製造（組立）を手がけたのは，ほとんどが当時の自転車販売業者であったが，この時期になると，機械工業という主体に変化したことである。したがって，主体が変化したことにより，大規模化が可能になったともいえる。そして日産は，ダットサンと自動車部品の量産体制の確立を目指すことになり，36年に自動車製造事業法の制定・公布とともに許可申請し，許可会社となった。

(3) 国産自動車メーカーとしての自立

　日産をはじめ，わが国の新興メーカーは，軍部の積極的な保護・援助の下で育成されたといえる。そして，1930年代前半からは，軍需産業の代表的な存在となった。一般的に自動車産業へ日産が進出する過程も，軍部の積極的保護・援助の下でなされたと指摘される。それは36年5月に制定された自動車製造事業法の下で確立するようになったが，同法の目的である「国防の整備及び産業の発達を期するため，帝国における自動車製造事業の確立を図ること」を期待され，この法律に基づく恩恵を国産メーカーは享受した。しかし，日産の創業者である鮎川が自動車産業への進出を決意し，その準備を開始したのはそれよりもかなり以前の20年代半ば頃であった。31年5月に陸軍省，商工省，鉄道省，石川島自動車製作所，東京瓦斯電気工業，ダット自動車製造などにより構成された国産自動車工業確立調査委員会が設置された。それ以降，34年に商工省から「自動車工業確立要綱」が出された。国防や輸送力増強の観点から，トラック中心の国産自動車工業確立のために，自動車製造事業を許可制にする内容が盛り込まれるよりもかなり以前のことであった。鮎川が自動車産業に進出しようとした時期は，フォードやGMがアメリカでの自動車産業の確立を梃子として，わが国にちょうど進出した時期であった。そのために，三井，三菱，住友，安田等の大財閥は，商工省，軍部による自動車産業への進出要請には応じようとしなかった。したがって，わが国の新興メーカーが自動車産業へ進出するには，かなりリスクが高かったといえる。日産が自動車産業へ進出した最大の理由は，鮎川がわが国のメーカーが未だに確立していない自動車産業を育成し，自動車の国産化，大量生産体制の確立を実現したいという「経営ナショナリズム」的な動機によるものであり，日産の自動車産業進出は，鮎川の個人的動機のみが先行することなく，実現へ向けて動き出したということが指摘されている[6]。

　つまり，日産の場合，自動車産業への進出・展開は，政策が日産の自動車生産を後押ししただけではなく，それ以前からわが国の自動車産業を軌道に乗せたいとする鮎川の「チャレンジャー精神」の発露があったとも理解できる。

2　日産のマーケティング・チャネルの構築

(1) ダットサンの販売開始

1) 試行錯誤の販売

　1933年3月，日産の前身である戸畑鋳物自動車部がダット自動車製造が保有していたダットサン製造権を無償で譲渡された。それ以前の32年はじめ，3人の製作者の息子という意味から名付けられたダットソン（DATSON）は，ダットサン（DATSUN）と改称され，全国販売を開始し，正式の販売代理店制を採用してマーケティング・チャネルを構築しようとしていた。最初のディーラー企業は，東日本は東京・銀山にあった戸畑鋳物の東京販売所内に置かれたダットサン商会であり，十数人の規模で開始した。西日本の代理店は，大阪・福島で当時シボレーの代理店をしていた豊国自動車であった。当時の自動車のボディは，ディーラーで架装されていた。これら2社のディーラーは，全国的に外車ディーラー等を通じてチャネルを拡大したが，ダットサンは転覆したり，ホイールが飛んだりして，外車と比較するとまだまだ欠陥遜色があり，販売には多くの苦労があった[7]。外車の場合，生産技術もほぼ完成していたが，国産車はまだ試行錯誤の段階であったことが影響している。

2) 営業員（セールスマン）の活躍

　ダットサンの販売開始当時は，国産車でダットサンの競争車といえる車種ブランドは存在せず，ほとんど下取り車もなかったので，定価販売に近い状態であった。ダットサンの販売価格は，幌型が1,250円，箱型が1,650円であった。また，セールスマンの給料は，月給制と歩合制の2本立てが採用されていた。大卒初任給は，月給制であれば固定給が50円から60円で，販売奨励金が1台あたり10円が加算された。一方，歩合制の場合は，固定給が30円にコミッションが1台あたり30円が加算された[8]。当時としては，このコミッションの額は非常に多額であった。さらにコミッションは定額加算で，責任台数による切り捨てではなく，販売台数に手数料が加えられたものが支給額となった。そのため，販売指導や管理のない時代であり，セールスマンは固定給だけで生活は可能であったが，よりよい生活を求めて，かなり販売に力を入れていた。また，当時のプロモーションは，訪問日報の提出であり，コンテストも行われていたが，その商品は金銭ではなく品物であった[9]。

　ダットサンは，外車に比べて安価であり，当時のわが国の道路事情に適していた。また，燃費もよく，当時は排気量が750 cc以下の自動車は，まだ運転免許が不要であったことから，急速に需要が伸長した。さらに1934年頃から，小型タクシーが全国各地で続々と営業を許可され，ダットサンはタクシーとして使用されたことが，その普及に拍車をかけた[10]。したがって，ダットサンの販売台数が伸長するさまざまな好条件が整っていたといえよう。

(2) ダットサンの全国販売

　ダットサンの評判が高まり，わが国内だけでなく，海外からも販売代理店になりたいディーラー企業希望者が続出した。そして，ダットサンの製造権が日産に移り，ダットサン乗用車の販売代理店契約が更改の時期を迎えた際に，日産は販売代理店の希望者の中から慎重に選考した 7 社と，1934 年 12 月に 2 年間の乗貨両ダットサンの年間 2,600 台を最低引き取るという販売契約を締結した[11]。そして，ディーラー企業は，各地の自社支店営業所の他に，各県にサブ・ディーラーを通じて全国販売を開始した。

　1936 年になると，全国におけるダットサンのディーラー企業は，特約ディーラー 8 社，特約支店と出張所が 95 店となった[12]。さらにマーケティング・チャネルの拡充を行う一方，時期としては前後するが 34 年にサービス学校を開校し，36 年に『ニッサングラフ』を創刊したり，各ディーラーではドライブ講習会や遠乗会などのイベントを開催した。とりわけ，家庭婦人の自動車愛好者を増加させるために，36 年にはダットサン・デモンストレーター制度を採用し，世間から注目された。これは数百人の応募者の中から選ばれた近代感覚を備えたとされる女性 4 人がダットサンによる家庭訪問を行い，各種イベントや宣伝の第一線でダットサン普及のために活動するというものであった[13]。つまり，現在でいうキャンペーン・ガールによるプロモーション活動を既にこの時に実施していたわけである。

　ダットサンは，「旗は日の丸，車はダットサン」というキャッチフレーズの通り，わが国の近代産業のシンボルと見なされた。特に 1936 年の自動車製造事業法の制定以前に，日産は大量生産技術とダットサンの全国的なマーケティング・チャネルを構築した。このことは，わが国のメーカーを支えるための多くの政策があり，自動車製造事業法が制定公布される以前から，吸収・合併をして成立した日産とはいえ，意義深いものがある。

　1934 年 6 月，日産は乗用車と別型式のダットサントラックの生産を開始し，生産台数は飛躍的に増加した。そして，35 年の 1,169 台から 1 年後には 3,601 台となり，3 倍強も増加した。このような状況であったので，トラックの販売体制を強化することが急務となった。35 年 12 月には，ダットサントラック販売会社 7 社と日本産業が出資し，日本自動車の石沢愛三を社長に迎え，ダットサントラック販売を東京・神田に設立し，販売金融とトラックの専売を行なうようになった。そして新会社の下で，トラックのマーケティング・チャネルも構築していった。ダットサントラック販売の販売会社は，36 年末までに，東京，大阪，名古屋各市内等に直営営業所を設置し，全国には 45 の特約ディーラー企業と 6 カ所のその支店出張所を設置した[14]。また，ダットサントラックの直売地区であった東京市内には数カ所の営業所を設置し，それぞれ販売担当地域は指定されていたが，区域はそれほど厳重なものではなく，セール

スマンはそれらの拠点を中心に比較的自由に販売活動を行っていた[15]。アメリカ系 2 社の販売担当地域は，排他的マーケティング・チャネルである 1 県 1 ディーラー制によりかなり厳重に設定されており，さらにトヨダ（以下「トヨタ自動車工業」設立まで「トヨダ」）のディーラーの販売区域と比較すると，特にダットサントラックの販売やダットサン・ディーラーの販売区域は，それほど厳重なものではなかったことは注目される。

(3) 大衆車「ニッサン」の量産化と販売

1）大衆車の量産化

　1936 年 4 月，日産はアメリカのグラハム・ページ自動車（Graham-Page Motor Corporation）との技術提携と同社の遊休設備を買収した。これにより，わが国の状況に適した普通型 4 トントラックに相当する大衆車の量産化を図るようになった。そして，37 年 3 月に乗用車 2 台，トラック・シャシー 1 台を完成させた[16]。グラハム・ページとの技術提携により完成した自動車は，「ニッサン」と名付けられた。このニッサンの販売開始にあたり，37 年 5 月 19 日に日産の横浜本社前の広場で内示会を開催し，官庁・軍部・業界・報道関係者など約 500 名が招待された。続いて，5 月 28 日から 31 日までの 4 日間，東京・大手町 2 丁目の広場に特設館を設け，盛大な発表会を開催した。展示車はニッサン 32 台をはじめ，改良して大衆向けとなった 37 年型のダットサン（16 型）18 台を加えた 50 台であった。この発表会期間中の一般観覧者は，のべ 5 万人以上となり，盛況であったことが伝えられている[17]。

2）大衆車の販売体制の整備

　日産は，ニッサンの生産開始に伴い，販売体制，つまりマーケティング・チャネルを構築する必要があった。既にダットサンには，特約販売代理店制度がとられていたが，ニッサンを兼ねる販売に関しては，生産と販売部門の両部門を分離して，販売部門の一元化を図り，直売制度の統一を実現する必要があった。そこで日産は日本産業の子会社である資本金 100 万円のダットサン・トラック販売を日産直轄のニッサン，ダットサン両車種の総合販売機関として増資・改組し，ダットサン自動車商会を吸収・合併することとした[18]。そして，1937 年 12 月，日産自動車販売（以下「日産自販」）に社名を改め，資本金 500 万円で，全額日産出資で再出発した[19]。38 年になると，生産台数は 16,000 台を超え，これまでの中小企業的な手作り自動車工業とは異なる大量生産型の自動車工業が実現するようになった[20]。この生産量の増加は，日産の努力もあったが，外資系メーカーのわが国内での生産を制限する政策面での自動車製造事業法の影響も大きかった。

　日産自販の設立以降，ニッサン，ダットサンの自動車本体と部品は，すべて同社を通して販売されることになった。日産自販が設立された当初の販売拠点は，東京本社，福岡，千葉，大阪，名古屋，豊橋，横浜に設けた営業所であった。その後，これ

らの営業所が支店に昇格し，各支店はあらためてそれぞれの管轄地域にある系列の特約ディーラーの再整備を進めた[21]。また，同社は本社の他に，大阪・名古屋などに6営業所を設置し，その他全国主要都市と台湾に合計30の特約ディーラー企業を設置し，マーケティング・チャネルを構築していった[22]。

3）日産のディーラー政策の特徴

　日産自販のディーラー政策では，「安全なる経営」と題する小冊子を発行し，販売方針を示している。この中では，「いかなる事業も政治経済の変動は避けられないが，特に自動車の販売事業においては製品の大量生産性・大衆性は1両あたりの利幅をますます薄くする傾向を有し，単価が高価であること，金融事業を合わせて行う危険性を有するため粗雑な経営ではなかなかこの波は乗り切れない……」として，現実の数字を基礎に，事業経営には独善性を廃し，常に周囲の事情を他のディーラー企業との比較検討によって，経営の安全と利益の増大を図るようにディーラー企業への経営指導がなされている[23]。

　1938年から39年頃の日産自販のディーラー経営について，「ニッサン販売店標準数字」（38年の実績と39年の予算から算出）では，ディーラー企業規模を年間販売台数50台～400台までの7ランクに分類し，それぞれの不変損失から収益標準と損益分岐点（台数）を求めている。当時の経営状況は，部品修理の安定収益性が高く，車両販売による利益は大部分が利益として残るために，年次利益率も11～23%，払込資本金に対する利回りも10～85%に達していたことが指摘されている[24]。これらは当時，既に販売台数により，ディーラー企業をランク分けし，ある程度の責任販売台数を販売することにより，利益率を示していたものである。これらの日産自販のマーケティング政策は，ディーラー企業に対する経営方針は示されているが，セールスマンやユーザーに対する考え方は明確にされていない。また，トヨダとの比較においては，生産や技術に対する発言は数多く見られるが，販売やマーケティングに対する発言はあまり見られない。

3　トヨダの生産開始と販売責任者のリクルート

（1）トヨダによる自動車生産の開始

　1920年代末からの国産自動車工業育成の流れで，中京地区を一大自動車工業地帯にしようとする「中京デトロイト計画」が持ち上がった。29年11月，豊田佐吉は豊田自動織機製作所を設立し，彼の長男喜一郎は，会社内に自動車の研究室を設け，小型エンジンの研究を開始した。そして，33年9月，自動織機の特許権をイギリスの会社に売却して得た100万円を投入して，自動車製造の研究に着手し，定款を変更して自動車製造を事業目的に加え，自動車部を設置し，生産準備を整えていった。34

年に喜一郎は，乗用車製造を先行させるために白楊社で「オートモ号」を設計し，東京瓦斯電機工業で特殊車両を設計した池永羆と三輪自動車の研究者であった伊藤省吾の2人の経験者を招いた[25]。当時の技術的レベルでは，国産品で自動車生産に必要な部品をすべて賄うことは困難であったため，外車の純正部品が国産自動車に互換可能なことが重要であった。また，喜一郎は自動車のスタイルに注意を払った。わが国では当時，箱型が一般的であったが，アメリカのデソートやクライスラーに倣い，画期的な流線型を採用し，時流を見極め，流行に乗せることを考えていた[26]。そして，35年5月に「A1型」乗用車を3台完成させた。

(2) トヨダによるマーケティング・チャネル政策の開始

1) 外資系メーカーとの販売上の差別化

　トヨダがA1型乗用車を完成させたときには，日本フォードや日本GMは全国に強力なマーケティング・チャネルを構築しており，日産もほぼ全国にダットサンのマーケティング・チャネルを張り巡らせていた。このため，トヨダの生産が軌道に乗り，大量生産が可能となっても，生産した自動車の販売問題がつきまとうことは自明であった。そこでトヨダが販売の責任者を求めるならば，人材の豊富な日本フォードや日本GMから引き抜くのが最適であった。豊田喜一郎は，豊田紡績支配人であった岡本藤次郎に相談し，岡本が東洋棉花シアトル支店に駐在中に知り合った三井物産シアトル駐在員であった神谷正太郎という人物の存在を教えられた。1935年11月に喜一郎は，岡本からの話を聞いた夜に神谷に面会した[27]。喜一郎はその時に，当時の大財閥であった三井，三菱が製造に乗り出さない大衆車を生産したいという希望を語った。また，大衆車は生産よりも販売の方が難しく，GMやフォードのような販売方法によらなければ不可能であるという認識を示した。そのうえで，喜一郎自身は技術者であるので製造には責任を持つが，販売には自信がないために販売は神谷に一任するという条件で，神谷に日本GMからトヨダに移籍するように懇願した[28]。日産の鮎川とトヨダの喜一郎は，ともに大財閥が手がけない自動車生産に情熱をもっていたが，喜一郎が生産以後の販売問題を生産問題と同様に認識していたことは注目されよう。

　神谷正太郎は，豊田喜一郎の国産車に対する情熱に感激し，1935年11月に日本GMの販売広告部長の職を辞し，喜一郎の要請を受け容れ，5分の1の給料でしかなかったトヨダに入社した[29]。神谷は語学が堪能で，アメリカ，イギリスでの駐在経験もあることから，外国通として商工省などに知人が多く，国産自動車工業をめぐる国策の方向をいち早く入手できる機会に恵まれていた。一方で，当時の日本フォードや日本GMのディーラー企業は，アメリカ式の厳しい契約第一主義に苦しんでいる実態に義憤を感じていたといわれる。さらにこれからは国産車を育成しなければならず，わが国の土壌に適った方法で，ディーラー企業との間に信頼関係を築きながら，

国産車の普及に努める必要があった[30]。そして，神谷は部下の花崎鹿之助と加藤誠之，女事務員とともに試作工場のバラックの片隅に，自動車の設計者と同居するという状況の中で，トヨダの販売が始動した[31]。

2）「販売のトヨタ」の源流

　豊田喜一郎は，神谷正太郎に日本 GM 時代に得たフランチャイズ・システム，ディーラー管理，月賦販売，広告宣伝，サービスなどのマーケティング政策についての知識を期待していた。この喜一郎の神谷に対する信頼が，販売重視というトヨタの伝統を作り上げていくことになった[32]。後にいわれる「販売のトヨタ」という伝統は，この頃に求めることができよう。

　神谷正太郎はまず，日本 GM 系のビュイック・ディーラーであった名古屋の日の出モータースの支配人であった山口昇に会い，自身のトヨダへの入社を伝えた。当時，日の出モータースは日本 GM のディーラー企業であり，神谷と山口とは日本 GM の販売広告部長とディーラーの支配人という関係以上に個人的に親しかったといわれる。山口は神谷のトヨダへの転身を聞き，これまでの日本 GM のディーラー政策に神谷と同様，賛成しかねるものがあり，神谷の転身に賛成した[33]。そして，1935 年 11 月末，日の出モータースは，ビュイック販売権を日本 GM に返上し，トヨダのディーラー企業第1号となった[34]。山口のこの決断は，その後トヨダがどのような方向に進むかわからない時期でもあり，無謀ともいえる決断であったといえよう。しかし，山口の行動の中にも，国産車に対する志と，販売にかけた情熱のようなものが感じられる。

　1935 年 11 月にトヨダは，G1 トラックの初めての発表会を東京自動車ホテル芝浦ガレージで開催した。3,389 cc，65 馬力，最大積載量 1.5 トン，トヨダがはじめて生産したトラックであった[35]。G1 トラックの完成車価格は 3,200 円で，フォードやシボレーよりも 200 円安く設定された。この価格は，原価を割った赤字価格政策を用いたものである[36]。神谷が「国産車だからといって愛国心に訴えて買ってもらおうという考えでは大きな発展は望めない。まず，できるだけ安く市場に提供することによって需要を呼び起こす。需要が多くなれば大量生産が可能になるから，やがて採算点に達する。それが自動車の価格政策の基本である」[37]として，現実に販売できる価格で市場に出すことが先決と考え，将来大量生産体制が軌道に乗り，大量販売が可能になったときに採算ラインに乗ると考えた。したがって，思い切った市場浸透価格政策を採用したといえよう。

　東京での発表会に続き，1935 年 12 月にはトヨダの第1号のディーラー企業となった日の出モータースでの発表が行われた。発表会は盛況であったが，関係者は車両の品質に自信が持てず，不安もあった[38]。発表会の翌日，日の出モータースでは，納車打合会議が開催され，山口は「売る車は必ず故障する。それでもわれわれは売らねば

ならない」と前置きした上で，G1トラックのセールスポイントとして，①国産車であること，②地元産業であること，の2つを強調した。つまり，最初のトヨダ車のターゲットとしては，国産車なら多少の不便を忍んでも使用してくれる愛国心の強い人，地元産業を育てるためには無条件に協力する郷土愛の強い人が設定されたのであった。しかし，ユーザーの厚意に甘えることなく，故障した際には，最善の方法で最良のサービスをしなければならないとし，サービスカーが直ちに駆けつけることができる範囲にユーザーを限定する必要性も訴えた。こうして日の出モータースは，最初の販売台数を限定し，予め厳選した相手先への販売を開始した[39]。

　神谷正太郎は，マーケティングがわが国に直接輸入されるかなり以前に，顧客とすべきターゲットを設定し，また自動車という製品の特性，そのアフターサービスにまで配慮したといえよう。しかもそれが日本GMからリクルートされた人間により，わが国の自動車メーカーであるトヨダの販売において実施に移されたことは大いに注目されよう。

4　トヨダの全国的マーケティング・チャネルの構築

(1)　全国的なディーラー組織の形成

1) マーケティング・チャネルの創設方法

　トヨダは，名古屋の日の出モータースでの発表会後，全国的なマーケティング・チャネルの構築に向けて取りかからなければならなかった。それは日本フォードや日本GMと同様に，全国的なマーケティング・チャネルを組織することによってはじめて，大衆車としてわが国市場に普及させることが可能となるからである。そこでトヨダ社内では，1935年末のG1型トラックの発売にあたり，マーケティング・チャネルの創設方法をめぐり対立が起こった。当時のトヨダ社内では3つの対立意見が出ていた[40]。それは次の3つである[41]。

① 　地元資本によるトヨダ車専売店を最初から設置する

② 　日本GMなどの既存の輸入車代理店とトヨダ車販売の契約を締結する（これまでの輸入車代理店で輸入車とトヨダ車の併売制）

③ 　自己資本により支店を設立し，直営方式を採る

　そこで神谷正太郎は，各地に地元資本，地元人材によるディーラー企業を設置することを決定し，地元資本によるトヨダ車専売店の設置を提案した。これに対して，「地元資本がどこまで協力してくれるか疑問」「途中で放り出されたらどうするのか」などの意見があり，社内では直営の支店方式を推す意見もあったが，豊田喜一郎が「販売店の設置については神谷君に一任しよう」と発言したことから，神谷の提案を採用することになった[42]。

２）トヨダにおける「相互利益関係」の源流

　神谷正太郎によるトヨダ車のディーラー企業を最初から設置するという説得は，「販売店の繁栄があってはじめて生産者が繁栄するのであり，販売店を踏み台としての繁栄等ありえない。われわれは，むしろ販売店を運命共同体とみなし，両者を血の通った関係にしなければならない。日本 GM 系の日の出モータースが全盛期の外車販売からトヨダに移ったのは，われわれの考えを理解し，同調してくれたからであるが，その裏には，日本 GM が地元資本を軽視し，日本 GM だけが膨大な利益を上げ，地元資本の消長を意に介さないという方針への反発があったはずである。われわれは，これを他山の石として見過ごすわけにはいかない。つまり，販売店に儲けてもらうこと，すなわち共存共栄こそが，われわれと販売店との関係のあるべき姿である」と主張した。これに対して，販売を神谷に一任することを条件に入社を依頼した豊田喜一郎がまず賛成し，方針は決定した。そして，ディーラー企業の具体的設置方法については，全面的に神谷に任されることになった[43]。以上のような経緯から，地元資本によるトヨダ車の専売店を最初から設置する方向で，トヨダのマーケティング・チャネル構築は進んでいった。

　地元資本によるトヨダ車の専売店設置には，①大衆車販売により豊かな社会を構築するという点から，地元資本を尊重・育成することにより地域社会に貢献すべきであるということ，②地域との関係が深く，その特質を熟知している地元資本家の方が大衆に受容されやすいということ，③国産車振興はトヨダの考えに同調するディーラーと一体となってこそはじめて達成可能になる，ということが背景にあった。そして神谷正太郎は，日本 GM での経験により，トヨダの販売会社やディーラー企業へ適用するために「GM ディーラー標準経営法」等を参考にしながら，ディーラー管理マニュアルを作成した[44]。神谷は GM のディーラー企業に対する政策には義憤を感じていたものの，日本 GM のシステムについては真似しなければいけない面があった。それは新しいシステムを作成する余裕がなかったこともあるが，ある程度のスピード感をもってマーケティング・チャネルを構築し，軌道に乗せるための方法としては優れていた政策であったと神谷自身が認識した面もあったためであろう。

(2) マーケティング・チャネル構築への着手

１）日本 GM からトヨダ・ディーラーへの転換

　神谷正太郎は，日本 GM のマーケティング・チャネル・システムに倣い，最初から１県１ディーラー制のフランチャイズ・システムにより，ディーラー企業の設置に着手した。まず，外車のディーラーとして販売経験のある会社を優先し，しかもできるだけ地元の有力者を代表者にし，地元資本と人材を活用し，地域に密着したディーラー企業を設置していった[45]。しかし，ディーラー企業の設置方針は決定したが，日の出モータース以外，トヨダのディーラー企業に転換をしてもらうことは容易なこと

ではなかった。当時は現在のように「トヨタ」というブランド力がなく，技術を誇示できる製品もなかった。そのため，国産車を育成しなければならない客観情勢を忍耐強く説明し，説得するしかなかった[46]。また，国産車に比べて品質が優れていたとされる外車の販売でさえ，多くのディーラーが入れ替わるほど経営が厳しかった時期である。ましてや国産車の販売という事業としてリスクが高くなってしまうために，ディーラー企業となるのに二の足を踏んだのは当然であった。

ただ，神谷正太郎はトヨダへの移籍前，日本GMでは販売広告部長の職にあった。その神谷がフランチャイズ制を採用した背景には，日本GM在職時に関係のあったシボレーのディーラー企業をそのままトヨダのマーケティング・チャネルに組織替えしようという構想があったといわれている[47]。言い換えると，神谷は日本GMのディーラー企業をそのままトヨダに転向させることを目的とし，トヨダ車の対抗となる外車のディーラー企業を引き抜けば，相手の戦力を奪い，それをそのままトヨダの戦力として転換できるため，これほど確実で有力な方法はなかったといえる[48]。そして，実際に神谷はその方法により，外車ディーラーをトヨダのディーラー企業へとリクルートしていったのである。

2）自動車製造事業法の制定

さらに1935年から36年かけての時期に，日本GMのディーラー企業をそのままトヨダのディーラー企業へと転換が可能であると考えられた背景には，36年5月に公布，7月に施行された自動車製造事業法の影響があった。自動車製造事業法は，わが国からアメリカ系メーカーを締め出す政策の最たるものであった[49]。しかし，当時わが国の保有自動車は，9割以上が外車という時代であり，これからどのように成長するのかわからない国産車のディーラー企業に鞍替えしようというディーラーは存在しなかった。しかし，神谷正太郎は外車のディーラー企業にトヨダのディーラーへ転向するようにとの説得に当たった。その中で神谷は，軍部を中心とする自動車政策が外車を締め出す方向にあること，新しい法律がやがて施行され，トヨダがその許可会社になる可能性が最も高いことなどを強調した。そして同時に，国産車育成にかける豊田喜一郎の抱負や構想も語った[50]。つまり，わが国の自動車政策の変化と国産自動車育成にかける熱意という異質なものを対象となるディーラー企業には訴え，転身をすすめたのであった。

日本フォードと日本GMのディーラー契約に基づく取引上の関係については，前者はディーラーによる国産車販売を極端に制限したが，後者は原則として国産車の販売を黙認していた。したがって，トヨダ車のディーラー企業へと転向したほとんどは，日本GMのディーラー企業として経営していた時代から，神谷正太郎に信頼を寄せるシボレーのディーラー企業であった。そのため当初は，トヨダ車のディーラー企業には併売店が多く，トヨダ車の不人気をシボレーの販売で補っていた面があっ

た。一方，神谷は転向しつつあるディーラー企業を指導・育成しながら，トヨダ車の
ディーラー企業として信頼しあえる体制を構築しようとした[51]。つまり，一気にトヨ
ダ一本に絞るのではなく，まずトヨダ車を扱う併売ディーラーになってもらい，徐々
にトヨダを浸透させ，最終的にトヨダ専売としようとしたのである。

3）全国的マーケティング・チャネル網の形成

　1935 年末からの神谷正太郎らの熱心な説得の効果が見え始め，36 年 1 月には東京
地区で，シボレーのディーラー企業であった太陽自動車がトヨダのディーラー企業と
なり，続いて三重県，大阪府など各地の有力者が次々とトヨダ車の販売に踏み切り，
マーケティング・チャネルの構築も徐々に軌道に乗り始めた。36 年 10 月までに全国
で 8 社が日本 GM のディーラー企業からトヨダへと転換した。さらには栃木，静岡，
広島，岐阜にディーラー企業が相次いで設置された[52]。このように関東，関西，中
部，中国地方にトヨダのマーケティング・チャネルが拡大し，引き続いて，北海道，
奥羽，北陸，四国，九州，朝鮮，台湾などでも逐次開店していった。満州では 36 年
7 月から同和自動車工業が，トヨダ車の販売を開始した。これらの地域の中では特に
岐阜トヨダ，関東トヨダの進出はめざましく，岐阜県では 36 年 10 月にはトヨダ車の
登録台数が，フォード，シボレーの合計台数を大きく引き離すようになった。また，
群馬県でも毎月トヨダ車の登録が，全登録台数の 50％ 以上を占める状況となった。
このようにして，トヨダは量産体制を整え，マーケティング・チャネルを整備し，38
年には各府県に 1 社ずつのディーラー企業を設置し，38 年になると，販売会社を全
国に 28 社所有するようになった。39 年には樺太トヨダ，釜山トヨダを設立し，外地
を含めた全国のマーケティング・チャネルを構築した[53]。この急速な全国的なマー
ティング・チャネルの構築は，神谷の力がなければ不可能であっただろう。

5　トヨダのマーケティング政策

(1) マーケティング政策の実践

1）神谷正太郎によるマーケティング・チャネル政策の実践

　トヨダのマーケティング政策は，販売責任者となった神谷正太郎のマーケティング
政策と同一のものといってよいだろう。神谷が一貫して採用してきたマーケティング
政策は，「ディーラーはトヨタにとっての第一義的なお客様である」との信念に基づ
くものであり，ディーラーの権益保護を常に優先させていくものであった。トヨダは
1 県 1 ディーラー制によって，各ディーラー企業のテリトリーを保証し，地元資本に
よってディーラー企業を設置することで，自主性を尊重し，資金的支援や経営指導は
行うが，経営内容には介入しないというものであった。そして常にディーラー企業の
マージンの改善に努力を重ねた[54]。したがって，この面から見るとトヨダは，その生

産開始当初から，別資本であるディーラー企業の経営についてもかなりの配慮をし，まず直接の顧客満足に心を砕いていたと理解できる。

　トヨダは，第二次世界大戦前の日本 GM のフランチャイズ・システムの 1 つである 1 県 1 ディーラー制を継承し，戦後，1960 年後半以降もほぼ 1 県 1 ディーラー制を継承した。これについては，トヨダが日本 GM のディーラー政策をそのまま横取りした格好となり，継承した時点では，そのシステムに代わる方法を創造するノウハウがなく，継承することが精一杯で，変更する余裕がなかったこと，また，1 県 1 ディーラー制は当時の市場規模としては，適正規模であったことが指摘されている[55]。30 年当時の 1 ディーラー企業の年間販売台数は，100〜200 台程度であり，その市場規模としては，やはり 1 県 1 ディーラーくらいが適正規模であったといえる。また，自動車購入にあたって行われる登録などの行政単位は，わが国では当時は，県単位で当該行政組織が設立されており，その点からも 1 県 1 ディーラー制には合理的存在理由があった[56]。ただ，現在でもほぼこれが継続していることについては，さらに説得力のある理由が求められよう。

　日産もトヨダとほぼ同様の方法により，日本フォードのディーラーを日産のディーラーへと転換していったが，トヨダと日本 GM のディーラーの動向ほど詳らかな資料が存在していない。

2）トヨダにおける顧客起点マーケティング

　トヨダは，自動車製造事業法による許可会社第 1 号に指定されたが，販売の側面支援とトヨダ車の宣伝のために，1936 年 7 月からトヨダ・マークの懸賞募集を実施した。応募作品は北は樺太から南は台湾，さらに当時日本の勢力下にあった満州や中国からも寄せられ，27,000 点に達した。同年 9 月には，一般公募した新しいトヨタマークが決定し，10 月からは製品名も「国産トヨダ号」から「国産トヨタ号」に改め，積極的な販売促進活動を進めた。トヨダ・マークの 1 等入選作品は，長崎県の美術図案家中島種夫の作品で，丸の中に「トヨタ」をあしらった作品であった。わかりやすく，すっきりしているというのがこのマークの長所であった[57]。このマークは最近まで使用されていたが，現在では海外展開との関係から他のマークを使用している。

　この時以降，製品名，宣伝印刷物，書類などすべて濁点を取り，「トヨタ」とした。そして，1937 年 4 月，トヨタ車の商標として登録し，社章としての役割を果たすことになった[58]。さらに同年 10 月には各地のディーラーと協力してユーザーを訪問する巡回サービスを開始した。この巡回サービス開始を伝える「トヨタニュース」第 9 号には，「車の使用者，販売者，製造業者の営利増進は三者に共通する希望であり，連帯責任がある」との記述がある。これは後のトヨタの販売（マーケティング）理念となる「1 にユーザー，2 にディーラー，3 にメーカー」の思想が形成されはじめたことを示している[59]。

　1937年9月，豊田自動織機製作所自動車部からトヨタ自動車工業（以下「トヨタ自工」）が設立された。神谷正太郎は，トヨタ自工の設立とともに取締役販売部長として，トヨタの販売総責任者となった。神谷の販売に対する基本理念は，豊田自動織機製作所の創立者であった豊田佐吉や喜一郎親子がわが国で大衆車を開発し，外車の輸入を阻止しようとする国産車育成の目的と同一であった[60]。そして，神谷の基本理念は変化することなく，自動車販売によって利益を受ける順序は，顧客（ユーザー），ディーラー，メーカーでなければならないとし，この基本姿勢こそ，ユーザーとディーラーの信頼を得る最良の方法であり，これがメーカーに発展をもたらすというものであった[61]。この方針を裏付ける実践として，当初は販売した自動車の故障も多く，苦情が相次いだが，ディーラー店舗での技術員の対応に加えて，自社工場からも技術員を派遣して対応した。さらにユーザーの運転中に事故が起きれば，その場所に直ちに駆けつけるというアフターサービスも行った。また，喜一郎は故障に対する対応活動を通して，第一線のセールスマンの苦労を理解し，その後も販売戦略上，ユーザーに加えてディーラー企業あるいはセールスマンを大切にしたといわれている[62]。

（2）ディーラーによる販売組合の設立と販売金融

　第二次世界大戦以前のトヨタのディーラー企業設置は，1938年頃までに全国的に終了したため，トヨタ自工ならびにディーラー企業により，「トヨタ自動車配給組合」が結成された[63]。一般的には，各メーカーが第二次世界大戦後に設立したディーラーの組織を「販売組合」と称したように，本来は販売組合とするところであるが，配給組合と称したのは，当時の時代背景によるものである。

　さらにトヨダは，ユーザーの自動車購入をしやすくするために販売金融に乗り出した。既に，日本フォードと日本GMは，1929年に日本フォード金融，日本GM金融を設立し，積極的に月賦販売を行い，36年には各社の自動車販売においては月賦販売比率は70〜80％に達していた。この状況でトヨダ車の販売を拡大するためには，月賦販売方式を採用せざるを得なかった。当時のトヨダが目標とした月販2,000台は，月賦販売により潜在需要を開拓することが有効と考えられた。そこで，神谷正太郎が進言し，36年10月に自動車の月賦販売を可能にするために，資本金100万円のトヨタ金融を設立した。そして，シボレー，フォードに対抗して12ヶ月月賦を採用することとし，36年12月から月賦を行えるようにした[64]。以上の状況を観察すると，歴史のある企業のマーケティングの発展段階は，生産志向から始まるのが一般的であるが，トヨダは，生産志向，販売志向の時代を一気に跳躍し，創業・設立当初からマーケティング志向を持ち合わせていたことがわかる。

おわりに

わが国における自動車生産は，1936年の自動車製造事業法の制定・施行に至る過程で，政府によりさまざまな政策が数多く打ち出され，大きく変化した。それに伴い，販売も変化した。当然のことながら，その流れは，わが国メーカーにとっては追い風であったが，アメリカ系メーカーにとっては完全に逆風となるものであった。本章では，アメリカ系メーカーがわが国で最初に全国的なマーケティング・チャネルを構築した後，これらのメーカーが構築したマーケティング・チャネルをいかにわが国の新興メーカー（日産，トヨダ）が継承し，根付かせたかを明確にすることが目的であった。それは自動車製造事業法に結実する外資系メーカーの閉め出し政策が功を奏し，それがわが国のメーカーの生産・販売を助長したことを確認するものであった。

日産については鮎川義介を中心に，わが国にアメリカ系メーカーが進出してくる時期には既に国産自動車工業の確立に対しての強い意思を持っており，それが1930年代になって開花したものといえる。またトヨダについても，創業者豊田喜一郎も鮎川同様に国産自動車工業確立に強い意思を持つとともに，生産した自動車を販売することにも心を砕いていた。それが日本GMからトヨダへ移籍した神谷正太郎というアメリカ系メーカーで経験を積んだ人間の強力なリーダーシップのもとに開花したということができる。つまり，生産については，政策的援助のもとで生産が促進されたということができるが，販売についてはアメリカ系メーカーのマーケティング・チャネルを十分な根回しや説得，時にいささか強引な手法ではあったが継承し，地元資本を最大限に活用することができた。そしてトヨダが，生産開始からわずか3年のうちにほぼ全国的なマーケティング・チャネルを構築することができたのは，わが国で国産メーカーの生産した自動車を販売したいという「ヒト」の力によるところが大きかったものといえよう。

--- 注 ---

1）荒川久治（1995）『自動車の発達史（下）』山海堂，p.19
2）日本自動車工業振興会（1975）『日本自動車工業史口述記録集』自動車資料シリーズ（2），p.112
3）宇田川勝（1971）「日産財閥の自動車産業進出について（下）―日産とGMとの提携交渉を中心として―」『経営志林』第14巻第1号，p.93
4）日産自動車（株）調査部（1983）『日産自動車50年史』日産自動車，p.50
5）桜井清（1987）『戦前の日米自動車摩擦』白桃書房，p.237
6）宇田川勝（1971），pp.93-94

7 ）日産自動車販売協会（1974）『二十五年史』p.4

8 ）日産自動車販売協会（1974），p.6

9 ）日産自動車販売協会（1974），p.7

10）日産自動車調査部（1983），p.57

11）日産自動車調査部（1983），p.57

12）加護野忠男（1988）「企業家精神と企業家的革新」伊丹敬之・加護野忠男・小林孝雄・榊原清則・伊藤元重著『競争と革新—自動車産業の企業成長—』東洋経済新報社，p.62

13）日産自動車調査部（1983），pp.57-58

14）日産自動車販売協会（1974），p.6

15）日産自動車販売協会（1974），p.7

16）日本自動車工業会（1988）『自動車産業史』pp.47-48

17）日本自動車工業会（1969）『日本自動車工業史稿（3）』pp.317-318

18）日本自動車工業会（1969），pp.316-317

19）日産自動車調査部（1983），p.60

20）荒川（1995），p.20

21）中山成基（1976）『佐賀日産自動車三十年史』佐賀日産自動車，p.8

22）日産自動車調査部（1983），pp.60-61

23）日産自動車販売協会（1974），p.9

24）日産自動車販売協会（1974），p.9

25）トヨタ自動車(株)編（1987）『創造限りなく　トヨタ自動車50年史』p.70

26）「トヨダニュース」3号，1936年7月5日，「トヨダニュース」4号，1936年7月20日

27）トヨタ自動車編（1987），pp.95-96

28）トヨタ自動車工業(株)(1978)『トヨタのあゆみ』トヨタ自動車工業，p.67

29）東京トヨペット20年史編纂委員会（1973）『東京トヨペット20年史』東京トヨペット，pp.8-9

30）トヨタ自動車工業（1978），p.67

31）トヨタ自動車編（1987），p.97

32）佐藤義信（1994）『トヨタ経営の源流』日本経済新聞社，p.99

33）トヨタ自動車編（1987），pp.96-97

34）日本経済新聞社（1981）『私の履歴書　経済人15』，pp.398-399

35）トヨタ自動車編（1987），p.98

36）ヘンリー・フォード『産業界の軌跡—自動車王物語』（加藤三郎訳（1945）『ヘンリーフォード自叙伝』，p.90），トヨタ自動車(株)編（1987）『創造限りなく　トヨタ自動車50年史』p.98

37）日本経済新聞社（1981），p.398

38）トヨタ自動車編（1987），p.98

39）トヨタ自動車編（1987），pp.99-100

40）トヨタ自動車販売(株)社史編集員会編（1970）『モータリゼーションとともに』p.40

41）トヨタ自動車販売(株)社史編集員会編（1970），p.40，トヨタ自動車販売社史編集委員会編（1980）『世界への歩み　トヨタ自販30年史』pp.18-19

42）日本経済新聞社（1981），pp.400-401

43) トヨタ自動車編 (1987), p.101

44) 小原博 (1994)『日本マーケティング史―現代流通の史的構図』中央経済社, p.153

45) 佐藤 (1994), pp.100-101

46) 日本経済新聞社 (1981), pp.400-401

47) トヨタ自動車販売社史編集委員会編 (1980), p.19

48) 塩地洋 (1994)『自動車ディーラーの日米比較―「系列」を視座として―』九州大学出版会, p.5

49) 日本自動車工業会 (1969), pp.342-343

50) トヨタ自動車編 (1987), pp.101-102

51) 佐藤 (1994), p.101

52) トヨタ自動車販売社史編集委員会編 (1980), pp.89-90

53) 日本自動車工業会 (1969), pp.342-343

54) 東京トヨペット 20 年史編纂委員会 (1973), p.13

55) 塩地 (1994), p.8

56) 塩地 (1994), p.8

57) トヨタ自動車工業 (1978), pp.71-72

58) トヨタ自動車工業 (1978), p.72

59) トヨタ自動車編 (1987), p.112

60) 小原 (1994), p.133

61) トヨタ自動車販売社史編集委員会編 (1980), p.17

62) 加藤誠之 (1982)「これがトヨタの真実だ②」『週刊ダイヤモンド』10 月 16 日号

63) トヨタ自動車販売店協会 (1977)『三十年の歩み』pp.8-9

64) 荒川 (1995), p.65, トヨタ自動車編 (1987), p.95, 佐藤 (1994), p.98

━━ 第**4**章 ━━

わが国における1930年代前後の自動車流通チャネル
──国策による自動車流通チャネルの変化を中心に──

はじめに

　現在，ほとんどの自動車（新車）は，自動車メーカー（以下「メーカー」）と
ディーラー企業間において何らかの販売契約に基づいて販売されている。わが国の自
動車流通においても，基本的に他の諸国と同じくフランチャイズ契約に基づく垂直的
マーケティング・システムがとられている。自動車流通においてフランチャイズ・シ
ステムが採用されるのは，大量生産された自動車を効率的に流通させるためであり，
生産と販売が一体となった販促活動や迅速で有効な情報交流を促進するには，流通
チャネルの有機的な結びつきを必要としているためである。この点からいうと，わが
国の自動車流通システムの確立は，大量生産体制を確立した1950年以降のことであ
る[1]。しかし，第二次世界大戦前において，現在のわが国での自動車流通システムの
萌芽があった。1920年代中葉以降から，アメリカ系2社のFord Motor（以下
「フォード」）とGeneral Motors（以下「GM」）のわが国への直接進出があり，2社
によってわが国での全国規模でのマーケティング・チャネルが構築された。しかし，
2社によって構築されたそれぞれのマーケティング・チャネルは，第二次世界大戦へ
とつながる1930年代において，国策により，圧力を受け，大きく変容した。代わり
に豊田自動織機製作所自動車部（1934年設立，1934年トヨタ自工），日産自動車
（1933年自動車製造として設立，1934年社名変更）のわが国メーカーが，それぞれ
マーケティング・チャネルを構築した。そこで本章では，その経緯と戦時体制による
自動車の配給へと至る状況について考察していきたい。

1　1930年代前半の自動車関連政策

(1) 国産自動車工業の振興

　アメリカ車の流入によって壊滅的な打撃を受けたわが国メーカーは，軍事上の必要
から自動車工業の確立を望む軍部と協力して，国産自動車工業の振興を政府に要請し
た。それまでフォードやGMの進出を歓迎していた政府も，2社の組立工場が本格的

66

に稼働すると，輸入が急増し，国際収支が悪化したこともあって国産車擁護に転じ，1931年5月，商工省内部には国産自動車工業確立調査委員会が設置された。委員会の主要構成メンバーは，陸軍省，商工省，鉄道省の他，民間では石川島自動車製作所（1929年東京石川島造船所から分離独立），東京瓦斯電気工業，ダット自動車製造の国産3社であった[2]。

　1931年9月，満州事変が勃発し，欧米諸国のわが国に対する態度は硬化し，経済的外圧が始まった。これに伴い，軍需による市場拡大，金輸出再禁止，為替相場の下落があった。自動車に関しては，32年に商工省の自動車工業確立調査委員会によって，当時普及していたフォード車・シボレー車クラスとの正面からの競争を避け，1.5〜2トンクラスの中型車を目標に，トラックとバスの標準型式車を制定するという具体策が打ち出された。それは標準型式車を認定企業だけに大量生産させ，同時に関税の改定や使用奨励などの保護政策を行うというものであった。また，間接的ながら，国産各社の合同の方向が示唆され，政府主導による自動車工業確立への体制が整えられていった[3]。そして間もなく，標準型式自動車の試作が完成し，年間1,000台の量産が計画された。

　1932年6月，政府が自動車，部分品の関税大幅引き上げ，輸入抑制に踏み切ったことにより，外国車との競争は国産車に有利な状況となり，満州事変以降の軍需景気もあり，造船，鉄道車両メーカーなどが自動車生産に進出した。三菱造船神戸造船所は，大型バス「ふそう」，三井物産造船部玉野工場では乗用車「やしま」，川崎車輌は乗用車・バス・トラックの「六甲」，ダット自動車製造は「ダットサン」，京三製作所は「京三号」，大田自動車製作所は「オオタ」など，小型四輪の乗用車とトラックが相次いで生産された[4]。この現象は市場の拡大期において，バスに乗り遅れないようにするために雨後の筍のように，われもわれもと自動車生産に乗り出した状況といえる。

(2) 国産自動車メーカーの合併

　満州事変の影響で，自動車関係製品については，関税大幅引き上げの影響を受け，日本フォードと日本GMの自動車は，大幅な価格引き上げを強いられた[5]。外国車にとって関税大幅引き上げは，極めて不利な状況となったが，一方で国産車にとっては好都合な環境となった。豊田喜一郎は，この機に大衆車の生産を決意し，国産大衆車の自立が目標となり，自動車産業進出構想となって一応の完成を見た[6]。また，量産効果を出すため，石川島自動車製作所，東京瓦斯電気工業，ダット自動車製造の3社が合同することになり，1933年3月，石川島自動車製作所とダット自動車製造が合併し，新たに自動車工業株式会社として発足した。さらに33年12月には同社が東京瓦斯電気工業と共同で共同国産自動車株式会社を設立し，標準型式自動車である「いすゞ」および両社が生産した「ちよだ」「スミダ」の販売を行うなど，業界の再編成が進んだ[7]。

図表 4-1　自動車・部分品の輸入額

(単位：千円)

年　次（年）	完成車	部品	合計
1914	240	257	497
1915	70	94	164
1916	386	826	712
1917	1,569	1,097	2,666
1918	4,524	3,136	7,660
1919	5,531	5,750	11,281
1920	4,865	5,613	10,478
1921	3,261	4,805	8,066
1922	2,216	5,093	7,309
1923	4,955	8,527	13,482
1924	8,772	12,413	21,185
1925	4,600	7,061	11,661
1926	5,324	10,391	15,715
1927	8,063	10,218	18,281
1928	13,770	18,474	32,244
1929	9,545	31,182	40,727
1930	4,896	19,765	24,661
1931	3,378	16,654	20,032
1932	2,894	11,927	14,821
1933	1,864	12,006	13,870
1934	3,357	28,945	32,302
1935	3,302	29,387	32,689

［出所］宇田川勝（1983）「戦前期の日本自動車産業」『神
　　奈川県史各論編 2（産業・経済）』p.362，一部改

　当時，自動車の大口需要者は軍であった。また，国防上の観点から鉄道省は，輸送
力増強のためにトラックを中心とした国産自動車工業の確立を望んでいた[8]。そし
て，1934 年，商工省は「自動車工業確立要綱」を出した[9]。審議では国産車の育成が
論じられ，陸軍省は，国産トラックの育成を強く主張した。この中には，自動車製造
事業を許可制にする内容が盛り込まれていた。

（3）国産自動車メーカーの育成

1）国産自動車工業の育成

　1934 年に「石油業法」が公布され，民間産業について業者の許可制と政府の統制
を規定した。満州事変以降，戦時体制を布いた政府ならびに軍部は，緊急の場合に備

えて各産業で，外国資本に対する規制力を強めようとした。石油業法はその規制のは
じまりであった。自動車工業の分野でも，この頃，石油と同じ観点から政策の再検討
がされはじめた。従来の政策は，特殊な軍用車などの重量車が対象であり，国産自動
車を保護し確立するためには，あまり効果的ではなかった。それはわが国の自動車市
場は，依然としてアメリカ車中心の状況が続いていたことにも現れていた。そこで政
府は，34年8月，商工省を中心に関係官庁協議会を設置し，この問題に対する抜本
的な政策を立てることにした。その対策は，これまで直接対決を避けてきたフォード
車・シボレー車の1〜1.5トンクラスと同等の車種を量産する国産自動車メーカーを
育成し，それによってアメリカ系2社の市場支配を打破することであった。新設され
た関係官庁協議会は，数十回にわたって会合を重ねた結果，「自動車製造事業法」を
制定することで意見が一致した[10]。当時，わが国の自動車の9割が外国車であったた
め，陸軍省は将来に備え，自動車の自給自足の可能性を探り，貿易赤字の元凶になっ
ていることから，フォードとGMの締め出しを意図した。商工省もこの動きに同調
し，35年8月，「自動車工業法要綱」[11]が閣議決定された。

2）自動車製造事業法の制定

　自動車工業法要綱の閣議決定による強行策を前に，日本GM，日本フォードの動き

図表4-2　自動車の供給数

(単位：台)

年	輸入 完成車数	国内生産 （　）は小型車	輸入 組立車	輸入組立車内訳		
				日本 フォード	日本 GM	共立 自動車
1925	1,765		3,437	3,437		
1926	2,381	245	8,677	8,677		
1927	3,895	302	12,668	7,033	5,635	
1928	7,883	347	24,341	8,850	15,491	
1929	5,018	437	29,338	10,674	15,745	1,251
1930	2,591	458	19,678	10,620	8,049	1,015
1931	1,887	436　(2)	20,199	11,505	7,478	1,201
1932	997	880　(184)	14,087	7,448	5,893	760
1933	491	1,681　(626)	15,082	8,156	5,942	998
1934	896	2,247　(1,170)	33,458	17,244	12,322	2,574
1935	934	5,094　(3,913)	30,787	14,865	12,492	3,612

[注] ①輸入組立車とその内訳は資料の問題で台数に相違がある
　　　②共立自動車はクライスラー系の会社である
[出所] 日産自動車編（1965）『日産自動車三十年史』日産自動車，p.16，一部改

は異なっていた。満州事変以降，陸軍省の国産自動車工業確立への介入は，日本フォードと日本GMの防御行動を呼び起こした。2社の防御行動として，日本GMは，わが国企業との提携による国産化を志向していたが，日本フォードは，単独でわが国の国内で製鋼から組立までの一貫した生産工場の建設を望んでいた。これはアメリカ本社の性格を反映したものであった。GMは世界各地の組立工場により，アメリカ本社の生産工場を維持していたのに対して，フォードは，組立よりも海外製造工場確保に移行する方針をとっていた。そこで日本GMは，日産との提携によってシボレーの国産化をめざしたが，日産が1936年に自動車製造事業法により許可会社となったことで，提携国産化の途が閉ざされた。日本GMは，自動車製造事業法により製造は許可されたが，数量は限定され，大量生産による大衆価格維持は困難となった。その後，トヨタとの提携に動いたが，受け容れられなかった。また日本フォードは，日本資本を認める方針へ転換したが，経営主導権をフォードが握ろうとしたために，強い反発を招いた。これら2社のわが国での事業継続を目指す行動は，陸軍省を刺激し，「自動車製造事業法」の制定を早めた[12]。日本フォードが直接的日本化を目指したのに対して，日本GMは間接的日本化を目指すという異なった防御行動となって現れたのは，同じアメリカ系企業でありながら，経営方針が異なっていたことの現れである。

2　自動車製造事業法による生産・流通への影響

(1) 自動車製造事業法の影響

　自動車製造事業法は，1930年代前半から，制定の動きがあった。自動車製造事業法は，「国防の整備および産業の発達を期するため，帝国における自動車製造事業の確立を図る」ことを目的として，36年5月に公布，7月に施行された[13]。この法律の要点は，年間3,000台以上の自動車を製造するものは政府の許可を要することとし，しかも許可会社を日本法人に限定したことである。許可会社には，政府が資金，税制，設備輸入などで強力な支援を与えるものであった。

　自動車製造事業法により，1936年9月にトヨタを第1号，日産を第2号の許可会社として許可証を交付した[14]。両社は，同事業法による最初の許可会社となった。さらに少し遅れて，自動車工業と東京瓦斯電気工業が合併してできた東京自動車工業（現在の「いすゞ自動車」）が許可会社となり，この3社が第二次世界大戦前のわが国の自動車生産を主に担当した。そして，自動車製造事業法が，わが国の自動車工業確立に果たした役割は大きかった。自動車製造事業法には，海外のメーカーに対して，重大な制限的措置が含まれていた。まず，日本フォードと日本GMは，その事業規模を過去3年の平均に基づいてそれぞれ1万2,360台，9,470台に限定された。さら

に自動車製造事業法による許可会社の決定とともに2社の輸入は縮められた。そして，36年12月，自動車輸入関税率の改訂が行われ，完成車は50%から70%へ，エンジンは，35%から60%へ，備品は品目ごとに引き上げられた。そのうえ，37年の戦時統制経済の一環として実施された外国為替管理法の改正，臨時資金調整法，輸出入品等臨時措置法の統制強化が行われた。戦争用燃料の蓄積，自動車用資材の不足についての対策として，38年8月，商工省は通達を出し[15]，自動車の生産を制限した。そして，38年4月1日，「国家総動員法」が公布され，国民生活や企業活動が勅令により，いつでも規制されることになった。

戦争の拡大とともに，政府は最大限に軍事用自動車（トラック）を確保するため，ガソリンの一般消費を厳しく規制した。そこで1938年から，ガソリン配給の切符制が実施され，その規制は次第に強化されていった。また，38年12月自動車製造工業組合（トヨタ・日産・東京自動車工業加盟），39年に日本第二自動車工業組合連合会（軽自動車・電気自動車関係加盟），39年に全国自動車部品工業組合連合会が設立され，資材・生産の配給統制にあたることになった。

軍需最優先の要請は一段と高まり，ごく少数のトラックと軍・官庁用の乗用車のほかは，1938年末で生産が中止された。そして，日中戦争の勃発により円相場が低落し，輸入価格が高騰したことや，さまざまな圧力により，日本フォードと日本GMは，39年12月末，わが国での経営活動を事実上停止した。この面では，自動車製造事業法は，わが国の自動車産業育成というよりも，生き残りに大きな役割を一面では果たしたことになった。

(2) 自動車販売承認制の実施

1939年5月から，臨時物資調整局第三部長および商工省工務局長名により，自動車の供給が統制されることになった。わが国のメーカーは自動車生産をトラックに集中させたため，過少になった乗用車供給を適正に配分するため，その販売には四半期ごとに商工大臣の承認が必要となった。またトヨタ・日産のトラック，バスについては，40年8月，小型車・電気自動車については，11月より販売承認制が実施された[16]。販売承認制とは，物資動員計画に基づき，自動車需要を軍需・内地需要・外地需要・満州需要・中国需要とに分けて自動車の配給数量を決め，製造業者から商工大臣に販売承認を求める制度であった。このため1ヶ月に1度，東京で割り当て会議が開かれ，この会議で最終購入者の氏名，事業内容，保有台数，希望台数を記入した申請書に軍の管理官の証明を添えて提出し，ここで承認内定されたものについてのみ自動車が割り当てられた[17]。したがって，供給量も少なくなり，供給があっても軍需に回ったことから，純粋な民間への供給はほとんどない状態となった。

自動車の価格は，供給統制と同時に，各メーカーに対し，自動車の販売価格その他販売条件の変更には承認を必要とする旨の通牒が発せられて，事実上価格は固定化さ

れた。ついで 1939 年 10 月 18 日に，「価格等統制令」が公布され，1 ヶ月前の 9 月 18 日の水準に固定化された。さらに，41 年 3 月には，公定価格が制定され，トヨタのトラック・シャシーは，製造業者販売価格 4,000 円，販売業者販売価格 4,400 円と定められ，流通面からも統制が行われた[18]。

1941 年 6 月，米英の対日資産凍結と原油・石油製品の輸出許可制が実施され，事実上，石油の輸入が途絶えたために，41 年 9 月，バス・タクシー・ハイヤーにガソリンの使用を禁止する非常措置がとられた。これらの自動車は，薪炭ガス，液化ガスなどを利用する代燃車への転換を余儀なくされた。また，ガソリン自動車のエンジンを外し，電動機を取り付けた改造電気自動車が急速に普及していった。さらに政府は，自動車の燃料事情の悪化から，39 年後半にガソリン車からディーゼル車への転換を決定した。このため，自動車製造事業法の許可会社は，それまでトヨタと日産の 2 社だけであったが，41 年 4 月に東京自動車工業も許可会社となり，社名を「ヂーゼル自動車工業」と改めた。ディーゼル・エンジンに実績を持つ同社を中心に，ディーゼル自動車生産を強化することが目的であった[19]。この状況を観察すると，自動車が誕生して，人々の夢や趣味，さらに一般の人間の移動手段としての用途から大きく変化してしまったことを感じずにいられなくなる。この時期，自動車はまさにわが国にとっても，また他国にとっても戦争の道具と化した時代であったといえよう。

3　わが国メーカーによるアメリカ系 2 社のディーラー転換

(1) 自動車製造事業法の販売への影響

前章において取り上げたが，1930 年代半ばからの自動車流通チャネルの変化については，トヨタは創業時に日本 GM の中で日本人としては最高の地位にいた神谷正太郎をスカウトし，神谷の力により，多くの GM のディーラー企業がトヨタに移った。その結果，各地のディーラー店舗では，日本 GM の看板を掲げたままで，トヨタ車を併売することを引き受け，日本 GM とは完全に縁を切って，トヨタのディーラー企業に転向するものが現れた[20]。トヨタはシボレー・ディーラーに対して，ディーラーを引き継ぐ説得を行った。それは自動車製造事業法の下では，シボレー販売を継続することができなくなり，ディーラー企業の経営は成立しなくなるということからであった[21]。一方の日産は，フォードのマーケティング・チャネル（ディーラー）網をほぼ引き継いだ。このように第二次世界大戦前の一時期に，アメリカ系 2 社のマーケティング・チャネルを国産車メーカーが引き継ぎ，国産車の流通システムが形成されたが，その後の戦時体制の中で統制機構に組み込まれることとなった。

わが国では国産車のディーラー企業創設時に，そのほとんどが排他的チャネルの基本となった専売ディーラーとして出発した。一方，当時は，アメリカでは専売店が存

在すると同時に併売店もあった。わが国で，国産車のディーラーの大部分が専売制をとったのは，当時の自動車産業を巡る日米間の産業組織上の相違にあったといえる。わが国には自動車メーカーはまだ数社しかなく，その中で大量生産が可能であったのは，トヨタと日産だけであった。そのことから，各ディーラー企業がどちらかのメーカーを選択し，専売店になる可能性が相対的に高かった。一方，アメリカでは，1920〜1930年代には，メーカーは数百社も存在し，またディーラー店舗も4〜6万店も存在したといわれている。したがって，小規模零細なメーカーは，独自のマーケティング・チャネルを持たない場合もあり，併売店の出現・存在は当然のことであった。この点では，わが国とアメリカにおけるディーラー制度の創設時の歴史的状況の相違点が明確になっている[22]。つまり販売は，生産の状況にかなり影響されるということになるが，このようなメーカーが少数であったことが，自動車販売においては，専売チャネルを構築することができたことの背景にあったといえよう。

(2) 国産メーカーによるアメリカ系メーカーのマーケティング・システムの受容

トヨタと日産がそれぞれマーケティング・チャネルを構築するにあたり，各メーカーがアメリカのディーラーのシステムを導入し，わが国の状況に合致するように修正がなされたという指摘がある。それはフランチャイズ・システムそのものはアメリカから導入されたが，わが国の取引慣行やメーカー主導による排他的チャネルへと修正されたとされている。トヨタではGMの販売部長であった神谷正太郎がフランチャイズ・システムを採用したが，契約のみを押しつけるアメリカのフランチャイズ・システムではなく，メーカーとディーラーとの人間的信頼関係を重視し，わが国の状況に合うように修正されたということからである[23]。

一方で，日本GMや日本フォードのとっていたディーラー・システムは，国産車の販売については改革されなければならなかったが，ほとんど模倣され，国産車のディーラーも販売経験がなく，フォードやシボレーのディーラー企業をそのまま国産車のディーラー企業へと衣替えしたため，自動車が異なる以外は，経営方法などはそのまま踏襲したという指摘もある[24]。この異なる2つの見解については，歴史的なディーラーの日米比較の必要がある。いずれにしても，生産については，かなりの部分で標準化が可能であるが，流通については現地適応化が必要であることが多い。このような面から今後，検討の必要があろう。

4 第二次世界大戦中の自動車流通（配給）

(1) 戦時体制における自動車販売

1）自動車統制会の発足

1940年代に入ると，国家統制は日を追って強化され，自動車販売も自由販売から

配給統制へと移行していくこととなった。東京では，41 年春頃からメーカー間で話し合いがもたれ，配給会社の形態はいかにあるべきかが議論されていた。議論内容は車輌の整備形態の能率化などであり，トヨタはブロック制を主張し，日産は府県別単位での配給会社制を主張し，なかなか合意に達しなかった。41 年 5 月には「自動車修理用部分品配給統制規則」が制定公布され，8 月，政府は戦時経済統制の実施機関として産業ごとに統制会を設けることとし，「重要産業団体令および同施行規則」を公布した。9 月には月賦販売についての統制が実施されるなど，次々に自動車の販売面での統制が打ち出された。

　1941 年 10 月 31 日，自動車，鉄鋼，精密機械など軍事的に重要な 12 部門に対し，統制会設立の第一次指定が出された。「自動車統制会」には，商工大臣からその会員として，トヨタ，日産，ヂーゼル自動車工業，川崎車輌，日本内燃機，車輪工業の 6 社が指定された。そして，各メーカーの代表者からなる設立準備委員会の開催を経て，12 月 24 日，自動車統制会が正式に発足した。自動車統制会は，発足後直ちに資材の取得とその配給，自動車製造業ならびに部品製造業の整備統合，自動車および部品の配給機構の再編成などについての事業計画を発表した。まず取り上げられたのが，自動車と部品の配給機構の再編成であったが，メーカーと部品販売会社は統制会案に反発し，主導権を握ろうとした。しかし統制会は，42 年 2 月には再編成に関する試案を作成し，商工省に提出した。商工省はこの試案をもとに企画院，陸海軍など関係省庁と検討を重ねた。そして，42 年 6 月 5 日付の 17 機局 2626 号商工省機械局通達「自動車および部分品配給機構整備要綱」により，府県単位別の配給会社を従来のディーラー企業を整理して設立することになった[25]。ここで，ブロック制ではなく府県制がとられたことも後のディーラー企業の再編成において，大きな意味を持つことになったといえる。

2）日本自動車配給の設立

　1942 年 7 月，自動車，部品の配給のため，自動車統制会の配給機関として，「日本自動車配給」（以下「日配」）が資本金 1,000 万円で設立された。日配は，中央機関，卸問屋のような存在であり，個々の需要者への配給および配給自動車の整備は，各地方に従来存在していた各メーカーのディーラー店舗を利用して行うようになった。ここで東京日産自動車販売の前身である東京府自動車配給が誕生した[26]。

　また，1942 年 7 月に，日配の下部組織として同府県別に各系列ディーラーの合同による「地方自動車配給」（以下「自配」）が設立されることも決定された。日配の社長には日産出身で自動車統制会の理事兼配給部長の朝倉毎人が就任した。トヨタの豊田喜一郎は監査役，神谷正太郎は常務取締役に就いた。日配では，豊田や神谷は多くのトヨタ以外のディーラーとも親交を深めた。このときの人間関係が，第二次世界大戦後，トヨタが素早く全国にマーケティング・チャネル網を構築できた要因となった

といわれている。また，戦前の日産ディーラー企業の中にも，戦後トヨタに移った者もいた[27]。各自配には，各メーカーのディーラー企業の優秀な人材が集まった。日配の常務取締役で車輌部長となった神谷は，その職掌からそれら自配の首脳と頻繁に接触し，信望を集めたと伝えられている。喜一郎も自配関係者を立てて自分は末席に遠慮するという態度で接したため，社長自らディーラーを厚く遇するトヨタの姿勢が強く印象付けられた[28]。しかし，当時は戦後の自動車のマーケティング・チャネルの姿など全く想像ができない時代であった。ただ，メーカー自らの利益を第一とするのではなく，流通段階について，厳しい時代ではあったが配慮していたことが，関係者の心像に刻まれていたのである。

(2) 自配による自動車配給の開始

　自配の設立は，各メーカーのディーラー企業の調整に手間取り，予定より大幅に遅れて 1942 年 11 月となった[29]。そして，各メーカーにて生産された車は，日配が受け取り，軍に納入し，残りは各自配を通じて民間に配給した。ただいすゞが生産した自動車は，全部軍納車になっていたので，民間には回らなかった。東京府の自配は，民間需要に対する配給会社であったため，取り扱い車種は当時生産されていた全車種であった。しかし，それは名目上のことで，民需用として配給されたのは，トラックそれもトヨタと日産の車種のみであった[30]。

　そして，日配および各自配は自動車統制会に加入し，その統制の下に置かれた。生産された自動車は，まず軍に納め，残った自動車を日配が一手に買取り，それを中央の割り当て会議の決定に基づいて各地の自配が民間のユーザーに配給するという仕組みであった。これにより民需向けの月賦金融ニーズが消滅したトヨタ金融は，1942 年 4 月，豊田産業と名称を改め，トヨタ関係会社の持ち株会社となった[31]。

　自配は戦争目的遂行のために，それまで各県 1 つずつあったトヨタ，日産，いすゞのディーラー企業が強制的に統合させられて設立された自動車配給会社であったために，自らの努力や判断により自動車の販売を手がけるという意味では真のディーラーではなかった。また，配給される自動車は，トヨタ，日産の両社を合わせても少数で，毎月 6 台から 10 台程度であった。それも戦争に貢献すると認められるところに重点的に割り当てられた。たとえば，軍需工場や飛行機場の多い県には多く，岐阜県のようにそれの少ない県には割り当ては少なかった。しかも車は公定価格であったため，値上げも値下げもできなかった[32]。

　また，1939 年 3 月に公布された「軍用自動車検査法」によって，戦時は軍用車の不足分は民間から徴発して間に合わせていたので，開戦後は自家用として配給されることはまずなく，営業用の場合でも，大規模な運輸会社でやっと 3 ヶ月に 1，2 台の配給が受けられるに過ぎなかった。そのうえ，地方配給会社は，物資総動員の一助として修理して動ける自動車については大修理をし，部品がなく，使用されていない自

動車または修理不能の老朽車はスクラップとして回収し，解体して，日配および金属
回収会社へ納めたりした。したがって，当時の仕事は，自動車の販売―配給は副次的
なものであり，主たる仕事は整備，部分品販売であったといえる[33]。

　そして，自動車の配給計画が全体としてうまくいかなかったため，1943年後半よ
り政府はいろいろ手直しを計画したが，自配の反対にあい，挫折した。しかし，43
年11月軍需省が設置されると，メーカーは軍需省の管轄となった。また，自配は運
輸通信省に自動車局が設けられて，その管轄に属することになった[34]。さらに自動車
統制会は部品工業についても統制を行った。生産技術の向上や大量生産方式確立など
事業計画も構想されたが，実現には至らなかった。戦局の悪化とともに統制会も思う
ように活動できず，次第に原材料争奪機関となっていった。そのうえ43年末に「軍
需会社令」が施行されると，全く有名無実のものとなった[35]。この時期は，まさに自
動車流通（販売）やマーケティングなどという言葉とは程遠いわが国の自動車産業に
おける暗黒時代であったといえる。

おわりに

　1920年中葉からのアメリカ系2社の進出によって，わが国の自動車工業が発達す
る契機が与えられた。それまでにも自動車販売を手がける者がいたが，2社が一気呵
成にわが国で全国的なマーケティング・チャネルを構築することができたのは，わが
国のメーカーが非常に小規模であったために，ほとんどフリーハンドに近い状態で
マーケティング・チャネルを構築できたことが大きい。また，法的にも自由であった
ことがあげられるだろう。2社のチャネル構築の手法については，異なる見解がある
が，これらの見解については今後，様々な角度から検討の必要がある。

　全国的なマーケティング・チャネルを構築したアメリカ系2社であったが，1930
年代になり，わが国の軍事体制が強化されるにしたがって，その状況に大きな変化が
出てきた。2社はノックダウン生産のための工場を設け，全国的なマーケティング・
チャネルを構築し，先発者利益を謳歌したことは間違いない。しかし，国策によりわ
が国からの撤退を余儀なくされたのは，先発者として構築することができたマーケ
ティング・チャネルであろうとも，政策の前にはあまりにも無力であったことが証明
された。同時に，今日ではわが国は世界有数の自動車大国であるが，メーカーとして
企業化し，大量生産体制を整えることができたのも政策によってであったということ
も指摘できよう。特にトヨタと日産は，30年代の軍事体制下にあって，政策の援助
に恵まれた幸運と，アメリカ系2社の構築したマーケティング・チャネルをほぼ継承
しえたことが，今日のわが国の自動車販売においても大きな先発者利益を得る要因で
あったといえる。

　本章で課題として残ったのは，アメリカ系2社がチャネル構築をするにあたって，本国アメリカのフランチャイズ・システムをそのままわが国で展開したのか，あるいはわが国の状況に合わせて適応化させたのかということである。さらに，トヨタと日産がその2社の構築したマーケティング・チャネルをトヨタがGMに勤務していた神谷正太郎を引き抜き，彼の手腕によるものであったことが強調されるが，果たして神谷の力だけであったのか，また日産がフォードのマーケティング・チャネルを引き継いだ経緯にはどのような状況があったのかという課題が残る。その課題は，戦後トヨタと日産がわが国自動車メーカーの先発者としてマーケティング・チャネルの構築が進んだことにも結びついている。

── 注 ──

1）近藤和明「系列化と取引慣行の諸問題」同志社大学商学会『同志社商学』第45巻第5号，1994年2月，p.68

2）トヨタ自動車株式会社『創造限りなく　トヨタ自動車50年史』1987年，p.54

3）日産自動車（株）調査部（1983）『日産自動車50年史』日産自動車，p.50

4）トヨタ自動車（株）編（1987）『創造限りなく　トヨタ自動車50年史』トヨタ自動車，p.56

5）通商産業省『商工政策史』第18巻，1976年，p.407

6）四宮正親（1984）「戦前の自動車産業─産業政策とトヨタ─」西南学院大学大学院『経営学研究論集』第3号，pp.74-75

7）トヨタ（1987），pp.56-57

8）自動車工業振興会『自動車資料シリーズ（3）』1979年，p.22

9）自動車工業法要綱は「①普通自動車ノ組立又ハ主要部品ノ製造事業ハ之ヲ許可事業トスルコト，但シ其ノ数量ガ一定数量ニ達セザル事業ニ付テハ許可ヲ要セザルモノトスルコト，許可ノ方針ハ自動車ノ需要数量ヲ考慮シテ一社又ハ数社ニノミ事業ノ許可ヲ為シ其ノ他ノモノニハ之ヲ許可セザルコト，②前項ノ許可ヲ受ケ得ル者ハ株数ノ過半数ガ日本臣民又ハ帝国法令ニ依リ設立シタル法人ニシテ議決権ノ過半数ガ日本臣民ニ属スル株式会社ニ限ルコト，③第一項ノ許可ヲ受ケタル自動車工業ニ関シテハ産業上国防上必要ナル監督規定ヲ設クルコト，④現ニ存スル自動車工業ニシテ第一項ニ該当スルモノニ付テハ本方針決定当時ニ於ケル現存範囲内ニ於イテノミ既得ノ権益ヲ認メテ其ノ事業ノ遂行ヲ許容シ其ノ後ニ於ケル新設又ハ拡張ニ付テハ法律施行ノ際遡リテ其ノ権益ヲ容認セザルコト」（日本科学史学会編『日本科学技術史大系』第4巻通史4，第一法規出版，1966年，p.124）

10）日産（1983），pp.58-59

11）1935年8月に閣議決定された「自動車工業法要綱」であるが，①排気量750 cc 以上の自動車を年間3,000台以上生産する場合は許可制，②資本，役員，株主及び議決権の過半数が，日本人または日本法人に属すること，③許可会社は政府の命令監督に従うこと等が盛り込まれた。この法案に対しては，「日米通商航海条約」違反ではない

かとアメリカ国務省から抗議の意思が伝えられたが，産業上ではなく，国防上の問題として貿易上の法律論争をさけた。そして，アメリカ政府はこの動きを静観することとなった。

12)　四宮（1984），p.78

13)　自動車製造事業法は，25 条と付則からなる。要旨としては，「①年間 3000 台以上の自動車及び同部品を製造（組立）する会社は，政府の許可を要す，②許可会社の株主，資本金，議決権，取締役の過半数は日本国籍を持たねばならない，③許可会社は，5 年間，所得税，営業収益税，地方税，自動車製造に必要な機械，器具，材料の輸入関税を免除，④資金調達の便を図るため，許可会社は増資，社債発行の商法の特例を認める，⑤国産車，同部品に対する競争防止上のための輸入制限とダンピング課税，⑥政府は許可会社に対して，事業計画の提出，急派偉業，合併，解散の許可，軍用自動車・同部品の製造命令などの命令監督権を有する，⑦以前に（1935 年 8 月 9 日以前）自動車事業を営んでいた外国会社には既得権を認めるが，生産規模は同日以前の状態に制限する」（通商産業省『商工政策史』第 18 巻・機械工業（上），1976 年 pp.414-415

14)　荒川久治『自動車の発達史（下）』山海堂，1995 年，p.24

15)　1　自動車の製造は普通トラック（ごくわずかの乗用車を含む）だけとする
　　2　乗用車の製造は，自動車メーカーが現在持っている乗用車の原材料・部品の範囲内で許可するが，できた乗用車の使用は軍用にとどめる
　　3　小型乗用車は製造中止，小型トラックの製造は最小限度とする

16)　東京日産自動車販売 20 年社史編纂委員会（1964）『東京日産 20 年の歩み』東京日産自動車販売，p.27

17)　東京日産（1964），p.27

18)　トヨタ自動車工業（株）（1978）『トヨタのあゆみ』トヨタ自動車工業，pp.101-102

19)　日産（1983），p.64

20)　愛知トヨタ自動車（株）社史編集室編（1964）『愛知トヨタ 25 年史』愛知トヨタ自動車，p.101

21)　塩地洋（1994）『自動車ディーラーの日米比較―「系列」を視座として―』九州大学出版会，p.6

22)　塩地（1994），pp.8-9

23)　下川浩一「耐久消費財マーケティング　A 自動車」森下二次也監修『現代日本独占のマーケティング』大月書店，1983 年，p.137

24)　尾崎正久『自動車日本史　下巻』自研社，1955 年，p.69

25)　東京日産（1964），p.27，トヨタ（1987），p.158-159

26)　東京日産（1964），p.27

27)　宮田由紀夫「自動車産業におけるメーカー・ディーラー関係の日米比較：［ソローンの仮説］をめぐる歴史的考察」大阪商業大学　110 号，1998 年，p.185

28)　トヨタ（1987），p.160

29)　トヨタ（1978），pp.112-113

30)　東京日産（1964），p.30

31)　トヨタ（1987），pp.159-160

32)　トヨタ（1978），p.113

33)　東京日産（1964），p.30

34）東京日産（1964），p.31
35）トヨタ（1978），p.113

▬▬第 5 章▬▬

わが国における第二次世界大戦直後の自動車流通（1）
── GHQ，主務官庁，自動車産業団体の動きを中心として──

はじめに

　わが国の自動車産業は，1920年代後半から開始されたアメリカ系自動車メーカー（以下「メーカー」：日本GM，日本フォード）によるノックダウン（KD）生産により，生産面での本格的な萌芽を見た。一方，販売・流通面でもアメリカ系2社のマーケティング・チャネル政策により，1県1ディーラー制のマーケティング・チャネルが構築された。しかし，第二次世界大戦が近づくにしたがい，わが国では軍需目的のため，自国のメーカー育成を図る政策を採用した。1936年に施行された自動車製造事業法は，わが国内でのアメリカ系メーカーの生産台数を制限した。それはわが国メーカーの生産を援助することとなり，アメリカ系2社は39年にわが国市場から撤退することを余儀なくされた。

　アメリカ系2社の撤退後，わが国の自動車産業は，完全に軍需目的の生産・配給（流通）体制へと突入した。重要産業団体令に基づき，1941年12月に自動車統制会が結成され，全国的な配給機関として日本自動車配給（日配），その下部組織として各県の自動車配給機関である地方自動車配給（自配）が設立された。したがって，第二次世界大戦直前から終戦まで，わが国の自動車産業は，自動車統制会，日配，自配による配給統制を受けた。つまり，この期間は各メーカーが独自のマーケティング・チャネルを構築していた第二次世界大戦以前の時期とは全く異なる自動車の配給（流通）が行われていた。

　これまで自動車に関する研究の多くは，乗用車産業が世界的水準に近づいた1950年代終わり頃から焦点を当てたものが多い[1]。また，これまでにも指摘したように，自動車の生産研究にはかなり焦点が当てられてきたが，完成車の流通段階における研究は少ない。そこで本章は，時期でいえば第二次世界大戦での敗戦から，戦前のような自由販売への移行期までの流通事象を考察対象としている。その中で，戦後の混乱期において自動車流通に大きな影響を及ぼした連合国軍総司令部（GHQ），わが国の官庁，自動車産業団体の動きから，現在も機能しているメーカー別のマーケティング・チャネルの源流について考察していきたい。

1 GHQ による自動車を中心とした対日産業政策

(1) 自動車による陸路輸送の復興

　第二次世界大戦での敗戦により，わが国は占領下におかれ，産業活動はさまざまな
制限を受けることになった。特に戦前・戦中期に軍需と強い関係があった産業につい
ては，厳しく監視されることとなった。しかし，自動車産業については軍需と強い関
係があったにも拘わらず，比較的早く戦後復興に着手されたといえよう。

　第二次世界大戦前・戦中からわが国では，輸送機関が発達しつつあったが，敗戦に
より交通基盤が壊滅状態になった。しかし，敗戦国とはいえ，国民生活のために生活
物資を輸送する手段が必要であった。特に鉄道復旧には時間がかかったため，陸路輸
送は自動車による復興が目指されることになった。さらに戦前・戦中期には，政府が
軍需目的から自動車産業を保護育成してきたため，生産設備や技術の蓄積があった。
また，自動車の価格統制が行われたが，その公定価格が比較的安価であったことから
戦後すぐに自動車需要が増加した[2]。この時期から現在まで，わが国の陸路輸送は，
鉄道機関も次第に復興・発達し，成長過程を一時期辿ることにはなったが，自動車中
心の輸送社会への転換点ともなる時期であった。

(2) GHQ による自動車（トラック）の生産許可

　GHQ は，1945 年 9 月 25 日，日本の輸送難緩和と物資輸送の復旧を図るため，製
造工業の覚書である「製造工業操業に関する覚書」（GHQ 覚書第 38 号）を出した。
覚書では，GHQ はわが国自動車工業の民需転換を認め，同月 28 日には日本政府に対
しトラックに限って，月産 1,500 台の生産許可を通告した。

　これを受けてトヨタ自動車工業（以下「トヨタ自工」），ヂーゼル自動車工業（以下
「ヂーゼル」），日産自動車（以下「日産」）の各メーカーが，自動車生産を再開させる
ことが可能となった。わが国の自動車産業は，1936 年の自動車製造事業法という軍
需目的の立法により育成されたという経緯があった。この法律によりわが国のメー
カーよりも，わが国で早く生産活動を開始した日本 GM や日本フォードがわが国市
場から締め出されてしまった。その結果，日産をはじめ，トヨタ，ヂーゼルというわ
が国のメーカーが育成され，戦時の輸送機関として生産量を拡大させてきた。このよ
うな経緯があったが，終戦後賠償により破滅的打撃を被ることなく，生産再開が許可
されたのは幸運であった[3]。

　いいかえれば，サービス業などと比べて製造業は企業の経営資源である「ヒト・モ
ノ・カネ・情報」が絶対的に必要であるが，戦前期から蓄積してきたものであって
も，その経営資源を生かす機会（占領下において GHQ からの製造許可）がなければ
全く意味がない。しかし，自動車生産に経営資源を生かす機会を早期に与えられたこ
との意味は，その後の生産だけでなく，これから中心に取り上げる流通面を含めた自

動車産業全体にとっても大きな意味を持つことになったといえる。

　そこでトヨタ，ヂーゼル，日産の 3 社は，トラックの生産認可を受けるため，「軍需工場の民需生産転換申請」を提出し[4]，トヨタは同年 10 月までに 807 台を製造し，ヂーゼルは 10 月から，日産（日産重工業）も 11 月から生産を再開させた[5]。

　GHQ から自動車の生産許可がなされた背景には，アメリカ市場では，戦時中に抑圧されていた自動車の更新需要が一気に起こり，自動車供給は不足していたことがあげられる。つまり，アメリカでは国内需要への対応に追われ，自動車の輸出能力が不足し，食料と資材の輸送力確保のために，わが国に対しては自動車を国内で生産させようとしたのである[6]。現在，一般的に自動車[7]といえば乗用車を意味するが，この時期に自動車を意味し，物資輸送の担い手となったのはトラックであった。そして，1946 年のわが国の自動車生産量は 18,578 台であったが，ほとんどがトラック生産であり，そのうちわずか 7 台のバスが生産されていたにすぎなかった[8]。

　また，GHQ のわが国に対する自動車産業政策は，ポツダム宣言で謳われたように「経済を維持するだけの工業の維持を許容する」水準であった。資材・燃料不足の理由もあったが，最低限の経済・産業活動を維持するのに必要なトラック生産が許可されただけで，乗用車生産が許可されなかったことからもこの水準がどのようなものであったかが理解できる。

(3) GHQ による自動車（乗用車）の生産許可

　先にも取りあげた通り，終戦後は，GHQ の占領政策により乗用車生産が全て禁止されていた。そして，1947 年 6 月 30 日になり，GHQ から小型乗用車[9]生産が許可された。ここではまず，1,500 cc 以下の小型乗用車の年間 300 台と大型乗用車の年間 50 台の生産が，在庫部品に限り許可された。因みに第二次世界大戦前に一世を風靡した日産のダットサン乗用車は，47 年 8 月に 5 台生産された[10]。また台数だけではなく，

図表 5-1　第二次世界大戦後 6 年間の国産乗用車生産台数

年度	生産台数
1946	（台）
1947	133
1948	511
1949	1,145
1950	1,994
1951	4,245

［出所］自動車工業会調査
　　　　日本交通株式会社社史編纂委員会（1961）『社史　日本交通株式会社』日本交通式会社，p.299

諸機能についても制約があった。そこで通産省は生産台数の制限を撤廃するために，生産制限の全面的解除をGHQに申し入れていたが，すべての車種について生産制限が解除されたのは，49年10月25日になってからであった。その後，自動車生産の育成強化が進められるようになった[11]。国産車の生産制限が解除されたことで，乗用車の生産台数は急増すると考えられた。しかし，ガソリン供給が十分に保障されたものではなく，代用液体燃料のコスト高もあり，すぐに増加することはなかった[12]。

また1946年12月には，傾斜生産方式（「石炭の生産量を重点的に鉄鋼部門に投入し，かくて増産された鉄鋼を石炭鉱業に集中的に投下し，重油輸入等で補完しながら，石炭と鉄鋼の相互循環的傾斜増産の成果を段階を追って他産業に及ぼしていこう」[13]）が閣議決定された[14]。さらに50年代になると，国際分業論の立場から自動車工業育成不要論を当時の日銀総裁一万田尚登が主張することとなり，大きなわが国の政策問題となり注目を集めた。したがって，終戦直後は自動車生産の優先度は高くはなかった。

（4）GHQによる自動車流通改革

GHQは，自動車生産の許可通告をしただけでなく，わが国の自動車工業の民需転換を認め，自動車配給（流通）機構の改革にも大きな影響を及ぼした。第4節で詳しく触れるが，GHQの反トラスト部長であったリパートは，生産力漸増と民主化進行による戦時中の自動車配給機構改革を望み，民需への貢献的改善を希望した。そこでは，戦前の自動車配給会社（自配）が，1県1ディーラー制として継続することは矛盾があり，各メーカーは独自のディーラー企業を設置して特色ある販売システムをとるべきことが示唆された[15]。これは1941年12月の自動車統制会結成以前のわが国における自動車流通形態に戻し，自由販売することを意味していた。つまり，各メーカーが，それぞれのマーケティング・チャネルを構築・経営し，特色を生かしながら自由に販売するという状態を想定したのである。

（5）アメリカの対日政策による自動車産業への影響

アメリカの対日政策も1948年頃には変更になり，①賠償指定の全面解除（48.2），②過度経済力集中排除法の緩和（48.9），③経済安定9原則の実施指令（48.12），④独占禁止法緩和（49.6），⑤エロア資金（米国占領地域経済復興資金）による対日物資供給の開始（49.7）などが次々と行われた[16]。特に経済安定9原則ではインフレーションを収束させ，適正な単一為替レートを早期に設定して，速やかに経済の安定を実現させようとするのが基本方針となっていた。

経済安定9原則の実施勧告のために，GHQ経済顧問であったデトロイト銀行の頭取ドッジ公使が，1949年3月に「ドッジ・ライン」を敷いた。ドッジ・ラインの目的は，直接的には戦後のインフレの抑制と物価安定であった。また，経済安定9原則に関連して，経済復興の阻害要因を取り除くためにレート制が同年4月から実施され

た。

ドッジ・ラインの設定は，インフレ収束には効果的に作用し，1949年末から50年にかけてインフレの更新を阻止し，経済は安定することになった。しかし，同時に国内金融市場を萎縮させ，世界的な景気後退によりデフレ恐慌の様相を深めさせた。そして，不況の深刻化により金詰まりとなり，購買力減退，輸出不振，滞貨累増，物価急落をもたらした。また徴税強化が重なり，デフレは経済界全般に押し寄せ，いわゆる安定恐慌に襲われた。そして，財政引き締めは深刻な不況を招き，中小企業を中心に倒産が増加した。この結果，49年の倒産と人員整理による完全失業者は約40万人に達した[17]。自動車産業も大きな影響を受け，各メーカーの企業再建も一時破綻的な状況となった。特に自動車業界は金詰まりと資材の入手難に直面し，50年6月の朝鮮動乱勃発により特需景気が出現するまで悩まされた[18]。

2　第二次世界大戦後の自由販売獲得をめぐる動き

（1）運輸省による配給（販売）統制

第二次世界大戦後，GHQから自動車の生産許可がすぐに出されたが，生産台数は制限され，生産許可された車種もトラックだけに限定されたため，メーカーはその制限内での企業活動を強いられた。またメーカーは，GHQから生産制限を受けただけでなく，自動車の主務官庁である運輸省からも戦前とは異なった趣旨ではあるが，統制を受けることになった。

1945年12月13日，運輸省陸運監理局資材課の通牒「自動車（新車）配給要綱」によって，国産自動車の配給統制が実施され，自動車はすべて配給制となった。それは運輸省が経済・産業の復興活動に伴う自動車需要の増加に対して，緊急性に応じて自動車を配分しようとしたためであった。そこで生産が復興しない間，とりあえず戦時中の統制配給を少し修正し，地方配給委員会の意思を尊重する暫定配給方式が採用された。この自動車に対する配給統制は，戦時中のように軍需への優先供給を主目的とする統制ではなく，あくまでも需給バランス調整のための統制とされた。

（2）自由販売の方針決定

前章で取り上げたが，1941年12月24日，軍需目的のために重要産業団体令に基づいて自動車統制会（トヨタ，日産，ヂーゼル，川崎車輌，日本内燃機，車輪工業が会員）が設立された。そして，全国的な自動車配給機関として日本自動車配給（日配），その下部組織として各県に配置された地方自動車配給機関である地方自動車配給（自配）が設置された。その自配に解散を命じることで，第二次世界大戦前の状態に，各メーカー別のマーケティング・チャネル（ディーラー）に分離独立することが決定された。それにより，45年11月14日に自動車統制会が事実上解散（形式上は46

年9月28日）し，また自配の上部組織であった日配は，GHQの責任追及を逃れる意図から株主総会を開催し，解散を決議しており，正式に46年7月22日に解散した。

1946年1月，各メーカー別のディーラーに移行すべきというリパートの示唆もあり，運輸省は，自配の分離独立と自由販売を方向づけるために，46年6月28日に，各県自動車配給整備会社を解散させ，「自動車配給機関改善方に関する件」を監理局長名で全国の地方長宛に通達した[19]。

運輸省による自動車配給機関改善方に関する件の通達の要領には，以下の4点が盛り込まれた。

① 地方配給機関の改善は従来の代理店制度の復活にあるが，自配改組は原則として民間関係者の自由意志により容易なる地区より着手すること

② 現在の自配をたとえば日産，トヨタ，ヂーゼルの3社に分離するも差し支えなきも地区，設備，人事，経営状況等を考慮し，苟も不必要な改正に堕せざること

③ 新設した販売店は遅滞なくその概要を各陸運監理局に届け出ること

④ 新設の販売店は陸運管理局の承認を経たる上，地方配給委員会に参加すること

この通達趣旨は，今後の外国車輸入等に対抗することなどを考慮し，メーカーとディーラー企業の連携が円滑になるように自動車配給機関の改組を要求するものであった。この通達により，自動車配給機関を1県1ディーラー制の合併会社である自配から，各メーカー別ディーラーに分離独立させようとする運輸省の意向が明確となった[20]。

(3) 自由販売方針決定の意図

運輸省は，自動車配給機関改善方に関する件を通達し，自由販売を奨励するようになった。ただ，戦前のようにわが国のメーカーがそれぞれマーケティング・チャネルを構築し，自由に競争する自由販売の状況をつくることが，運輸省の第一目的であったのであろうか。わが国でアメリカ系2社（日本フォード，日本GM）がノックダウン生産を開始し，2社が各県にそれぞれのディーラー企業を設置し，活動していたのは，当時からわずか10年前である。つまり，わが国は占領下にはあったが運輸省の自由販売方針決定は，GHQからの圧力とともに，わが国の自動車市場をアメリカ系2社が再び占有することをおそれるあまりの判断が少し働いていたのではないだろうか。それは自動車製造事業法により，第二次世界大戦前にあまりにも強引にわが国市場から，アメリカ系2社を追い出したことや，敗戦国となったわが国の自動車産業復興に対する将来への不安が大きかったとも解釈もできる。

いずれにせよ，このときにGHQ反トラスト部長リパートの示唆を受け，運輸省から提示された配給（流通）システムが，現在，わが国のメーカーが採用しているマーケティング・チャネル政策の主流となっている。したがって，人口密集地は別として都道府県単位で地区割りされているフランチャイズ・システムは，それぞれのメー

図表5-2　自動車ディーラーの動向変化

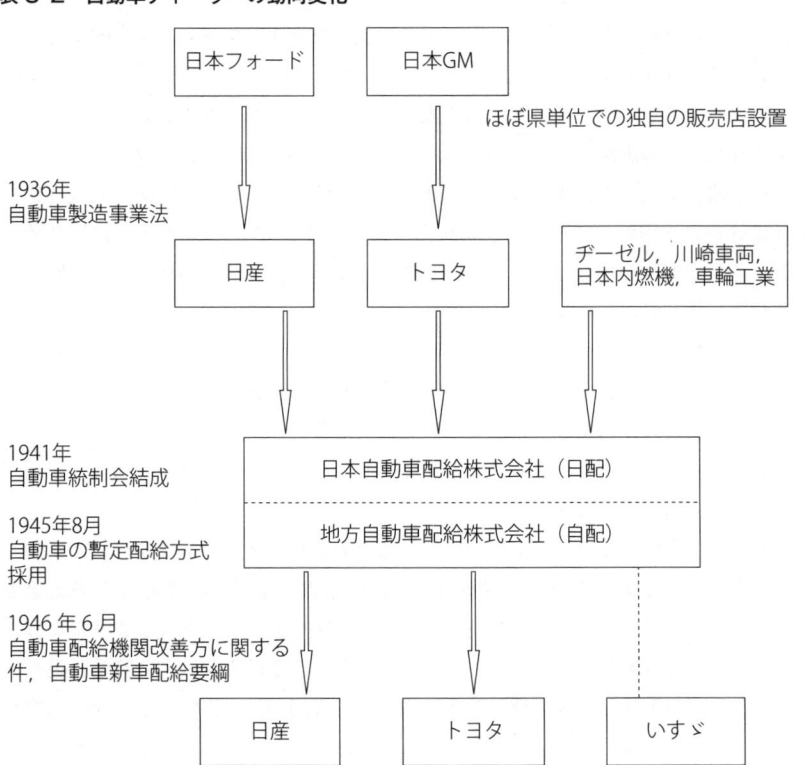

カーのマーケティング・チャネル政策ではなく，戦後すぐに出された自動車の主務官庁であった運輸省のプランにそのまま流し込まれたものである。それは戦前期にアメリカ系2社により，わが国でマーケティング・チャネル構築のために採用された政策と同様のものであった。

3　第二次世界大戦後の自動車配給制度

（1）第二次世界大戦後の配給制度の決定

　第二次世界大戦後は，民主的運営を行う自動車団体が設立され，戦前のような自由販売の雰囲気も少し出るようになっていたが，現実は劇的に変化するわけではない。つまり，理想に実態がなかなか追いつかないのと同様で，終戦直後の自動車配給においても戦中期の配給方式を踏襲しつつ，これからの方向性を模索するしか方法がなかった。また配給制度を変革するには，さまざまな方面からの圧力を受けることに

なった。

　終戦直後の自動車配給方法は，戦時中の配給統制を少し修正し，地方配給委員会の意思による暫定配給方式を採用していた。また，1946年1月に各メーカーが独自のディーラー企業を設置して，特色ある販売システムを採用すべきという自由販売を示唆するリパートの談話も自動車配給には大きな影響を及ぼした。これは46年6月に自動車配給機関改善方に関する件に反映された。これにより，暫定配給方式を戦前のようにメーカー別のディーラー制に復活する方針が決定し，46年後半には3社（トヨタ，日産，ヂーゼル）のディーラー企業の設置が完了し，配給機関整備に伴う配給制度が検討されることになった。

　また，1946年5月9日に自動車配給要綱が改正され，自動車は1ヶ月毎に配給されることになり，同年6月に内務省から発表された新配給要綱にしたがうことになった。この要綱に盛り込まれたのは以下の2点である。

① 配給割り当ては中央，地方の2本立てとし，中央では関係官民委員会が車種別割り当ての諮問に参加しうる

② 地方では中央の枠内で，関係官民委員会が最終購入者を協議決定しうる

　上記のように中央割当分・地方割当分は，運輸省の諮問機関である中央配給委員会，地方配給委員会で検討され，最終購入者と協議の上で決定されるようになった。この流れは，地域別配給機関からの最終使用者および受け入れ・売り渡し状況やメーカーから生産納入状況報告を受けた運輸省陸運監理局が，中央配給委員会の諮問を経て，使途別・地域別に配給量を決定するものであった[21]。これは戦時中に行われていた自動車統制会—中央配給機関（日配）—地域別配給機関（自配）による配給と基本的に同じシステムであった[22]。ただし，戦時期に自動車販売・整備を担当していた日本自動車配給（日配）および各地域の自動車配給・整備会社（自配）は1946年6月に解散させられたため，戦時期と異なり，許可された需要先にはメーカーが直接に販売した[23]。

(2) 自動車の自由販売をめぐる運輸省とメーカー・販売組合の対立

　1946年6月の自動車配給機関改善方に関する件と自動車新車配給要綱により，地方配給委員会にディーラー企業も参加することが可能となり，自由販売的色彩が出るようになった。しかし，自動車の自由販売をめぐって，運輸省とメーカー・販売組合の対立が起こった。

　メーカー・販売組合は，戦時統制からの解放を願い，配給統制を撤廃し，1946年中に自由販売が実施されることを主張した。しかし，メーカー・販売組合も自動車需給が不均衡であり，完全な自由販売が困難なことも理解していた。したがって，多少の統制は受け入れても，その統制も官庁による統制ではなく，地方配給委員会を通じて自主的統制をすべきことを主張した[24]。

　一方，運輸省は，反対に中央統制強化を主張した。メーカー・販売組合と運輸省が互いに歩み寄ることになったのは，1946年9月頃であった。メーカー・販売店組合は重点関係にある程度の優先配分を認め，運輸省も統制配給の中に自由販売分を認めることで妥協案が成立した。そして，46年9，10月配給分から全体の14.6%をメーカー自由販売分とすることが決定した（9，10月配給分2,050台で自由販売分は300台）。しかし，具体的配給方法については根本的な対立は解消せず，両者は独自の立場で47年1月から実施する新しい「自動車配給要綱」を成案し，運輸省陸運監理局案とメーカー・販売組合案の2つが同時発表された[25]。このあたりに第二次世界大戦後の新たな自動車流通の姿を模索しながらも，各主体による思惑の違いなどにより，なかなか前に向かって進めなかったもどかしさのようなものが見られる。

(3) クーポン制度の実施

　当時，わが国経済の政策を司る経済安定本部では，重要物資調整法を制定し，不足物資に対する順位制を採用し，一切の配分割当権を官庁が握るという方針を採った。そのために運輸省，メーカー・販売組合による自動車配給案も，経済安定本部の意向により，再検討せざるを得なくなった。その結果，提示されたのがクーポン制であった。クーポン制は，配分責任を持つ政府側の運輸省陸運監理局が，販売組合側の意向も聴取して具体的成案をしたが，中央の指示権を残しながら，民間自主性も尊重しなければならなかった。結局，地方ディーラーを通じての購入申請者に，陸運監理局がクーポンを発行して現車化する制度とした。この方法は，1947年3月からトラック，小型車，乗用車すべてに実施され，暫定的な停止期間もあったが配給制度が完全に撤廃される50年4月まで続いた[26]。

　また，自動車は割り当てによる配給制であったため，購入希望者は運輸省陸運監理局の承認が必要であった。ディーラーの活動は，購入希望者の購入申請をディーラーが受け付け，それを陸運監理局に持ち込み，申請者の手続きを代行するものであった。そして販売承認が下りると，ディーラーはメーカーへ注文し，シャシーでこれを受け取り，架装した後，納車する販売形態をとっていた[27]。

(4) 自動車の生産・販売の自由化

　1947年6月から48年3月の間，普通トラック・バスの場合，購入申請台数は2,677台であったが，申請台数に対する配給決定台数は727台であった。申請台数に対して約4分の1強の決定率であった。また，自動車の販売価格は，完成車（車種別）・部品・シャシー・中古車別に，実際の製造原価を無視した低い公定価格が設定されただけでなく，価格改定も常に遅れがちで，各メーカーの経営を圧迫していた[28]。

　また，金融機関による融資規制が1947年7月から強化され，メーカーも銀行借入が抑圧されることになった。そのうえインフレによる賃金高騰が続き，資金不足が深刻化した。特に48年末からの不況と49年初めからのドッジ・ラインの影響により，

88

図表 5-3　メーカー・販売組合と運輸省の自動車販売を巡る対立

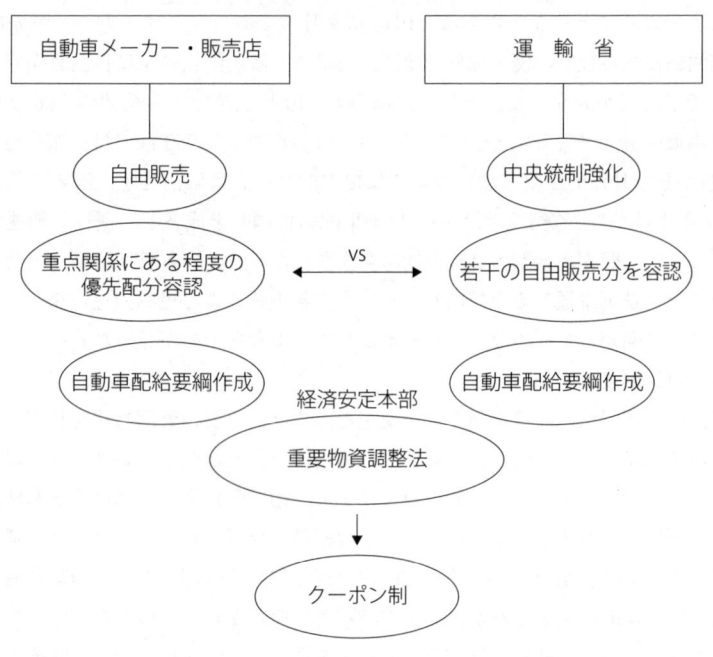

超過需要がなくなったため，多くの業種で販売統制を行う意義がなくなった。このため自動車も購入希望者が入手しにくかった売手市場から一転し，販売不振に陥った。さらにこの時期は，経済統制が撤廃され，自由競争になった時期であった。

　こうして自動車の滞貨が増加したために，配給統制が無意味となり，需給の逆転とインフレの収束により公定価格と市価との差がなくなってきた。そして，配給統制の暫定的停止が，1949 年 10 月から 50 年 3 月にかけて行われた。また，公定価格の廃止については，小型四輪車が 49 年 11 月であり，タイヤの生産の見通しに不安があったために普通車での実施は 50 年 4 月となった[29]。普通車でも公定価格が廃止されたことにより，全車種の配給統制が廃止され，完全な自由販売に移行することとなった。したがって，配給統制がすべて廃止され，完全に自由販売になったのは 50 年 4 月になってからであった。自動車の販売価格は，配給統制の時代には公定価格という定価制が敷かれていたが，自由販売に変更になってからは工場渡し価格と表示されるようになった[30]。この後，自動車流通においてはメーカーが，価格設定に関しても非常に強いリーダーシップを握ることになった。

　生産については，GHQ は 1949 年 10 月 25 日，小型乗用車の年間 300 台の生産制限も撤廃した[31]。こうして戦時期から続いた生産・販売統制も 49 年度末に完全に撤廃

図表 5-4　戦後の自動車統制価格

（単位：円）

物価庁告示年月日	種　　別	製造業者価格	販売業者価格
1946 年 5 月 9 日	トラックシャシー	48,000	49,920
	運転台，荷台	7,500	7,800
1947 年 8 月 15 日	トラック（KB 型）シャシー	172,000	183,500
	運転台，荷台	38,000	40,200

［出所］トヨタ自動車販売店協会年史（1977）『三十年の歩み』トヨタ自動車販売店協会，p.47

され，漸く自動車産業はいわゆる自由経済の下に置かれることになった。

　一方，自動車の生産・販売統制が行われていた時期においては，増産は制約されていたが，販売に対する不安はなく，販売価格も公定価格によって，最低限経営に必要な利益は保証されていた。したがって，ほとんどのメーカーが利益を計上し，運転資金の不足はディーラー企業からの前受金によって補填することが可能であった[32]。しかし，こうした販売チャネルの保障は，メーカーにマーケティング・チャネルを拡充させる誘因を弱め，地域別に偏っていた戦前の販売構造を維持させる要因ともなった[33]。つまり，販売における努力をせずとも，利益が出る構造が成立したことが，メーカーやディーラー企業のマーケティング努力に対する意欲を失わせることになった面もあっただろう。

4　第二次世界大戦後の自動車関係団体の活動

（1）自動車統制会の機能喪失と自動車協議会

　第二次世界大戦前から戦中にかけて，自動車配給の統制機関であった自動車統制会と日本自動車配給（日配）は，敗戦により，軍需関係に優先して自動車を供給するという機能を喪失した。日配は，戦時中の自動車配給統制機関であったことから，GHQ からの責任追及が予想され，1945 年 11 月 15 日に株主総会を開催し，解散を決議した。解散決議の後，正式に解散したのは，46 年 7 月 22 日であった。一方，自動車統制会は 46 年 9 月 28 日に正式に解散したが，日配の下に各県別に配置されていた地方自動車配給（自配）は，上部機構が解散した後も配給業務を継続していた[34]。それは自配に代わる新たな機関がまだ形成されていなかったためである。

　敗戦に伴い自動車統制会や日配がその機能を喪失したため，自動車関係団体から民主主義的な自動車工業による国家再建を目指すため，自主総合機関の設置運動が起こった。この運動が実を結び，1945 年 11 月 15 日，会長豊田喜一郎，専務理事内田慶三，監事山本惣治，弓削靖，顧問浅原源七という布陣により，自動車協議会が設立

された。そして協議会の傘下に自動車製造工業組合，日本自動車車体統制組合，全国自動車部品製造工業組合，自動車販売組合[35)]，自動車部品販売組合，全国自動車整備組合，日本小型自動車統制組合が入ることになった[36)]。すぐに多くの自動車産業関連団体が組織されることになった背景には，自動車産業の戦前からのさまざまな経営資源の蓄積があったからであろう。これは突然新しい産業を創造する（創造しなければならない）のではなく，トヨタ，日産，ヂーゼルだけでなく，それ以前に自動車生産の試行錯誤段階から参入・退出を繰り返してきた企業が多くあったためである。したがって，自動車産業としてさまざまな経営資源の蓄積によるものであったといえる。

　また，終戦直後の混乱で，指揮系統がなく一時無政府状態となった自動車販売は，自動車協議会が，自動車統制会と日配の業務を引き継いだ。しかし，1945 年 12 月，運輸省陸運監理局資材課通牒「自動車（新車）配給要綱」の実施により，改めて配給統制が復活し，価格も戦時中の公定価格が継続した[37)]。これは民主的な自動車工業による国家を再建するために自動車協議会が設立されたが，自動車の配給制復活と価格の公定価格制が敷かれたのは，敗戦直後に自動車の需給バランスが極めて悪い時期であったため，やむを得なかった。

(2) GHQ に対する自動車協議会の発足説明と承認

　当然，自動車協議会設立については，GHQ に対して説明をする必要があった。そこで，1946 年 1 月 19 日，自動車協議会の豊田喜一郎，内田慶三，浅原源七が，ハンチング少佐と反トラスト部長のリパートを訪問した。自動車協議会の幹部メンバーは，結成経緯を説明し，了承を求めた。しかし，GHQ はわが国の戦時体制において指導機関として官（軍部）と結託していた自動車統制会が，保身のために表面上，民主団体に偽装し，責任逃れから自動車協議会を設立したのではと疑ったという。ただ，第 1 節でも触れたが，リパートは自動車協議会によって，これからわが国の自動車産業の自主的な統制を行うことは当然であるとし，官庁による指導統制は止め，官庁と絶縁し，極力民主化することを指示した。このようにして，自動車協議会設立が GHQ からも承認されるかたちとなった。そして，自動車協議会の活動部門には，重要事項の審議機関として審議会が設置されていた。審議会は，46 年から活動を開始し，自動車配給問題を審議した。ここでは，車両はメーカーから自配へ流すこととした。ただし，この地方別割当は，当分の間，運輸省で指示されることとなった[38)]。

　そして，1946 年 6 月 14 日に (社)日本自動車会議所が設立されたことで，47 年 2 月 25 日に日本自動車協議会が発展的に解散した。また，日本自動車工業会，日本小型自動車工業会，自動車部品工業会，日本自動車車体工業会の 4 団体が発足した[39)]。自動車協議会という名称での活動期間は，その発足から解消までのわずかの期間であったが，自動車生産から流通までを民主化させるための布石的活動を行ったことによる存在意義は大きいものであったといえる。

（3）第二次世界大戦後の販売体制についての議論

　先に述べたとおり，GHQに対して，自動車協議会のメンバー（豊田喜一郎，内田慶三，浅原源七）は，協議会の発足説明をした折に，自由販売すべきというリパートの示唆を受けた。そこですぐに自動車協議会の傘下で結成された自動車販売組合は理事会を開催し，自由販売制獲得のため布石的活動を開始した。しかし，ディーラー企業の中では，自由販売反対論が起こった。それは「生産が順調になったとはいえ，まだわずかな台数しか生産できない時期に，メーカー別に販売店を作っても食っていけない。今なら3社の車を一手に売って結構商売になって儲かっているのに何も無理して分離する必要はないではないか」[40]というものであった。

　つまり，第二次世界大戦前から戦中にかけて戦時体制に入り，国によって統制された自動車生産と配給（流通）ではあったが，この状況で，十分に利益を得る体制ができあがっていた。そこでその果実を得ていた層にとっては，この体制を急激に変化させることを恐れていたのである。この恐れからの自由販売反対論であったと理解できる。また，彼らにとっては戦前の各メーカーによりディーラー企業が組織されて，活動していた時代に戻すことは，あまり大きな意味を持たないことのように考えていたのかもしれない。

　そして，1946年5月，全国自動車販売組合の臨時総会が名古屋にある八勝館という旅館で開催された。ここでは特に戦時期に東京地区の自販社長であった金森近寿ら戦前の日産ディーラー系列のグループが抵抗し，分離案はなかなか承認されなかった。しかし，事前に各地のディーラー企業へ根回しをしていたため，採決結果は分離案が賛成多数で可決された。ただ，問題は大都市圏のディーラー企業設置にあった。それは，大都市圏の市場を制するものが市場を制すると考えられていたからである。そして，ディーラー企業の設置が開始され，それぞれのメーカー別に販売組合が結成されることとなった[41]。特にディーラー企業設置についてはトヨタが他社に先行していた。

（4）各メーカー・ディーラーによる連絡会設置

　メーカー別にそれぞれの販売組合が結成されたが，やはり3社の共同利益のために何らかの連絡機関が必要であった。そこで連合会は置かずに，連絡機関を作り，組合相互間，官庁またはメーカーとの行動連絡機関にしたいと菊池武三郎（戦前日産のディーラー企業であり，戦後トヨタ・ディーラー「奈良トヨタ」に転向した）から事情説明された。そして，この連絡機関は火曜会と命名され，1947年3月25日に設立された。火曜会は，この後，各系列別組合の代表者が毎週1回連絡会議を持った[42]。これが後に日本自動車販売協会連合会（自販連）の母体となった。特にここでの話題の中心は国産車ディーラーの恐怖の的であった外車輸入についてであった。

(5) 外国乗用車販売可能性

　GHQ と貿易庁は，1948 年 10 月に在日外国人に限って自動車輸入を許可した。自動車輸入の取扱業者は OAS（Overseas Automobile Service　全国輸入自動車指定登録販売業者）に限定した。OAS は 1950 年 11 月時点で，27 業者になった[43]。

　また，1948-49 年頃には，専門筋では近い将来，外車の販売活動が十分にあり得ると予想したものが多かった。そこで日本フォード協会の設立準備委員会が発足，積極的受け入れ態勢へ動きはじめた。さらにディーラー企業の中には国産車の販売活動を積極的に行えば，日本フォードからの販売拒否を受けるのではないかという声もあり，業界全体の動きは活発になりつつあったが，将来の自動車業界の動向を積極的に分析・判断することができない状況であった[44]。

　その後，進駐軍以外の軍属，外交官，外資系企業での必要な輸入自動車の販売（OAS）が認められた。これとは別の仕組みは，連合軍兵士たちが帰還に当たり，各国とも戦後の生産能力が小さく国内需要を満たすのも不十分であった。そこで，外地からの帰還兵が期間前にあらかじめ，帰国後の必要車種を指定しておけば，通常約 1 年待ちの納車にもかかわらず，期間後即入手できるように優先的に購入できる制度（HDO Home Delivery Order）がはじまった。戦前からの輸入車ディーラーで生き残った企業が登録されたほか，新たに認可される会社も出てきた[45]。まさに外資系メーカーの脅威が戦前のように高まる要素が次々と出てきたのである。

(6) 自動車普及のための業界活動

　自動車普及のためには業界の働きかけは，政策レベルだけでなく，一般国民を含め多方面で展開された。その端緒は小型車であった。1946 年 4 月 21 日，第 1 回オール小型自動車走行大会が東京—箱根間で開催された。この大会は小型自動車統制組合の主催による小型車のデモンストレーションであり，四輪車・三輪車・二輪車・モータースクーター計 80 台とともに通産省・運輸省関係者，一般の人々の他，GHQ からも関係者が参加した。特に GHQ 関係者に対しては，わが国の小型車を認識させる重要な機会となった。また，第 2 回目のオール小型自動車走行大会も，47 年 4 月 21 日に開催された。

　また，1948 年 5 月には日刊自動車新聞社のリーダーシップにより，「日本自動車産業協賛会」（通産省・運輸省・自動車会議所・業界各団体が 3 月に結成）が，大手町で「日本自動車産業大博覧会」を開催した。この博覧会では，完成車・部品展示，整備作業の実演や協議会も行われ，自動車産業に対する人々の関心を喚起し，理解を深めてもらうという啓蒙的な意味を持っていた。この博覧会は，32 年に第 1 回が開催されてから第 11 回目であった[46]。これらの活動は，自動車普及の面からは非常に重要な活動である。戦時中に一時期中断していたが，戦後の早い時点から復活した意味は，業界のまとまりだけでなく，わが国の自動車産業の復興，発展にとっても大きな

意味を持つものであったといえよう。

おわりに

　本章では，第二次世界大戦直後の GHQ のわが国に対する戦後の自動車の生産許可段階から，自動車配給（流通）について，GHQ，わが国官庁，自動車産業関係団体の動きを中心として見てきた。この時期には，戦時体制へと入る直前，戦中とは全く異なる自動車配給（流通）を志向しながらも，ドラスティックには変化させることのできないもどかしさのようなものがあった。それは各メーカー別にマーケティング・チャネルを分離するという，自動車の自由販売を目指そうとする動きがありながらも，現実には需給バランスが著しく不均衡であったために，戦中の配給制を踏襲しなければならなかったことからも理解できる。また，戦後の民主化の中で，自動車産業全体の民主化が謳われながらも，戦前とは異なる方法により，自動車産業を統制しようとした関係官庁の思惑と各自動車産業団体の思惑の相違などがあり，それぞれのベクトルはなかなか一致しなかった。

　自動車の生産制限や配給統制の解除により，ようやく自動車の自由販売が行われるようになった 1950 年代に入る時期には，あまりにも戦後不況が自動車流通に影響してしまった。幸いにもその後の朝鮮特需によりこの時期を区切りとして，自動車産業全体が右肩上がりの上昇局面を迎えることになる。しかし，戦後の約 5 年の間に自動車をめぐる環境変化が大きく，この時期以降のメーカーやディーラー企業の成長に与えた影響も大きい。

　本章では，各メーカーや各ディーラー企業の動きについては，できる限り切り離して考察を進めてきた。それはマクロ次元の事項とミクロ次元の事項を区別するためである。次章では，戦後約 5 年間における各メーカー，各ディーラーの動きを中心として取り上げる。

―― 注 ―――

1 ）板垣暁「復興期外国車輸入をめぐる意見対立とその帰結―自動車メーカー・通産省対運輸業者・運輸省―」『経営史学』第 38 巻第 3 号，p.48

2 ）日本長期信用銀行（1966）『長銀調査月報』No.95 p.30

3 ）各社の製造許可の時点は異なっており，日産とヂーゼル自動車（1945.10.1），東洋工業（45.12.1），トヨタ（45.12.8）であった。

4 ）トヨタ自動車販売店協会年史（1977）『三十年の歩み』トヨタ自動車販売店協会，p.13

5）名古屋トヨペット社史編集室（1988）『名古屋トヨペット30年史』名古屋トヨペット，p.13

6）日本長期信用銀行（1966），p.30

7）戦前の自動車産業といっても総生産台数の中で，特定車種の比重が過半数を占めてきた時点で見ると変化がある。二輪車（1930年度64.0%），三輪車（1935年度60.5%），普通トラック・バス（1939年度64.8%，1945年度4-8月94.2%）となっている。小型四輪自動車は，1937年度の5.1%が最高であり，戦前期の主役ではなかった。また第二次世界大戦後，日本の自動車産業を牽引したのはトラック（普通および小型）と戦前に軍事的価値を否定された三輪車であった。三輪トラックは小型四輪トラックと同じ機能を持つことが評価され，小型四輪トラックよりも早く復興に向かった。生産台数の面では，1949年から56年までの間，普通・小型トラックを上回っていた。（(社)日本自動車工業会（1988）『日本自動車産業史』p.58）

8）馬頭忠治「わが国自動車産業における量産体制の確立と企業経営—蓄積構造の転換と企業経営の展開（1）—」『鹿児島経大論集』第27巻第2号，p.80

9）1947年3月，「自動車取締令」が改正され，小型車とは①四輪以上，②4サイクルのものは気筒容積1500cc以下，③サイズは長さ3.8m以下・幅1.6m以下・高さ1.8m以下の自動車と規定された。この規定の最大の特徴は1933年8月の「自動車取締令」改正時の小型車規定750cc以下が一挙に倍に拡大されたことにある。小型車概念の大きな転換であった。（(社)日本自動車工業会（1988），p.76）

10）名古屋トヨペット（1988），p.14，日産自動車調査部（1983）『21世紀への道—日産自動車50年史』日産自動車，p.80

11）日本交通社史編纂委員会（1961）『社史　日本交通株式会社』日本交通，pp.298-299

12）日本交通（1961），p.299

13）通商産業省（1985）『商工政策史　第19巻　機械工業（下）』通商産業研究社，p.235

14）通商産業省（1985），p.235

15）トヨタ自動車販売店協会年史（1977），p.16

16）(社)日本自動車工業会（1988），p.63

17）日産自動車（1983），p.82，勝又自動車(株)（1975）『勝又自動車50年史』勝又自動車，p.71

18）日本交通（1961），pp.370-371

19）トヨタ自動車販売店協会（1977），p.18

20）トヨタ自動車販売店協会（1977），p.18

21）日本自動車会議所編（1947）『日本自動車年鑑』pp.223-234，東洋工業（1970）『東洋工業五十年史』p.188

22）塩地洋，T.D.キーリー（1994）『自動車ディーラーの日米比較』九州大学出版会，p.39

23）呂寅満（2002）「戦後日本における「小型車」工業の復興と再編—三輪車から四輪車へ—」『経営史学』第36巻第4号，p.31

24）トヨタ自動車販売店協会（1977），p.46

25）トヨタ自動車販売店協会（1977），pp.45-46

26）トヨタ自動車販売店協会（1977），p.46

27）東京トヨタ自動車（1986）『東京トヨタ自動車四十年史』東京トヨタ自動車四十年史編纂委員会，p.11

28)　(社)日本自動車工業会 (1988)，p.62
たとえば三輪車の場合も価格は公定価格によって決められた。1945 年 11 月から 48 年 11 月まで公定価格は 8 回改正され，ダイハツ 750 cc の価格は 4700 円から 130,338 円へと急騰した。(いすゞ自動車(株)(1957)『いすゞ自動車史』いすゞ自動車史編纂委員会，pp.135-136 通商産業省 (1985)，p.235) ただし，この価格改正は材料など他の品目の改正と連動して行われたため，価格のことがメーカーの利益増加を直ちに意味するわけではなかった。)

29)　いすゞ自動車(株)(1957)，pp.135-136

30)　名古屋トヨペット (1988)，p.15

31)　名古屋トヨペット (1988)，p.15

32)　東洋工業 (1948-49)『有価証券報告書』

33)　呂 (2002)，pp.31-32

34)　秋田日産 (1972)『星霜 35 年』秋田日産，p.27

35)　戦後の自動車は，他の産業と同様に需給状態が不均衡であった。そこで，戦前・戦中の配給制度を若干手直しした配給制度が敷かれていた。このような状況に対して，全国自動車整備配給協会の専務理事・菊池武三郎や，常務理事・山口昇らは自動車販売のアメリカ式自由販売制に直ちに切り替えることを極力主張した。また，GHQ も日本の自主的な民主化を尊重する態度であった。この状況を受けて，配給協議会では 1945 年 11 月には，理事会を開催し，独自に自配を「〇〇県自動車販売」に社名変更し，配給協議会を「自動車販売組合」と改称した。(トヨタ自動車販売店協会 (1977)，p.14)

36)　トヨタ自動車販売店協会 (1977)，pp.14-15

37)　秋田日産 (1972)，p.27

38)　トヨタ自動車販売店協会 (1977)，p.15

39)　勝又自動車 (1975)，p.69，尾崎政久 (1966)『国産自動車史』自研社，p.270

40)　トヨタ自動車販売店協会 (1977)，p.23

41)　トヨタ自動車販売店協会 (1977)，p.23

42)　トヨタ自動車販売店協会 (1977)，p.35

43)　(社)日本自動車工業会 (1988)，p.63

44)　勝又自動車 (1975)，p.69

45)　サトウマコト (2000)『横浜製フォード，大阪製アメリカ車』230 クラブ，pp.214-215

46)　(社)日本自動車工業会 (1988)，p.79

=== 第 **6** 章 ===

わが国における第二次世界大戦直後の自動車流通 (2)
──各自動車メーカーの再起動を中心として──

はじめに

　前章では，第二次世界大戦直後の自動車配給（流通）について，GHQ，わが国官庁，自動車産業関係団体の動きを中心にみてきた[1]。そこでは，それぞれが戦時体制の時期とは異なる自動車流通を志向しながらも，劇的に変化させることができない事情があった。特に各自動車メーカー（以下「メーカー」）がマーケティング・チャネルを区分（分離）して，販売する自動車の「自由販売」を目指す動きがありながら，需給バランスが不均衡であったため，戦時体制のものを踏襲しなければならなかった。また，戦後経済民主化の動きの中で，自動車産業をコントロールしようとする関係官庁や各自動車産業団体の思惑の相違もあった。何よりもわが国が敗戦国であり，占領統治下にあったために，GHQ の意向を汲んだ行動を関係官庁，各自動車関係団体，メーカーもとらなければならなかった。

　これまでのわが国の自動車産業研究は，乗用車産業が世界水準に近づいた 1950 年代終わり以降の時期から焦点を当てたものがほとんどである。しかし，ほとんどのわが国の戦前から続く産業は，第二次世界大戦における敗戦による廃墟の中から再出発している。したがって，わが国の自動車産業がおかれた状況を明らかにするためには，戦後の再出発・復興期から検討することが重要であろう[2]。本章では，終戦直後の自動車産業を取り巻いた状況について概観した上で，前章では切り離して考察してきた各メーカーやディーラー（販売店）[3]の活動を中心に焦点を当てていきたい。そこでは，各メーカーが戦後，自らの企業のあり方についてどのようなビジョンを描き実践しようとしたのか，その実践の 1 つであるマーケティング・チャネルはどのようであったのだろうか。特にわが国の自動車流通システムの硬直化，効率の悪さは排他的マーケティング・チャネル（専売制）によるものであり，メーカーがディーラー企業を組織化したことに起因するという指摘があるが[4]，この排他的マーケティング・チャネルの再スタート時期について焦点を当て考察していきたい。

1 終戦直後における自動車産業に対する行政と業界の動き

(1) 自動車行政をめぐる動き

第二次世界大戦直前から戦中にかけて自動車産業は，既にアメリカでは成長産業の1つとして確立していた。一方，今日でこそわが国の基幹産業として揺るぎない地位を確立している自動車産業であるが，当時は漸くスタートしたところであった。空襲などによってエネルギー，機械部門の被害が大きかったが，自動車工業は2企業，2工場が焼失したのみであった。つまり，戦争による被害はほとんどなく，生産設備のほとんどが戦後も使用可能であった。それはアメリカの爆撃の第一標的が都市，石油精製，航空機，船舶，鉄道に集中したことが理由であるが，自動車工業に関しては，部品さえあればある程度量産可能な状態であった[5]。また，兵器車両工場は，米軍用施設として接収，賠償指定が行われたが，普通車の生産設備は一部の接収以外は賠償指定も免れ，指定されても早期に解除された。

1）第二次世界大戦直後の自動車生産と販売

5章でもふれたが，第二次世界大戦後は，経済活動の一切は経済民主化に力点が移動した。政府は1945年8月22日に，貨物輸送力を民間輸送力に転換するために貨物輸送制度を改正した。また，GHQは同年9月24日に賃金統制を維持し，物資の公正配給，輸出入許可制を指令した。さらにGHQは，翌日，輸送難緩和と物資輸送の普及を図るために，GHQ覚書第38号「製造工業操業に関する覚書」により，トラックのみ月産1,500台の製造を許可し，乗用車は禁止した[6]。そして，完成車，ノックダウン輸入を制限した自動車製造事業法（36年5月29日公布，同年7月10日施行）は，46年1月12日に廃止された。

自動車配給（流通）については，運輸省陸運監理局資材課は，1945年12月13日に「自動車（新車）配給要綱」を実施した。これにより国産自動車の配給統制が敷かれ，自動車はすべて配給制となった。また，46年5月9日に自動車配給要綱が改正された。そして，運輸省は6月28日に各県配置の地方自動車配給（地配）を解散させ，「自動車配給機関改善方に関する件」を監理局長名で全国の地方長官宛に通達した。これによって，メーカーごとに分離してディーラーが販売する自由販売が可能となった。

2）乗用車生産の再開

国産乗用車について，GHQは生産をすべて禁止していたが，1947年6月30日に1,500cc以下の小型乗用車年間300台の製造を許可し，ストック部品によって大型自動車50台の組み立てを許可した。しかし，年間生産台数は300台に制限され，諸機能についても種々の制限があった。これに対して通産省[7]が，生産制限の全面解除をGHQに申し入れ，49年10月25日に解除された。その翌日には三輪車の販売統制が

撤廃された。そして，同年12月1日にはモーターサイクル，スクーター，三輪トラックの販売統制も撤廃された。

　以前から乗用車生産体制の確立を目指していたわが国のメーカーは，生産制限解除により，本格的に自動車生産を再開した。ただ，わが国の乗用車生産は，戦時中及び戦後の空白期間のために，世界水準から大きく立ち後れていた。したがって，わが国のメーカーは，海外メーカーの乗用車との性能格差という問題に直面することになった[8]。このような事情もあり，商工省は1948年10月には，自動車工業基本対策を発表し，国産自動車生産5カ年計画により，車種別，新規需要の方向を示した。これは経済復興会議自動車分科会の自動車生産5カ年計画の成案をもとに作成した。また，48年12月には経済安定9原則が発表され，経済政策も戦前・戦中とは大きく変化しようとした。

3）自動車需要への対応

　国産車の生産制限解除により，営業車の急増が予想されたが，ガソリン供給の裏付けがなく，代用液体燃料のコスト高などの障害があり，すぐには増加しなかった[9]。特にガソリンは，生産解除以前の1947年1月21日に商工省鉱山局長，運輸省陸運監理局長，内務省警保局長から各都道府県知事宛に「自動車揮発油の配給および消費の適正に関する件」という通達が出されていた。それによりガソリンの使用規制がさらに強化され，最も重点的なものに限り配給されることとなった[10]。

　一方，5章で取り上げたように，GHQと貿易庁は，1948年10月，在日外国人に限って自動車の輸入販売を許可した。ただし，自動車輸入の取扱業者はOAS（Overseas Automobile Service：全国輸入自動車指定登録販売業者）に限定した。OASは50年11月時点で27業者であった[11]。また，GHQは49年1月に外国人の対日投資を制限付きで許可した。さらに翌月，貿易庁の許可だけで輸出が可能となった。しかし，輸入については完全に政府貿易であった。

　1950年になると，2月1日に小型四輪車，自動車部品の公定価格が廃止され，2月24日には小型自動車の月賦販売制が実施されるようになった。3月になるとタイヤ・チューブの生産配給統制も解除され，翌月には公定価格が廃止された。また，4月1日には自動車の配給統制が全面撤廃され，8日には普通自動車の公定価格も廃止になった。さらに6月には自動車生産用主要資材の配給統制も撤廃された。

(2) 自動車関連団体の動き

1）第二次世界大戦後の自動車関連団体の変化

　重要産業統制令により，トヨタ自動車工業（以下「トヨタ自工」），日産重工業（以下「日産重工」），ヂーゼル自動車工業（以下「ヂーゼル自工」），川崎車輌（以下「川崎車輌」），日本内燃機（以下「日本内燃機」），車輪工業（以下「車輪工業」）の6社で，1941年12月24日に自動車統制会が設立された。それが形式上は46年9月28

日であるが，45年11月14日に事実上解散した。その翌日，自動車協議会が自動車関連団体から民主主義的な自動車工業による国家再建を目指す自主総合機関の設置運動が起こり，設立された。これは敗戦により自動車統制会や日本自動車配給（日配）が機能を喪失したためであった。

　また，12月には自動車販売組合，そして，自動車製造工業組合がトヨタ自工，ヂーゼル自工，日産重工，三菱重工（以下「三菱重工」）により設立され，全国自動車部品工業組合，自動車部品販売組合も設立された。その後もさまざまな組合や協議会などのグループが設立・結成されたが，終戦からわずか4ヶ月で，多くのグループの形成が可能であったのは，スタートして間もない産業ではあったが，自動車産業には，戦前・戦中からのさまざまな基盤があったからといえよう。

　1946年には，1月に全国自動車整備組合，3月に日本小型自動車組合，4月に日本特殊自動車工業組合，電気自動車製造組合，6月に日本自動車車体工業組合，日本自動車会議所，日本小型自動車販売組合，10月に日本輸入車連合会などがそれぞれ設立・結成され，前年に引き続き，さまざまなグループが形成された。また，4月21日には，東京―箱根間においてオール小型自動車走行大会が開催された。この頃はあらゆる産業で原材料や部分品が入手困難となり，特に自動車産業では，ゴム・タイヤ不足が深刻で，新車販売や現有車の稼働率に大きく影響した。46年の需給状態は，新車用需要量の111,200本に対し，割当量は77,830本，補修用673,600本に対し，割当140,569本で充足率は27.9%，47年は多少改善されたが，わずか31.1%の充足率であった[12]。

2）新たな自動車関連団体の胎動

　1947年には，1月に自動車産業危機突破大会が開催された。ここでは全日本自動車産業労働組合東日本地区協議会が主催して，「資材・資金よこせ」がスローガンとして掲げられた。そして，2月25日に自動車協議会が解散した。また，前年に引き続き，4月21日には，オール小型自動車走行大会が開催された[13]。この年も2月に日本自動車技術協会，6月に自動車産業経営者連盟，12月にはヂーゼル自動車普及会などのグループが形成された。特に7月22日には自動車産業復興会議が発足し，復興プランを作成し，経済安定本部長官に要望書を提出した。

　1948年には，3月に日本小型自動車販売組合が再結成された。一方，3月31日に45年12月に設立された自動車製造工業組合が解散した。その翌日，トヨタ自工，日産重工，ヂーゼル自工，三菱重工，高速機関工業（以下「高速機関」）が加盟して，新たに自動車工業会が設立された。自動車製造工業組合と比較すると，トヨタ自工，ヂーゼル自工，日産重工，三菱重工の4社に高速機関を加えたものとなっている。そして，4月には自動車部品工業会，46年3月に設立された日本小型自動車組合の解散により，日本小型自動車工業会が設立され，6月には自動車車体工業会が設立され

た。このなかで特に5月21日には自動車工業会他関係6団体が，商工省に自動車産業を今後の経済復興の担い手として，経済復興の超重点産業指定の要望書を提出した[14]。翌月には国会に陳情活動を行った。また，この頃から自動車を訴求する機会が格段に増加した。3月には自動車産業の振興を目的として，自動車産業協賛会に高松宮殿下を総裁に迎え結成した。さらに5月には道路整備促進大会，ヂーゼル自動車普及購入講演会，ガソリン輸入懇請大会，自動車産業展，国産自動車大パレード等を開催した。

　1949年には，4月にストック対策として自動車輸出振興会が設立された。進駐軍のトラック，乗用車輸入は莫大な数にのぼり，これを次第に民需用として払い下げる動きなど，企業の縮小整理が課題となった。そして，47年7月22日に発足し，復興プランなどを作成し，経済安定本部長官に要望書を提出する等の活動を行っていた自動車産業復興会議が7月1日に解散した。さらに9月から日本自動車工業会は，割賦販売資金の不足を背景として，自動車月賦金融会社の設立を計画しはじめた。しかし，これは翌年になり消滅した。そして，49年3月7日に，その後の自動車産業にも大きな影響を与えたドッジ・ラインが宣言された。経済状況は非常に深刻であったが，11月16日には全日本モーターサイクル選手権大会が多摩川で開催された。

　そして，1950年3月には，自動車工業会に，三菱重工に代わり東日本重工，中日本自動車工業（以下「中日本自工」）が入会した。自動車工業会は積極的に活動し，6月にはGHQに対して外車払い下げの反対表明を行った。

2　自動車生産への参入・退出と金融事情

（1）自動車生産への参入・退出

1）わが国での自動車生産への参入の特徴

　アメリカでは1911年から22年までの間，自動車生産に新規に99社が参入し，そのうち約2/3の68社が脱落した。大衆化段階に達した製品やサービスでは激しい価格競争の状態となり，企業の新規参入が増加する一方で，脱落する企業が増加する。しかし，わが国の自動車生産は，アメリカやヨーロッパと比べて後発のためか，参入，退出企業数はそれほど多くなかった。価格競争はそれほど激しいものではなく，競争的でありながら寡占価格の形をとっていたために，価格競争によって，脱落する企業もそれほど多くはなかった[15]。わが国で自動車生産に参入する企業が少なかったのは，第二次世界大戦を自動車産業のスタートアップの時期を挟んでいたことが一番の原因であろう。そのうえ，生産開始には，既に多くの資金が必要な産業となっていたためでもあろう。つまり，量産体制を採らなければ，成長するどころか，生き残ることさえも難しかったため，それが参入障壁となった。わが国の戦後の自動車生産

は，現在の航空機生産のようなものになってしまっていたからだろう。

2）わが国での乗用車生産への参入の特徴

わが国では，第二次世界大戦前にいくつかの企業が自動車生産に進出し，進出を計画した。しかし，そのうちのほとんどは計画を中止し，白揚社のように閉鎖，快進社のように身売り，消滅した企業もある。この結果，第二次世界大戦後まで存続したメーカーは，トヨタ自工，日産重工，ヂーゼル自工の３社であった。ただ，戦後まもなく軍需産業から転換し，いくつかの企業が自動車生産を再開し，新しく進出した企業もあった。四輪車部門では，日野重工業（以下「日野重工」），富士精密，高速機関があった。四輪車部門はその後，三輪車メーカーからの進出もあり，企業数は増加した。一方，四輪車生産に進出し，放棄したのは太田自動車製作所（後に高速機関からオオタ自動車となり，さらに東急くろがね工業となって1962年倒産）１社だけであった。一般にわが国の戦後の産業界では新規参入は多く，退出する企業は少ないといわれるが，四輪車の場合はその典型であった[16]。

世界的な視野で第二次世界大戦直後のわが国の自動車生産を見ると，戦前から活動しているメーカーは，後発とはいえ，国内では新しく進出しようとする企業にとって参入障壁となった。ただ，参入障壁が高くてもいくつかの企業が自動車生産を開始したのは，金融機関の支援があったためである。そして，乗用車部門への参入が容易であり，ほとんど脱落がなかったのは，世界的にも有数の生産台数を有していたわが国のトラック部門の存在が基盤となっていたからであった。このトラック部門で十分な経営資源の蓄積を行ったことが，乗用車生産に大きく影響した[17]。先に触れたように，アメリカの自動車工業の成長期に100社近くの企業が自動車工業に進出し，そのうち2/3が市場から退出したのとは，数字上の比較にはならないくらいわが国の自動車工業では少なかったといえる。

(2) 金融事情とドッジ・ライン

1）第二次世界大戦後の自動車産業における金融事情

第二次世界大戦中，軍からの要請により，トヨタ自工，日産重工，ヂーゼル自工の３社は，多くの資本的につながりのある傘下企業を有し，各社とも上級幹部が出向して直接経営していた。これが国産自動車企業系列として，総合的な企業力を発揮していた。しかし，公職に関する兼職制限である勅令109号により，傘下工業への兼職が制限され，自動車工業の総合力はかなり弱くなったといわれる[18]。また，財閥解体[19]ならびに持株会社の解体命令である勅令657号により，トヨタ自工（三井系制限並びに地方財閥会社）[20]，日産重工（日産），ヂーゼル自工（日立）[21]ともに経営に大きな影響があった。さらに1948年2月8日にはトヨタ自工，日産重工，ヂーゼル自工，三菱重工，民生産業，発動機製造が過度経済力集中排除法[22]の指定会社となった。ヂーゼル自工のみ48年11月に解除になり，他は49年に解除された。他方で，新憲

法に基づく人権の自由により，強固な従業員組合の結成が促進され，会社経理応急措
置法による特別経理会社指定等，メーカーは敗戦により多くの影響を受けた。

　1947 年 1 月に復興金融金庫が設立されると，それまでの市中銀行融資または復金
の保証融資に切り替えられた。銀行資本は，資本回転率の遅い自動車工業への融資を
回避し，これを国家資本の負担による融資へ転嫁させた。48 年 11 月末のトヨタ自工
の借入金総額 629,799 千円中，復金融資は 401,292 千円であり，全体の 63.7% を占め
た。また，49 年 2 月末のヂーゼル自工のそれは 323,500 千円中，187,000 千円であり，
全体の 57.8% に達した。そのうえ，トヨタ自工の復金融資中その 84%，ヂーゼル自
工への復金融資の全額が，運転資金融資によって占められていた。このことは自動車
工業復金融資のほとんどすべてが赤字補填として用いられていたことを示しており，
復金融資がいかに企業救済の意義を持っていたか理解できる[23]。したがって，もしこ
れらがなければ，現在の自動車産業の成立，発展は考えられなかったかもしれない。

2）ドッジ・ラインの実施

　1949 年 3 月 7 日，わが国経済の自立と安定のために財政金融引き締めを図るドッ
ジ・ラインが実施された。ドッジ・ラインの中心は，わが国のインフレ・国内消費抑
制と輸出振興が目的であった。これは GHQ 経済顧問として来日したデトロイト銀行
頭取のジョゼフ・ドッジが，立案，勧告したものであり，48 年 12 月に，GHQ が示
した経済安定 9 原則の実施策としての位置づけであった。実施内容は，緊縮財政や復
興金融公庫融資の廃止による超均衡予算，日銀借入金返済などの債務償還の優先，複
数為替レートの改正による 1 ドル＝360 円の単一為替レートの設定，戦時統制の緩
和，自由競争の促進であった。ドッジ・ラインによる効果は，インフレは収まった
が，逆にデフレが進行し，失業や倒産が相次ぐ所謂「ドッジ不況」となった。当然，
自動車産業もドッジ不況に巻き込まれた。

3　各メーカーの状況と朝鮮戦争特需の発生

(1) トヨタ自工の状況

1）第二次世界大戦後の自動車生産の再開

　第二次世界大戦直後，トヨタ自工社長豊田喜一郎は，小型車部門への進出を決意
し，1945 年 11 月に 4 気筒，1,000 cc，サイドバルブ式エンジンの開発に着手した。
同時に，このエンジンを搭載する SA 型小型乗用車と SB 型小型トラックの設計を開
始した。47 年 1 月には，SA 型乗用車の試作を完成させ，10 月から本格的に乗用車
生産を開始した。また 48 年 4 月には，1 トン積ボンネットタイプ SB 型トラックの生
産を開始した。さらに同年 4 月に 4 人乗り 1,000 ccSC 型乗用車 3 台を試作し，49 年
11 月に 5 人乗り 1,000 ccSD 型乗用車の生産を開始した[24]。

　他方，先にも触れたようにドッジ・ラインによって，超緊縮財政と復興金融金庫融資の停止が行われ，復興ブームに乗っていたわが国経済は大打撃を受け，トヨタ自工も深刻な影響を受け，販売は大幅に減少した。この時期には自動車では割賦販売が制度化しておらず，手形回収が進まず，資金繰りが悪化し，銀行からの借入が増加した。トヨタ自工ではドッジ不況に対応するために，1949年8月に金融引き締めの対応策として前年10月に発足させた経営企画委員会による合理化運動を一層強化することを目的に，各部門に企画監査相当部署を設けた。また，同年12月には材料購入費，材料加工不良に伴う無駄，工具・器具備品費などにつき，従来の節減目標を上回る目標を設定し，合理化を進めた。一方で，労働組合も事態打開のために会社側に協力し，小型車の生産増強・品質向上・加工不良の防止などの危機突破対策を運動方針に掲げ，49年11月には組合の立場から，月賦資金融資制度の設置を衆参両院に請願した。49年9月から自動車の統制価格は維持されたまま，鋼材の公定価格が引き上げられ，さらに外車の流入や49年11月の自動車販売統制廃止により，販売競争は激化するなど，経営環境はさらに深刻化した[25]。

2）トヨタにおける金融問題

　ドッジ不況による販売不振と売掛金回収の遅延のために，トヨタ自工の資金繰りが追いつめられた。1949年12月末時点で，トヨタ自工の年末資金は2億円不足した。そこでトヨタ自工は，銀行（帝国銀行，三井，第一銀行の合併銀行）に対し，緊急融資を申請した。当時は銀行に自動車産業に対する理解がなく，すぐに融資を受けることができなかった。しかし，日本銀行名古屋支店長であった高梨壮夫の判断で，三井・東海など24行に融資の斡旋がなされ，トヨタ自工は越年することができた[26]。この時高梨は，トヨタ自工が中京地区に300社に及ぶ関連会社を持ち，トヨタ自工の危機は中京経済の問題であるということを強調した。つまり，自動車産業は裾野の広い産業であることを強調したわけである。そして，自動車に対しては日銀も十分配慮する必要があると考え，協調融資団が結成された[27]。この融資を受けることができ，トヨタ自工は翌年からの事業の継続が可能となった。

　協調融資団の幹事銀行は帝国銀行であったが，その時の意見として，トヨタ自工の資金運用が生産偏重であることが指摘された。そして，融資条件ともいえるが，生産資金と販売資金の分離を行い，調達も運営も管理もそれぞれ別に行い，偏向しないようにすることを指示した[28]。これらを受けてトヨタ自工では，1949年8月に従業員に対し，1割の賃下げを断行した[29]。また，生産資金と販売資金の分離のために，50年4月3日にトヨタ自動車販売（以下「トヨタ自販」）を設立した。金融機関から提示された再建策には，販売部門の分離独立以外にも余剰人員整理があった。トヨタ自工では50年4月に人員整理は避けるという覚書の確約を破らざるを得ない事態を組合側に伝達した[30]。その後に，挙母工場の8,000名中，2,000名の整理と，芝浦，蒲田

工場の閉鎖を発表した。組合側はこれに反発し，人員整理に伴う労働争議が始まった。50 年 4 月 7 日からストライキに突入し，6 月 10 日に終結した。このストライキを解決するために喜一郎が退陣し，後任社長に豊田自動織機社長の石田退三が就任した[31]。まさに社長の首と引き替えとなったわけである。

（2）日産重工（日産）の状況

1）第二次世界大戦後の日産の生産問題

　第二次世界大戦中から戦後にかけての 1944 年 9 月から 49 年 8 月まで，日産は日産重工という社名であった。日産重工は，GHQ による民需転換政策により，45 年 10 月に横浜鶴見工場の大部分が接収された[32]。しかし，GHQ によるトラックの生産許可により，日産重工は終戦から 3 ヶ月後の 11 月には，ニッサン・トラックの戦後第 1 号車をオフラインした。引き続いて，46 年 7 月にダットサン・トラック戦後第 1 号をオフラインした。さらに 47 年 8 月にダットサン乗用車の戦後第 1 号をオフラインした。乗用車は生産許可の問題があり，トラックよりも遅れた。

　日産重工という社名が再び日産自動車（以下「日産」）へと変更されたのは，1949 年 8 月であった。この社名にはわが国で最初に自動車の大量生産を実現した誇りが込められていたといわれる[33]。また，戦時中の 44 年 12 月末に設立されていた日産興業を改組して，日産自動車販売（以下「日産自販」）が設立された。そして，日産重工でも 46 年 2 月には，従業員組合が結成された。

　戦後の日産重工にとって大きな問題は，自動車生産自体の問題もあったが，今後，企業自体がどうなるかということの方が大きな問題であった。それは財閥解体に大きく表れている。GHQ は，1946 年 4 月 4 日に持株会社の有価証券・証憑を引き継ぎ，その整理に当たる持株会社整理委員会[34]についての政府案を承認し，同月 10 日に根拠法である持株会社整理委員会令[35]が施行された。持株会社整理委員会は，特殊法人として戦後，経済民主化政策の 1 つである財閥解体にあたった。持株会社整理委員会は，5 月 7 日の設立総会を経て，委員会は 8 月 8 日から活動を開始した。そして，内閣総理大臣は 9 月 6 日，第 1 次指定として，三井本社，三菱本社，住友本社，安田保善社，旧中島飛行機（以下「中島飛行機」）であった富士産業（以下「富士産業」）を持株会社指定した。これにより，委員会は 5 社に解散勧告し，財閥解体が実行に移された。日産重工は 46 年 12 月 7 日に第 2 次指定された。第 2 次指定されたのは，4 大財閥に次ぐ規模の財閥や新興コンツェルンなどの持株会社，トラスト，各産業で独占・寡占的地位にあった企業 40 社が対象であった。日産重工もそのうちの 1 社であった。この指定が取り消されたのは，49 年 1 月 21 日であった。また，日産重工は制限会社令により制限会社とされたが，50 年 8 月 4 日には制限会社の指定も解除された。

2）日産における戦後の労働問題

　日産重工は経営努力として，原価引き下げのために購入材料の引き下げ，間接材料

の節減，不良品の発生防止，残業規制などの措置をとるとともに，製品の性能向上，受取手形の期間延長，ディーラー手数料の引き上げ，販売システムの直販制への変更など販売促進策を実施した。しかし，日産重工も1949年7月には賃金遅配に追い込まれた。また，資金収支の赤字化，材料費・経費の未払いが増加し，10月には10%の賃金カット・人員整理を組合に提示した[36]。49年10月，労働組合との経営協議会で，「従業員各位」と題する文書を組合に提示した。そこでは全従業員の約20%にあたる従業員約1,800人の整理と残留者全員の賃金1割カットを提案した。これに対して会社は組合と対立し，職場放棄や抗議ストライキに突入した[37]。

(3) ヂーゼル自工の状況

　第二次世界大戦後，トラックの生産許可が下りたため，ヂーゼル自工も生産を再開した。しかし，機械設備は戦争中から改修が不十分であったため，老朽化が目立ち，その補修も資金と資材の関係から思うに任せない状況であった。さらにヂーゼル自工も1946年5月22日に，トヨタ自工，日産重工と同様，制限会社に指定された。このような状況にはあったが，ヂーゼル自工は，45年10月にTX40型ガソリントラック，TU60型ディーゼルトラックの生産を再開した。46年11月には社運をかけたTX80型ガソリントラックを発表した。これらの製品からは完全に戦時色は払拭されていたといわれる。そして，ユーザーからの好評を勝ち得た製品ではあったが，民間チャネルにはなじみが薄く，今後量産をして車の発展を望むには，全国的なマーケティング・チャネルの構築が急務であるとして，弓削社長はディーラー企業の拡充を図ろうとした[38]。ようやく，独自のマーケティング・チャネルの構築の必要性に気づいたわけである。

　ヂーゼル自工では，1946年12月に労働組合から越年資金の要求が提出され，団体交渉が行われ，解決されないままであったが，12月11日に弓削社長が退き，三宮吾郎が社長に就任した[39]。そして，49年7月1日にはヂーゼル自工は，いすゞ自動車（以下「いすゞ」）に改称した。車名では34年に完成した商工省の標準形式自動車を伊勢神宮の五十鈴川にちなんで「いすゞ」としたが，それを企業名とすることとなった[40]。

　いすゞは，1949年10月には原価低減と販売促進を目標に，生産計画縮小における材料費・労務費・経費削減，事実上の整理などの緊急対策を実施した。また，賃金カット・人員整理という他社と同様の選択をしなければならなかった[41]。49年9月には従業員5,600名のうち1,400名を整理する方針を決定した[42]。他方で，いすゞの特徴となるディーゼルエンジンの開発も同時に進んでいた。50年2月にはいすゞは，DA75型4気筒ディーゼルエンジンを完成させた。このエンジンは「くまばちエンジン」と命名された。これが動力用エンジン販売の端緒となった。

（4）3 社以外の自動車メーカーの状況

1）第二次世界大戦後の東洋工業の状況

　トヨタ自工，日産重工，ヂーゼル自工だけでなく，今日では世界的な自動車メーカーとなった企業の活動も，第二次世界大戦直後から次第に活発化した。

　東洋工業は，1945 年 11 月に三輪トラック，さく岩機，工具及び自転車について民需転換が許可された。また，48 年 4 月に企業再建整備計画が認可され，48 年 9 月には，商工省の三輪トラックの指定業者となった。販売面については，東洋工業は 48 年 10 月に三輪トラックの月賦販売制を実施し，1 県 1 特約店設置が完了した。さらにトヨタ自工，日産重工，ヂーゼル自工の 3 社と同様，46 年 2 月に東洋工業従業員組合が結成された。この組合結成も戦後の時代の流れの 1 つととらえることができよう。

2）中島飛行機と日野重工の状況

　中島飛行機は，1945 年 8 月 17 日に富士産業と改称されたが，11 月 6 日に GHQ の指令により，財閥解体の指令を受けた。その後，48 年 7 月に富士産業は，東京富士産業（富士重工業の前身）を設立した。そして，富士産業は 50 年 5 月 31 日に，企業再建整理法による第 2 会社 12 社が，7，8 月から発足することが決まった。そのうち，50 年 7 月にはプリンス自動車工業の前身となる富士精密工業を設立した。

　一方の日野重工は，46 年 3 月 27 日に日野産業に改称した。日野産業は 46 年 8 月に T 10，20 型トレーラートラック 1 号車を完成させ，47 年 8 月には 150 人トレーラーバス第 1 号を完成させた。また，48 年 12 月 1 日に日野産業は日野ヂーゼル工業（以下「日野ヂーゼル」）と改称した。日野ヂーゼルは，50 年 3 月には 7.5 トン積 TH 10 型トラックおよび BH 10 型バスを発表した。販売面については，日野ヂーゼル販売が，48 年 5 月に設立された。

3）三菱重工における新しい動き

　三菱重工は 1946 年 5 月に小型三輪トラック「みずしま」を完成させ，同年 11 月には，ふそう B 1 型ガソリンバス・トラックを完成させた。これは戦後の国産バス生産の第 1 号となった。また，47 年 4 月に MB 46 型電気バスの生産を開始し，約 3 年間で 150 台生産した。同年 7 月には，小型三輪トラック TM 3 A の生産を開始した。48 年 11 月には，ふそう B 1 型ヂーゼルトラック・バスの生産を開始した。そして，三菱重工は，50 年 1 月には東日本重工，中日本重工，西日本重工業（以下「西日本重工」）の 3 社に分割し，企業再編を行った。東日本重工は，50 年 1 月に RI 型リアエンジンバスの生産を開始した。特に販売面では，三菱重工は 49 年 12 月，ふそう自動車販売を設立した。さらに 50 年 9 月からは東日本重工が，米カイザー・フレーザー社と乗用車ヘンリー J の日本での組み立て，販売契約を締結するなど，新しい生産や販売の動きも出てきた。

4）本田技研の誕生

　今日，わが国有数の自動車メーカーとなっている本田技研工業（以下「本田技研」）は，1946年10月に浜松で本田技術研究所の設立により，そのスタートを切った。47年11月には本田技術研究所は，A型自転車用補助エンジン（50 cc）の生産を開始した。また，本田技研が48年9月24日に資本金100万円で設立され，本田宗一郎が社長となった。その後，50年3月には東京営業所を開設し，東京に進出した。

5）多くの自動車工業の立ち上げと展開

　鐘淵デイゼル工業は，1946年5月に民生産業に改称した。民生産業はトヨタ自工，日産重工，デーゼル自工と同様，制限会社に46年6月に指定され，51年3月に解除された。この間に民生デイゼル工業が50年5月に発足した。

　また，立川飛行機時代から電気自動車を開発していた東京電気自動車（以下「東京電気」）が，1947年6月に設立された。その電気自動車は，工場地元の地名にちなみ「たま号」と命名し，当時の電気自動車の中で群を抜いた性能を有していた。48年より大型化・高性能化を狙った新型車「たまジュニア」・「たまセニア」を開発し，電気自動車市場を主導する存在となった。東京電気は，48年11月にたま電気自動車に改称した。しかし，朝鮮戦争勃発に伴う特需で，バッテリーの市場価格が高騰し，電気自動車が価格競争力を失った。この後，最近に至るまで電気自動車のわが国での開発は，ほとんど行われなくなった。

　さらに，ガソリンや軽油をエネルギーとする自動車だけではなく，1946年2月から，商工省の命令により，中島製作所，湯浅蓄電池製造，名古屋自動車工業の3社共同で，電気乗合バスの試作が開始された。これはわが国が，エネルギーの確保に直面した際，ガソリンや軽油に代わる自動車のエネルギー源を電気に求め，政府として既存メーカーではなく，それ以外の企業に求めたこともあった。一方，多くのメーカーは，四輪車ではなく，三輪車を多く手がけていた。たとえば，46年7月には，日本内燃機は，三輪トラック「くろがね号」の生産を開始し，三井精機，明和興業，愛知起業なども三輪メーカーとして，生産を手がけることになった。さらに48年8月には発動機製造は，商工省の三輪自動車指定業者となった。このように戦後の一時期に三輪車が多く生産され，市中においても見られるようになったが，タイヤの本数を節約できるなど，部品の必要点数が四輪車に比べて少なかったことから，物資窮乏の折に生産・普及が促進されたものと考えられる。

(5) 朝鮮戦争特需の発生

　第二次世界大戦後からの約5年間は，生産再開や新たな自動車生産に向けての動きもあったが，戦時利得税並びに財産税の徴収，労働争議の頻発とインフレの進行等による思惑とその対策という問題もあったため，メーカーはさまざまなことを憂慮しつつ進んでいかなければならない状況であった。1949年下半期から50年上半期にかけ

図表 6-1　普通車生産台数と特需の割合

（単位：台）

年度	普通車生産台数	特需	防衛庁
1949	18,373		
1950	24,740	7,131	493
1951	24,242	3,129	1,634
1952	24,918		1,543
1953	33,478		3,751

［出所］日本長期信用銀行調査部（1966）『調査月報』No.95, p.30
（一部改）

　一般産業の資金難のため，自動車の購買力は激減し，各社とも軒並みに人員整理，操業短縮を余儀なくされた。販売面の不振を挽回するために月賦販売制度，100万円懸賞付き自動車大売り出しのプロモーションも行われたが，効果はなく，業界の在庫は50年上半期には6億3,000万円にのぼった[43]。このような閉塞感に満ちた状況の中で，朝鮮戦争による特需が起こった。

　特需の発生は，50年7月末トヨタ自工に発注された4トン積みトラック1,000台の受注からはじまった。朝鮮戦争の勃発は，資本家からは神風と呼ばれ，「干天の慈雨」と歓喜された。その後，8月に日産は2,915台，10月にトヨタ自工3,329台，いすゞ815台となり，この時までの3社合計は7,059台1,262万8,000ドル，車台・部品を含めれば1,296万1千ドル（46億6,500万円）にのぼった[44]。そして，50年11月には，トヨタ自工と日産は，警察予備隊向けの車両も受注した。特需により，各社は就業時間の延長，外注増大の方向で増加需要に対応し，人員増加も最小限にとどめ，それも特需による増産の必要がなくなれば解雇することを条件にした臨時工であったため，企業利潤は飛躍的に増加した。トヨタ自工は，朝鮮戦争の1年間に資本金の倍近くあった赤字を埋めて，なお莫大な黒字を計上した[45]。

4　各メーカーのマーケティング・チャネル再編

（1）トヨタ自工による販売体制の再編

　メーカーの販売体制再編は，終戦による軍需から民需への転換に伴って，各社とも国内市場のマーケティング・チャネルを再生させる必要があった。しかし，敗戦直後は，わが国の自動車市場規模はまだ小さかったため，流通問題が本質的な意味では現れていなかった。1948年半ばまでは，自動車は完全な売手市場であり，生産した自動車はすぐに販売でき，販売時は前金予約制で不渡りや短債は皆無であり，在庫もほ

110

とんどなかった。また，売れ残っても価格が上昇して儲かるインフレ時代であった[46]。ただ，燃料となるガソリン供給の不安定性や，その後のドッジ不況により，販売も大きな影響を受けることとなった。

1）マーケティング・チャネルの再編成

　3章で既に取り上げたが，後に「販売の神様」といわれた神谷正太郎は，日本GMに勤務していたが，1935年に豊田喜一郎に請われて，豊田自動織機に入社した。神谷は，豊田自動織機入社以前から自動車マーケティングに関する知識や方法を身につけており，この経験がトヨタ自工のマーケティング政策に生かされた。また，喜一郎は「需要者あっての販売業者，販売業者あっての製造業者（1にユーザー，2にディーラー，3にメーカー）」[47]ということを常に念頭に置いていた。販売に関しては，神谷は喜一郎から一任されていたため，トヨタ自工としては，戦前のようにメーカーと直結のディーラー企業を設置したいと考えていた[48]。

　トヨタ自工の系列ディーラー企業の再編成は，神谷正太郎の指示によって戦前のトヨタ・ディーラー企業に拘束されず，優秀なディーラーを獲得し，自由競争時代に耐える強力なマーケティング・チャネル構築が目指された。まず，トヨタ自工はディーラー企業設置のため，46年5月18日に全国の自配の代表者を挙母工場に招き，工場見学を兼ねて，トヨタ自工の進むべき方向について懇談会を開催した。ここでは豊田喜一郎が「自動車工業の現状とトヨタの進路」について講演し，神谷が他のメーカーよりも先を行くディーラー政策について販売方針を説明した。この時に招かれた者たちは，神谷の発言からメーカー別分離が近いことを知り，自分たちの態度決定を迫られた。これはトヨタ自工がディーラー政策で他社よりも進んでいたことを示すイベントであった[49]。

　メーカーが自社のマーケティング・チャネルを設計する方法にはいくつかある。すべて自社で卸売機能，小売機能を担当する方法，小売機能は担当せずに卸売機能のみを担当する方法，あるいは小売・卸売機能はすべてメーカー以外に担当させる方法などである。資本面から見た場合，完全な子会社として機能させるか，ある程度の資本を有しながらコントロールするかという選択もある。さらに全く資本的関係を有さずに，業務提携のような形態で，運営するなど，マーケティング・チャネルのコントロールは，同じ業界においても異なる業界においてもさまざまな方法が存在する。どの方法が最善のものであるかは業界や各企業によって異なるが，チャネル・コントロールをいかに行うかによって，販売には大きな影響がある。

　メーカーとディーラー企業の資本関係の面でいうと，トヨタ自工の場合，地元資本によるディーラー企業が圧倒的に多い。これは現在もほとんど変化がない。この場合，トヨタ自工にとっては，出資金を地元資本に依存しているために経済的負担が軽くなる。また地元資本は，ほとんど地元の有力者であるために，トヨタ自工の信用に

加えて地元資本の信用という二重効果があり，販売力の強化が期待できる。さらに
ディーラー企業で雇用される者はほとんどが地元雇用のため，社員の血縁・地縁も販
売にプラスに作用する。この結果，他社と比較すると圧倒的なシェアを占有する
ディーラー企業が現れることもある[50]。一方，トヨタ自工以外のメーカーの場合は，
自社資本によってディーラー企業を設立することが比較的多かった。自社資本で
ディーラー企業を設立することは，メーカーとの関係がより緊密になるというメリッ
トがあり，メーカーとしてはディーラー企業をコントロールしやすくなる。一方で，
ディーラーはメーカーの意向に常時注意を払うことになる。

2）日産ディーラーのトヨタへの転向

　1941年12月に自動車統制会が結成され，42年7月に，その傘下に全国的な自動車
配給組織である日配，同年11月にその地方配給組織である自配が設立された。自配
にはトヨタ自工，日産などから自動車販売の経験者が集まり，各メーカーの販売か
ら，すべての国内メーカーが一機関で販売するようになった。つまり，自配は特定
メーカーの系列下に入っていなかった。そこで，46年2月，戦時の統制組織であっ
た自動車販売組合（旧全国自動車整備配給協議会）が解散を決議すると，神谷正太郎
はこの時がトヨタのマーケティング・チャネルを強化する機会ととらえた。それは，
神谷が自配が解散したあとでは，他系列の人材をトヨタ陣営にスカウトすることは道
義上の問題があるとしても，自動車販売の経験豊富な人材がいわばフリーの立場に
あった自配存続中に，これを行うことは差し支えないと考えたためであった[51]。

　そして，自由販売が認められ，各メーカーが戦前のようにそれぞれのマーケティン
グ・チャネルを再編するという状況になろうとしていた時，戦前の系列メーカーでは
なく，トヨタ自工のディーラー企業としての再出発をした者が現れた。まず，戦時
中，自配協議会の専務理事であり，戦前の日産販売組合理事長の菊池武三郎であっ
た。菊池は戦時中に日の出モータース出身で後の愛知トヨタ販売（以下「愛知トヨ
タ」）の山口昇と親しくなり，日産からトヨタ自工へと転向した[52]。菊池は，『国産車
と共に』という自らの著書の中で，トヨタ選択は事業家としての信念によるものであ
り，神谷イズムに共鳴し，トヨタ自工の将来を買ったと記している。菊池は奈良県と
いう小市場のディーラー企業であったが，日産ディーラーの実力者であった菊池の行
動は，他の日産ディーラーへ与えた影響が大きかった。菊池の転向に連動するよう
に，岩手県の高橋佐太郎，静岡県の畠山慶吉，富山県の品川忠蔵，石川県の架谷憲治
らも次々とトヨタ・ディーラーに転じた。これは山口によるトヨタ自工への熱心なス
カウトにもよるが，先の挙母工場における自配代表者招待会での喜一郎と神谷の話に
啓発され，トヨタ自工を選択したといわれている。菊池によると，自配リーダーとし
て戦後の自由販売推進のために働いた行動と矛盾するものではなく，菊池と行動をと
もにした他の日産ディーラーの考えもまた同じであった[53]。

　ただ，菊池の動きにすぐに他のディーラー企業経営者が連動するのではなく，愛知県の自配では日産ディーラー出身であった小泉専務と小栗取締役が去就に迷った。そして，統制会社時代に苦労をともにした山口との人間関係により，新しいディーラーにとどまった[54]。さらに日産からトヨタに転向した岩手県の高橋佐太郎は，「昭和17年以後，統制会社の社長として私は「トヨタ」の販売権をも握ったのであるが（略）豊田さんは販売会社を立てて自分ではむしろ末席に遠慮して座る有様で，これには大変恐縮した。戦後，統制が解除になって各社の販売店がそれぞれ独立した時に，私が自ら望んでトヨタ販売権を握ったのも，戦時中におけるトヨタへの親近感，亡き豊田喜一郎社長への敬慕の念がそうさせたものである。販売店は使用者と直接結びついている。車に対する使用者の苦情を，もっと早く，しかも的確に，把握できるのが販売店である。いわば自動車製造工場にとって，販売店はレーダーである。販売店からの情報をいち早くキャッチして，改善の資料とするのが製造会社として賢明であろう。トヨタが販売店を重く見て，社長自ら厚く販売店を遇するところに，私はトヨタの発展性を確信したのである」[55]と述べている。

　トヨタ自工は，戦前の日産ディーラー企業をリクルートする一方で，これまでの戦前のディーラー企業整理も同時に行った。たとえば横浜護謨製造（以下「横浜護謨」）を中心として，古河財閥系の出資により，東京トヨタ販売が設立された。これには横浜護謨の専務であった尾山和勇を中心に人事折衝が行われた結果，尾山は加わらなかったが，慶応，古河財閥系で取締役社長に石毛竹次郎，専務取締役に小橋煕の経営陣が就任した[56]。戦前には，東京地区のトヨタの販売権は吉田政治が握っていたが，吉田に埼玉地区の販売権を打診したところ，吉田は「今さら埼玉の販売権をもらっても困る」として辞退した[57]。辞退した後に，吉田は日産のディーラー企業へと転身した。

3）トヨタ自動車販売組合の結成と自工労組と協調した生産協力

　1946年11月15日に，トヨタ自動車販売組合結成準備会が，総会前日に山口昇の世話により愛知トヨタで開催された。そこで，販売組合理事長に菊池武三郎，副理事長山口が決定した。これは日産ディーラーからトヨタ・ディーラーに移った菊池に敬意を表したものであった[58]。結成準備会翌日の11月16日に名古屋八勝館でトヨタ販売組合が結成され，創立総会が開催された。早速，翌月12月26日に販売組合創立後の第1回役員会が開催された。ここでは，「明年度販売に関する件」という議題で，メーカーが生産を増強するためにディーラー企業としても問題解消に協力しようとした[59]。

　また，日産重工社長であった浅原源七が社長職から公職追放されたことから，豊田喜一郎にもその心配があった。そこで販売組合は，喜一郎の公職追放除外の陳情書を提出することを決定した。1947年3月30日に全国のトヨタ・ディーラーの代表者の

署名捺印を集め，総理大臣吉田茂に提出した。これに対して反トラスト部長リパート
は喜一郎の民主主義的思想に共感を示していたといわれ[60]，喜一郎は公職追放される
ことなく，戦後のトヨタ自工の再スタートに力を注ぐことが可能となった。

　一方，ディーラーでは，1947 年 4 月 1 日に販売店組合の創立早々，メーカーの生
産計画とは別にトヨタ自工が生産する小型車を商戦上必要とした。そして，トヨタ自
工の小型車アウトラインの説明と小型車が生産ラインに乗ったことを知らされた。し
かし，生産はなかなか進まず，ディーラーにも焦りが出た。役員会では「小型車市販
促進」の議題を設け，47 年 6 月には早く生産を軌道に乗せるように各地区で要望書
を提出した[61]。小型車生産が進捗しなかったのは，トヨタ自工の資金難が理由であっ
た。そこでトヨタのディーラー企業 47 社は，余裕資金が非常に厳しい時期であった
が，各社が 10 万円をトヨタ自工に醵金し，SB 型トラックの生産体制作りに協力し
た。そして，ディーラー企業 47 社で 470 万円を融資することとなり，47 年 9 月 15
日までの送金を申し合わせた[62]。

　そして 1948 年 3 月 31 日には，販売組合と労働組合との懇談会が開催された。ここ
では「我々は過去 1 年半，自工の経営について金融・資材面で協力してきたが，経営
は依然軌道に乗っていない。自工の経営を軌道に乗せるには，増産をせねばならな
い。それには経営者，労組，販売組合三者一体となって協力体制をとれば必ず打開で
きると信ずるので，今後も月 1 回くらい三者懇談会を開きたい。生産増強については
販売店も大いに協力する」という販売組合理事長菊池の話に対して，労働組合の松岡
副委員長も三者一体体制に賛成した[63]。メーカーとディーラー企業の関係は，お互い
の利益が相反するときには，軋轢を生むことがある。それにもまして，経営者（管理
者）と労働者の組織である労働組合はお互いに主張が異なり，軋轢が生まれることは
当然である。ただ，この時点においては，三者が同じ方向を向き，特にディーラーと
労働組合がメーカーの苦境に協力するという形態が見られたのは，特異な現象であっ
たといえる。

4）販売部門における生産・販売分離の影響

　トヨタ自工の販売については，1948 年 2 月に新販売会社設立案が出され，常務取
締役であった神谷正太郎が新販売会社を設立する案を報告し，その場で「トヨタ自動
車販売」（以下「トヨタ自販」）の名称が決定した。これに連動する形で，48 年 5 月 26
日の第 2 回定時総会では，「トヨタ自動車販売組合」を「トヨタ自動車販売店協会」
へと名称変更された。また 7 月にはディーラーの社名を「○○トヨタ自動車販売株式
会社」から「○○トヨタ自動車」への変更が決定した[64]。トヨタ自販設立は，トヨタ
自工のストライキとは別にトヨタ自工再建案の骨子であり，設立登記ののち，形式上
は 50 年 4 月に誕生した。そして，実際に営業を開始したのは，同年 7 月からであっ
た。また，トヨタ自工から人員を移管して業務開始する直前にストライキが始まった

ために，トヨタ自販は発足したまま宙に浮いた形になり，業務開始はスト解決まで待つことになった。したがって，ストライキ終了後の最初の仕事は自販業務を軌道に乗せることとなった[65]。

　トヨタ自販は，トヨタ自工との間に1950年4月に「製品取引契約書」を交わし，四半期ごとの注文台数をその期の開始15日前までに決定することを明記した。これによって，自販は販売予測の正確性を向上させるとともに，計画販売を推進する必要に迫られた。そこで50年6月には各ディーラー企業と3ヶ月間の販売台数の契約をして，計画販売を開始した[66]。そして，これまでメーカーが販売予測・管理などをしてきたが，これらの機能が卸会社であるトヨタ自販へ移行し，トヨタ自工はより生産に注力することが可能となった。

5）トヨタ自工のマーケティング志向

　第二次世界大戦前に日本フォードや日本GMがわが国で潜在需要を開拓し，1935年頃には販売台数の70〜80％が月賦販売されていた。それは29年に，それぞれが金融会社を設立していたからであった。このような事情から神谷正太郎は，大衆車販売には月賦制度が不可欠であること，わが国のように消費者金融が未発達な国では，自らが金融機関を設立して，月賦の円滑化を図る必要があることを進言し，36年10月にトヨタ金融を設立した。当時のGeneral Motors（以下「GM」），Ford Motor（以下「フォード」）には経済合理性を超えた日本人に対する差別意識があり，ディーラー企業の金融の面倒を見ずに，ディーラーの経営が苦しくなると，直ちに次のディーラー企業を物色しはじめたといわれる。神谷はこのような状況を見ていたため，ディーラー企業とメーカーは共存共栄でなければならないと考えた。この金融会社は40年に機能を停止し，48年に名称を変えて再出発した。49年に月賦金融を再開するために，日本開発銀行に申請したが，時期尚早ということで却下された。したがって，戦後の月賦金融は，各ディーラー企業が自主的に行わざるを得なくなり，売掛金の増大から，危機的な状況にまで追い込まれた[67]。

　特に割賦販売は昭和初期に導入されていたが，1949年頃から特定業種を対象に期間1年を限度として再開された。当時の常識としては，愛知トヨタ社長山口のように「1年以上では割賦といえない。2年というのはダンピングに等しい」と考えられていた時期であったが，50年4月のトヨタ自販設立後，需要拡大のための販売戦略として，月賦販売は急速に拡大した[68]。まさに，ここにおいても生産と販売を分離し，販売会社がさらにユーザーが自動車を購入しやすい制度として月賦販売をリスクをとって導入していった経緯は注目される。

　戦後のトヨタ自工の再建不調と同時に，ディーラー企業には外車の脅威もあった。しかし，外車対策の最善の方法は，トヨタ自工の経営を軌道に乗せる以外にはなかった。外車対策上，大阪トヨタ販売社長桑田忠太をアメリカに派遣し，海外メーカーの

意向を打診させたりしていた[69]。トヨタ自工では，自由競争時代に対応するために販売強化策がとられ，いわゆる商業主義に徹することとなった。商業主義というのは，販売権の尊重であり，売らせてやるという生産第一主義の修正・脱却であった。つまり，メーカーの資金確保のために，ディーラー企業のメーカー従属を廃し，ディーラー企業の自主性と経営権の尊重ということを主眼にし，その育成指導によってディーラー企業経営を健全化しようとした[70]。商業主義＝金儲け第一主義と，現在では理解されることが多いが，ここでいわれた商業主義はマーケティング志向とほぼ同じ意味であったと考えられる。わが国に「マーケティング」が紹介されたのは，56年10月であったが，トヨタ自工はそれよりもかなり早く，マーケティング志向を取り入れていた。それは神谷が第二次世界大戦前にヨーロッパで事業を行ったり，日本GMに勤務していた折に，既にアメリカでは浸透していたマーケティングを理論ではなく体得していたからだろう。

(2) 日産の販売体制の再編

日産重工は，1945年12月に日産の生産する自動車とその部品を販売する会社として，44年末に設立していた日産興業を改組し，日産自動車販売（以下「日産自販」）を設立した。ここで特徴的なのは，日産重工のマーケティング・チャネル・システムは，トヨタとは異なっていたことである。日産自販は日産車と部品を販売する会社であり，日産重工からの商品を一旦はすべて引き取り，総代理店として活動し，それを各県に配置されたディーラー企業に卸売した。したがって，日産自工（メーカー）から，ディーラー企業に対して直接販売するのではなく，その間に卸売機関をおいていたのである。

ディーラー企業設置については，東京自配の社長であった金森近寿は，日産本社に山本惣治社長を訪ね，トヨタ自工のディーラー構想の進捗状況を報告し，取り残されてしまうという危惧を報告していた[71]。戦前から戦後の間もない時期にかけては，わが国のトップの自動車メーカーは，日産重工（日産）であった。これは企業規模でも生産台数においてもトヨタ自工やヂーゼル自工を凌駕していた。しかし，先に見たように戦前のトップメーカーであった日産重工からトヨタ自工のディーラー企業に多くの有力者が転向した。一方，戦前のトヨタ・ディーラーから日産ディーラーへの転向も一部あった[72]。この事情は，東京自配では社長が，日産重工の金森近寿，専務はトヨタ自工の吉田政治，常務に日産重工の中島亮という3人の関係が強くなってきていたためでもあった。そして，日産重工も46年12月に47社のディーラー企業が設立された[73]。

1946年12月15日，日産自動車販売組合が事務局を芝田村町の日産館に置き，結成された。全国47社で創立総会が開催され，規約と役員が決定された。組合長には神奈川の内田慶三，副組合長には東京の吉田政治，大阪の豊島正夫がそれぞれ就任し

図表6-2　3社の自動車生産推移

年度	日産		トヨタ		ヂーゼル	
	トラック	乗用車	トラック	乗用車	トラック	乗用車
1940	13,702	1,163	13,068	384	7,148	640
1941	17,953	1,586	15,502	121	7,768	479
1942	16,457	904	15,558	43	5,638	415
1943	10,096	456	9,796	66	5,082	0
1944	7,074	0	10,689	0	3,845	0
1945	n.a.	0	1,035	0	344	0

［出所］中村静治（1953）『日本自動車工業発達史論』頸草書房，p.154 より筆者作成

た[74]。副組合長となった吉田は，戦前はトヨタ・ディーラーであったが，戦後日産に転向した。トヨタ自工でも販売組合の組合長に，戦前は有力な日産ディーラーの社長であった菊池武三郎を理事長に据えているが，日産重工も同様のことを行い，戦後の熾烈な販売競争のスタート時からの駆け引きが見られる。そして，トヨタ自工の全国のディーラー企業が出揃い，組合が結成されたのが46年11月16日であったことから考えると，日産重工の販売組合はちょうど1ヶ月遅れでの発足となった。わずか1ヶ月の遅れであったが，戦後のメーカー別ディーラー企業の設置で，日産重工がトヨタ自工に後れをとったことは確かである。

　また，自動車販売が現金販売から掛売，月賦販売へと移行する中で，日産重工だけでなく，各メーカーの資金繰りは一層厳しくなった。これに対応するために購買・生産・販売など厳しい対策を打ち出した。日産重工は，原料面では購入材料費の切り下げ，生産面では材料の節約，不良品発生の防止に努め，残業も規制して生産費の逓減に努めた。販売面では，月賦販売制の採用，巡回サービスの実施，宣伝強化など手を尽くして販売促進を全面的に推進する体制とした。また，日産重工は従業員の紹介販売に対して謝礼を出すこととし，側面からの販売促進に協力した。さらに1949年7月には直売制を採用し，日産自販との総代理店契約を解約し，各都道府県のディーラー企業と直接契約を締結した[75]。わずか4年足らずの間にメーカーとディーラー，つまり小売機関の間に卸売機関を挟むことにより，メーカーのコントロールが弱まったり，歪められたりすることを認識したのかもしれない。

（3）ヂーゼル自工のディーラー設置

　1946年7月の日配解散により，トヨタ自工，日産重工と同様，ヂーゼル自工も自社専属のマーケティング・チャネルの構築を開始した。特にヂーゼル自工は，トヨタ自工，日産重工とは異なり，終戦まで全生産量の約95％が軍需であった。そして，

残り約 5％ も国鉄など大口需要先に直接納入のため，販売組織はなく，新規にマーケティング・チャネルを構築しなければならなかった。トヨタ自工，日産重工は，46 年から 47 年の間に各都道府県にほぼ 1 店の割合でディーラー企業を設置したが，それは主として自配の自社チャネルへの取り込みであった。トヨタ自工は，46 年に設置したディーラー企業 42 社のうち 23 社は，旧自配を引き継いだものであり，日産重工は，ディーラー企業 40 社のうち 18 社を引き継いだ。一方，ヂーゼル自工は，46 年に 17 社のディーラー企業を設置しているが，この中で旧自配の後身は 1 社もなかった。他の 2 社と比較してディーラー構築に苦労したが，46 年 11 月 15 日に伊豆長岡で，いすゞ販売店協会が結成された。そして，理事長には中久保耕太郎京都協和いすゞ社長，副理事長屋代勝新潟金剛商会社長が就任した[76]。

　この状況を見ると，ヂーゼル自工はトヨタ自工や日産重工と比べ，戦前の基盤が民需にはなく，大口需要が中心であったことが，戦後のディーラー企業設置にも大きく影響したことがわかる。つまり，全く新しくディーラー企業を設置することよりも，一時は戦争目的のために崩壊させられたとはいえ，再編成する方が明らかに容易であった。そして，ディーラー企業設置については，明らかに先発者利益がトヨタ自工と日産重工にあった。しかし，このような状況をただ憂うのではなく，後発でもディーラー企業を設置していかなければならなかった。これは当時のいすゞだけでなく，その後わが国のメーカーが，トヨタ自工，日産重工に倣い，乗用車のディーラー企業を同様に設置した状況とも通じるものがあるだろう。

　トヨタ自工，日産重工と同様に，ヂーゼル自工も戦後の需要の急上昇期から一転して，自動車が売れない不況となっていった。このような状況下で，いすゞは販売を増強させるために営業部の拡充を行った。そこで 1949 年 2 月に営業部に貿易課と計画課を新設した。また，先にも取り上げたように，49 年 7 月にいすゞ自動車（以下「いすゞ」）と社名を改称した。この時期からディーラー企業に個別に月賦的措置を開始し，全国巡回サービスを開始した。さらに，他のメーカーと同様，縁故に積極的に販売することもはじめ，従業員に車両の紹介を呼びかけた。そして在庫の増加に危機感を強めていた労働組合でも「全組合員が 1 人ひとり販売員のつもりで，縁故による車両販売闘争」を実施した[77]。

図表 6-3　1949 年 10 月末のディーラー数

メーカー	トヨタ	日産	いすゞ	中日本	東日本	高速機関	合計
ディーラー数	48	48	47	13	8	33	197

［出所］通商産業省（1950）『自動車販売実績調』より筆者作成

(4) 自動車販売の近代化

　自動車販売では，第二次世界大戦を境として，販売の近代化現象が見られた。一番大きな変化は，ディーラー企業が大学卒の営業員（セールスマン）を大量雇用したことである。これによって，セールスマン像が変化した。セールスマンの種類には，自ら営業し，受注した売上高と粗利益額に応じて手数料（コミッション）を受け取るコミッション・セールスマンと，受注額や粗利益額とは直接には関係せず，企業から月給をもらい営業活動をするハウス・セールスマンの2種類存在していた。この他にもコミッション・セールスマンと同様の機能を持っていたが，ディーラー企業に籍を置かないブローカーが存在していた。自動車販売では，それ以前のわずかな固定給の他は歩合を受け取るコミッション・セールスマンから身分を保障されたハウス・セールスマンが主流となった[78]。

　また，縁故を頼る販売活動からテリトリーによって責任区域が定められた。テリトリー制は戦前に全くなかったわけではないが，第二次世界大戦後は販売のためには，市場把握，計画的訪問販売活動，顧客の信頼，セールスマンの社会的地位の向上を目指しての施策として広く採用されることとなった。ただ，終戦直後のセールスマンの活動管理は，十分なものではなく，簡単な営業日報をマネジャーに提出することにより，1日の行動指標，報告を実施する程度であった。セールスマンの足は電車，バスなどの公共交通機関の利用が普通であり，一部に単車，スクーターが利用された。またわずかではあるが中古車の小型トラックも使用された[79]。したがって，当時のセールスマンの活動やその姿は，現在の自動車の販売を手がけているセールスマンの活動やその姿とはかなりの差があった。そしていつの時代も自動車販売は厳しいといわれるが，モータリゼーション以前の時期における販売は厳しいものであったことも伝わってくる。

おわりに

　わが国は第二次世界大戦の敗戦により，さまざまな機関や組織，システムがGHQの支配下にすべておかれた。これは自動車生産・流通でも同様であった。また，自動車が戦前から軍需関連製品として扱われてきたために，戦後も商工省（通産省）などのわが国の行政機関が，その生産や流通に関してコントロールしようとした。つまり，GHQの支配下にありながらも自動車流通に関して，戦前・戦中同様の権力を行使しようとしたのである。したがって，自動車流通は，GHQと並んで，わが国の行政機関からもコントロールされることになり，司令塔が戦後は増加した。しかし，戦前・戦中体制から戦後の自動車生産・流通を取り巻く環境は一変した。戦前・戦中時代の国策会社による各メーカーの自動車を1カ所（1企業）で販売するという併売状

態から，各メーカー別のディーラー企業に分かれる新しいマーケティング・チャネルの構築が開始された。ここではトヨタ自工が，日産重工，ヂーゼル自工よりも先にディーラーを構築し，そのチャネル組織をスタートさせたことから，生産よりも販売政策が後年の優位性を獲得したともいえる。まさに先発者優位である。

さらにマーケティング・チャネルの構築については，これまでの企業の大きさではなく，戦時中における各自配での関係が大きく影響したということも指摘できよう。つまり，戦前の企業規模であれば，たいていの者は日産重工（日産）のディーラー企業となるべく努力するのであろうが，戦前の日産ディーラーからかなりの者が，戦後はトヨタ・ディーラーへと転向した。これは短期決戦ながら地道にトヨタ自工が，オセロゲームのように自らの陣営へと旧日産の有力者を導いた努力の賜であろう。また，自配での協力関係が，その後の各社の進路を決定したということもできよう。特にマーケティング・チャネル構築についてはトヨタが先手をとり，その後「販売のトヨタ」といわれる片鱗を，既にこの頃から垣間見ることができたともいえる。さらにマーケティングがわが国に紹介される前から，生産第一主義（生産志向）ではなく，流通業者や顧客（ユーザー）が製品の先に存在することを見据えていたことも見逃してはならない。つまり，トヨタ自工には，マーケティング志向が他の自動車メーカーよりも先に芽生えていたことが理解できる。そして，生産も重要ではあるが販売政策もかなり重要であることを認識させてくれる時期であった。

自動車販売では，終戦直後のこの時期において完全な自由販売体制への準備段階であったが，現在まで続く1県1ディーラー制の再スタートの時期であり，ディーラーの新たなスタートの時期であったと結論することができよう。それはまさに生産と販売（マーケティング）は，車の両輪であり，両者が同じ大きさで，同じ速さでなければ，車体が前に進まないのと同様に，メーカーとディーラー企業も成長することがないことを示す時期のはじまりでもあった。

── 注 ──

1）石川和男（2005）「第2次大戦直後の自動車流通（1）—GHQ，主務官庁，自動車産業団体の動きを中心として—」『専修商学論集』第81号，pp.201-224
2）板垣暁「復興期外国車輸入をめぐる意見対立とその帰結—自動車メーカー・通産省対運輸業者・運輸省—」『経営史学』第38巻第3号，p.48
3）本章では，「ディーラー」と「販売店」は同じ意味で使用している。
4）下川浩一（1985）『日経産業シリーズ　自動車』日本経済新聞社，p.84
5）天谷章吾（1982）『日本自動車工業の史的展開』亜紀書房，pp.53-65
6）中村静治（1957）『日本の自動車工業』日本評論新社，p.99

7）省庁再編により，49年5月25日に通商産業省（通産省）が発足し，商工省と貿易庁が廃止された。

8）板垣，p.50

9）日本交通社史編纂委員会（1961）『社史　日本交通株式会社』pp.298-299

10）「1.（略），乗用車には一切揮発油の配給を行うこと。イ．官公署用にして特に必要なもの　ロ．進駐軍要務，報道，放送，医療，救急及その他特に地方長官において必要と認めたるもの　2.前項により揮発油の使用を認めたる乗用車以外の乗用車は揮発油を使用してはならぬ」とされていた。（日本交通株式会社社史編纂委員会（1961）『社史　日本交通株式会社』p.301）

11）（社）日本自動車工業会（1988）『日本自動車産業史』p.63

12）自動車工業会「自動車工業資料」p.53（引用：中村静治（1953）『日本自動車工業発達史論』頸草書房）

13）この大会は，日本小型自動車組合と日本小型自動車販売組合の主催により，趣意書では「経済再建には小型自動車の増産」が強調されていた。大会には，GHQ，関係官庁，経済安定本部などの機関に対して小型自動車生産をアピールするために関係者を招待した。（（社）全国軽自動車協会連合会（1979）「座談会オール小型自動車走行開会開催の意義と成果」『小型・軽自動車会三十年の歩み』pp.37-53）

14）要望書の内容は，①自動車産業復興会議を活用されたい。自動車工業の地位を石炭，鉄鋼，肥料と同等に引き上げ超重点産業として取り扱われたい。②自動車（主として車両，車体などの組み立て品をいう）価格の決定にあたっては，まず部品の価格を決定した後，自動車価格を決定されたい。③自動車生産用資材は計画通り確保配給されたい。④物資の流通秩序を正常化し労働者の生産意欲を昂揚せられたい。⑤つなぎ資金を十分金融されたい，というものであった。（（社）日本自動車工業会（1985）『日本自動車産業史』pp.66-67）

15）奥村宏・星川順一・松井和夫（1965）『現代の産業自動車工業』東洋経済新報社，pp.208-209

16）奥村他（1965），pp.135-136

17）奥村他（1965），pp.208-209

18）尾崎政久（1966）『国産自動車史』自研社，p.270

19）財閥解体は，まず組織の要の位置にある本社＝持株会社を解散させることが，第1課題であった。具体的には，1945年11月に「会社の解散の制限に関する勅令」を制定し，これにより制限会社に指定された企業等の現状の変更を制限し，46年4月に「持株会社整理委員会令」を制定して持株会社を指定した。指定された持株会社のうち財閥本社は，有価証券を持株会社整理委員会に委譲して解散した。それ以外の持株会社は，所有有価証券を持株会社整理委員会に委譲し，子会社に対する支配関係を廃棄することを指示され，独占的な大事業会社と認められた場合には事業の再編成を強制された。こうして持株会社整理委員会に委譲された株式は全体で約1億5,000万株，68億円余で，それらは従業員への売却や一般入札のなどを通して，株式所有の分散が図られた。株式の所有関係に関連し，財閥家族も持株会社と同様に指定を受け，所有株式等の持株会社整理委員会への委譲が行われた。さらにGHQの「持株会社の解体に関する覚書」（45年10月）によって実行された財閥家族の会社役員辞任が，48年1月の財閥同族支配力排除法によって財閥家族と近い関係にある財閥役員の役職辞任が強制され，また，関係会社の役員の兼任についても禁止措置がとられ

た。こうして，本社を中心とする財閥の人的・資本的な関係が切断され，財閥の組織的な解体が進められた。(http://www.e.u-tokyo.ac.jp/~takeda/gyoseki/GAKU00-17.htm 武田晴人ウェブサイト)

20) トヨタ自工は，1946 年 4 月 27 日に 5 年後の 51 年 4 月 11 日に解除されたが，三井系の制限会社に指定された。(桂木洋二 (2002)「トヨタ自動車 70 年の歩み―トヨタ自動車に見る天気と危機の乗り越え方―」岡崎宏司，畔柳俊雄，熊野学，遠藤徹，桂木洋二『トヨタ自動車の研究―その足跡をたどる』グランプリ出版，p.39)

21) トヨタ自工の株主には，三井本社 4 万株，東洋綿花 21 万株など，三井系各社から 183 万株，全体の 14% 保有があり，日産重工も満州投資証券が発行株式の半分以上を，ヂーゼル自工も日立製作所が 27 万株を保有し，全体の 17.4% を占めていた。この事情から 3 社は制限会社に指定された。さらには，トヨタ自工，日産重工，ヂーゼル自工，三菱重工は，過度経済力集中排除法の指定を受けた。

22) 過度経済力集中排除法 (1947 年 12 月 18 日法律 207 号) の施行後は，特定企業を過度経済力集中状態と認定し，同状態を解消するための諸措置 (旧会社の解散と第二会社 (旧会社の業務を承継する新設会社) の設立，工場その他の施設の処分など) の実施監督が行われた。

23) 中村 (1953)，p.163

24) 名古屋トヨペット社史編集室 (1988)『名古屋トヨペット 30 年史』名古屋トヨペット，p.14

25) (社) 日本自動車工業会 (1985)，p.71

26) トヨタ自動車販売店協会年史 (1977)『三十年の歩み』トヨタ自動車販売店協会，p.62，名古屋トヨペット社史編集室 (1988)『名古屋トヨペット 30 年史』名古屋トヨペット，p.15

27) 森川英正監修 (1977)『戦後産業史への証言 2　巨大化の時代』毎日新聞社，p.25

28) 森川 (1977)，p.25

29) 勝又自動車 (株)(1975)『勝又自動車 50 年史』勝又自動車，pp.71-72

30) トヨタ自動車販売店協会 (1977)，p.63

31) 勝又自動車 (1975)，p.72，トヨタ自動車販売店協会 (1977)，p.69

32) 日産自動車調査部 (1983)『21 世紀への道―日産自動車 50 年史―』日産自動車，p.78，尾崎 (1966)，p.270

33) 日産自動車 (1983)，p.78

34) 持株会社整理委員会は，学識経験者から内閣総理大臣が任命する委員 (任期 1 年 6 ヶ月) によって構成される合議制の機関であり，委員の中から委員長 (任期 3 年)，常務委員 (任期 1 年 6 ヶ月)，監査委員を選出していた。最高意思決定機関は委員総会で，全委員の 2/3 の出席により成立し，議決には出席委員の過半数を要した。また，委員総会の下に事務局がおかれ，日常の業務に当たった。財閥解体の実施という職務の性質上，政府からの独立性を保つため，政府機関ではなく，持株会社整理委員会令 (1946 年 4 月 20 日勅令 223 号) に基づく法人という形態がとられた。活動の財源は手数料 (指定持株会社及び財閥家族から引き渡された財産や，それを処分した代金から控除) 収入に拠っており，独立採算であった。

35) 持株会社整理委員会令 (1946 年 4 月 20 日勅令 233 号) 及び会社の証券保有制限等に関する件 (46 年 1 月 25 日勅令 567 号) に基づいていた。それにより，①持株会社及び財閥家族の指定に関しての内閣総理大臣への意見上申 (形式上，持株会社・財閥家

族の指定は内閣総理大臣の権限とされた），②指定持株会社・財閥家族から引き渡された有価証券などの財産の管理・処分，③指定持株会社の解散に至るまでの業務執行の指導・監督，④指定持株会社解散後の清算の指導・監督，⑤財閥家族の会社役員就任・留任に対する承認，⑥財閥系企業間の役員の兼任の監視・制限，を担当した。

36) （社）日本自動車工業会（1985），p.71

37) 日産自動車（1983），p.82

38) いすゞ自動車三宮吾郎伝刊行委員会（1963）『三宮吾郎伝』いすゞ自動車，p.108

39) いすゞ自動車（1963），pp.108-109

40) いすゞ自動車（株）ウェブサイト（http://www.isuzu.co.jp/company/aboutus/history.html）

41) いすゞ自動車（1957）『いすゞ自動車史』いすゞ自動車史編纂委員会，pp.71-72

42) 勝又自動車（1975），p.72

43) 中村（1953），p.179

44) 中村（1953），p.179

45) 中村（1957），p.113

46) 秋田日産（1972）『星霜35年』p.27

47) 自販社内報「るうむらいと」1979.7.8月合併号

48) 東京トヨタ自動車（株）（1986）『東京トヨタ自動車四十年史』東京トヨタ自動車四十年史編纂委員会，p.6

49) トヨタ自動車販売店協会（1977），p.21

50) 青野豊作（1982）『トヨタ販売戦略—世界をねらう“三段とび構想”—』ダイヤモンド社，p.35

51) 青野（1982），p.24

52) トヨタ自動車販売店協会（1977），p.25

53) トヨタ自動車販売店会報No.24（1966.2月号）

54) 名古屋トヨペット（1988），p.14

55) 高橋佐太郎（1957）『私の歩んだ五十年』p.191，和田一夫，由井常彦（2002）『豊田喜一郎伝』名古屋大学出版会，p.377

56) トヨタ自動車販売店協会（1977），p.24

57) 東京トヨタ自動車（1986），p.7

58) トヨタ自動車販売店協会（1977），p.31

59) トヨタ自動車販売店協会（1977），p.48

60) 為国香苗編集「自動車週報」（自動車協議会機関誌）1946年1月26日付

61) トヨタ自動車販売店協会（1977），p.55

62) 東京トヨタ自動車（1986），pp.12-13，トヨタ自動車販売店協会（1977），p.56

63) トヨタ自動車販売店協会（1977），p.44

64) トヨタ自動車販売店協会（1977），p.44

65) トヨタ自動車販売店協会（1977），p.69

66) 森川（1977），p.25

67) 森川（1977），p.25

68) 名古屋トヨペット（1988），p.19

69) トヨタ自動車販売店協会（1977），p.44

70) トヨタ自動車販売店協会（1977），p.61

71) トヨタ自動車販売店協会 (1977), p.25

72) 東京トヨタ自動車 (1986), p.7

73) 日産自動車 (1983), p.79

74) トヨタ自動車販売店協会 (1977), p.73

75) 日産自動車 (1983), p.82

76) 日本長期信用銀行 (1966)『長銀調査月報』No.95　p.36, いすゞ自動車 (1963), p.108, トヨタ自動車販売店協会 (1977), p.35

77) いすゞ自動車 (1957), p.138

78) 名古屋トヨペット (1988), p.19

79) 名古屋トヨペット (1988), p.19

▰ 第 **7** 章 ▰

朝鮮戦争から貿易自由化時期におけるわが国
自動車産業の環境
——複数マーケティング・チャネル制への移行背景——

はじめに

　わが国では，第二次世界大戦後もしばらくの間，乗用車生産は制限され，販売統制が布かれていた。さらに 1949 年からはドッジ不況や労働争議が重なり，わが国の自動車産業は将来の見通しがつかない状況に置かれた。しかし，1950 年 6 月に勃発した朝鮮戦争により，わが国では特需景気が起こり，自動車産業はその特需景気の恩恵を受けた。これをきっかけとして，わが国自動車産業が現在に至る発展の機会を得たといっても過言ではない。

　本章では，わが国自動車産業が主に朝鮮戦争による特需の発生からグローバル競争に晒される 1965 年 10 月の貿易自由化までの時期を対象とし，その環境を考察することを目的としている。特にわが国の自動車メーカー（以下「メーカー」）やディーラーのマーケティング活動に影響を与えてきたマクロ状況を中心に取り上げる。

　他の製品に比べてわが国の自動車流通の特徴とされるのは，各メーカーによる「排他的マーケティング・チャネル」と同一メーカーによる「複数マーケティング・チャネルの展開」である。前者については第二次世界大戦以前から開始され，これまでの章において検討してきた。もう 1 つの特徴である後者の開始は，ちょうど本章が射程とする時期に重なる。そこで，前半では手順として，各メーカーによる複数マーケティング・チャネルを展開する前段階の状況から自動車の貿易自由化への過程で自動車産業に対する政策，国内における他産業の成長に伴う自動車需要の変化，増加する自動車生産に対応するためにわが国のメーカーの多くが採用した海外メーカーとの技術提携，通産省による国民車構想等について取り上げる。

　また，営業や事業部門を中心に拡大していた自動車需要が，一般顧客（ユーザー）の自家使用を中心とする使用シーンや目的の変化もこの時期にみられた。そこで後半では，いわゆるモータリゼーションの進展と，わが国と海外におけるモータリゼーションの相違を取り上げ，そのうえで自動車需要の拡大とそれに伴う販売競争の激化，本格的モータリゼーションの展開直前時期のディーラー経営状況について考察していきたい。

1 わが国における 1950 年代から 60 年代半ばまでの自動車産業の環境

(1) 朝鮮戦争特需による自動車産業の再生・発展

1) 朝鮮戦争特需の発生

　1949 年 11 月，GHQ による乗用車の生産制限解除により，自動車販売統制が撤廃された。自動車業界ではちょうど50 年 4 月にトヨタ自動車が生産（トヨタ自動車工業，以下「トヨタ自工」）と販売（トヨタ自動車販売，以下「トヨタ自販」[1]，また，トヨタ自工，トヨタ自販両社を指したり，曖昧な場合は「トヨタ」と表記）に分離し，5 月に民生ディーゼル工業（現在の日産ディーゼル工業），7 月に富士産業（旧中島飛行機）から富士工業（現在の富士重工業，以下「富士重工」）と富士精密工業（後のプリンス自動車工業，以下「プリンス自工」）が発足した。

　1950 年 3 月，政府は外車輸入，進駐軍の払い下げ車の認可を緩和したため，国産車は販売不振となった。しかし，50 年 6 月 25 日に朝鮮動乱が勃発し，51 年にかけて連合軍は，約 1 万台の大型トラック等をわが国のメーカーに発注したことが，わが国

図表 7-1　トヨタ，日産，いすゞの生産，実績

（単位：百万円）

メーカー	決算期	生産台数	売上高	純利益	配当率%	資本金
トヨタ	1950 年 2 月	4,100	2,070	76	0	201
	1950 年 9 月	4,736	2,129	0	0	418
	1951 年 3 月	8,219	4,348	249	20	836
	1951 年 9 月	6,450	5,775	484	30	836
		(4,674)				
日産	1950 年 12 月		2,448	38	0	30
	1951 年 3 月		1,754	114	20	350
	1951 年 9 月	6,996	6,326	439	30	350
		(4,325)				
いすゞ	1950 年 10 月		1,811	19	10	85.4
	1951 年 4 月		3,068	81		150
	1951 年 10 月	2,891	3,649	152	30	300
		(1,256)				

［注］（　）は特需生産台数（第 1～3 次までに，納期は 1950 年 8 月～1951 年 6 月）
［出所］日刊自動車新聞社『自動車年鑑 1951・52 年版』日刊自動車新聞社
　　　　李真薫（1993）「日本の自動車産業における企業成長と産業政策」『三田商学研究』
　　　　第 36 巻第 3 号，p.47

自動車産業の再生・発展の端緒となった[2]。わが国の自動車産業にとってはまさに
ふって湧いたような需要であった。

2）朝鮮戦争特需への対応

　朝鮮特需によって，各メーカーは在庫を一掃し，設備拡張，雇用増大により，経営
状態が好転し[3]，各メーカーの資本蓄積が成長の基礎となった。朝鮮動乱による間接
的な影響は，朝鮮特需が自動車産業だけではなく，わが国経済全体の復興を促進し，
国内の交通需要を大幅に刺激し，一般の自動車需要が急増したことである。1951 年 7
月に朝鮮動乱の休戦会議が開催され，自動車関連特需の消失，景気過熱による金融引
き締めもあったが，自動車生産量は増加し，53 年には第二次世界大戦以前の四輪車
生産のピークを上回った。そして，特需を契機に自動車生産設備の合理化が推進さ
れ，コスト削減と性能向上が図られた。当時，多くの生産施設は，戦前・戦中からの
もので老朽化していた。そのため生産能率は低く，高精度製品の生産が困難であっ
た。各メーカーは旧施設の補修を行っていたが，特需により金融が利用されるように
なった。これにより設備の更新・拡張投資は，大型トラック部門を中心に進められ，
技術改良により，国際的な性能及び価格水準を目指した[4]。そして，わが国メーカー
の技術力が向上し，新小型自動車が生産されると同時に，工場の合理化と大量生産が
達成され，格安の日本車が外国へ輸出されることにつながっていった[5]。一方，当時
のわが国では外貨事情から，増大する国内需要を輸入車で充足し続けることは不可能
であり，国内乗用車工業の確立が急務となった。しかし，欧米諸国との間における乗
用車の性能・生産技術面での大きな格差は短期間に解消することは，早急には困難な
状況であった。

(2) 高度経済成長の出発点と自動車産業

　1957 年春，公定歩合が引き上げられたことで，わが国の経済は不況期に入り，「な
べ底景気」と呼ばれた。しかし，社会的影響は経済指標の低下割合に比べて，第二次
世界大戦前後では，わが国経済の体質が変化したため，それほど大きくならなかっ
た。また，58 年夏から 59 年はじめにかけて，金融が緩和されると，景気は持ち直
し，設備は不足気味となり，59 年から 61 年にかけて巨額の設備投資が行われた。好
景気は，59 年秋には「神武景気」を超え，「岩戸景気」と呼ばれた。岩戸景気は輸出
ブームに支えられ，鉄鋼・機械をはじめ，食品・雑貨等さまざまな商品の販売が伸長
した。さらに，外貨準備高も戦後最高の 12 億 5,000 万ドルに達したことで，先進国
の仲間入りをし，貿易自由化を行う環境が整備されていった。そして，59 年 11 月，
通産省は自由化の第一弾として，輸入制限緩和を打ち出し，ココア，バター，ウィス
キー等を自由化した[6]。

　1957，58 年度には約 1 兆 6,000 億円の設備投資から，59 年度約 2 兆 1,700 億円，60
年度約 3 兆 700 億円，61 年度約 4 兆 870 億円へと増加していった[7]。また 60 年 1 月，

政府は「貿易為替自由化の基本方針」を決定し，貿易・資本自由化までの長期スケジュールを発表した。そして60年6月24日に閣議決定をし，政府は3年後に80%の商品自由化を目標とする「貿易為替自由化計画大綱」を発表した。そして，60年7月1日には，自由円が誕生し，資本自由化の先鞭をつけた。60年7月19日には，池田内閣が成立し，経済中心の施策を発表した。特に貿易と資本自由化に対応して，国内産業を一層強化するため，60年12月に「国民所得倍増計画」を閣議決定し，高度経済成長政策を展開した。高度経済成長政策のプラス面は，産業界の近代的設備投資競争を誘発し，需要・供給規模を拡大し，国民生活の水準を飛躍的に向上させたことであった[8]。実際に自動車業界における成長率は，前年比80%増となり，乗用車は年産約50万台に伸長した。

　一方で，1960年度の設備投資約3兆700億円は，経常で約10億ドル，総合で約3億ドルの国際収支赤字となった。そして，好景気による設備投資過剰から国際収支悪化という悪循環が再び起こった。そこで，国際水準に見合う低金利を目指して，61年1月，1厘引き下げを断行した。公定歩合も7月に1厘，さらに9月に1厘引き下げられた。上昇し続けていた株価も，7月以降，暴落を続け，49年のドッジ暴落，53年のスターリン暴落に続いて，第二次世界大戦後3番目の記録となった。一方，食料品・公共料金・サービス料金・地代・家賃等，国民生活に関連した物価は，前年度比9.5%も上昇した。62年3月，政府はインフレ傾向が顕著で物価上昇が大きな社会問題となったことから，物価安定総合対策を行った。また63年12月，政府は預金準備率を引き上げ，金融引き締めに乗り出し，64年には公定歩合の日歩2厘引き上げを実施した。これら景気調整策により，わが国の景気は低迷した。一方，企業では労働力不足に悩まされ，大企業だけでなく中小企業も人材獲得に傾注するようになった[9]。

(3) 貿易自由化による自動車産業への影響

1) 貿易自由化の接近

　池田内閣は，1960年6月に閣議決定されていた貿易為替自由化計画大綱と，内閣発足から約半年後に国民所得倍増計画を立案し，推進することになった。同時期には，通産省と経済企画庁が揃って自動車の長期生産見込みを発表した。65年度には総計116万1,000台（うち輸出は22万1,500台），70年度には224万台（うち輸出は54万7,000台）に達するというものであった。この生産台数は，軽四輪車を含んでおり，それぞれの実績から算出されていたが，当時の予想をはるかに超えたものであった。自動車産業では池田内閣の所得倍増計画を歓迎し，各メーカーは積極的に設備投資を行った。設備を更新して量産化とコスト削減に努力し，新規需要開拓をする計画であった。他方，自動車も海外諸国における貿易自由化の潮流と貿易為替自由化大綱の推進から，貿易自由化も間近に迫ってきた。この状況の中で，各メーカーは，製品

の基礎づくりと性能向上と価格引き下げを行った。それにより，各メーカーの販売競争が激化した。景気そのものは，やや過熱気味となり，61年から金融引き締めなど景気抑制手段がとられたが，自動車産業だけは例外で根強い需要があり，メーカーは積極的に設備投資をした[10]。自動車産業における自由化対策は，乗用車の量産化を実現し，コスト削減を図って価格を国際水準に近づけることに最大の重点が置かれ，業界の設備投資競争がはじまった。さらに61年5月には通産省産業合理化審議会が，「乗用車3グループ構想」を発表し，これが設備投資ブームをさらに刺激した[11]。

　一方，1962年12月，通産省産業構造調査会の乗用車特別小委員会は，65年3月までに自動車の自由化を実施するという答申案を発表し，それ以降，業界再編の気運が高まった。63年2月，わが国は国際収支を理由に貿易の制限をしてはならない国であるGATT 11条国に，64年4月には国際収支を理由に為替の制限をしてはならない国であるIMF 8条国に移行し，同時にOECDに正式加盟し，欧米諸国からは門戸開放を一層迫られるようになった。各メーカーでは，一斉に設備拡張に着手した。自由化率は，63年8月に92%に達し，わが国は本格的な開放経済体制に突入することとなった[12]。したがって，第二次世界大戦の敗戦国から，どん底の経済状態を立て直し，また新たな産業である自動車産業を育成することなどにより，一気に先進国と肩を並べる状態へと向かったのである。

　わが国の自動車産業は，商業車を中心に発展し，その生産量もアメリカに次ぐ地位となった。そこでまず1961年4月，前年6月に閣議決定されていた貿易為替自由化計画大綱により，バス・トラックの商業車輸入を自由化した。ただ輸入実績は，62年度約900台，63年度約300台，その後も500台に満たなかった。一方，外国乗用車のわが国での小売価格は，国産車の50%以上にもなったが，自由化は抑えられてきた。これは従来の輸入車価格が，制限輸入のもとで一部の特定需要対象に形成されたのに対し，自由化実施に伴い，価格政策の転換が予想されたためであった。実際に当時の西ヨーロッパの自動車生産国間では，自由化以後も相当な値引輸出を行った。外国車価格引き下げの原因は，メーカー出荷価格の引き下げ以外では，専用船利用による海上運賃低下と大量販売による販売マージンの低下等があった。特に出荷価格の引き下げは，各国メーカーの価格政策で大幅なものになる可能性があった[13]。

　政府は，乗用車の競争力向上を考慮しながらも，乗用車輸入の外貨枠を漸進的に拡大し，輸入車に対する反応を確認しながら，自由化に踏み切る政策を採った。これはわが国メーカーの乗用車の競争力増大，外貨保有の好転，海外からの強い自由化要請がその背景にあった。1960年以降，外貨割当台数は増加し，64年には輸入台数も13,000台を超えた。しかし，乗用車生産量急増と量産体制確立に伴うコスト削減で，輸入車に対する需要はそれほど増加しなかった。一方で政府は，自由化引き延ばし努力をしながらも，品目・業種区分によって自由化を段階的に実施するスケジュールを

図表 7-2　乗用車輸入の外貨割当台数の実績

年	外貨割当台数（台）	同輸入実績（台）
1959	898	657
1960	2,374	921
1961	3,749	2,208
1962	6,279	4,020
1963	11,764	7,896
1964	13,577	10,835
1965	13,492	12,094
1966	15,569	15,244

［注］外貨割当は会計年度，輸入実績は暦年
［出所］通産省重工業局自動車課編（1958）『日本の自動車
　　　　工業』通商産業研究社

海外に向けて発表した。62 年 12 月の産業構造調査会乗用車政策特別小委員会答申の概要では，①量産体制の確立（車種数の抑制，提携・合併の促進等），②財政資金の重点投入（量産化により相当量の輸出が期待できる企業，提携・合併により量産化を図る企業），③外車の輸入枠拡大，④国産車の価格引き下げと性能向上，⑤部品工業の合理化，⑥新規参入の抑制，⑦販売金融体制の整備，⑧道路等の環境条件の整備があげられた[14]。

2）完成乗用車の輸入自由化

　1965 年 10 月，政府は完成乗用車の輸入自由化に踏み切った。しかし，輸入車に対する脅威があり，外国車に対する心理的欲求以外にも問題があった。それは KD（ノックダウン）方式の輸入，関税引き下げ，企業進出等であった。ただ実際には輸入車の伸びは少なく，66 年 1〜12 月でも 15,244 台，シェアにして 2.1% であり，予想していたよりも少なかった。これは既に国産車が価格・品質面でも，外国車に比べ遜色がなくなったためであった[15]。自動車に関していえば，他の商品の貿易自由化が先行したが，通産省による「時間稼ぎ」の間に，自社の技術を磨き，外国車と比べても競争力のある乗用車が生産されるようになったためと考えられる。

2　朝鮮戦争後の自動車生産の変化

（1）大型トラックから小型トラック，乗用車への転換

1）朝鮮特需後の自動車生産

　小型トラックは軍用車としての適性に乏しかったため，第二次世界大戦前・中には

生産が制約され，各メーカーは大型トラックや他の軍需品生産への転換を余儀なくされた。第二次世界大戦後，生産制限解除後もその生産台数はわずかであった。しかし，1948 年頃から生産が軌道に乗ったことで，小型トラックが大幅に増加し，大型トラックの生産台数を超えるようになった。小型トラックは，わが国の道路条件や燃料事情等に適しており，自動車工業基本対策でも将来性が注目され，生産体制の拡充が強調された。ただ，生産量増大局面では，小型三輪トラックが先行し，小型四輪トラックが追随した。これは大手 2 社が大型トラック部門を重点的に拡充したため，小型四輪トラックの供給量が限定された一方で，小型三輪トラックの廉価性・経済性・運転の簡便性等が，当時の需要に適合したためである[16]。また，戦時中の航空機メーカーから小型三輪トラック事業への参入が，当時広範に行われていた軍民転換の一環であったという影響もあった。さらに民需を対象として既存設備が利用可能な輸送機械分野が多かったという供給側の背景もあった[17]。そして，小型三輪トラックは小型四輪トラックと比較すると，その取り扱いが簡単で，安価なことから，自動車不足で再び重要な輸送手段となっていた荷馬車・荷車などに代わって普及することとなった[18]。したがって，小型三輪トラックの生産が伸長する要素がいくつも揃っていたことになる。

　以上のような状況から，朝鮮特需後の自動車生産は，小型三輪トラックが主であり，1953 年には約 10 万台になり，トラック総生産台数の約 70% を占めた。一方，小型四輪トラックは，その製品技術が小型三輪トラックに比べて複雑であり，量産体制が未整備で価格も高かったため，朝鮮特需期は年産 1 万台の水準にとどまった。しかし，大手メーカーは，大型トラック部門での資本蓄積を通じ，大型トラックと共用の形で生産体制強化を図り，やがて大型トラックとの生産比率を逆転させた。こうして，小型トラック工業は，経済復興に伴う需要拡大，特に中小企業の事業所需要を中心とした市場を背景に次第に成長した[19]。自動車工業成長の背景には，第二次世界大戦後のわが国経済の成長に伴う輸送需要増大があったが，50 年代後半からの経済成長過程では，企業活動の迅速化，能率向上のための合理化が要請された。また，少量輸送，戸口輸送に広く自動車が利用されるようになった。このようにして創出された小型四輪トラック需要は 60 年に入ると急伸し，同様に小型乗用車の需要とともに自動車工業発展の最大要因となった[20]。

2）小型三輪トラックの生産量減少

　小型三輪トラックの生産台数は，1956 年度の 11 万台をピークとして減少しはじめた。その一方で，56 年からは小型四輪トラックが急増しはじめた。この変化は，技術的な要因としては，小型三輪トラックは性能を向上させても，居住性という根本的な弱点を克服することができなかったこと，助手席の安全問題，速度の向上の限界という問題があった[21]。つまり，経済の復興過程では，自動車は貨物の輸送手段のため

という実利手段としての利用であった。しかし，経済水準の向上とともに，経済的実利だけではなく，ユーザーが別の価値を求めるようになった。そして，小型四輪トラックの価格低下などの要因も重なり，経済的実利以外の要素も自動車購入にあたっては重要な要素となったことを示すものであった。

(2) わが国メーカーによる海外メーカーとの技術提携

1）海外メーカーとの技術提携の加速

1952年4月，日米平和条約発効に先立ち，臨時物資需給調整法が失効したため，指定輸入自動車等販売規則が廃止され，外国車の国内取引が自由になった。わが国のメーカーにとって，外国車輸入が認められ，国内取引が自由になると，ヨーロッパ・メーカーの格安で性能の優れた小型車も輸入され脅威となった。そこで各メーカーは，短期間で自動車品質の国際水準に達するために，海外メーカーとの技術提携を図ろうとした[22]。この背景には自助努力だけでは，国際水準に接近するには時間的な問題があったためであろう。

政府は外国車輸入問題対策として，通産省は自動車産業の育成方針を決定した。そこで1952年10月，「乗用車関係外資導入に関する基本方針」を発表し，52年末から53年にかけて，各メーカーによる海外メーカーとの技術提携を許可した。また，52年10月，この方針をより明確にするために通産省は「乗用自動車関係提携及び組立契約に対する取引方針」を発表し，外貨割当を国産化組立に優先させ，完成車輸入はできるだけ制限する方針を打ち出した[23]。わが国メーカーと海外メーカーとの技術提携は，当該メーカーだけでなく，他メーカー[24]や部品メーカーの技術水準向上も刺激した。この他に乗用車ではないが，新三菱重工業が53年9月，アメリカ，ウィルス社と提携し，「三菱ジープ」の生産を開始した。このような技術提携は，60年3月までにすべて解除されたが，各メーカーは提携によって習得した技術を純国産車生産に生かした。一方，トヨタは乗用車の完全国産化を志向した[25]。そして，技術提携を行ったメーカーも，次の段階ではトヨタと同様，乗用車の完全国産化に成功した[26]。したがって，海外メーカーとの技術提携は，わが国メーカーの技術力の向上に大きな効果をもたらしたといえる。

2）海外メーカーとの技術提携の影響

わが国メーカーと海外メーカーとの技術提携により，他方で国内での販売競争が激化した。1953年，トヨタは純国産車による国内市場確保を販売方針として掲げ，「トヨペットSF型」乗用車の価格を15万円引き下げ，他メーカーの技術提携車に対抗した。一方，技術提携車の量産化が進み，生産コストが低下したため，販売価格も引き下げた。そして，54年4月，小型乗用車の物品税の，従来の20％から15％への引き下げは，値下げ競争を刺激した。特に55年から57年にかけて値下げ競争がさらに激しくなった[27]。つまり，技術提携車の登場による供給量増加が，乗用車市場に純

図表 7-3　わが国メーカーによる外国メーカーとの技術提携状況

日産自動車	イギリス，オースチン社と提携（1952.12）[28] 日産オースチンを生産（1953.4）
いすゞ自動車	イギリス，ルーツ社と提携（1953.2） いすゞヒルマンを生産（1953.10）
日野自動車	フランス，ルノー公団と提携（1953.2）[29] 日野ルノーを生産（1954.3）
新三菱重工	アメリカ・ウィリス・オーバーランド・エクスポート社と提携（1953.9） 三菱ジープを生産

［出所］愛知トヨタ自動車（株）社史編纂室『愛知トヨタ 25 年史』愛知トヨタ自動車，
　　　　p.382，日刊自動車新聞社（1954）『自動車年鑑（1954 年版）』日刊自動車新聞，より
　　　　筆者作成

図表 7-4　各メーカーの乗用車生産台数

（単位：台）

年度	日産	トヨタ	日本自工， オオタ	プリンス	日野 （ルノー）	いすゞ （ヒルマン）
1950	1,241（62）	491（25）	262（13）	—	—	—
1951	1,989（47）	1,746（41）	494（12）	16	—	—
1952	2,213（46）	2,049（42）	385（ 8 ）	148（ 3 ）	30（ 1 ）	—
1953	3,933（35）	4,253（37）	806（ 7 ）	478（ 4 ）	1,425	453（ 4 ）
1954	4,191（29）	4,624（32）	218（ 1 ）	830（ 6 ）	2,420（17）	2,217（15）
1955	8,008（36）	7,827（35）	23（—）	1,308（ 6 ）	3,180（14）	2,031（ 9 ）
1956	15,361（43）	13,454（38）	39（—）	1,158（ 3 ）	3,640（10）	2,134（ 6 ）
1957	19,155（38）	21,626（43）	—（—）	2,963（ 6 ）	3,550（ 7 ）	2,752（ 6 ）

［注］（　）は構成比
［出所］公正取引員会『自動車工業の経済力集中の実態』，日本長期信用銀行調査部（1966）
　　　　「自動車産業の流通機構—その歴史的発展と現状の諸問題—」『調査月報』No.95，
　　　　p.35

国産車・技術提携車・輸入車の競合状態を生んだのである。

　さらにわが国メーカーは，自動車の導入技術習得と，自動車をわが国の環境に適したものに改良する努力を重ねた。1955 年までにトヨタ自工，日産，富士精密の 3 社は，乗用車を相次ぎ発表した。そして，乗用車部門への本格的な設備投資で，生産体制が拡充し，わが国の乗用車工業発展の基礎を固めていった。

（3）国民車構想とその影響

1 ）「国民車育成要綱案」の発表

　わが国の乗用車生産は，1947 年の生産台数 110 台で再開したが，55 年には 20,268

台に達した。同年1月にトヨタは，純国産乗用車「トヨペットクラウンRS」と「トヨペットマスターRR」を発売し，4月には富士精密が乗用車「プリンス」の生産を開始し，10月には鈴木が「スズライト」を発表した。55年には行政レベルでは，3月に通産省が決定した「外国乗用車国産化の新方針」で国産化率の引き上げや部品輸入に対する外貨割当を決定した[30]。

1955年5月，通産省は「国民車育成要綱案」を発表し，乗用車自給体制の早期確立の意向を示し，業界に大きな影響を与えた。通産省が構想した国民車とは，「安価にして軽量な小型四輪車で時速最速100km以上，定員4名または2名と100キログラム重量の貨物が積めること，排気量350から500cc，月産2000台で，生産価格を15万円以下（後に販売価格25万円とした）とし，昭和30年（55年）10月から生産を始める」[31]という条件に適合する自動車であった。この構想は超小型で大衆的な低価格車で，輸出可能な乗用車を1社に集中生産することを意図したものであった[32]。当時，乗用車はタクシー向けの営業車需要がほとんどであり，しかもタクシー会社のほとんどは経営状態が逼迫しており，需要先の圧力によってメーカーが譲歩して値下げせざるをえない状況であった。また，国民車構想は大衆ユーザーを対象に乗用車を生産しようとするものであった。一方で，コスト的にはるかに安価な外車を輸入する方が得策とする運輸省や運輸業者の意見も強かった。そのため，自動車産業を戦略産業として育成するという明確な形での産業政策確立には至らなかった[33]。さらに国民車構想は一社独占という点で，業界の反発を受け，関係メーカーの最高技術者会議において，このような性能・価格の自動車を生産することは不可能であるとの結論が出され，国民車自体は具現化しなかった[34]。

2）各メーカーによる小型車開発の進展

他方トヨタでは，国民車より一回り大きな大衆車開発をほぼ同時期に開始し，富士重工，東洋工業，新三菱自動車の3社は360ccの乗用車開発を開始し，小型乗用車は競争が激しくなった[35]。国民車構想に刺激され，1958年に軽四輪乗用車（排気量360cc以下）が発売され，新しい製品分野を形成した。これはわが国で最初の純個人ユーザー層向け乗用車として注目された。しかし，その高速性能・耐久性の面からは，価格が割高であったため，生産量は低い伸び率で推移し，そのシェアは低下した。廉価大衆車の場合には，所得水準と価格の差，市場規模の狭隘性と生産における小規模性によるコスト高をどのように克服するかが問題であった[36]。結局，通産省の構想した国民車は実現しなかったが，国民車構想自体はわが国のモータリゼーションの過程で大きな影響を与えた。

3）国民車構想の影響

自動車産業における激しい競争関係に国民車構想が与えた影響としては，次の2つの評価がある[37]。

①　国民車構想は競争排除的なものであったとし，この構想が実現しなかったために激しい競争関係が生まれたとする評価[38]

②　国民車構想は競争排除的性格のみではなく，競争促進的性格も有していたのであり，前者の意味での構想は頓挫したが，後者の面からはこの構想は成功したとする評価[39]

　朝鮮戦争後の自動車産業は，通産省が主導する政策によって多くの恩恵を受けてきたことは間違いがない。ただ，自動車業界と通産省の関係は，それほど二人三脚的な関係ではなかったことが指摘されている。たとえば，通産省は「国民車構想」，「自動車3グループ構想」，そして資本自由化に備えるためにトヨタ，日産を中核とする業界再編成を意図した。しかし，通産省と自動車業界の意思，実際の動きは異なっていた。これを政策効果の観点から見ると，かえって自動車産業全体のパフォーマンス向上に寄与し，自動車工業確立を促進し，それを強化させる効果があった[40]。つまり各メーカーは，通産省が打ち出してくる政策をそのまま受容せずに，この政策に対する各メーカーによる対抗としての自助努力が，その後の自動車産業全体の発展へと導いたのである。もし，通産省が自動車産業に対してさまざまな政策を打ち出さなければ，と考えるとき，通産省の志向する方向に自動車生産は向かなかったが，自動車産業全体の技術力や生産性を高める結果になった。

3　自動車需要の変化

(1) 営業車から自家用車，普通車から小型車への移行

　1955年からはじまり56年を中心とした神武景気により未曾有の売上高を計上した企業が多かったが，57年下半期から「なべ底景気」と呼ばれた不況期に突入し，急速に景気が悪化し，自動車販売業界を取り巻く状況も厳しくなっていった。また，増加した自動車需要とこれに伴う中古車問題が不況により加速し，一層深刻な様相を呈することになった。

　乗用車はハイヤー，タクシーから自家用車，トラックは普通車から小型車へ中心が移動した。また自動車は，職業運転者が運転するという考え方が変化し，運転免許取得者が増加した。乗用車の大衆化段階に入ると，その性格は，単なる輸送手段から1つの生活様式となり，あらゆる階級に属する人々にとって誇りと慰安をもたらす手段に変化していった[41]。そして，市場が変化したことで，プロモーション活動にも質的変化がみられるようになった。1950年代の自動車需要の変化を3つの段階に分けると，図表7-5のように整理できる。

　第1段階は自動車を販売するためのプロモーション，第3段階は新たな市場創造のためのプロモーション，第2段階はこの2つが入り交じった中継的なものであった。

図表 7-5　1950年代の自動車需要の変化

営業車中心時代 （1953年頃まで）	取扱車種は普通型トラック中心で営業車主体であった。プロモーション対象として一般ユーザーを考える必要はなく，ターゲットは専門ユーザーであった。専門ユーザーは，自動車に対する知識があり，品質，性能は狭く深く訴求することが必要であった。プロモーション活動の主体はセールスマンであり，セールスマンによってユーザーへカタログ，パンフレット，チラシ等が配布された。
営業車中心であるが小型車が台頭し自家用開拓に努力した時期 （1956–57年）	トラックでは小型トラックが急速に増加し，需要先別比重が営業用から自家用へと移行した。乗用車への関心も高まり，販売先も当初は，ハイヤー，タクシー会社が中心であったが，次第に一般企業，団体等法人用として普及しはじめた。購入者は中小企業経営者，商店主，会社の購買担当者であったので，必ずしも自動車について専門家ではなかった。そこで自動車使用の有用性，必要性を明確に感じていない顧客を吸引する必要が出てきた。つまり，品質・性能以前に，自動車の有用性を訴求する必要があった。プロモーション活動の主体はセールスマンであるが，第二次的なものとして，ダイレクトメールが活用された。
自家用車中心時代 （1958年以降）	1958年に乗用車販売では，はじめて自家用車が営業用を超えた。そして，59年には，自家用が営業用の2倍近くに膨張した。トラックは57年から小型トラックが普通トラックの2倍以上販売され，自家用向け比率が，営業用向けを凌駕し，トラック，乗用車を通じて小型車中心の自家用車時代に入った。プロモーション活動は大きく変化し，広告媒体として，マス・メディアがクローズアップされ，広告代理業者との接触が深くなった。マス・セールでは，セールスマンの数を増やし，人海戦術を展開しても，得られる効果には限界があった。

［出所］トヨタ自動車販売（株）社史編集委員会（1962）『トヨタ自動車販売株式会社の歩み』トヨタ自動車販売，pp.163-164より筆者作成

このようなプロモーション活動の質的変化はモーターショーに表れた[42]。つまり，モーターショーに出品され展示される自動車がトラックや商業車から，個人自家用車としての乗用車の出品が増加したのである。

(2) モータリゼーションのはじまり

1）モータリゼーションの萌芽

　モータリゼーションはさまざまに定義されるが，本書では「自動車の用途拡大とユーザー拡大」と単純にとらえておきたい。したがって，用途では営業用から個人使用への変化，ユーザーでは法人顧客から個人顧客への変化を指している。

　1950年代半ばからの乗用車市場における中型車から小型車への移行は，トヨタではクラウンからコロナ，日産ではオースチン（後にセドリック）からブルーバード，というふうに主力車種ブランドが変化した。これ以降，この両車種ブランドの競合が繰り返されることとなった。ブルーバードは，59年7月に発表され，当初からその販売は堅調であった。一方のコロナは，57年5月でブルーバードよりもかなり発売

が早かったが，当初はエンジン欠陥が多発し，タクシーに使用されたコロナにトラブルが多発した[43]。また，スタイルの悪評などのため，販売は不調であった。しかし，60年4月のフル・モデルチェンジ以降立ち直り，64年のモデルチェンジで伸長した。こうしたコロナとブルーバードの競争は，小型車クラスという大衆ユーザーレベルで行われたため，モータリゼーションの浸透に寄与した功績が大きかった[44]。そして，わが国では60年頃から価格競争と新車販売とモデルチェンジによる非価格競争のウェイトが高まった[45]。

　1950年代半ばからのモータリゼーション[46]萌芽期の自動車業界における特徴として，次の4点があげられる[47]。

① 　乗用車比率の上昇
② 　小型三輪トラックから小型四輪トラックへの移行
③ 　小型二輪車や軽二輪車から小型・軽乗用車への移行
④ 　小型トラックの乗用車的性格化

2）モータリゼーション萌芽期の特徴

　1950年代半ばからのモータリゼーションの萌芽期にあらわれた特徴は，66年にモータリゼーションが本格化する基盤作りでもあった。その傾向は継続し，特に乗用車比率と個人保有比率の上昇が著しかった。乗用車の保有比率は，60年に33.8%であったが，65年34.6%，70年49.9%，74年59.2%と伸長し，乗用車がトラックを逆転した。乗用車普及の背景には，50年代半ばから60年代にかけて「三種の神器」「3C」といわれた消費ブームがあったことや，レジャー旅行の増大，国道・高速道路の整備進捗，若者の免許取得率の上昇等，需要側の要因が大きかった。また，乗用車の需要構造変化もあり，新規需要は個人比率の上昇期と重なり，64年にピーク（39%）を迎えたが，普及が加速化するにつれて代替需要が増大し，67年にはついに70%を

図表 7-6　乗用車業態別購入比率推移

（単位：%）

業態	1962	1963	1964	1965	1966	1967
個人	13.9	16.1	22.0	28.4	30.3	39.1
サービス業	14.3	13.2	12.6	11.9	9.7	8.0
ハイヤー・タクシー業	21.2	19.2	15.9	11.4	9.6	7.6
商業	15.6	16.5	16.5	16.6	17.8	14.8
製造業	18.0	17.4	15.5	14.0	13.6	12.1
建設業	5.2	5.9	5.7	5.7	6.0	5.9
その他	11.8	11.7	11.8	12.0	13.0	12.5

［出所］「日本自工会調べ」トヨタ自動車販売株式会社社史編纂委員会（1980）『世界への歩み　トヨタ自販30年史』トヨタ自動車販売，p.119，一部改

突破し，代替需要時代を迎えることになった[48]。つまり，自動車販売における競争激化は，この時期における個人需要層拡大という市場特質があったのである。

　当時，日本自動車工業会が実施した大衆車以上の乗用車業態別購入比率調査では，純個人ユーザーの比率が1963年から急上昇している。62年に14％であったが，64年には22％にまで上昇し，66年には30％を超えた。63年頃を境として，それまでの法人の自家使用から，個人自家用中心の本格的モータリゼーション段階に入ったといえる[49]。特に60年代に入ってからの乗用車の個人ユーザーの拡大はそれまでの販売方法も変化させる契機となった。

（3）乗用車中心のモータリゼーション

　1961年6月にトヨタから発売された「パブリカ」は，自動車販売業界に大きな影響を与えた。第1には，購買対象を従来のクラウン，コロナのようないわゆる法人中心のユーザー層から，一般ユーザーを中心に拡大し，転換したことである。これによって，わが国のモータリゼーションは乗用車中心で，大衆に支えられた乗用車時代へと移行した。他のメーカーからもパブリカと同じクラスの車種ブランドが発売されたが，パブリカの影響が最も大きかった。第2には，それまで比較的接近していたトヨタと日産の販売競争も，パブリカの発売でトヨタ優位が明確になった。つまり，トヨタは日産よりも先に大衆車ユーザーを開拓したことで，両社の差がついたといえる。その後日産は，パブリカよりもかなり遅れて，66年4月に「ダットサン・サニー」を発表したが，トヨタはすぐにパブリカとコロナの中間層を狙って，新たに

図表 7-7　1950 年代半ばから 60 年代半ばまでの乗用車販売台数

年	普通小型四輪車 （千台）	軽四輪車 （千台）	乗用車合計 （千台）	同左前年比伸び率 （％）
1955	20	0.05	20	—
1956	32	0.09	32	58
1957	44	0.08	44	40
1958	49	0.6	49	11
1959	69	4	73	48
1960	116	29	145	99
1961	175	54	229	58
1962	201	59	259	13
1963	294	77	371	43
1964	411	82	494	33

［出所］日本自動車工業会（1971）『自動車統計年表 1971』，河村泰治（2000）『自動車産業とマツダの歴史』郁朋社，p.45 より転載

「カローラ」を発売して対抗した[50]。さらに消費革命やレジャーブームという言葉で表現されるように，パブリカの発売を契機として，一般庶民と乗用車の距離が一気に縮まり，大衆車時代となった。こうして，乗用車市場には，普通車，小型車，大衆車が品揃えされていった。

　また，自動車業界では，乗用車を中心とするモータリゼーションを飛躍の好機ととらえ，各メーカーは，大規模な乗用車専門工場建設とマーケティング・チャネルの拡大に傾注した。さらに 60 年以降，乗用車市場への新規参入が相次ぎ，乗用車メーカー数は 11 社となった。それぞれを区分すると次のようになる[51]。

① 　戦前からのメーカー：トヨタ自工，日産
② 　大型トラックからの転換メーカー：いすゞ，日野自工
③ 　航空機からの転換メーカー：富士重工，プリンス自工，三菱重工業
④ 　二・三輪車からの転換メーカー：東洋工業，ダイハツ，本田技研，鈴木

　このようにして形成されていった自動車工業は，各メーカーが自社の生産技術を磨きつつ，生産した自動車が市場に受容されるために，マーケティングにも力を注ぐ必要が出てきた時期でもあった。

(4) わが国のモータリゼーション

　わが国における初期のモータリゼーションは，国民の所得水準上昇と自動車価格低下により，自営業を中心とする層に自動車が浸透したことで，自動車保有台数は飛躍的に増加した。1958 年末には約 82 万台であったが，63 年末には約 377 万台となり，わずか 5 年間で 4.6 倍にもなった。

　第二次世界大戦後，わが国のモータリゼーションの先鞭をつけたのは，先に触れた小型三輪トラックであった。その後，1950 年代半ばからは，モータリゼーションの中心は小型四輪トラックへ移行し，その後生産活動の活発化に伴う輸送量増大を背景に普通トラックが普及した。つまり，わが国のモータリゼーションはトラック主導ではじまったが，岩戸景気を契機としてその流れは大きく変化した[52]。それは国民の生活水準の上昇，1954 年以降の整備計画に基づく道路事情の好転等を反映させたものであった。モータリゼーションが，トラック主導型から乗用車主導型へと変化することで，特に保有層の中心が業務・営業用から個人自家用に移行しつつあった小型乗用車は，58 年末の約 18 万台から 5 年後の 63 年末には約 94 万台に達し，5.3 倍になった[53]。

　アメリカなどの資本主義国では，モータリゼーションは乗用車から始まり，乗用車を中心に進行した。一方，当時のソ連や東欧共産主義国では，モータリゼーションがトラックから始まり，保有台数面でもトラックの割合が高かった。この相違は，それぞれの国の経済体制によるところが大きいが，当該国の産業や国民所得なども影響している。わが国は資本主義国であるが，モータリゼーションの起源が他の先進資本主

義国と比較すると，トラック中心に始まったのが特異であった。また，わが国のモータリゼーションは，国民所得・道路事情・天然資源（燃料）等の問題もあった。それよりもわが国のモータリゼーションに大きな影響があったのは，根本的には民間企業の新商品開発意欲から出発するものであったが，これがすぐに軍部によって利用されたことも，特異な形をとった大きな原因の1つであった。ただ，当時のわが国自動車業界には，こうした軍部の保護育成策に強く支持され，それが自動車産業の発展に大きく貢献した面もあり，この育成策がその後のわが国におけるモータリゼーションの内容に大きな影響を与えた[54]。

　つまり，資本主義という経済体制を採用した国におけるモータリゼーションは乗用車の普及により始まるとされているが，わが国の場合，第二次世界大戦に至る過程と大戦中の軍事物資の輸送上，トラックが必要であった。そのため軍事上の理由から，軍部が自動車工業を育成した。そして敗戦後，経済状況が困難を極める中で，物資の移動のためにはまたトラックが必要となったのである。そして，トラック工業を育成していく中で，わが国経済の再建と成長があり，国民生活も豊かになりはじめた。さらに自動車技術の向上があり，競争力のある乗用車工業になるにつれて，わが国の特異なコースとしてのモータリゼーションが進展していくことになった。

4　各メーカーのマーケティング・チャネル政策

(1) 排他的マーケティング・チャネルの確立と系列化

1) 各メーカーによる排他的マーケティング・チャネルの復活

　第二次世界大戦直後の自動車流通（配給）は，中央機関であった日本自動車配給（日配）が解体されたため，各メーカーは，各府県の配給整備会社を通じて直接販売していた。しかし，この配給整備会社も次第に解体され，各メーカーは専属ディーラー企業を設置するようになった。これには次の2つの理由があった[55]。

① 　戦後の復興計画において生産優先の金融政策により，商業金融が圧迫され，各地のディーラー企業では販売資金の自己調達がほとんど不可能となり，その経営は困難を極めたため

② 　メーカーも販売台数を増加させ，長期的発展を図るため安定的な市場確保を必要としたため

　また，メーカーが多額の販売資金をディーラー企業に投入するようになり，ディーラー管理がメーカーにとっても重要な問題になった。この問題に対しては，次の2つのシステムがとられた[56]。

① 　メーカーから販売機能を分離独立させ，総販売会社を設けて販売を専業化させるいわゆる総販売方式[57]。このシステムは，生産活動と販売活動を分離することで，

それぞれ専門化が可能になり，金融操作がしやすくなるというメリットがあり[58]，トヨタ，プリンス，日野が採用した。

② 生産と販売を不可分とし，生産部門と販売部門とを総合的に管理するメーカー直売方式。このシステムは，メーカーとディーラー企業との結合が緊密になることで，販売コストを低く抑えることができ，生産資金と販売資金を総合的に運用することで，資金面に機動性がもたらされるというメリットがあり[59]，日産，いすゞ，東洋工業が採用した。

トヨタはトヨタ自販を設立し，総販売会社方式を採用したが，在日米軍の特需物資調達本部（APA）[60]からの需要に対しては，トヨタ自工が直接販売していた。つまり，メーカーによる卸売形態であった。その他の需要には国内・海外とも，トヨタ自工は全製品をトヨタ自販に卸売し，総販売会社が直売方式とほぼ同じシステムで販売した。一方，直売方式を採用した日産は全国のディーラー企業へ直接卸売し，それらを指定地域内の一般ユーザーに販売した[61]。

2）メーカーによる流通業者系列化現象

アメリカ，ヨーロッパ諸国，そしてわが国の自動車流通に用いられているディーラー・システムは，当該国の自動車市場の発展段階や市場環境の違いによって多少異なるが，それぞれの発展段階では，メーカーによる流通業者「系列化」の現象がみられる[62]。系列化という意味は次のような関係において特徴的である[63]。

① 特約販売店制で特定メーカーの専属ディーラーとして，当該メーカー製品だけを販売する。

② 販売地域指定制を採用し，区域外顧客に販売した場合，当該区域担当ディーラーとの協定で，区域侵害料を支払わなければならない。それはアフターサービスの問題[64]があるためであり，販売区域は厳守されている。

③ 販売数量は契約によって，取扱車種に規定されるが，わが国ではイギリス，アメリカなどのディーラー契約と異なり，それほど強制的ではない。

④ ディーラーは資本的には独立し，メーカーないし総販売会社の川上企業との資本的関係はそれほど強くない[65]。多くの場合，メーカーないし総販売会社との資本的連携はみられない。

⑤ ディーラーとの契約は1カ年契約である（イギリス，フランスでは1カ年契約，アメリカでは5カ年契約）。わが国の商習慣上，あるいは専属ディーラーであることなどから更新時に契約が破棄されることはほとんどない。

⑥ ディーラーは整備工場の設備を有し，修理を担当し，メーカーに代わって苦情（クレーム）処理を行う。

国や地域によって，メーカーによるいわゆる流通系列化の方法は異なっているが，基本的には自動車という製品特性上，他の日用品等よりも流通系列化がしやすく，マー

図表 7-8　米・日の自動車流通に関する下川（1987）の見解

		アメリカ	日本
共通部分		「同じフランチャイズ・システムを取り，フランチャイズ協約に自動車の発注，引渡し，価格決定，引取台数，マージン，支払決済方法，瑕疵担保責任，契約解除の条件等メーカーとディーラーの取引内容についての基本事項について明記している点」は共通している。	
相違部分	メーカーとディーラーとの関係	短期志向，ディーラーの新陳代謝，交代が激しい	長期志向，信頼関係
	経営規模	大規模ディーラーと中小ディーラーが混在し，1店あたりの規模は小さい	ディーラーの規模は大きい，営業拠点が多数存在し，1拠点あたりの規模はアメリカとほぼ同じ
	販売形態	店頭販売	それまでは訪問販売が中心
	消費者サービス，アフターフォロー	不十分	極めて徹底している

［出所］下川浩一（1987）「日本自動車産業の流通販売システムの国際比較と今後の自動車流通の革新」『経営志林』第24巻第2号に掲載されたものを孫飛舟（1997）「二つのディーラー・システム–米・日自動車流通システムの比較研究–」『星陵台論集』第30巻第2号，神戸商科大学大学院研究会，p.81 に掲載されたものを一部改

ケティング・チャネル管理上の優位性がメーカー側にあったということができよう。

(2) 複数マーケティング・チャネルの採用

1）わが国自動車流通システムの原型

　わが国の自動車流通システムの原型は，これまでに見てきたようにアメリカのシステムを模倣したものである。したがって，わが国とアメリカの自動車販売（流通）形態やマーケティング活動には類似点が多いといわれている。ただ，わが国では外車ディーラーを除き，ディーラーの系列関係が明確であり，アメリカと比較してもかなり特徴的であることが指摘されている[66]。また，わが国の場合には，地区別のディストリビューター（配給業者）が存在しないが，アメリカではほぼ各州単位の地域ディストリビューターが卸売機能を担当していた[67]。さらにディストリビューターは，メーカーを生産に専念させ，メーカーと小売業であるディーラー企業の財務上のギャップを埋め，季節的な販売に必要な物流機能を遂行した。したがって，アメリカではディストリビューターは，ディーラー企業を組織する上でメーカーよりも優位な地位にあった[68]。したがって，わが国とアメリカでは相違点もあるが，両国の自動車流通システムは大体において似ているようにみえる。ただメーカーとディーラー企業間の契約書など，表面の関係だけをみるのではなく，目に見えないメーカーや販売会社によるディーラー企業に対してのパワー行使の方法等を観察するとき，大体におい

て似ているという評価はできない。

2）複数マーケティング・チャネルの展開

　わが国のディーラー企業は，第二次世界大戦後の再編期を経て，1県1店のディーラーとして出発したが，その後，生産量増大と車種多様化に伴い変化した。まず，1953年3月，トヨタは東京地区に直営の東京トヨペットを設立した。そして，54年9月，トヨタはSKBトラック，後の「トヨエース」発売にあたり，56年2月から全国的にトヨペット店を設置し，複数マーケティング・チャネルへの移行をするようになった。その後，ディーゼル車[69]販売に際しても，主要都市にディーゼル系ディーラー企業を設置した。また61年には大衆車のパブリカ専門のディーラー企業設置等，製品ブランド別専門店制へ移行していった。大都市中心に各メーカーともメインディーラーの強化を図るとともに，各マーケティング・チャネルの強化を行った。つまり，車種ブランド別にマーケティング・チャネルを再編成するという傾向があった。トヨタでは，パブリカ専門店のチャネル構築に乗り出し，全国で63社，東京で十数社が発足した。これはマーケティング・チャネルの車種別再編成を意図したものであった。これによりトヨタは，多角化する扱い車種ブランドの整理，マーケティング・チャネルの巨大化を防ぎ，多車種系販売の負担軽減等を図ることになった。

　日産は1956年9月に中型トラックである「ニッサン・ジュニア」の発売にあたり，日産モーター系のディーラー企業を全国に設置し，複数店制を採用した。さらに58年秋には，「ダットサン・キャブライト」発売に伴う車種ブランド増加に伴い，大都市ではキャブライト専門ディーラー，乗用車専門ディーラーを設置した。そして，65年4月，「ダットサン・サニー」の発売に際して，サニーディーラーを設置した。これにより日産は1県に2ディーラーを設置し，各ディーラー企業はきめ細かな販売戦略と能力を発揮することにより，その後のモータリゼーションに対応することになった[70]。また，東洋工業はトラックと乗用車とのディーラーを区分し，マツダ系とマツダオート系の複数マーケティング・チャネルを布いた。

　自動車の貿易自由化を間近に控えた1964年には年間四輪生産は，160万台になると予測された。63年1〜12月が約128万台であったことからすると，27〜28％程度の成長が見込まれた。そこで，各メーカーとも販売体制の強化，マーケティング・チャネルの整備に努めた。トヨタはこれまで地区別，車種ブランド別にトヨペット，トヨタ，トヨタディーゼルとディーラー1社主義であった。しかし，東京では，このメイン・ディーラーである東京トヨペットの他に，東豊トヨペット，東都トヨペットの2社を増設し，大阪では，大阪トヨペット社へトヨタ自販の専務を派遣し，大阪地区の地盤固めをした。また，大都市での販売体制強化では，いすゞは，1,500 ccクラスの新車種ブランド「ベレット」の専門チャネルとして，モーター系を予定していたが，ベレット専門店設置の可能性もあった。さらにいすゞは中京地区では名鉄資本を

背景とした中部八洲自動車に常務を社長として送り，中京いすゞとして再出発させ，64年3月までに営業所，サービス向上，要員を倍増させようとした[71]。

　プリンスでも，都内メインディーラー企業として新宿プリンスを発足させたが，小型チャネルへの切り替え第一陣として，スカイライン1500を重点的に販売し，将来的にスカイライン専門店チャネルの形成もうかがわれた。また，富士重工では1964年から65年にかけて，約20億円を投じてチャネルの強化育成方針を固め，既存ディーラーの営業員（セールスマン）増強とサービス向上の拡充強化を図る計画をした[72]。そして，ダイハツでも「コンパーノ」，「ベルリーナ」の販売と同時に，大都市中心に25億円を投資，乗用車チャネル網の育成に乗り出すことになった。三菱重工合併後のふそう，菱和全国チャネル網の整理統合についても，車種別が中心になるものと予想された[73]。以上のように，60年に入り，次第に貿易自由化が近づくと，各メーカーは海外メーカーの自動車に対抗するためには，自動車の生産技術や生産量だけではなく，いかに国内に強報できめの細かいマーケティング・チャネルを張り巡らせるかということを重視するようになった。このような行動は当初は国内メーカー同士の競争であったが，次第に海外メーカーとの競争に打ち勝つためにも有効な方法であることを認識するに至った。

5　販売競争の激化とディーラー経営

(1) ディーラーにおける自動車販売の変化

　第二次世界大戦後は，顧客の信頼を獲得するため，大学卒セールスマンの大量採用が行われ，戦前とはセールスマン像が変化した。大戦以前のセールスマンは，わずかな固定給の他は，1台販売するごとに歩合を受け取るコミッション・セールスマンであった。それが戦後は，身分が保障されたハウス・セールスマンが主流となった。また，縁故を頼る販売活動に代わり，テリトリー制によって責任区域が定められた。大戦以前にもテリトリー制は多少あったが，戦後は市場把握，計画的訪問販売活動，顧客の信頼獲得，セールスマンの社会的地位向上を目指すために，広く導入されるようになった[74]。

　ただ，終戦直後のセールスマンに対する活動管理は不十分で，簡単な営業日報をマネジャーに提出し，1日の行動指示，報告を行っていた程度であった。セールスマンの営業活動での移動には，通常，電車・バスなどの公共交通機関が利用され，一部で単車，スクーターが使用された。そして，わずかではあるが中古車の小型トラックも使用された。販売拠点は本社1店だけか，わずかな支店，営業所があった。その後，市場が拡大するにしたがい，顧客の利便性，セールス活動の効率を考慮し，拠点設置が中都市を皮切りに進められ，その拠点にはサービス工場が併設されていった[75]。

図表 7-9　自動車ディーラーにおけるマーケティング政策の変化

1）新車保証期間の延長	1963 年 3 月から，トヨタ，日産，プリンスは，新車保証期間を従来の「3 ヶ月または 1 万km」から「1 年または 2 万km」に大幅延長した。さらに本田は，64 年 11 月から，保証期間を「2 年または 5 万km」に延長した。
2）月賦販売制度の改善	1961 年 2 月当時，テレビの約 56%，電気洗濯機の 39%，電気冷蔵庫の 30% が割賦販売されていた。自動車（新車）の場合は，その比率はさらに高く，たとえば小型乗用車 77.3%，小型四輪トラック 81.4%，普通トラックでは 88.9% にも達した。割賦期間は，小型・同トラック 13〜18 ヶ月，普通トラック 19〜24 ヶ月であった。自動車販売業界としても，販売競争の激化と乗用車の自由化機運が高まっているなかで，割賦販売比率の上昇と割賦期間の長期化を予想し，増加する割賦販売資金を安定的に調達できる体制が確立されることを強く望んでいた[76]。
3）自動車ローン	月賦販売制度とともに自動車ローンの導入は，自動車購入を容易にする効果を持っていた。それは自動車購入において，都市銀行の消費者金融制度が利用可能になったからである。消費者金融制度は，アメリカでは自動車等の耐久消費財普及につれて，既に 1920 年代から発展していたが，日本では企業の生産活動に必要な資金を融資する企業金融に比べ，まだ普及段階にはなかった[77]。しかし，60 年以降，消費者金融制度は急速に関心を持たれるようになった。それは高度経済成長下での大量生産にはそれに見合う大量販売が不可欠であり，そのためには，消費者の購買力を高めなければならないこと，消費者欲求の先取り意欲の向上という背景があった。自動車販売業界は，このような背景から，金融業界に働きかけた。それと同時にこの時期に比較的購入しやすい大衆向け乗用車が登場し，消費者金融制度の成立を促したといえる。トヨタといすゞは 63 年 4 月から，プリンスは 7 月から，ダイハツは 11 月から，それぞれ都市銀行数行と提携し，一部車種で，自動車消費者金融制度を設け，融資業務を開始した。63 年 11 月にはトヨタは，対象車種を乗用車から小型トラックにまで拡張し，融資額も 50 万円から 130 万円に引き上げた。そうした措置はその後他社に拡大し，自動車購入は容易になっていった。
4）広告・宣伝活動の変化	1950 年代後半までの各メーカーのプロモーション活動は，商品そのものを直接的に告知し，訴求しようというものであったり，キャラバン隊の組織化や映画やスポーツとのタイアップなどといったデモンストレーションによる顧客動員型が中心であった。自動車の潜在需要を開拓することが課題であった時期であり，同時にテレビの急速な普及により消費ブームが触発されつつあった時代風潮もあり，そうしたプロモーション活動が採用されたのは，当然であった。その一方で，企業間の競争は，商品面での競争とともに，各企業に対して人々が抱く企業イメージ面での競争の段階に入った。

[出所]（社）日本自動車工業会（1988）『日本自動車産業史』日本自動車工業会，pp.164-166
　　　より筆者作成

146

　当時，大学進学率がまだ 10% もない時期に，しかも小売業という業種において，セールスマンとして，大学卒業者を採用したことは特異なことであった。大手スーパー等で大卒者が採用されはじめたのは 1970 年代に入ってからであったことを考えると，ディーラー企業における大卒者採用は，自動車という製品の信頼を高め，とかく小売販売という商業の地位の低かった業界に顧客からの信頼を得る 1 つの契機となったのである。

(2) 自動車需要の開拓

　各メーカーが新車を市場に投入すると，販売競争も激化した。そのために各メーカーのマーケティング政策は，販売競争の手段である反面，次第に法人ユーザーから個人ユーザーにまで浸透しつつあった自動車需要を開拓する役割も果たした。それには次のようなものがあった。

　まず現在のように，新車の故障がほとんどないような時代ではなく，しばしば故障した時代であった。新車の保証期間，走行距離に対する保証距離延長では，ユーザーが大衆層に拡大したことも影響し，ユーザーに安心感を訴求するために採られた政策であった。次に割賦販売制度の改善について，わが国で割賦販売法が施行されたのは 1961 年であったが，それ以前にも多くの企業で割賦販売が行われていた。しかし，割賦販売期間が短く，購入者には非常に利用しにくいシステムであった。そこで，割賦販売制度を改善することで，よりユーザーが利用しやすいような政策採用となった。これは自動車ローンの採用でも同様で，一括で購入することができなくても，自

図表 7-10　平均規模ディーラーの内容

		資産負債の構成 (%)	
新車販売台数 (台/年)	128		
中古車販売台数 (台/年)	84	総資産 (100 万円)	1,567
従業員数 (人)	252	流動資産	83.0
(セールスマン)	(55)	(当座資産)	(64.9)
事業所数 (箇所)	4.5	固定資産	16.8
総売上高 (100 万円)	1,943	(有形固定資産)	(11.8)
(新車売上比率)	(65.2)	流動負債	84.2
(中古車売上比率)	(13)	(短期借入金)	(31.5)
(整備売上比率)	(5.4)	固定負債	8.9
(部品等売上比率)	(8)	資本	6.9
純利益 (100 万円)	28	(資本金)	(3.6)

[注] 普通・小型四輪ディーラーの平均値，1963 年度，売上比率は
　　　総売上高に対する割合，資産・負債の構成は総資産に対する
　　　割合
[出所] 通産省 (1964)『自動車流通実態調査』

動車を保有し，その利便性に与れるという点が訴求できた。そして，広告・宣伝活動の変化については，ユーザー層が法人層から一般個人を対象にすることになった影響によるものである。いずれの政策についても，ユーザー層の変化，潜在も含めた顧客数の増加が，メーカーや販売会社，ディーラーのマーケティング政策の変化に与えた影響が大きかった。

(3)　自動車の貿易自由化直前のディーラー経営状況

　自動車の貿易自由化直前の時期であり，わが国の本格的なモータリゼーション以前の 1963 年における普通車，小型四輪車を販売するディーラー企業の平均的規模は，55 人のセールスマンを含めた従業員 252 人を雇用し，営業所や整備・修理工場として 4〜5 事業所（店舗）を保有し，年間 212 台の自動車（新車 128 台，中古車 84 台）を販売するものであった。また，事業運営への投下総資本は，15 億 6,700 万円で年間 2,800 万円の純利益をあげていた。ディーラー企業の 22.5% にあたる 81 社は，サブ・ディーラーを 782 店利用しており，1 店当たり約 10 店のサブ・ディーラーが存在した。軽四・三・二輪車ディーラーでは，56.7% に当たる 191 店が 15,957 店のサブ・ディーラーを利用していた。ディーラー 1 店当たり 84 店のサブ・ディーラーを利用しており，後者のマーケティング・チャネルはより緻密であるといえる。これらのサブ・ディーラーの多くが取り扱っている車種は二輪車であった[78]。

　ディーラー企業の収益構造は，新車部門，部品及び整備部門，そして割賦販売手数料を中心とする手数料収入部門の 3 部門が柱となっている。わが国ディーラー企業の場合，特徴的だったことは，次の 3 点である[79]。

① 売上構成では新車販売が中心であり，部品，整備部門の割合が低いが，収益面で

図表 7-11　平均規模ディーラーの部門別収益

(百万円, %)

	売上高	粗利益	売上粗利益率
自動車部門	1,781 （100）	219 （100）	12.3
新車	1,266 （71.7）	158 （72.4）	12.5
中古車	252 （14.2）	−12 （−5.5）	−4.8
部品・タイヤ等	149 （ 8.3）	29 （13.2）	19.5
整備	106 （ 5.9）	42 （19.2）	39.7
その他	8 （ 0.5）	2 （ 0.7）	21.3
その他部門	163	26	16.2

［注］普通小型四輪ディーラーに関するもの，1963 年度。（ ）は自動
　　　車部門の合計に対する割合，その他部門は兼業ディーラーのもの
　　　で，兼業ディーラーは大規模ディーラーに多い。
［出所］通産省（1964）『自動車流通実態調査』

は後者のウェイトが高いこと

②　中古車部門は赤字であること

③　手数料収入のウェイトが大きいこと

　また平均的ディーラー企業の財務構成は，流動負債が総資産の 84.2% を占めていた。小売業全体ではこの比率が 71.9% であったので，ディーラー企業にはかなりの流動負債があったといえる。これは自動車が主として割賦販売されたためである。さらにディーラー企業の部門別収益を見ると，ディーラー企業は新車販売に伴う種々の業務を行うが，大別すれば新車，中古車，部品等の販売，整備・修理およびその他に分けられる。部門別収益状況は，車両販売の粗利益率 9.6% に対し，整備部門の粗利益率は 40% 近くになった。特に粗利益額としても，整備部門のそれは全体（その他部門を除く）の 19% を占めていた。しかし，整備・部品両部門の収益 7,100 万円に対し，営業コストはそれをかなり上回る 8,900 万円となった。自動車普及国のディーラー企業では，部品販売も含めての整備部門の収益が営業コストを賄い，自動車販売収益がそのままディーラー利益となるような経営が健全とされている。しかし，当時のわが国のディーラー企業はこの理想からはほど遠い状況であった[80]。

(4) 自動車ディーラーの経営問題

1) 1960 年代前半のディーラー企業における問題

　第二次世界大戦後から乗用車の貿易自由化までの期間，自動車販売業界の合理化・近代化は，それまで生産第一主義の下に，第二義的扱いを受けてきたため，生産業界に比べて著しく立ち後れていた。1960 年代前半に販売業界が直面した問題は次の 3 点に要約される[81]。

①　大量販売資金の準備

②　販売店経営基盤の強化

③　中古車対策の確立[82]

　自動車は，その製品性格上，耐久性，高価性，物件確認の可能性等の特性があり，割賦販売が可能である。1960 年代はじめは，新車，中古車あわせて約 70% が割賦販売によって売買されていた。この傾向は毎年増加傾向にあり，数年後には 90% 以上に達するものとみられていた。この増加傾向から推測すると，自動車販売には大量の割賦資金が必要になり，60 年度末には全国のディーラー企業の販売資金は約 6,000 億円，63 年には 8,000 億円に達するとみられた。当時の販売資金導入ルートは，主として次の 3 方式が採られた[83]。

①　金融機関から顧客へ貸し付け

②　ディーラーが調達して，それを顧客へ貸し付け

③　メーカーまたは販売会社が調達して，ディーラーを経由して顧客へ貸し付け

　①は消費者金融と呼ばれるもので，1960 年代になって脚光を浴びるようになっ

た。しかし，当時はまだ少なく，むしろ②または③方式，特に③方式の導入率が高かった。ただ，③方式にも限界があり，メーカーや販売会社としても，一方では自社の設備改善，合理化投資のために莫大な資金が必要であり，急増する販売資金の調達まですることは，ほとんど不可能であった。銀行も一企業に対する貸し付けにはその使途に拘わらず限度があった。このため，③方式をさらに拡大することはできず，②方式はディーラー企業の経営規模が小さく，経営基盤が弱く，自己資金が不足していたため，拡大は望めなかった。そこで①方式の拡大を図るか，または本格的な資金調達ルートとしての割賦金融専門機関を設置することが望まれた[84]。

2）ディーラー企業の経営基盤の強化

　ディーラー企業の経営基盤強化は，販売問題における重要課題の1つであった。1960年代前半のディーラー企業は，その従業員及び施設規模が大きい割には，利益率は小さく，経営基盤は脆弱であった。特に新車ディーラーは，セールスマンによる訪問販売を主とし，その活動の機械化・集約化による合理化が困難であった。そして，需要増大に伴う販売増大のため人海戦術を展開するには，セールスマンを中心とした従業員の規模拡大が重要になった。したがって，ディーラー企業の利益率は，売上高に対比して約12〜13%の売上利益から，平均以上の営業費及び1%の営業外差損，月賦調整を差し引くと約2%となった。ただ，一般的には，大規模ディーラー企業ほど，売上に対する営業費配分が低下するため，最終利益率が高くなった。ディーラー企業経営の一般的問題点として，自己資本の過少，利益率の悪さ，営業利益段階での収益性の問題が指摘されるが，これは金融機関が資金貸付審査を行う際に，最も重視する点であり，ディーラー企業の資金調達を不利にした。このため，ディーラー企業は，長期借入金の約20%をメーカーや販売会社から調達せざるを得ない状態であった[85]。この点からみても，ディーラー企業はメーカーや販売会社とは資本的関係がなくても，資金調達をするために，系列下におかれるという状況が継続することになったのである。

　1963年秋には，自動車販売連合会金融委員会において販売資金調達に関する報告書が取りまとめられた。販売業界の合理化としては，第1に，ディーラー企業の経営基盤強化を図る必要があった。このために適正マージンを確保の上，売上高増加を図り，経営内容改善，自己資本充実に努め，資金調達の受信力を高めるとともに，自家用車を中心としてのユーザーの増加に対して，十分に応えうるサービス機能を直接，間接に整備する必要があった。第2に，販売条件の正常化を図る必要があった。このため，ディーラー相互の協調により過当競争を排除し，取扱商品の価格を公表し，標準販売条件の設定等，販売秩序を確立して，限られた資金の効率的運用を図ると同時に，できるだけ速やかに実現する必要があった[86]。急成長期や競争が激化した時期にはどの業界でもみられたように，販売志向である押し込み販売的な行為がしばしばみ

られた。したがって，モータリゼーションが本格的になる時期以前において，自動車流通においてはまだそれほどマーケティング志向ではなかったのである。

おわりに

本章では，わが国が朝鮮戦争により発生した特需景気により，戦後復興の足がかりをつかみ，貿易自由化を完全実施した 1965 年までの自動車産業がおかれた環境を中心に取り上げた。自動車産業が第二次世界大戦後，急速に発達するようになったのは，アメリカ軍が朝鮮戦争における自動車供給をわが国のメーカーに求めたためであった。朝鮮半島の人々にとっては不幸な歴史のはじまりであった朝鮮戦争であったが，皮肉にもわが国では自動車産業をはじめ，戦後復興の本格的なスタートを切ることができた。ただ，それを基礎とはしたが，わが国メーカーの自助努力もあり，今日の発展への礎を築けたことに間違いない。

朝鮮特需がなくなった後，他の産業の多くは不況になり，販売不振に喘いだ業界も出てきた。また 1950 年代から 60 年代にかけて，わが国の社会全体が好況，不況を繰り返すようにもなった時期であった。一般に不況期には多くの産業で販売量が減少するものであるが，自動車産業では他の多くの産業にみられたような影響を大きく受けることはなかった。それは背後には自動車に対する需要者が変化したこと，わが国メーカーの絶え間ない努力により，新技術を開発し，育み，改良しながら，それを新車として世に送り出したことに成功したためであろう。さらには，これまでの稿でも強調してきたことであるが，販売面においての変化も影響した。特にメーカーは，それぞれのマーケティング・チャネルを構築するという排他的マーケティング・チャネルを戦前期から試みてきた。戦争により強制的に一時専売制ではなくなった時期もあったが，戦後各メーカーによる自社の新車販売については，独自のマーケティング・チャネルを構築するという専売制を復活させた。そして，本稿が対象とした時期にあらわれたのが，これまでの 1 県 1 ディーラー制が変化したことである。それはメーカーが，複数のマーケティング・チャネルを形成するチャネル政策を採用したことが大きな特徴であった。

わが国の自動車産業の場合，各メーカーの努力や業界団体の行動だけではなく，大きく産業政策にも直結することが多い。まず，わが国の自動車生産技術が稚拙だった時期には，通産省が海外メーカーとの技術提携を支援するという面もあった。それによって，わが国のメーカーが海外メーカーの技術力を自社のものとする過程がみられ，当初の計画よりも早く海外メーカーと提携したメーカーは当初の契約期間を残して契約解除をするという状況にもなった。貿易自由化の動きの中で，自動車産業が受けた影響は計り知れず，通産省の国民車構想により，実際に国民車は誕生することは

なかったが，各メーカーが国民車と同レベルの自動車を生産し，その性能を高めていったことは，メーカー独自の考えや動きではなく，全体として国の産業政策がプラスの影響を与えたとみるのが普通であろう。

　そして，1960 年代半ば以降本格的なモータリゼーションが展開するが，そのモータリゼーションの萌芽がみられ，その芽を大きく育てていったのもわが国メーカーであった。わが国メーカーによる複数マーケティング・チャネルの構築を考えるには，急速に経済発展を遂げていったわが国の産業における輸送需要に対応するための側面からのみ見るのではなく，個人家庭に自家用車として普及していったその過程の中に，自動車産業のダイナミクスをみることができる。その論理から考えるならば，生産を重ねることで生産力が向上したわが国のメーカーであるが，マーケティング面においては販売を重視し，販売競争が激しくなった時期も本章が対象とした時期にみられた現象であった。ただ，顧客視点に立った側面は少なく，メーカーの競争対応として大量に大卒セールスマンを雇用する等の押し込み販売的な面も観察できた。

───注───

1 ）販売会社として独立したトヨタ自販は，社長自らが先頭に立ち，全国の地元有力資本に協力を呼びかけて，トヨタ系ディーラー企業として育成すると同時に，複数系列店による拠点増設の推進と生産車種のフルラインアップ化，割賦販売促進による市場拡大，中古車流通による新車増販支援など，他社に先駆けてマーケティング戦略を展開した。（岩崎尚人（2005）「ケーススタディ　トヨタ自動車」『経済研究』成城大学経済学会，第 171 号，p.122）

2 ）朝鮮戦争での特需で，トヨタの総受注量は 4,679 台で，売上は 1,000 万ドル（36 億円）に上った。また，日産は 4,071 台，いすゞは 1,276 台を受注した。トヨタが業界で最大量の受注を得たのは，その情報網の強さが第 1 の理由であった。（トヨタ自動車販売（株）社史編集委員会（1962）『トヨタ自動車販売株式会社の歩み』トヨタ自動車販売，p.60）そして，朝鮮動乱発生から，1951 年 6 月までの 1 年間に，わが国に発注された特需物資は 2 億 2,200 万ドル（約 800 億円）で，そのうち自動車は 98 億円に達した。業界で特需の主な担い手であったトヨタ，日産，いすゞのこの時期の年間売上高の合計が 247 億円であったことからも，特需の影響の大きさがわかる。日産の受注台数は合計 5,035 台であり，受注額は特需 34 億 7,000 万円，警察予備隊向けも 7 億6,000 万円に達した。一方，補修部品も並行して受注し，51 年 9 月までに 6 億 6,000万円分を納入した。また，アメリカ空軍からはガソリンタンク 6,000 個の注文も受けた。（日産自動車（株）調査部（1983）『21 世紀への道　日産自動車 50 年史』日産自動車，pp.83-84）

3 ）特需には金融面でも特別な優遇措置がとられた。1950 年 8 月，日本銀行は特需金融に，すぐに現金化できる貿易手形制度を準用することにしたため，メーカーは資金難から解放され，新たな発展に向けての設備資金準備ができるようになった。このよう

な資金面での好転，増産による操業度上昇，生産性向上，売上高急増等により，日産の業績は急速に回復した。51年3月期の決算で，1億1,410万円の利益を計上し，戦後はじめて年2割の配当を行った。(日産自動車 (1983), p.84)

4) 岩越忠治 (1968)『日本自動車工業史』東京大学出版，pp.263-264

5) 肴倉弥八編纂 (1980)『青森日産自動車50年史』青森日産自動車販売，p.104

6) 愛知トヨタ自動車(株)社史編纂室 (1969)『愛知トヨタ25年史』愛知トヨタ自動車，p.361

7) 愛知トヨタ自動車 (1969), p.361

8) 富士重工業(株)社史編纂委員会 (1984)『富士重工業三十年史』富士重工業，p.133

9) 愛知トヨタ自動車，pp.361-362

10) 肴倉 (1980), pp.145-146

11) 3グループ構想とは，当時の乗用車メーカーを①量産車，②特殊乗用車，③ミニカーに分けて専門生産体制を確立，コストダウンの効果的実現，国際競争力強化を図るのを目的としたもので，新規メーカーの進出抑制，新規車種の規制，業界再編成促進等を骨子としたものであった。後発メーカーはこの構想に反発し，設備を増強，新車種を相次いで市場に投入した。(川又克三 (1988)『自動車とともに』日産自動車，pp.94-95)

12) 愛知トヨタ自動車 (1969), p.362

13) 岩越 (1968), p.178

14) 通商産業省 (1985)『商工政策史　第19巻機械工業 (下)』商工政策史刊行会，p.243

15) 富士重工業社史編纂委員会 (1984), p.134

16) 普通トラックと小型四輪トラックは製造業への販売比重が高いのに対して，三輪車は商業の比重が圧倒的に高かった。こうした需要構造では，車種別の具体的な需要程度は主な需要先の復興度合いによって決定される。つまり，1950年時点で，三輪車の販売台数が四輪車よりも多かったのは，製造業部門より消費財を中心とした商業の復興のスピードが速かったと解釈できる。(呂寅満「自動車産業：「企業再建整備」過程を中心に」p.3)

17) 呂寅満 (2002)「戦後日本における「小型車」工業の復興と再編—三輪車から四輪車へ—」『経営史学』第36巻第4号，p.29

18) 小型四輪トラックの急成長で苦境に立たされた三輪・普通トラックメーカーの中には，自らも小型四輪トラックを生産する一方で，軽自動車生産に活路を見出そうとする企業も現れた。軽自動車（軽二輪車もあるが，以降三・四輪車を指す）が最初に登場したのは，1950年頃であったが，いずれも試作程度の台数で，量産化はならなかった。本格的な普及は，57年にダイハツ工業が発売した軽三輪トラック・ミゼットで，量産化による低価格と二輪車より優れた積載能力が，スクーターや原動機付き自転車を使っていた商店などに受容された。ダイハツ工業の成功に刺激されて，主力商品の三輪トラックに見切りをつけた三輪車メーカー等が，続々と軽三輪トラック分野に進出した。東洋工業と新三菱重工業が進出したことで，生産台数は57年の4,700台から59年には11万6,000台へと一挙に拡大した。さらに60年には19万5,700台で小型四輪トラックの台数を凌ぐほどの人気車種に成長し，メーカーは20数社に急増したが，ダイハツ，マツダの2銘柄で市場の90%を占める完全な寡占状態であった。しかし，より安定性の高い軽四輪トラックに人気が移り，1960年8月頃には需要の停滞傾向が見られ，1961年にブームは完全に終わった。(名古屋トヨペット社史

編集室（1988）『名古屋トヨペット 30 年史』名古屋トヨペット，p.79-80）

　一方，軽四輪乗用車に先鞭をつけたのは，1958 年に発売された富士重工のスバル 360 であった。続いて 60 年に東洋工業が「30 万円の乗用車」のキャッチフレーズで，マツダ R360 クーペを発売し，軽自動車は 60 年の 2 万 9,720 台から 61 年には倍増し，翌年以降も着実に販売台数を伸ばした。軽乗用車販売先の大部分は自家用車ユーザーであった。価格が安く，保険料や税金が普通車と比較して低額であり，維持費等の経済的負担が軽い点と，車検が免除されていたなど，数々の法的な優遇措置も大きな魅力であった。そのためサラリーマンを中心に，普通車に手が届かなかった層を開拓していった。そして，軽乗用車は 60 年代半ば以降の大衆乗用車を中心とするマイカー時代へとつなぐ役割を担った。販売台数が伸びるにつれ，この分野でも新車種発売や，新たに進出する会社が相次いだ。1962 年，東洋工業のキャロル，鈴木自動車のフロンテ，本田技研のホンダスポーツ 360，新三菱工業のミニカ，66 年のダイハツ工業のフェロー，67 年の本田技研のホンダ N360 などである。（名古屋トヨペット（1988），p.80）

19) 岩越（1968），pp.264-265
20) 岩越（1968），p.268
21) 呂（2002），p.39，『モーターファン』1959 年 1 月号，p.120
22) 通産省は，自動車工業が国民生活向上と輸出振興に寄与する近代的な機械工業であり，大きな雇用吸収力と生産や技術の波及効果が著しいことを強調した。さらにわが国が乗用車工業を放棄して輸入に頼ると年間 7,700 台として，1,700 万ドル（約 60 億円）もの貴重な外貨が毎年必要となり，その分を投資に振り向けて，国産乗用車の生産体制を整えることの有利さを力説した。当時のわが国は，年間 7 億ドルもの貿易赤字を特需等で漸くカバーしていたため，この見解には説得力があり，『無用論』が横行する当時にあって，通産省の方針は自動車工業にとって大きな励ましであった。（日産自動車（1983），p.97）
23) 李真薫（1993）「日本の自動車産業における企業成長と産業政策」『三田商学研究』第 36 巻第 3 号，p.51
24) 当時の乗用車メーカーは，戦前からの日産・トヨタ自工の 2 社に，技術提携によって新規参入したいすゞ，日野自工，航空機エンジンなど精密機械技術により，戦後自動車製造を開始した富士精密（後のプリンス工業）の 5 社であった。
25) 1952 年から 53 年にかけて国産メーカーと海外メーカーとの技術提携が相次いだが，トヨタは自らの手による国産車作りを目指し，「日本人の頭と腕による自動車作り」をはじめ，本格的乗用車として，トヨペット・クラウンの開発に着手した。
　　（加藤寛・野田一夫監修（1980）『トヨタ自動車工業　1980 年版』蒼洋社，p.40）
26) 外国メーカーと提携していたメーカーの提携解消までの生産台数は，4 社合計で 16 万 5,630 台，バスは 8,569 台となった。1965 年 10 月の完成乗用車の自由化までに，各メーカーは乗用車生産体制を固め，技術提携を打ち切った。しかも，各メーカーの提携車の生産ピークから提携解消に至る経過年数は，2 年（日産）から 3 年（いすゞ，日野，新三菱）の範囲に集中し，完全国産化がかなりスムーズに行われた。（愛知トヨタ自動車（1969），pp.382-383）
　　最長 12 年に及ぶ技術提携は，わが国の自動車産業に対して，技術提携は，組み立て・部分国産化を通じて，生産設備の近代化・合理化と乗用車の量産体制を比較的短期間で作り上げ，その過程で完成車メーカーだけでなく部品メーカーの技術を高め，

国産乗用車の性能・品質を向上させる機会となった。具体的には部品の設計技術，材料加工技術，塗装技術，検査技術，製造・組み立てのための機械のレイアウト，コスト切り下げのノウハウ，製造・組み立て用冶工具等，広い範囲に及ぶハードおよびソフトの技術を学んだ。これらはいずれも欧米に比べ遅れていた乗用車技術分野であった。その一方，純国産技術で自主路線の道を選んだメーカーも，技術提携メーカーに比肩しうる成果を出した。（（社）日本自動車工業会（1988）『日本自動車産業史』日本自動車工業会，pp.108-109）

27) 1957年にトヨタは普通トラックを除いて，全車種を3万円から7万5,000円（平均5.6％）値下げした。日産はオートメーション設備による中小型全車種の量産化実現により，月産5,000台を突破する見通しがつき，オースチン車の全面的国産化が完了し，量産と経営合理化の結果として値下げした。日産の値下げに引き続き，日野ディーゼル工業，いすゞ自動車も3万円～4万9,000円値下げした。（肴倉編（1980），pp.116-117）

車　　種		工場渡し新価格（円）	値下げ幅（円）
オースチン	デラックス	1,101,000	79,000
オースチン	スタンダード	878,000	121,500
ダットサン	乗用車	650,000	35,000
ダットサン	トラック	510,000	50,000
ニッサン	ジュニア	730,000	40,000

[出所] 肴倉弥八編纂（1980）『青森日産自動車50年史』青森日産自動車販売，p.117

28) 提携内容は，日産がオースチン車の年間2,000台をノックダウン輸入して組立販売すること，また契約期間は1960年3月までの7年間とすることなどであった。日産は7年間の契約期間をフルに使うだけでなく，提携調印から3年5ヶ月という短期間で完全国産化を果たした。（加藤寛・野田一夫監修（1980）『日産自動車　1980年版』蒼洋社，pp.32-33）

29) 日野はルノー車のライセンス生産で，①ノックダウン生産開始（1953年），②ルノー部品国内調達率の引き上げ（1955年で54％），③部品の完全国産化達成（1957年）というスケジュールを着実にあゆみ，1960年代に入ると小型乗用車の独自生産に乗り出した。（日野自動車工業（1982）『日野自動車工業40年史』日野自動車工業，p.174）

30) （社）日本自動車工業会（1988）『日本自動車産業史』日本自動車工業会，p.145

31) トヨタ自動車販売店協会広報部（1977）『トヨタ自動車販売店協会年史「30年の歩み」』トヨタ自動車販売店協会，p.119

32) 小宮隆太郎『日本の産業政策』東京大学出版会，p.285

33) 下川浩一（1990）「自動車」米川伸一・下川浩一・山崎広明編『戦後日本経営史第Ⅱ巻』東洋経済新報社，p.98

34) 通商産業省（1985）『商工政策史　第19巻機械工業（下）』商工政策史刊行会，p.241

35) 李（1993），p.52

36) 岩越（1968），p.277

37) 牧良明（2007）「戦後日本自動車産業における競争関係の特殊性—日本自動車産業の競争力形成要因との関連で—」『大阪市大論集』大阪市立大学大学院経済・経営学研究会，第119号，pp.103-104

38) 伊藤元重（1988）「温室の中での成長：産業政策のもたらしたもの」伊丹敬之・加護野忠男・小林孝雄・榊原清則・伊藤元重『競争と革新—自動車産業の企業成長』東京

経済新報社，pp.188-189

39）下川（1990），p.98

40）宇田川勝（1983）「我が国自動車産業の史的展開」法政大学経営学部編『我が国自動車産業の展望』法政大学出版局，pp.38-40

41）日本長期信用銀行調査部（1966）「自動車産業の流通機構―その歴史的発展と現状の諸問題―」『調査月報』95 号，p.7

42）トヨタ自動車販売（1962），p.165

43）和田一夫（1991）「自動車産業における階層的企業間関係の形成―トヨタ自動車の事例―」『経営史学』経営誌学会，第 26 巻第 2 号，p.13

44）愛知トヨタ自動車（1969），pp.385-386

45）日本長期信用銀行調査部（1968）「日本自動車産業における競争」『長銀調査月報』日本長期信用銀行，No.110，p.31

46）わが国のモータリゼーションのはじまりをいつにするかということは，いろいろな説がある。真のモータリゼーションの開始は，トヨタ自工がパブリカを発表し（1961年），それまでは庶民には高嶺の花のような存在であった自動車（乗用車）を極めて身近なものとした時期であるとする識者も多い。この説は，あくまでもモータリゼーションの主力は乗用車でなければならないとする，いわばオーソドックスな考え方によるものである。（愛知トヨタ自動車，p.369）

47）（社）日本自動車工業会（1988），pp.190-191

48）（社）日本自動車工業会（1988），pp.190-191

49）トヨタ自動車販売株式会社社史編纂委員会（1980）『世界への歩み　トヨタ自販 30 年史』トヨタ自動車販売，p.119

50）愛知トヨタ自動車（1969），p.387

51）富士重工業（1984），p.133

52）川又（1988），p.93

53）日産自動車（1983），p.116

54）愛知トヨタ自動車（1969），pp.364-365

55）岩越（1968），pp.122-123

56）岩越（1968），p.123

57）プリンス自動車工業は，1966 年 8 月に，日産自動車と合併したが，プリンス自動車販売はそのまま残されている。

58）日本長期信用銀行調査部（1966）「自動車産業の流通機構―その歴史的発展と現状の諸問題―」『調査月報』95 号，p.60

59）日本長期信用銀行（1966），p.60

60）APA 特需はトヨタ自体に大きな影響を及ぼし，米軍の品質基準の高さはトヨタを驚かせた。日産は，岩戸景気で国内需要が伸びていたこともあり，この APA 特需を受注せず，トヨタがアメリカ流の厳しい検査に実際に晒されたことは，後の展開に大きな影響を与えた。（和田（1991），p.14）

61）ただ，国内特殊需要（防衛庁，警察庁，日本通運などのように中央機関で一括購入する官公庁や会社）には，アメリカにアメリカ・日産・モーター社（本社カリフォルニア州，支店はニュージャージー州），メキシコに日産・メキシカーナ社，ペルーにペルー日産自動車，オーストラリアに豪州日産自動車などを設置し，それぞれ傘下参加の輸入車販売店を通じて販売を行った。また，タイ，ベネズエラ，南アフリカ共和

156

国，ベルギー，中華民国には駐在員事務所，その他八十数カ国にはディーラーを設置して販売した。

62) 孫飛舟（1996）「自動車の流通システムにおける系列化の意義について―今後中国の自動車流通とのかかわりで―」『星陵台論集』神戸商科大学大学院研究会，第29巻第2号，p.118

63) 岩越（1968），pp.124-125

64) アフターサービスによるプロモーション政策が重要な意味を持ったのは，自動車に関して専門的な知識を持たない層が顧客になったためである。（日本長期信用銀行調査部（1966）「自動車産業の流通機構―その歴史的発展と現状の諸問題―」『調査月報』95号，p.45）ディーラーのサービス体制は，系列販売体制と大きな関わりを持っており，ディーラーでのサービス対象はほとんど自己系列メーカーの製品に限定している。このようなサービス体制のもとで，ディーラーは系列メーカーの製品についての技術ノウハウを蓄積した一方，他のメーカー製品についての技術が欠けていた。その結果，ディーラーはサービス面においても系列メーカーの製品ラインに固定されることになった。（孫飛舟（1998）「日本の自動車流通におけるディーラー・サービス体制に関する研究」『星陵台論集』神戸商科大学大学院研究会，第31巻第2号，pp.88-89）

65) 例外的に函館日産（持株比率100%），静岡日産（94.8%），東京トヨペット（72.5%），大阪トヨペット（99.8%），東京日野モーター（90.0%）などでは，元方企業がほとんどの株式を保有していた。

66) 「日刊自動車新聞」1963年6月5日付

67) 米国小型自動車整備調査視察団によれば，アメリカにおいて近年はディストリビューターはなくなりつつあり，ことにデトロイトではディーラーはメーカーと直接結ばれるようになった。（「日刊自動車新聞」1963年6月5日付）

68) 下川浩一（1981）『米国自動車産業経営史研究』東洋経済新報社，p.160

69) わが国の自動車は第二次世界大戦以前には，ガソリン車が主であったが，戦時中にディーゼルエンジンの研究が進み，性能が向上した。特にバスや大型トラックでは燃料節約が大きいため，戦後はディーゼル車が急速に普及した。1949年頃，日本でディーゼル車を生産していたのは，いすゞ自動車，三菱重工業，日野ディーゼル等であった。日産ではディーゼル部門進出計画を立て，三菱重工業と提携を進め，49年12月にM180型トラック，M290型バスの試作車を製作した。また，ディーゼルエンジンを製造していた民生産業と合同，民生ディーゼル工業と改め，ディーゼル車製造に進出することになり，大型バス，トラックの分野で活躍した。しかし，53年12月，同社が資本金1億円を2億円に増資し，日産が大半を占めることによって，日産の力が増大し，営業方針も高速ディーゼルエンジンを，UD型新ディーゼルエンジンへ転換するようになった。さらに54年に資本金を2億円から4億円に増資，55年に画期的な新型UD3型，UD4型ディーゼルエンジンを搭載したトラックを発表し，本格的に市販することになった。そこで販売部門を拡大強化するため，授権資本金2億円，払込資本金8,000万円の日産民生ディーゼル販売を設立し，積極的に業務を拡張することとなった。これによって，日産ディーゼル工業は，従来のKD型ディーゼルトラック5トン車の生産を中止し，UD3型ディーゼルを日産シャシーに取り付けて，日産ディーゼル車として発売することになり，新会社を通じて各ディーラーに販売することになった。（肴倉編（1980），p.114）

70) 肴倉編（1980），pp.128-129

71) 経済評論社（1964），pp.192-193

72) 富士重工は他の販売機構はこれまで通りの一地区一店主義の建前を採る方針であった。富士重工がこのようなチャネル強化に乗り出したのは，販売体制とサービス体制の強化を図れば，なお軽乗用車の大きな伸長が期待され，近い将来発売が予定されていた小型乗用車 800 cc の販売にあたり，そのチャネル整備という意図があった。こうした富士重工の方針のもとに，各地区販売店側は，すでに所要敷地の買収，セールスマンの育成などを積極的に推進しつつあり，早ければ 1964 年秋，遅くても 65 年春には，ほぼ体制強化の目標達成がなされると見られた。そして，64 年 6 月頃には，東京，三鷹の工場内にある富士学園の増設を終え，本格的なセールスマン，サービスマン教育に入る予定であった。（経済評論社（1964），pp.194-195）

73) 経済評論社（1964），pp.193-195

74) 名古屋トヨペット（1988），p.19

75) 名古屋トヨペット（1988），p.19

76) 大蔵省と通産省は，割賦販売の普及状況に対応し，かつ自由化対策のため協力し合い，1961 年 7 月に，割賦販売条件の適正化に関する諸措置，割賦購入斡旋業者などに関する登録制度の設置などを骨子とする「割賦販売法」を公布した。

77) 石川和男（2007）「高圧的マーケティングと消費者信用の発達に関する一考察―耐久消費財普及の視座から―」『商学研究所報』専修大学商学研究所，第 38 巻第 2 号

78) 岩越（1968），p.139

79) 日本長期信用銀行（1966），p.100

80) 岩越（1968），pp.139-141

81) 経済評論社（1964），pp.183-184

82) 中古車市場の拡大背景には，産業要因と市場要因が存在する。まず，自動車の普及とともに新車に対する消費需要は産業全体の生産水準を大きく下回るようになった。過剰生産された新車を飽和しつつある市場で販売するために，ユーザーの所有する自動車の下取りを通じて新車販売の持続拡大を図らなければならない。第二に，自動車耐久性の向上によって中古車に対する社会的な信頼度が高まった。生産技術の進歩に加え，よりよい道路の建設や修理設備の改善などは自動車平均寿命の増加をもたらした。第三に，自動車に対する社会の認識が大きく変化した。その他に，割賦販売の実施や補修サービスの提供など，新車販売と同じサービスが中古車販売にも適用されたことも中古車販売の拡大に大きな影響を与える。（孫飛舟（2003）「早期アメリカ自動車流通におけるメーカー・ディーラー対立関係の形成と解決」『大阪商業大学論集』大阪商業大学商経学会，第 126 号，pp.257-258）

83) 経済評論社（1964），pp.183-184

84) 経済評論社（1964），p.185

85) 経済評論社（1964），pp.189-190

86) 経済評論社（1964），pp.185-186

■■■第 **8** 章■■■

わが国モータリゼーション発展期における自動車メーカーのマーケティング政策
——自動車産業の環境と複数マーケティング・チャネルの進展——

はじめに

自動車産業の特色は，量産による規模の経済が働きやすく，その製品特性から製品差別化が容易である[1]。また，自動車産業は自動車工業，自動車部品工業，自動車車体工業から成立し，自動車関連産業には，資材・部品・機械器具などの生産部門，自動車販売・部品販売などの販売・整備部門，金融・保険，石油卸・小売などの支援部門，旅客・貨物運送など利用部門も含めると，その裾野は非常に広い[2]。そして，自動車産業は，それ自体がわが国の機械工業における最大産業に成長しただけでなく，関連産業の発展にも貢献することで，量的・技術的にもわが国経済を牽引した[3]。

わが国経済は，1950年代後半から60年代にかけて高度経済成長期を迎えた。64年末から65年にかけては，深刻な不況に直面したが，65年末頃からは再び上昇し，好況期が約5年間も継続した[4]。また，わが国のGNPは65年に自由世界第5位から，68年にはアメリカに次いで第2位となった。この好景気は，自動車産業と家庭用電器（家電）産業によって主導された。産業というとらえ方をした場合，その原材料・部品製造から組立までを幅広くとらえることが多いが，この時期は，まだ組立段階（メーカー）中心の隆盛であった。そして，50年代後半から60年代はじめには自動車産業では大量のトラック需要が創出され，特に関連産業を含めた規模の大きさで，未曾有の好景気を持続させる原動力となった[5]。

モータリゼーションについては，本書では「自動車の用途拡大とユーザー拡大[6]」と単純にとらえている。わが国のモータリゼーションに先鞭をつけたのは安価で小回りの利いた三輪トラックからであり，1950年代半ばから小型四輪トラック，普通トラックへと移行し，さらに乗用車へと主役となる車種が変化した[7]。本章では，まずモータリゼーションの進展における自動車ユーザーと使用シーンの拡大について，自動車生産，自動車販売（需要），自動車保有台数の推移から，わが国モータリゼーションの特徴を取り上げていきたい。その上で，モータリゼーション進展の背景にあった各メーカーによる複数マーケティング・チャネルの採用とその意味について考察していきたい。

図表 8-1　自動車産業関連図

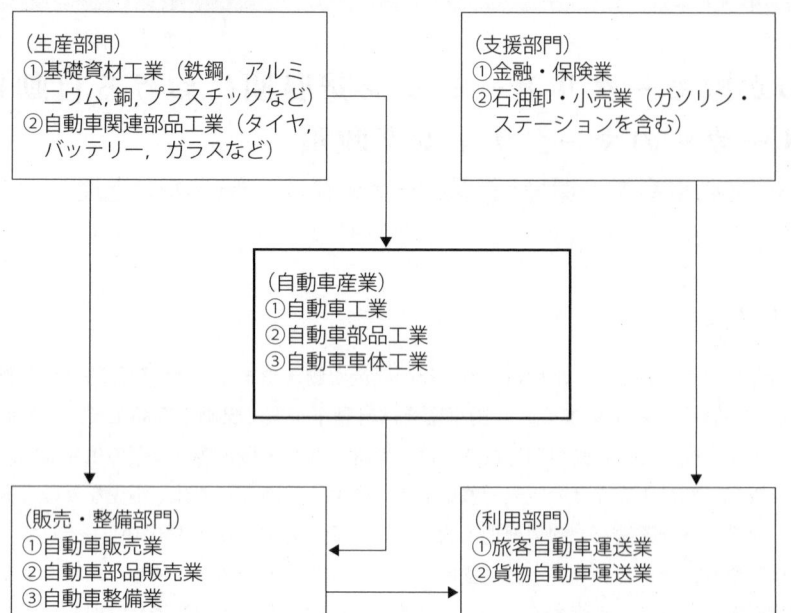

（生産部門）
①基礎資材工業（鉄鋼，アルミニウム，銅，プラスチックなど）
②自動車関連部品工業（タイヤ，バッテリー，ガラスなど）

（支援部門）
①金融・保険業
②石油卸・小売業（ガソリン・ステーションを含む）

（自動車産業）
①自動車工業
②自動車部品工業
③自動車車体工業

（販売・整備部門）
①自動車販売業
②自動車部品販売業
③自動車整備業

（利用部門）
①旅客自動車運送業
②貨物自動車運送業

［出所］久富繁雄（1975）『業種別会計実務＜自動車販売業＞』第一法規出版，p.18 より一部改

1　モータリゼーション発展期における自動車生産量の変化

（1）国際的な自動車工業の地位向上

　わが国の場合，自動車の大量生産とその利用の拡大が，1950 年代半ば以降，一気に進んだ。第二次世界大戦以前は，自動車生産台数が世界的に目立つことはなかったが，急速に自動車生産国としての頭角を現すようになった。生産台数の増加は，トラック生産だけではなく，さまざまなクラスの自動車生産の増加があった。そして，メーカーの内外における競争がさまざまな次元で展開され，相乗効果によりわが国の自動車生産を発展させていった。

1）自動車普及の供給面の背景

　自動車普及における供給面の理由は，自動車工業の発達による量産効果が発揮され，価格低下が起こったためである。それが潜在需要を刺激した[8]。このような状況は，自動車産業だけではなく，他の産業においても見られた現象であった。また，わが国だけではなく，一般的に他国や他地域でも簡単に観察可能な現象である。

わが国の自動車産業の国際的地位は，1962年には世界第5位であったが，65年にはアメリカ，西ドイツ，イギリスに次いで第4位となり，66年にはイギリスを抜いて第3位となった。また，63年には自動車生産台数は100万台を超え，67年にはアメリカに次いで世界第2位の約315万台に達し，73年には700万台を突破した[9]。この推移をみると，60年代にいかに生産量が急増したかがわかる。この成長を支えたのは，国内需要と輸出の急増であった。特にわが国の場合，トラック主導で発展してきた自動車産業は，60年代半ばになり，乗用車主導へと大きく転換した。国内ではマイカー時代[10]といわれ乗用車の普及速度が加速し，本格的なモータリゼーション時代を迎えた[11]。そして，前章でも取り上げたが，マイカー時代を象徴する自動車として日産自動車（以下「日産」）からは「サニー」が，トヨタ自動車工業（以下「トヨタ自工」）からは「カローラ」が発売された。そして「BC戦争」と呼ばれたトヨタ自工の「コロナ」と日産の「ブルーバード」の競争も激化しはじめた[12]。つまり，わが国のモータリゼーションは，トラック生産の増加によってその地ならしがされ，乗用車生産の本格的開始とその増加，そして，ユーザー層の拡大により，本格的モータリゼーションの時代へと突入した。

2）自動車生産における国際的な面での後発効果

　わが国のモータリゼーションは，欧米諸国よりも遅れたが，わが国メーカーにとっては，先進の機械設備やシステムを導入し，効率のよい量産設備が整備できたメリットもあった。そしてその設備を絶えず改善し，世界トップ水準の効率を継続して維持してきた。また，生産技術者の熱心な取り組み，作業を行う従業員レベルの高さなどが，国産自動車の完成度を磨いた[13]。換言すれば，わが国の自動車産業は，生産面においては後発効果を十分に発揮し，さらに当時におけるわが国の労働力の優秀性が，国内だけではなく国際的な自動車産業発展の礎となったといえる。

(2) 乗用車産業の活性化

1）車種開発の活発化

　1965年10月の貿易自由化後[14]，各メーカーは資本自由化を視野に入れながら，乗用車分野への新規参入や軽自動車[15]から上級分野への進出などによって，車種ブランド開発を活発化させた。また，マーケティング競争の激化[16]により，各メーカーはマーケティング体制を拡充・強化しようとした。そこでは割賦販売の普及と利用を促進し，レンタカー会社の設立までみられた[17]。60年代半ばからの10年で，普及が進んだのは「大衆車[18]」と呼ばれた排気量600 cc〜1,200 ccクラスの乗用車であった。一般に，大衆車は安価で維持費が安く，4〜5人が乗ることができる乗用車とされる。60年代半ば以降，図表8-2にあるように，各メーカーが挙って大衆車クラスの自動車を市場に投入した。さらに大衆車と60年代後半に鎬ぎ合った軽乗用車の成長も自動車普及をより促進した。小型車ユーザーには，法人や高所得者が多かった。一

図表 8-2　各メーカーの大衆車発売

発売年	メーカー／ブランド
1964	東洋工業／ファミリア・セダン，ダイハツ／コンバーノ・ベルリーナ
1965	鈴木／フロンテ 800，三菱／コルト 800
1966	富士重工／スバル 1000，日産／サニー，トヨタ／カローラ
1968	トヨタ／スプリンター
1969	本田／ホンダ 1300，ダイハツ／コンソルテ・ベルリーナ，三菱／コルトギャラン
1970	日産／チェリー
1971	富士重工／スバルレオーネ，三菱／ギャラン FTO，東洋工業／グランドファミリア
1972	本田／シビック
1973	トヨタ／スターレット，三菱／ランサー

［出所］（社）日本自動車工業会（1988）『日本自動車産業史』日本自動車工業会，pp.192-193
より筆者作成

方，大衆車ユーザーは小型車とは異なったために安価性，また軽自動車とは異なった
居住性・性能・スタイルが要求された。つまり，60 年代前半に小型車と軽自動車の
中間的ポジショニングによって大衆車が市場に出されたため，その性格は受容されに
くかった。しかし，個人ユーザーの急増によるモータリゼーションの進展により，各
メーカーは大衆車に傾注するようになった。そのため，低価格政策の導入，デラック
ス仕様のような上級感覚の自動車開発とユーザー・ニーズの高度化に応えた質的向上
を図った[19]。このような質的向上が各メーカーにとっての重要な政策として取り上げ
られたのは，自動車が単なる移動や輸送のための道具という面だけではなく，1 つの
生活様式となり，あらゆる階級に属する人々にとって誇りと慰安をもたらす手段に変
化したためであった[20]。そして各メーカーは，自動車の多様な面を提供可能となった
ことを示すものであった。

2）小型車市場優位への変化

　モータリゼーションの初期におけるトヨタ自工を例にあげると，車種ブランド別で
は 1962 年頃まではクラウンなどの中型車が主流であった。次いでコロナなどの小型
車，68 年頃からはカローラなどの大衆車が主流になった。さらに 70 年代前半から半
ばにかけて，需要の上級移行が顕著になり，再び大衆車市場と小型市場が拮抗し，小
型車市場優位の時代へと移行した。

　一方，産業部門全体での急激な成長が，トヨタ自工と日産[21]以外の下位の自動車
メーカーにも企業存続と成長機会を与えた。特に車種ブランド開発が容易であった軽
乗用車を中心に，下位メーカーでも乗用車市場への新規参入が可能であった[22]。こう

してわが国のメーカー数は，トヨタ自工，日産，いすゞ，東洋工業など 12 社となり，このうち日産ディーゼル，愛知機械を除いた 10 社が乗用車生産を行なうことになった。後発メーカーは，二輪車，三輪車の分野で既に実績があり，技術やマーケティング・チャネルの面などでの競争力を有していた。そのため，トヨタ自工，日産の市場占有率[23]は，この時期には低下傾向を示した[24]。それは需要が新規参入した他メーカーに流れ，分散したためであった。

(3) 自動車の車種クラスにおける競争

　わが国のメーカーが生産した自動車は，1960 年代前半に試験的に海外輸出されたが，高速道路走行では先進国メーカーの自動車に劣っていた。それまではわが国の道路交通事情に適合するだけであったため，海外への進出を本格化するためには国際的な自動車性能が要求された。一方，軽自動車を凌駕した大衆車は，やがて小型車と競合するようになった。65 年の小型車生産台数は，約 27 万台で総市場の 47.7% のシェアがあった。69 年になると小型車生産台数は約 62 万台となったが，総市場のシェアは 30.8% となり，一方の大衆車が生産台数約 67.7 万台で総市場のシェアが 33.6% となって上回った。しかし，71 年には小型車が再び巻き返したが，小型車は 74，75 年にはガソリン価格急騰の影響を受け，大衆車の主力車種がモデルチェンジをしたため，再び大衆車が首位となった。76 年以降しばらくは，小型車優位の時代が続き，76 年から 78 年にかけては大衆車需要が不振[25]となり，第二次オイルショックまでは小型車がトップとなった[26]。

　このような小型車と大衆車間における競争は，当該クラス内の各メーカーによる車種ブランドにおける競争だけではなく，別クラスの自動車も加わった。それによって自動車技術や生産におけるさまざまな競争へと展開していったことが，わが国自動車工業が海外メーカーとの競争力をつける機会にもなった。

2　モータリゼーションによる自動車販売（需要）の変化

(1) 自動車需要の伸長背景

　モータリゼーションの進展にしたがい，大量生産による量産効果で自動車価格が下落した。国民所得の漸進的増加もあり，自動車需要は増加の一途を辿った。また，自動車の用途が輸送などの業務用から個人の娯楽や移動という個人用に次第に変化し，質的な変化が起こった。さらにこれまで自動車といえば，男性が運転するのが主であった時期から，次第に女性の免許保有者が増加し，運転者も増加の一途を辿った。しかし，次第に市場が成熟化し，さらに 70 年代には 2 度のオイルショックに見舞われると，自動車需要にも変化が現れるようになった。ただ，自動車の複数保有や地方での増加などにより，自動車需要には底堅さがあった。

　国内の自動車販売は，1955 年頃から伸長しはじめ，60 年には約 41 万台に達した。そして，モータリゼーションの進展で急激に伸長し，63 年には 100 万台，66 年には 200 万台，68 年には 300 万台を突破し，69 年には 400 万台目前となった。この 10 年間で 9.4 倍となり，年平均 28.2% の伸長率となった。60 年代の 10 年間では，国内需要が約 343 万台，輸出が約 82 万台伸び，その結果，国内生産台数は 60 年の約 48 万台から約 468 万台とほぼ 10 倍となった[27]。

　モータリゼーションの進展によるわが国の自動車需要の伸長には，経済面では高度経済成長に支えられたさまざまな産業の発展，政策面では高率関税，輸入制限措置などもその背景にあった。また，国民生活の面では国民所得の増大，生活の近代化，個人消費支出の大型化などが複合的な背景となった。特に，本格的なモータリゼーション展開のきっかけとされる個人ユーザーの拡大は，国民所得の上昇に支えられたものであった[28]。そして，わが国の国民所得は，図表8-3 にあるように，1950 年には約 40 万円であったが，60 年には約 60 万円となり，さらに 70 年には 100 万円となった。75 年には約 180 万円となり，80 年には 200 万円を突破した。

　自動車の需要面では，国民所得が急速に上昇する一方，消費者金融の発展，大衆車クラスの開発及びその量産化効果による価格引き下げなどが行われ，首都高速道路・名神高速道路・東名高速道路等，道路整備の進捗も重なり，マイカー需要[29]が急増した[30]。さらには公共交通機関の運賃上昇で，自動車がコスト面で相対的に有利になった。つまり，自動車を顧客が購入しやすいシステムが整備され，また使用できるシーンが拡大し，そして自動車を保有するコストが相対的に低くなったことがその背景に

図表8-3　1人あたり実質国民所得の推移

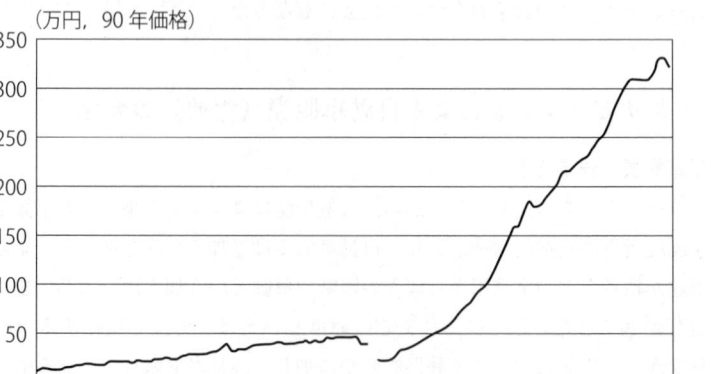

（万円，90 年価格）

[出所] 総合研究開発機構「生活水準の歴史的推移」http：// www 5.cao.go.jp／j-j／wp／wp-je 00／wp-je 00 bun-2-0-1 z.html（2008 年 8 月 20 日閲覧）

あった。

（2）自動車の主要ユーザーの変化

　1960年代半ば以降，わが国のモータリゼーションの進展は急速であった。第二次世界大戦後のわが国自動車用途の発展過程は，次のように区分されている[31]。

① 営業用中心（50年代半ばまで）

② 法人自家用中心（56年から62年頃まで）

③ 上級個人自家用中心（63年から67年頃まで）

④ 大衆自家用中心（68年以降）

　この区分にしたがうと，使用用途とユーザーについて急激な変化があったことが示されている。60年代半ばから国内新車登録における乗用車の割合が増加し，その用途も営業用から自家用へ，ユーザーも従来の法人に代わって個人の割合が増加した。この市場や用途における量的・質的変化は，自動車産業に新たなビジネスチャンスとなった。そして60年代における競争は，その後の自動車産業の構造を決定づけた[32]。それは個人需要をいち早く把握し，大衆車や小型車へ生産やマーケティングのベクトルを向けていった企業が，その後の自動車産業における競争優位性を獲得したことにあらわれている。

（3）個人ユーザーの需要変化

1）上級移行への進化

　1960年代後半には，わが国の乗用車市場は，大衆車，ファミリーカーとして増加した小型車[33]，タクシーや業務用を中心とする中型車の3クラスに区分されていった。さらに軽四輪乗用車が若年層中心の市場を形成した。こうした中，生活水準の向上で60年代後半から上級移行が見られた。それは軽自動車から大衆車，大衆車から小型車，さらには小型車から中型車へというランクアップ傾向が，次第に進んだことである[34]。その後使用され，有名になったトヨタのクラウンのキャッチコピー「いつかはクラウン」は，この時期以降のユーザーの上級移行促進を象徴した。

　1970年代に入ると，わが国の国民にとっては自動車所有は特別なことではなくなり，さらにメーカーは量的拡大を目指した。そして，量産体制の確立には，大量生産・大量販売が前提となった。また，技術優先の車両開発であるシーズ志向ではなく，ユーザーの嗜好を優先するニーズ志向となり，これがわが国メーカーの車両開発方針の主流となった。これによって，日本車の技術や性格の多様性が薄れ，日本車が全体として同様の方向に進んだ[35]。小型車の大量生産体制が徐々に整備され，性能も大幅に向上し，国際的に競争可能な状態にまで成長していった。そして60年代後半には「安かろう，悪かろう」のイメージを払拭するのに十分なレベルに達した[36]。この過程で海外における日本車の評価は，安価で燃費がよく，故障が少ないという認識が次第に醸成されていった。

166

2）リッターカーの誕生

　大衆車市場は，ユーザーの購買力上昇に支えられた個人需要の増大と，価格がリーズナブルで得られる満足感も大きかったために拡大し続けた。1965 年には大衆車は約 9.7 万台で，乗用車市場シェアでは総市場の 16.9% に過ぎなかったが，70 年には約 78 万台へと大幅に増加した。そして大衆車のシェアも総市場の 33% となった。さらに 73 年には約 110 万台へと増加し，74 年には第一次オイルショックの影響により約 98 万台に減少したが，逆に低燃費性が支持され，シェアは総市場の 44% まで上昇した[37]。一方，小型車需要も，第二次オイルショックのため，80 年に大きく落ち込み，その状況は景気が回復する 83 年まで続いた。ガソリン価格の高騰とガソリン供給の不透明さのためにユーザーの燃費志向が強くなり，大衆車には 2 BOX 車や FF 車が相次いで市場に投入された。また，成長していた女性市場に対応するために，経済性をさらに追求し，ファッション性も加わった 1,000 cc クラスの大衆車である「リッターカー[38]」が登場した。これが大衆車の優位性をさらに強固なものにした[39]。ここでは当時の社会情勢にあわせて，フレキシブルに自動車を開発していったわが国メーカーの対応力もみることができる。

(4) 自動車保有状況変化における特徴

1）1960 年代における急速な所有率の上昇

　軽自動車を含めたわが国の自動車保有台数は，1967 年に 1,000 万台を突破して以降，毎年増加し，72 年には 2,000 万台，76 年には 3,000 万台を突破した。65 年からの 10 年で保有台数が 2,000 万台強も増加したのは，アメリカにおいて 50 年代の 10 年間で 2,000 万台以上の増加したことに次ぐ記録であった。わが国の自動車保有増加の特徴は，乗用車の増加率が著しかった点である。これはオイルショックの影響が出るまで続いた。そして，この 10 年間のわが国の四輪車普及率は 4.5 倍になり，特に乗用車は 7.7 倍に拡大した[40]。

　また，1971 年から 75 年までにわが国の自動車保有台数は 60% 伸長し，76 年からの 5 年間では 35% 増加し，80 年には約 3,800 万台となった。保有台数の世界的地位では，トラックが 60 年代半ば以降アメリカに次ぐ世界第 2 位となり，乗用車も 81 年には西ドイツを抜いて第 2 位となった。また，84 年の自動車保有台数は約 4,452 万台となり，世界の自動車保有（約 4.7 億万台）の約 1 割を占めるようになった。73 年と比較すると，欧米諸国は比較的緩やかな上昇にとどまったが，わが国の自動車保有水準は急上昇し，欧米との差は乗用車を中心に縮小してきた[41]。しかし，人口 1,000 人あたりの普及率は，日本は 373 台で，アメリカ 721 台，カナダ 568 台，オーストラリア 549 台，フランス 441 台などと比べると低い水準であった[42]。ただ，図表 8-4 を見るとわかるように，1 台あたりの保有人数は 73 年と 84 年を比較すると，わが国では自動車普及率が約 10 年で 4.3 人から 2.7 人へと急速に普及が進んだのに対し，アメリ

図表 8-4　1973 年と 84 年時点における主要国での自動車普及状況

	1973 年	1984 年
日本	4.3 人（7.5 人）	2.7 人（4.4 人）
アメリカ	1.7 人（2.1 人）	1.4 人（1.7 人）
フランス	3.1 人（3.5 人）	2.3 人（2.6 人）
西ドイツ	3.3 人（3.6 人）	2.3 人（2.4 人）
イギリス	3.7 人（4.1 人）	3.0 人（3.2 人）

［注］括弧内は乗用車。
［出所］（社）日本自動車工業会（1988）『日本自動車産業史』
　　　　日本自動車工業会，p.189，p.258 より筆者作成

図表 8-5　わが国における自動車販売とその内訳

年	国産車販売（万台）	乗用車（万台）	需要の内訳		在庫増車	輸入車（月）
			新規	代替		
1960	37.2	12.8	4.2	6.1	1.3	0.7
1965	114.2	46.7	14.6	28.4	3.7	3.8
1970	264.8	159.6	37.8	113.1	8.7	14.8
1975	410.7	258.4	62.3	184.0	12.2	22.0
1980	487.1	276.0	63.0	203.0	9.9	25.3
1985	507.2	290.0	88.3	191.3	10.3	24.0

［出所］「自動車統計月報」

カ，フランス，西ドイツ，イギリスはそれほど大きな変化はない。特にこの間に，わが国の普及率は，イギリスを上回るようになったことが注目される。

2）自動車ユーザーの要求の多様化

　わが国での 1978 年の軽四輪を除く全体需要は約 461 万台で，オイルショック後 5 年を経ても，73 年の水準（約 491 万台）に達しなかった。需要低迷の背景には，不況と消費者の先行き不安感，市場成熟化があった。保有台数は，73 年末で 2,500 万台を超え，自動車需要の 7 割が代替需要となった[43]。個人ユーザーにとっては，自動車は高額の耐久消費財であるため，新車購入では代替需要を中心に，慎重かつ計画的にならざるをえなかった。さらに自動車関連諸税の大幅増税と排出ガス規制強化によって，需要回復が妨げられた。一方，ユーザーの自動車に対する知識・経験が豊富になったため，自動車を総合的に評価するようになり，使用目的や費用負担能力に見合った合理的選択を行う傾向が強くなった。生活意識，生活様式の個性化をそのまま

反映して，自動車に対するユーザーの要求は極めて多様なものとなった[44]。これらは自動車に対する要求の高度化ととらえることができる。つまり，モータリゼーション初期にはまず所有することが目的であったが，普及率と代替需要の上昇とともに，所有以外の要求が強くなってきたためである。一方で自動車は，耐久消費財とはいえ，製品寿命があり，その寿命に合わせた買換も総市場を拡大させた。

(5) 自動車の複数保有と女性ユーザーの増加

　1960 年代半ば以降，急速に伸びた乗用車の世帯普及率は，70 年代半ば以降になっても伸長し，84 年度末には 65.8％ と，3 世帯に 2 台の割合で乗用車を保有するようになった。世帯別では，農家世帯が 73.0％ で最も高く，産業世帯 69.3％ と勤労世帯，67.5％ であった。64 年度末には業務使用のために保有することが多い産業での普及率が 14.8％ で突出していたが，農家世帯（2.2％）や勤労世帯（4.2％）にはほとんど普及していなかった。つまり，70 年代半ばになると，乗用車が広範囲に普及し，こうした傾向は，職業別世帯や世帯主年齢別世帯にもほぼ共通してみられた[45]。

　また，1970 年代後半の自動車保有の特徴は，1 世帯で 2 台以上保有する複数保有家庭が増加したことである。74 年度末には 4.7％ だった複数保有率は，84 年度末には 14.6％ となり，10 年間で約 3 倍に拡大した。複数保有の進展理由は，①購買力増大

図表 8-6　自動車保有台数と運転免許保有者の推移

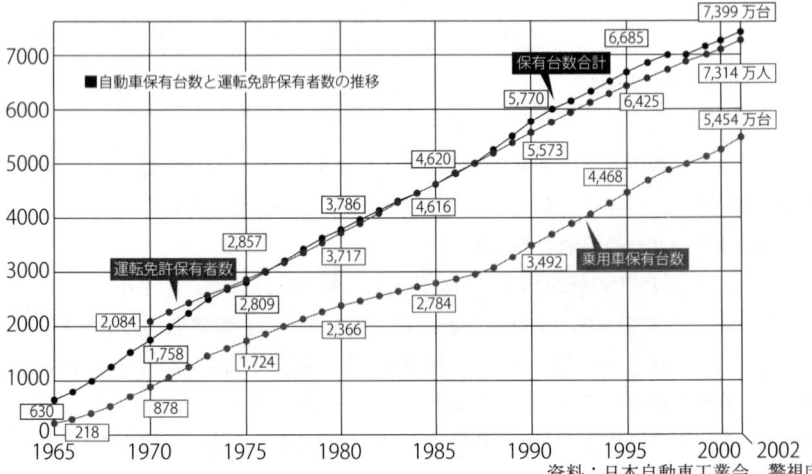

資料：日本自動車工業会，警視庁

［注］各年 12 月末。軽自動車を含む。二輪，三輪，被けん引車を除く。
　　　1969 年以前の運転免許保有者数は不明。運転免許は大型特殊，大型特殊二輪，小型特殊，けん引二種，原付，自動二輪免許を除く。

［出所］http://www9.plala.or.jp/hiyotrio/newpage 026.htm（2008 年 8 月 20 日閲覧）

や余暇時間増大による個人移動のための需要増加，②女性自らが自動車を運転しはじめたこと，であった。特に複数保有するようになった世帯では，女性使用のために2台目の自動車保有をした世帯が約6割を占めた。供給面では，女性の嗜好に適合する軽自動車が市場に投入され，複数保有の増加を促進した。女性ドライバーの増加は，70年代半ば以降の女性の運転免許保有者急増に端的に表れた。女性の免許保有者は，75年末の約587万人から85年末には約1,489万人へと約3倍増加した。また，18歳以上の免許適齢人口での保有率も，60年代半ばには約1割だったが，84年3月末には免許保有者総数は5,000万人を突破した[46]。そして，85年末には3人に1人の割合となり，年齢別では，20～39歳では過半数が免許を保有すまでになった。こうして男女を合計した免許保有者総数に占める女性の割合は3分の1を超え，79年以降，新規免許取得者の増加率では女性が男性を上回った。この背景には，①住宅地のスプロール化が地方にも波及したが公共交通機関整備の立ち後れにより，男性だけでなく女性にとっても生活の足としての自動車の必要性が向上したこと，②主婦の有職化やコミュニティ活動の活発化等による外出機会が増加したこと，があげられる[47]。特に後者の場合，女性の社会進出を援助したという自動車の姿が浮き彫りになった。

　1980年代になるとその伸長率は，81年4.6%，82年4.3%，83年3.8%，84年3.7%，88年3.7%となり，この5年間の伸長率は22%増と鈍化した。これは景気停滞と市場成熟化のためであった。軽自動車を含めた乗用車市場の需要構造は，85年になると代替が66%を占め，世帯あたりの普及率は，75年の52%から80年66%，82年69%，85年72%と伸び，ステレオ，ルームエアコンの普及率を上回った。複数保有世帯も，79年の16%から85年には23%と増加した[48]。

(6) 国民所得と自動車普及率の相関関係

　欧米先進国での乗用車普及率の変化を見ると，一気に自動車が普及する時期がある。日産の市場調査課では，ヨーロッパの国々を取り上げて，1人あたりの国民所得と乗用車価格との関係が，1～1.4倍になったときに急激な乗用車普及がみられると分析した。1962年のわが国の国民1人あたり所得は約23万円となり，それ以降も毎年確実に上昇した。この傾向が続くと，4～5年先には約40万円を超えるであろうと予測された。実際に65年には約33万円となり，66年には約38万円となっている[49]。つまり，国民所得と乗用車価格はこれまで他国で観察された通りに，強い相関関係がみられ，他国と同様にわが国でもこれが証明された結果となった。

　そして，1985年末には自動車の保有台数は約4,616万台となり，うち乗用車は約2,784万台となった。1世帯あたりの保有台数は1.2台，乗用車だけで0.7台となった。都道府県別普及率では，大都市とその周辺は低く，地方部，特に公共交通機関が整備されていない農山村部では普及率が高くなった。これは以前とは全く異なり，自動車の保有は所得水準と関係なく，国民の足となったためである[50]。つまり，モータリ

図表 8-7　わが国における自動車生産，登録，保有台数

年	生産台数		登録台数		輸入台数	保有台数	在庫	在庫
	乗用車	合計	乗用車	合計	乗用車	乗用車	(千台)	
	(千台)		(千台)		(千台)	(百万台)		
1960	165	482	145	408	4	0.46	7	1
1961	250	814	229	743	4	0.66	9	4
1962	269	991	259	933	7	0.89	14	6
1963	408	1248	371	1211	9	1.24	17	3
1964	580	1702	494	1494	12	1.67	18	8
1965	696	1876	586	1675	13	2.18	38	9
1966	878	2286	740	2060	15	2.83	43	17
1967	1376	3146	1131	2715	14	3.83	56	19
1968	2056	4086	1569	3308	15	521	60	31
1969	2611	4975	2037	3385	16	693	104	40
1970	3179	5289	2379	4100	19	8.78	135	41
1971	3718	5811	2403	4021	19	10.57	163	71
1972	4022	6294	2627	4367	25	12.53	139	73
1973	4471	7083	2953	4949	37	14.47	177	53
1974	3932	6552	2287	3850	42	15.85	233	72
1975	4568	6942	2737	4309	45	17.24	185	197
1976	5028	7841	2449	4104	40	18.48	173	201
1977	5431	8515	2500	4194	41	19.83	177	259
1978	5976	9269	2857	4682	55	21.28	189	237
1979	6176	9636	3037	5154	65	22.67	232	254
1980	7039	11043	2854	5016	46	23.66	187	243
1981	6974	11180	2867	5127	32	24.61	203	263
1982	6882	10732	3038	5261	35	25.54	233	303
1983	7152	11112	3136	5382	37	26.39	237	234
1984	7073	11465	3096	5437	44	27.14	266	291
1985	7647	12271	3104	5557	52	27.85	247	281

［出所］「自動車統計年報」
　　　　在庫1は，流通在庫（3月末）：1986年で打ち切り
　　　　在庫2は，生産在庫（3月末）：1975年から統計方法が異なる

ゼーションがはじまったばかりの時期には，自動車はまだ「高嶺の花」であったが，わずか20年ほどの間にわが国の国民生活にビルトインした生活必需品へと変化していった。この面でも自動車需要は成長期から完全に成熟期に達したのであった。

3　自動車の資本自由化をめぐる対応

(1)　わが国自動車メーカーの提携・合併促進政策の展開

　1965年10月に乗用車の貿易自由化が実現したが，海外からは貿易自由化だけではなく，資本自由化も要請されるようになった。そこで通産省を中心として，海外メーカーに対抗するために，国内メーカーの合併や提携が進められるようになった。そして71年4月の資本自由化以後は，海外メーカーとの提携を行う企業も現れはじめた。

　1960年代前半にわが国の自動車メーカーで月産1万台を超えていた企業は，トヨタ自工と日産だけであった[51]。ただ海外メーカーに比べて，その企業規模は小さかった。トヨタ自工の売上高は，General Motors（以下「GM」）の26分の1，Ford Motor（以下「フォード」）の14分の1，Volks Wagen（以下「VW」）の3分の1であった。しかし，貿易自由化後は，資本自由化の準備に入らざるを得なくなった。そこで自動車業界は，国際競争力強化戦略として，乗用車政策特別委員会答申「企業の提携・合併等の促進による量産体制の確立」に向けて，60年代中頃から，活発な動きを展開した[52]。

　また政府は，メーカーの提携・合併を促進するため，1960年から日本開発銀行の融資枠として体制金融制度や合併促進税制を設けた。そして，64年に通産省はメーカーに対し，外資依存ではなく，国内各企業間協調による国際競争力の強化を志向し，提携・合併による体制整備を要請した。一方，各メーカーは，63年前後の市場急成長で業績が好調であり，車種ブランドを62年度の16から64年度は24に増加させ，乗用車の新規車種投入を図り，政策とは反対の行動をとった。しかし，65年不況による需要低下と収益悪化により，企業間格差が拡大していった。このような状況の中，65年5月には日産とプリンス自動車工業（以下「プリンス自工」）が合併に合意した。日産とプリンス自工の合併は，当時の桜内義雄通産大臣による政策サイドの仲介で実現した。この合併は，両社の資本金市場規模や2位と7位であった業界順位，異系列金融機関，経営内容の健全性の面から，わが国の産業史上かつて例がないものとして注目された。合併前の両社の生産規模は，日産約35.2万台，プリンス自工約9万台で合計約44.2万台であり，トップのトヨタ自工の約44万台をわずかに上回った[53]。そして，国際競争力強化という視点によるこの合併についての要領が発表された。そこでは66年末という合併時期・概ね1：2の合併比率・合併委員会の設置・車名の継承，従業員の扱い，代理店・協力工場への配慮といった留意事項について触れられた。その後，両社の合併は，予定の66年末より早まり，66年4月に合併契約に調印した。最終的には，日産の存続とプリンス自工の解散，合併比率は日産2：プリンス自工5，新資本金398億円，従業員3万1,529人となり，8月には日産がプリンス自工の全事業と全従業員を引き継ぐこととなった[54]。この日産とプリンス自

工の合併を機に，自動車業界再編の気運が一気に高まっていった。

(2) 日産とプリンス自工合併後の展開

1) トヨタによるグループの形成

プリンス自工と日産の合併の後，トヨタ自工を中心に1966年から67年にかけて複数の提携が進んだ。当時の通産省の佐橋滋事務次官（在任1964-66年）は，将来的にわが国の自動車メーカーは3社くらいが望ましいという見解を示し，プリンス自工と日産のような大型合併を歓迎した。トヨタ自工と日野自工との提携[55]が早くから取り上げられたのは，両社のメインバンクが三井銀行だったためである。そして，トヨタ自工・トヨタ自販と日野自工・日野自販は，66年10月に業務提携覚書に調印し，提携が67年から開始された。日野自工は羽村工場でのトヨタ車の組立委託生産，日野自販は販売提携による顧客情報交換・小型車販売への協力を行った。この結果，日野自工は小型車部門から撤退し，大型車部門に特化し，トヨタグループの形成へとつながった[56]。

続いてトヨタ自工は，1967年11月にダイハツとも業務提携した。ダイハツの経営は健全だったが，規模の利益を求めたメインバンクである三和銀行の意向が働いた。トヨタ自工は，ダイハツに軽自動車中心のメーカーとして，小型車専門からの撤退を提案したが，ダイハツには小型車に力を入れたい意向があった。68年にはトヨタとダイハツの共同出資でダイハツ自動車販売を設立し，69年にはトヨタ自工からダイハツに役員が出向し，新型車開発や生産委託などで提携の効果を上げていった[57]。トヨタ自工とダイハツの提携は，外資に対抗するという政府方針に従いながら，国際競争力の強化と相互利益確保を目的としていた。こうしてトヨタ自工，日野，ダイハツの提携によって，軽自動車からトラックまでを生産する総合自動車グループが誕生した[58]。トヨタ自工と日野，ダイハツの業務提携の背後で動いたのは銀行であった。つまり，この時期におけるメーカーの合併や業務提携には，金融機関の力が大きく作用し，合併や提携を進めていったという形跡があった。ここには成長産業とはいえ，まだまだ金融機関に依存しなければならなかったメーカーの事情も考慮しておかなければならない。

2) 他メーカーにおける業務提携の進捗

1966年12月，いすゞ自動車（以下「いすゞ」）と富士重工業（以下「富士重工」）も企業防衛と事業体制強化のために業務提携を行った。当時のいすゞは，小型車への出遅れが顕著となっており，一方の富士重工は小型車市場に参入したばかりで，両社とも競争上不利な状況に置かれていた。いすゞはトラック主体で，富士重工は軽主体という相違があり，車種調整が可能で共同開発計画と販売提携が検討されていた。その後，68年春，いすゞから三菱重工業（以下「三菱重工」）をグループに入れたいとの提案（いわゆる「IMF構想」）があった。しかし，富士重工と三菱重工が生産する

車種が競合したため，富士重工は提携は不可能と判断し，68 年 5 月，いすゞと富士重工の提携自体も解消した。いすゞと提携解消した富士重工は，69 年 10 月，日産と提携した。これは両社間で車種調整が比較的しやすく，メインバンクを通じて近い関係にあったためである。この結果，富士重工は，日産から受託生産を行い，排出ガス対策車等の共同研究・開発，部品の供給・共用化も行うことになった。

　また 1968 年 6 月，いすゞと三菱重工は，業務提携に踏み切り，技術開発・資材購入・営業・車種調整などを検討し，2 年後を目処に三菱重工の自動車部門分離，将来の合併可能性，さらに外資との提携をしない方針を示した。しかし，69 年 5 月，三菱重工とクライスラーとの合弁生産が明らかになり，いすゞと三菱重工の提携は同月解消された。その後，いすゞは，70 年 3 月，日産と業務提携をし，日産から生産委託を受け，販売提携を実現した。そして，いすゞが 70 年 11 月，GM との提携交渉に入ったため，71 年 7 月，両社の提携は解消された[59]。いすゞと日産が合併に至らなかったのは，いすゞはプリンス自工のように乗用車だけではなく，大型トラック，中型トラックまで生産していたメーカーであったことと，第二次世界大戦前からトヨタ，日産，いすゞは御三家と呼ばれる会社の 1 つであったため，合併は難しかった[60]。通産省は，1960 年代半ば以降，資本自由化に備えるため，トヨタ自工と日産を中核とした業界再編を意図したが，各メーカーの利害や思惑もあり，通産省の意図した通りには進まなかった。そしてわが国のメーカーは，トヨタ自工，日産を中心とした民族系メーカー・グループ，いすゞ，三菱重工，東洋工業のようにその後外資との提携を目指すメーカー，本田技研工業（以下「本田技研」），鈴木の独立系メーカーの 3 グループに分かれた[61]。こうして国内メーカーの資本自由化への対応，国際競争力強化など，外資への防波堤づくりのための業界再編成は一旦終息した。

(3) 自動車の資本自由化による影響

　1971 年 4 月から自動車の資本自由化が開始された。60 年代後半に業界再編の影響を受けた自動車業界は，わが国での自由化後の外資進出形態や産業自体への影響が極めて予測しにくい状況となった。外資のわが国メーカーとの提携は，欧米の自動車産業界が価格・品質の両面で国際競争力を低下させつつあったことが背景にあった。そこで外資は，わが国に生産拠点を持ち，相対的に安い労働力と優れた技術により，安価で性能・品質のよい小型車を世界のユーザーに提供し，極東市場を押さえようとした。通産省は，このような外資の意図に対して，国内産業保護の観点から国内メーカーと外資メーカーとの提携認可には慎重な姿勢をとった。通産省は買収防止に主眼を置き，当面の持ち株比率は 35% 未満に留め，国内での安定株主工作を図り，経営権を維持するなどの方針を固めた。他方でビッグ 3 も，以前から 100% 資本進出の方針を転換する柔軟な姿勢を見せ，日米メーカーの提携関係が活発化した[62]。

　そして，1971 年 6 月に，既に 69 年 5 月に提携に合意していた三菱重工とクライス

図表 8-8　1970 年代のわが国自動車工業の構造

（中核部）
自立的産業トラスト（トヨタ自工，日産）小型車世界戦略への着手
（周辺部）
① 被系列化企業（日野，ダイハツ，富士重工，日産ディーゼル）自立性の喪失
② 外資提携企業（いすゞ，三菱自工，東洋工業，鈴木自工）米ビッグ 3 の世界戦略の一環
③ 独立自存企業＝本田技研独自路線による小型車世界戦略の展開

［出所］一寸木俊昭（1983）「戦後自動車産業の発展段階」法政大学経営学部編『我が国自動車産業の展望』（財）法政大学出版局，p.46，一部改

ラーの提携[63]が認可された。この間の 70 年 4 月に三菱自動車工業が設立され，営業を開始していた。また，71 年 9 月には，同年 7 月に調印していたいすゞと GM の提携[64]も認可された。この提携によって，いすゞは，GM のマーケティング・チャネルを活用して，世界市場での拡大を目指した。また，東洋工業もフォードとの提携交渉を 70 年秋から開始したが，72 年 3 月に一部のトラック輸出などの提携関係を残して白紙に戻った。しかしその後，79 年 11 月に資本提携関係を結んだ。さらに本田技研もフォードと，73 年 7 月に CVCC[65]技術供与契約を締結し，同年 9 月にはクライスラーへの技術供与を発表した[66]。

　このように資本自由化後は外資系企業との提携が進んでいったが，第一次オイルショックの影響が，世界的にみられるようになった。ただ，オイルショックからの立ち直りは，日本が最も早く，そのときの貴重な経験を生かした諸対応を図ったこともあり，第二次オイルショック時には，国際収支面で大きく赤字となったこと以外は，国内的には大きな影響を回避できた。

4　モータリゼーション発展期におけるマーケティング対応

（1）わが国におけるメーカーとディーラーの関係

　1960 年 10 月の貿易自由化が近づくと，各メーカーは海外メーカーに対抗するためには，生産技術や生産量だけではなく，国内での強靱なマーケティング・チャネル構築も重視するようになった。マーケティング・チャネル政策の重視は，当初は国内メーカー同士の競争で有効であったが，次第に海外メーカーとの競争においても有効な方法となった。特にわが国の自動車流通における複数マーケティング・チャネルの展開は，これまでみてきたモータリゼーションの進展と軌を一にしている。自動車の生産量が増加し，顧客を拡大し，さらに保有台数を伸長させるエンジンとなったのは，ディーラー企業・店舗数の拡大であった。これまであまり指摘されてこなかった

が，複数ディーラー制の採用によるディーラー企業や店舗増加は，わが国の自動車産業のグローバル展開が可能となったことの大きな礎となった。

1）わが国の自動車流通形態

　1950年代後半から自動車のマーケティング方法は，競争激化と需要構造の変化により，大きく変化するようになった。ほとんどのメーカーは，大口需要者以外の不特定多数の個人ユーザーを開拓するため，マーケティング組織を地方毎に分散化し，それまでの1県1ディーラー制のマーケティング・チャネルを車種ブランド別に複数マーケティング・チャネルに分ける政策を採用した。マーケティング組織は，トヨタ自工，プリンス自工，日野自工のように販売会社を設立し，生産と（卸売）販売を分担する方法と，日産やいすゞのように，メーカーの営業部が行う方法があった[67]。これらはメーカーと小売業であるディーラー企業との間に卸売業である販売会社を挟むか，挟まないかの違いである[68]。どちらの方が効率がよいのか議論がされた時期もあったが，次第に販売会社を挟まない方法がわが国の場合は，一般的となっていった。

　わが国での国内新車流通は，各メーカーからディーラー企業を経由し，販売する形態が一般的であり，自動車販売ではフランチャイズ制がとられた。フランチャイズ制はディーラー企業数を限定し，一定の販売地域を限って専売代理販売権を与えるものである。これは大量販売とブランド・ロイヤリティ形成のために，最も効果的なシステムであるといわれる[69]。そして1950年代後半から本格的にわが国では各メーカーは，その生産車種ブランドを複数のマーケティング・チャネルに分け，各ディーラーにその販売権を付与し，ディーラー企業は通常，特定メーカー1社と主たる販売地域を決め，販売契約を締結するというのが，自動車流通における特徴となった。こうしてディーラー企業は，当該メーカーから製品を継続的[70]に仕入れ，最終ユーザーに販売することが可能になった。このような方法が採用されたのは自動車が高度な要素技術の複合商品であり，機能・スタイリングが顧客の選択決定に影響する製品特性のためである。さらにメーカーの製品開発力，個々の車種ブランドとメンテナンス体制整備，個々の車種ブランドと店舗イメージの整合性などが重要であったため，ほとんどのメーカーは21世紀はじめまでは，チャネルごとの排他的マーケティング・チャネル（専売制）を採用してきた[71]。

　他方，ディーラー企業は，直接あるいはサブディーラーを通じてユーザーに自動車を販売するほか，業販店と呼ばれる販売協力店を通じて自動車を販売する場合がある。業販店は，複数メーカーの車種ブランドを販売することも多く，一般のディーラーとは販売方法が異なっている。ディーラーにとっての業販店活用は，販売コスト低減と効率化が図れるメリットがあるが，販売マージンは低下するというデメリットもある。一方，軽自動車販売では，業販店を効率的に活用することで，ディーラー企

176

業の経営安定化が図られている[72]。ここには1台あたりの軽自動車の利益額が少ない分，数を販売することによって経営を安定させようという意思がみられる。それは販売拠点や窓口を増加させることが販売台数の増加につながってきたからである。また，ディーラーの販売方式には，訪問販売と店頭販売がある。ディーラーは，従来ショー・ルームの設置や積極的なイベントの開催等により店頭販売を活性化し，訪問販売と店頭販売を効率的に組み合わせることで，販売活動の合理化を図ってきた。しかし，店頭販売の比率は向上しつつあったが，訪問販売に過度に依存するケースもあった。これがディーラー企業の過大な人件費負担となり，経営合理化を図る上での課題となった[73]。とにかく多くの営業員（セールスマン）を抱え，個人家庭へアタックするローラー作戦の展開には，常に人件費と効率性の問題が取り上げられてきた。

2）自動車流通における相互利益論の観察

　一方，アメリカのメーカーは，財政的に困難な状況に陥ったディーラー企業との契約を解消したが，わが国のメーカーはディーラー企業を支援するという政策をとってきた。そこには対等のパートナーとしてディーラーを取り扱うという共同主義や家族主義的な姿勢があり，これは日本的経営の特徴でもあると指摘されてきた。また，メーカーとディーラーの関係は，ディーラーが直接，ユーザーに接触し販売活動を展開し，そのメンテナンスを行う役割を担ってきた。そして，メーカーは全国的なプロモーション活動を行い，ディーラーへの技術指導を実施した。このような関係は，特定メーカーの製品しか取り扱わないという排他的な性格を持っており，企業内分業にも似た分担関係を持っていることにおいて「組織の階層」に類似していたことが指摘されている[74]。

(2) 複数マーケティング・チャネル制

1）複数マーケティング・チャネルの採用

　主要メーカーによる本格的な車種ブランド系列ごとのディーラー企業の設立は，製品の多様化に伴う，複数マーケティング・チャネルの採用・展開であった。複数ディーラーを展開するのは，1つのディーラーが多様な車種ブランドを取り扱うと，人気の高い自動車へ販売努力が傾斜しがちになる傾向を回避するためである。このシステムは，既に本田技研が自動二輪車のラインに対するディーラーの分離を創り出していったという点において，先例があった[75]。国内では二輪車販売における複数マーケティング・チャネルが採用されていたが，自動車販売においては既にアメリカで複数マーケティング・チャネルが採用されていた。

　モータリゼーションの初期段階では，家電製品普及の初期段階と同じく，ユーザーはまず所有することに重点があった。しかし，それがある段階まで達するとユーザーは，上級移行志向を強めるようになった。一方で，1970年代の2度のオイルショックによって，ユーザーは節約志向や価格志向も強め，軽自動車への需要も高めたが，

従来の乗用車に機能の多様性と高度化を要求した。各メーカーはユーザーからの要求に対応し，価格維持を図りながら，わずかな機能の追加や同一車種に対する新たなネーミングの追加などで，製品すなわち車種ブランドの多様化政策を採用していった[76]。これがメーカーは同じであるがディーラーは異なり，ほぼ販売している自動車はブランド名が異なるだけで，ほとんど同じである「双子車やきょうだい車問題」へとつながっていった。

2）複数マーケティング・チャネルの有効性

　市場が成長段階にあるときは，車種ブランド別の複数マーケティング・チャネルは，市場細分化に基づいたシステムだったため有効に機能し，販売量を増加させることができた。しかし，市場成熟化が進み，競争がより激化すると，競争のレベルはメーカー間だけではなく，同一メーカーの車種間，すなわち同一メーカーの車種別ディーラー間でも起こった。つまり，ディーラーが各メーカーに系列化され，1つのメーカーの製品しか販売できない「メーカーごとの排他的系列販売」，同一メーカーが複数のマーケティング・チャネル（ディーラー系列）を持ち，同じメーカーの異なるディーラー系列同士が競合する「同一メーカー内の複数系列競合」という二重の系列問題として指摘されている[77]。そして，マーケティング・チャネル段階におけるメーカー間の競争に加えて同一メーカーの異車種ディーラー企業間での競争も起こった。これは結果的には，ディーラーのメーカーへのロイヤルティを低下させることになった。また，メーカーとディーラー企業間にみられた共同体としての組織の弱体化につながった[78]。この状況は，あまりにも同次元や異次元での競争が複雑になりすぎたために，競争することによって得られるメリットよりも，デメリットが目立ちはじめたと捉えることもできよう。

(3) モータリゼーション発展期における流通問題

1）1960 年代の販売現場における混乱

　急激な自動車市場拡大は，自動車生産レベルでの競争だけでなく，マーケティング・レベルでの競争も激化させ，結果的に自動車市場を拡大させてきた面もあった。自動車販売では，販売台数を増加させるために，値引き競争，割賦販売条件の悪化，下取り中古車の高取り，過剰サービス競争が起こり，ディーラー企業の経営を悪化させた。特に割賦販売は，モータリゼーションの促進に重要な役割を果たしたが，1960年代前半に割賦条件が混乱した。それは頭金を取らないとか，月賦期間の長期化競争となった。当時は，依然として自動車販売ではセールスマンの自由裁量幅が大きく，コミッション制が存続していたため，セールスマンの身分が不安定であったことなど，古い取引慣習が残存し，その販売慣習によって無理な販売活動を展開したディーラー企業の経営が悪化した[79]。このような状況になった背景には，自動車という製品（商品）に対する経済的負担の問題があった。それはユーザーにとって自動車は，戸

建て住宅・マンションに次いで，非常に多額の出費を要する商品であること，また定期検査や車検，アフターサービスなど，ディーラーには販売後のユーザーとの関係性が生まれる商品であることなどである。

２）販売現場の混乱への対応

完成乗用車輸入自由化の実施と資本自由化が議論されるようになると，国内の販売慣習は，外資の販売攻勢への対応が課題となっていた。既に60年代半ばから，こうした販売の混乱に対し，メーカーと流通業界が協力して，自動車販売への信頼と安定を獲得することが急務となっていた。そこで65年5月，日本自動車工業会，日本小型自動車工業会（小自工），日本自動車販売協会連合会（自販連），日本小型自動車販売協会の4団体は，割賦販売の混乱を改善するために，割賦販売法第9条の規定に基づく標準条件の設定に関して，通産省・運輸省に対し要望書を提出した。その結果，10月に乗用車の場合で，「頭金25％・期間20ヶ月」との標準条件[80]が設定・告示された。そして，9月末，4団体で結成された「自動車流通合理化委員会」が各都道府県に設置され，この標準条件の円滑な実施促進と実情調査や，その結果に基づく改善の要請などの活動に着手した。割賦販売法に基づく標準条件の設定は，自動車がはじめてで，業界団体・メーカー・販売業界が一致協力して問題解決に当たったのは極めて画期的であった[81]。

また，1969年には中古車の不当表示に対し，公正取引委員会から排除命令が出された。自販連にも警告書が出されたが，秩序の乱れを完全に糺すことはできなかった。このため，業界としての公正競争規約を設け，法的規制を伴ったルール確立への動きが活発になった。そして，70年秋には景品類提供に関する公正規約案の作成をはじめ，71年春には新車の表示に関する競争規約設立申請の段階へ達した。この規約案は，公聴会を経て，71年9月，公取委から「自動車（新車）の表示に関する公正取引規約」として認定された。さらに中古車についても同様のルール作成の必要から，10月には，先の規約を改正する形で中古車の競争規約も組み込んだ「自動車業における表示に関する公正競争規約[82]」が承認された。この内容の周知徹底・指導・表示の基準作り，違反行為が行われた場合の調査・措置などのために，公正取引協議会が設置された。その後，協議会は自動車販売における表示・広告・中古車基準価格のガイドライン作成など，流通の秩序確立のためのルール作成に積極的に取り組んだ。一方で，メーカー自身もこうした事態を放置せず，ディーラー企業との強力なパートナーシップを組みつつ，問題の解決に当たった[83]。ただ，業界全体でのルール作成は，業界に関係する多くの者に配慮しなければならない面も有しており，それが最終ユーザーの利益にはつながっていない面も残ることになった。

5　モータリゼーション時期における自動車産業の発展区分

(1)　自動車産業における発展時期の区分

　産業だけに限らず，その発展段階を区分することは，その発展を確認し，未来を予測する上で有益な作業である。特に産業における発展段階区分指標は，需要，供給双方の画期的動きによるのが適切とされている。この画期的動きをいかに確定するかは論者により異なり，異論が出ることもある。ただ，この画期的動きによる区分を明示することによって，当該時期区分のオリジナリティを発揮するという面もある。

　影山（1980）では，図表8-9のように，自動車工業発展を5つの段階に分けている[84]。また，伊丹（1990）は図表8-10のように，特に第二次世界大戦後から1980年代までのわが国の自動車生産を中心として簡単に時期区分を行っている。これはほぼわが国のモータリゼーション以前からモータリゼーションがほぼ達成された時期までを対象としている。

　影山（1980）と伊丹（1990）による時期区分は，伊丹の方が若干発表した時期が現在に近いが，対象とした時期はほぼ同じである。先に述べた通り，産業の段階区分を行う場合，需要，供給双方の画期的な動きにより，行うことが明瞭であると指摘されているが，前者の場合，ほとんどが供給側，つまり生産を中心に据えた時期区分となっている。また，後者の場合，自動車生産ということが前提とされているため，供給側の時期区分に限定されている。さらにその時期区分は，10年ごとに区切るという便宜的方法を用いているため，その時期における時期区分は，10年という区切りのよい時間に縛られたものとなっている。つまり，10年という時間の中で自動車生産において，目立った動きを示した形となっている。

(2)　自動車流通におけるモータリゼーション時期の区分

　先にモータリゼーション発展期における自動車工業の時期区分についてみたが，生産過程における発展と，生産された完成車流通の発展をみる視点は当然異なる。また，流通をみるという視点も，わが国の自動車流通全体をみるのか，それとも個別メーカーのマーケティング・チャネルを観察し，それを集約し，何らかの法則性を発見し，まとめるという視点は当然異なってくる。

　本章は，主として1960年代前半から1980年代前半までの約20年を対象とした。特に自動車生産に縛られることなく，需要面やマーケティングなどモータリゼーションの進展において，さまざまな事象による影響から自動車流通はどのように変化してきたかを観察しようとした。この対象とした時期は，現在のわが国の自動車流通においてトップメーカーであるトヨタをはじめ，多くのメーカーがマーケティング・チャネル政策として採用・展開した複数マーケティング・チャネルをより拡大させた時期でもあった。

180

図表 8-9　戦後自動車工業の発展段階

段　階	特　　徴
第 1 段階 （終戦から 1953 年）	戦災からの復興時期。 戦争による設備の荒廃，技術水準の立ち後れから戦前の生産水準まで復興を遂げる困難な時代である。全メーカーで，大規模なストライキが頻発し，設備，技術だけでなく，労働力の面でも生産要員の整備が遅れた。朝鮮特需を背景にトラック生産を中心に戦前への復興が図られた。
第 2 段階 （1954 年から 60 年）	乗用車工業発展の準備時期。 トラック生産を中心にしながらも，乗用車産業育成の必要性が認識され，60 年以降の本格的発展の基盤整備が行われた。
第 3 段階 （1961 年から 70 年）	乗用車の量産体制が確立した時期。 高度成長のもとで国民所得は急増し，自動車需要が飛躍的に増加した。これを背景に，大量生産体制が確立し，生産コストが毎年低下した。価格引き下げ，品質向上，さらに需要の増加で量産体制が確立した。需要の価格・所得弾力性が高い商品である自動車の発展基盤となり，その特性が十分に発揮された。量産体制は，資本自由化対策の点からも急速に進められた。高度成長に支えられ，それを主導した自動車産業が本格的に発展した。
第 4 段階 （1971 年から 74 年）	自動車の輸出が拡大した時期。 前期に確立した量産体制を背景に，70 年頃からわが国自動車の輸出が急増した。この段階では，わが国の高度経済成長の終息とともに，その歪みが表面化し，高成長の推進役としての自動車産業に対して環境破壊，交通事故等，自動車のもたらす弊害に対して，国民の批判も強まった。この状況で，メーカーは車種の多様化を図り，自動車という商品の別の特性である製品差別化を進める準備を開始した。
第 5 段階 1974 年から 80 年）	石油危機の影響が顕在化した時期。 石油危機後，自動車の内需が鈍化し，国内登録台数は一進一退となった。内需拡大のため，メーカーは多車種ブランドを開発し，モデルチェンジを繰り返し，販売活動に力を注ぎ，製品差別化競争を展開した。一方，輸出は，石油危機後も好調で，自動車生産の減少を下支えした。所得の停滞，省エネルギーという時代を背景に，需要も頭打ちとなり，原材料，部品価格の高騰で生産コストも高騰し，モデルチェンジのコストも無視できなくなった。エネルギー消費の大きい自動車に対する国民の批判は強く，輸出環境も悪化した。戦後急速な発展を遂げたわが国の自動車産業は試練の時期を迎えた。

［出所］影山僖一（1980）『現代自動車産業論』多賀出版，pp.5–6 より筆者作成

図表 8-10　伊丹（1990）による自動車生産の変化における時期区分とその特徴

時期区分	特　　徴
1940 年代	復興 わが国の自動車産業は極めて脆弱な存在で，国内総生産台数は 30 万台に満たず，ほとんどがトラックであり，戦後の復興に全力を挙げた。
1950 年代	朝鮮特需，トラック中心の足固め，乗用車の曙 50 年代半ばからわが国の自動車産業の成長がはじまり，年率 60% を超す成長を経験した年もあったが，それは全体の規模がまだ小さいからこその急成長であった。
1960 年代	国内急成長，モータリゼーションの時代，貿易・資本の自由化 わが国の自動車産業が本格的に急成長をはじめ，66 年にはじめて乗用車生産が商用車生産を上回り，この 10 年間に生産量は 10 倍になった。
1970 年代	国内成熟，輸出の急成長 わが国の自動車産業が海外に需要を求め，輸出が 400 万台以上に増加し，わが国の自動車生産は倍増した。
1980 年代	貿易摩擦，輸出の成熟，生産全体の低成長 貿易摩擦のために自動車輸出にかげりが見え始め，輸出の自主規制がはじまった。

[出所] 伊丹敬之（1990）「産業成長の軌跡」伊丹・加護野・小林・榊原・伊藤『競争と革新−自動車産業の企業成長』東洋経済新報社，pp.6-7 より筆者作成

おわりに

　本章では，モータリゼーション発展期における自動車産業と関連産業をさまざまな角度からみてきた。供給面では，第二次世界大戦後，ほとんどゼロともいってよい状態に近かった自動車工業が，世界有数の自動車生産国へと成長した過程についてボリューム面から確認し，若干，国際的な面からもみた。また，自動車の生産量が増加する中で，生産する車種ブランドが変化し，わが国メーカーが得意としてきた小型車と大衆車の競争面を取り上げてきた。モータリゼーション発展期には，メーカー間の競争とメーカー自社内での競争が相乗効果を生み，モータリゼーションを発展させるエンジンとなったことも確認した。

　次に需要面の変化は，自動車需要の伸長背景，ユーザーの変化，ユーザーの自動車に対する要求の変化を取り上げた。さらに全体的な視点からわが国における自動車保有状況の変化，そして普及が進んだ結果迎えた市場の成熟化と複数保有による保有台数のさらなる伸長，女性の運転免許取得率の上昇，女性ドライバーの増加がわが国の自動車市場に与えた影響についてもそれぞれみてきた。

　また，1960 年代後半にはモータリゼーションがさらに発展し，資本自由化を迎えるにあたり，わが国の自動車産業が国内だけの競争から国際競争へと巻き込まれてい

く状況を迎えた。そこで通産省や金融機関など各方面からの圧力もあり，メーカー自身の経営体質を強固にするために，合併や提携が進んだ。そこで日産とプリンス自工の合併，トヨタと日野とダイハツの提携，いすゞ，富士重工，三菱自工などの提携やその解消などについても取り上げてきた。その後，資本自由化により外資系メーカーと提携関係に入るメーカーも出てきたが，その背景には規模の経済と金融の問題があった。そして，車種ブランドのバリエーションの増加など，競争対応を積極的に行うことによって，いかに販売台数を伸長させるかという問題がつきまとうことになった。その対応としてマーケティング・チャネル政策の面では複数マーケティング・チャネルがあった。この複数マーケティング・チャネルは，モータリゼーションに突入する以前からその萌芽があったが，採用とそれを支えたシステムについてみてきた。そして，モータリゼーション発展期においては複数マーケティング・チャネルが全体として販売台数を増加させるためには有効な手段であったことが推察できた。反面，販売台数を増加させるためにとられたマーケティング手法は，社会的な問題となる可能性を含んでいたため，業界全体として対応しようとした概略的な経緯と取り組みについても取り上げた。最後に，1960年代半ばから80年代半ばまでの約20年というモータリゼーション発展期における生産視点から時期区分について取り上げた。

── 注 ──

1）日本長期信用銀行調査部（1968）「日本自動車産業における競争」『長銀調査月報』No.110, p.11

2）日本経済新聞1998年6月14日付，佐和隆光「一刀両断」

3）日産自動車(株)調査部（1983）『21世紀への道　日産自動車50年史』日産自動車，p.136

4）景気上昇期間が，岩戸景気の42ヶ月間を超え，57ヶ月におよび新記録となり，「いざなぎ景気」と呼ばれた。

5）わが国の自動車産業は，国内市場に大きく依存して成長した。それは外国からの輸入を制約する政策を採用した結果であった。その発展パターンは，他の耐久消費財の発展と類似していた。耐久消費財の普及は，白黒テレビ，冷蔵庫，洗濯機（三種の神器）からはじまり，カラーテレビ，クーラー，乗用車（3C）の時代がきた。この消費行動に沿って，わが国の高度経済成長期の段階を考えると，1950年代中期から60年代半ばまでとそれ以降から第一次オイルショックまでに分けられる。3C時代といわれはじめたのは60年代半ば過ぎからであり，64年から乗用車の販売先として個人が第1位を占めるようになった。前者を高度経済成長の第1段階，後者を第2段階とすると，第1段階は家電産業が，そして第2段階は自動車産業が中心となって，日本の高度経済成長を支えてきた。（白石善章（1995）「自動車のマーケティング」マーケティング史研究会編『日本のマーケティング』同文舘出版，pp.110-111）

乗用車の国内販売先の推移

(%)

(年)	個　人	サービス業	タクシー	商　業	製造業	その他
1957	3.6	10.4	53.9	8.9	12.1	10.1
1958	4.2	11.3	45.9	11.4	14.7	12.5
1959	5.9	11.1	39.5	12.4	17.4	13.7
1960	7.8	13.8	29.8	14.9	18.6	15.0
1961	12.2	13.1	25.1	14.5	18.8	16.2
1962	13.9	14.3	21.2	15.6	18.0	17.0
1963	16.1	13.2	19.2	16.5	17.4	17.6
1964	22.0	12.6	15.9	16.5	15.5	17.5
1965	28.4	11.9	11.4	16.6	14.0	17.7
1966	47.2	5.6	5.3	11.6	10.6	19.7
1967	39.1	8.0	7.8	14.8	12.1	18.4
1968	40.8	7.6	6.2	13.4	10.7	21.3
1969	47.2	5.6	5.3	11.6	5.9	19.7
1970	50.6	4.4	4.3	10.9	6.4	13.3
1971	58.5	7.8	3.4	8.0	7.9	14.4

［注］対前年比にはトラック及びバスを含む–新車部門。ただし，軽乗用車を除く。
［出所］（社）日本自動車工業会「日本の自動車工業」（1966,72年版）より，白石善章（1995）『前掲書』，p.111が掲載したものを転載

6）石川和男（2008）「朝鮮戦争から貿易自由化時期における自動車産業の環境をめぐって—複数マーケティング・チャネル性への移行背景—」『専修商学論集』第87号，p.8

7）川又克二（1988）『自動車とともに』日産自動車，p.93

8）（社）日本自動車工業会（1988）『日本自動車産業史』日本自動車工業会，pp.189–190

9）1950年代当時のわが国自動車産業の年間生産量はアメリカの自動車生産のわずか1.5日分に過ぎなかった。（Womack et al., (1990), *The Machine That Changed the World*, Macmillan Publishing Co., Ch 3）

10）わが国では1966年を「マーカー元年」としており，トヨタ自工の生産台数で乗用車がはじめて54%を占めるようになった。（塩見治人（1996）「「フルライン—ワイドセレクション」体制への組織的対応」『オイコノミカ』第31巻第2・3・4合併号，p.189）また，「マイカー元年」といわれたのは，この年に第13回東京モーターショーが開催され，入場者が150万人を超え，人々の関心がマイカー，ファミリーカーに向いたからという指摘もある。（箱田昌平（2007）「軽自動車の規格改正と企業競争—1950年～1990年の軽自動車市場—」『追手門経済論集』第42巻第2号，p.31）

11）（社）日本自動車工業会（1988），p.189，1966年が「マーカー元年」といわれたのは，日産からサニー，トヨタ自販からはカローラという大衆車が発売され，個人ユーザーが飛躍的に増えた年だったためである。

12）岡崎宏司（2007）「車，流行と変遷の40年」『JAMAGAZINE』Vol.41，p.2

13）桂木洋二（1999）『日本における自動車の世紀—トヨタと日産を中心に』グランプリ出版，p.486

14) 1965 年 10 月に乗用車の貿易自由化が実施された。自由化以前と変化したのは，完成乗用車輸入で為替の許可を取らずに済むようになったことで，輸入車には関税が 40％かけられていた。したがって，貿易自由化の影響はすぐに出ず，国内メーカー同士の競争が継続した。自動車関係の貿易自由化で残った問題は，エンジンなどの主要部品や資本自由化であった。わが国でエンジンの輸入が認められなければ海外メーカーが組立工場が建設できず，資本自由化が実施されなければ，わが国メーカーは海外メーカーに吸収される不安はなかった。アメリカはこれに不満があり，さらに自由化の圧力を強め，交渉が行われた。わが国からアメリカへの自動車輸出は増大し，交渉過程ではわが国が譲歩しなければならなくなり，交渉は 68〜69 年にかけて妥結し，72 年までにエンジンなど部品の輸入完全自由化，71 年 3 月に自動車の資本自由化が実施された。また，輸入関税への海外からの圧力も激しくなり，68 年には 36％，70 年には 20％ と段階的に引き下げられ，78 年には関税ゼロになった。(桂木 (1999)，pp.388-389)

15) 軽自動車は 1949 年の運輸省令第 36 号「車両規制改正」ではじめて定義された。(箱田 (2007)，p.31)

16) 各メーカーの新車投入でマーケティング競争が激化した。各メーカーのマーケティング戦略は，販売競争の手段でもあったが，顧客層が次第に法人から個人レベルに浸透しつつあった自動車需要を開拓する役割も果たした。たとえば，モータリゼーションの開始時期には，新車はしばしば故障した。新車の保証期間，走行距離に対する保証距離延長は，顧客が大衆層に拡大したことも影響し，顧客へ安心感を訴求するためにとられた。また，割賦販売制度の改善では，わが国で割賦販売法が施行されたのは 1961 年であったが，それ以前にも多くの企業で割賦販売が採用されていた。しかし，割賦販売期間が短く，顧客にとっては利用しにくい面もあった。そこで，割賦販売制度を改善することで，より顧客が利用しやすい政策採用となった。他方，広告・宣伝活動の変化は，顧客層が法人層から一般個人を対象にすることになった影響である。どの政策も，顧客層の変化，潜在も含めた顧客数の増加が，メーカーや販売会社，ディーラーのマーケティング政策の変化に与えた影響が大きい。

17) (社)日本自動車工業会 (1988)，p.191

18) メーカーの乱立状態は，市場における激しい競争を生み出し，1962〜65 年に乗用車ではベレット (いすゞ)，スカイライン 1500 (プリンス)，ファミリア・セダン (東洋工業)，プレジデント (日産) など 10 種を超す新型車種の発売が続いた。現在のモデルチェンジには社会的な批判があるが，この時期の新車種や既存車種のモデルチェンジは，性能と技術向上が伴い，また技術を発展させた点では評価すべき点があった。他方，多種少量生産の性格が強くなり，工場のスケール・メリットが生かせない短所があった。一応の量産規模とされる月産 1 万台に達した車種はトヨタのコロナ (65 年 3 月)，日産のブルーバード (64 年 4 月) だけで，他車種は 5,000 台以下が多かった。同じ時期に GM のシボレーが 15.2 万台，フォードのギャラクシーが 4.8 万台など，諸外国の車種とはかなり差があった。つまり，当時のわが国自動車工業の発展は市場志向型で，多種少量生産によって多様な需要層を開拓し，需要構造の変化に対応してきたが，規模の経済が犠牲にされた面があった。(野田一夫執筆編集総責任 (1969)『日本経営史　現代経営史』(財) 日本生産性本部，p.785)

19) (社)日本自動車工業会 (1988)，p.192

20) 日本長期信用銀行調査部 (1966)「自動車の流通機構—その歴史的発展と現状の諸問

題—」『調査月報』NO.95, p.7

21) トヨタと日産のシェア（登録台数，除軽自動車）競争では，トヨタが工販分離をした 1950 年は，トヨタ 34.4%，日産 37.8% と日産が 3.4% 上回っていた。51 年もトヨタ 35.9%，日産 37.1% で日産が 1.2% 上回った。しかし，52 年にトヨタ 38.6% に対し，日産 37.0% とトヨタが 1.6% 上回り，両社のシェアは逆転した。それ以降，トヨタのリードは変わっていない。（矢島鈞次監修（1979）『カープロフェッショナル』弘済出版社，p.23）

22) 箱田昌平（2004）「戦後日本の自動車産業における参入と産業政策」近畿大学経済学会『生駒経済論叢』第 1 巻第 3 号，p.76

23) トヨタ自工と日産の 2 社の生産集中度は 1960 年の 53% から 62 年に 45%，65 年には 43% へ低下した。この時期，欧米自動車生産国では上位メーカーの生産集中度が非常に高く，西ドイツのフォルクスワーゲン，イギリスの BMC，イタリアのフィアット，フランスのルノーは，当該国では他メーカーとは大きな差があった。しかし，わが国では 1 社当たりの生産規模が相対的に小さかった。トヨタ自工の 65 年の年間生産台数は約 47.9 万台，日産が約 35 万台で，世界の企業別生産台数では前者が 9 位，後者が 11 位であった。（野田（1969），pp.784–785）

24) 野田，pp.784–785

25) 大衆車が不振であった理由は，①小型車分野で，排ガス対策を施したモデルチェンジ車や新発売車が大衆車に先行して市場に出たこと，②76 年から新規格車（従来の総排気量 360 cc 以下から 550 cc 以下へと車両規格を拡大）の軽自動車が出て競合したこと，③第一次オイルショックの影響が残る中，景気に敏感な大衆車ユーザーには，60 年代半ば以降からの双子車・きょうだい車の登場などが小型車の選択の幅を拡大した。（(社)日本自動車工業会（1988），p.260）

26) (社)日本自動車工業会（1988），p.194

27) 通商産業省機械情報産業局自動車課（1988）『21 世紀高度自動車社会をめざして—自動車問題懇談会とりまとめ—』通産資料調査会，pp.16–17

28) (社)日本自動車工業会（1988），pp.189–190

29) 運転免許保有者の急増は，マイカー・ブーム定着に貢献した。1965 年の運転免許保有者は 2,110 万人であったが，74 年には 3,214 万人へと約 1,100 万人（1.5 倍）も増加した。特に，四輪車の運転に必要な普通免許（一種のみ）の保有では，65 年の 902 万人（普通免許比率 42.7%）に対し，74 年には 2,289 万人（普通比率 71.2%）へと 1,300 万人（2.5 倍）も増加した。これは個人需要の潜在層が大きく成長したことの現れであった。この結果，免許取得資格人口に占める免許保有者は 29.8% から 39.4% へ増加したが，ただ，男女別の保有率で見ると 74 年では男性が 64.2% であったのに対し，女性は 16.3% にすぎなかった。（(社)日本自動車工業会（1988），p.191）

　国民の価値観も週休 2 日制の浸透や物質的豊かさの充足，高齢化社会の進展などによって変化し，自分なりの生活をより重視する考え方が次第に強まった。このような価値観やライフスタイルの変化と関係しながら，自動車に求めるニーズは個性化，多様化の傾向をさらに深めた。特に数保有世帯の急増は，使用目的によって車を乗り分ける傾向が出た。また，燃費のよい車への要請が強まるとともに，快適性や安全性もより重視され，一方では，スポーティな高性能車，レジャーにより適した自動車への需要も根強く，多様なニーズを反映して市場構造は極めて流動的なものとなった。（日産自動車(株)調査部（1983）『21 世紀への道　日産自動車 50 年史』日産自動車，

p.225）

30）通商産業省（1988），p.16

31）四宮正親（1998）『日本の自動車産業―企業者活動と競争力：1918-70―』日本経済評論社，pp.167-168

32）四宮（1998），pp.167-168

33）1964年には再びトヨタ・日産から新型コロナとブルーバードが投入され，スカイライン（プリンス自工），ベレット（いすゞ）が，60年半ば以降新たに投入された。そして，BC戦争といわれた小型車市場におけるシェア争いが熾烈になった。他方では熾烈な競争の中で，効率の面から67年にコンテッサ（日野）が撤退した。（（社）日本自動車工業会（1988），p.194）

各メーカーの小型車の発売

発売年	メーカー／ブランド
1965	日産／シルビア
1966	東洋工業／ルーチェ
1967	いすゞ／フローリアン
1968	トヨタ／マークⅡ，日産／ローレル，いすゞ／117クーペ
1969	三菱／コルトギャラン
1970	東洋工業／カペラ，トヨタ／カリーナ・セリカ
1971	東洋工業／サバンナ，富士重工／スバルレオーネ
1973	日産／バイオレット
1974	いすゞ／ジェミニ

［出所］（社）日本自動車工業会（1988）『前掲書』p.194より筆者作成

34）日産自動車（1983），p.139

35）桂木（1999），p.485

36）岩崎尚人（2005）「ケーススタディ　トヨタ自動車」成城大学『経済研究』第171号，p.113

37）（社）日本自動車工業会（1988），p.192

38）リッターカーは，ダイハツが1977年11月に発売したシャレードが先鞭をつけ，日産・マーチ（82年10月），鈴木・カルタス（83年10月），富士重工・ドミンゴ（83年10月）・ジャスティ（84年2月）と続いた。

39）（社）日本自動車工業会（1988），pp.260-261

40）（社）日本自動車工業会（1988），p.189

41）（社）日本自動車工業会（1988），p.258

42）名古屋トヨペット社史編集室（1988）『名古屋トヨペット30年史』名古屋トヨペット，p.432

43）代替市場が中心となった自動車産業の競争の中心は，価格引き上げ競争ではなくブランド・ロイヤルティの確立をめぐる競争になる。（日本長期信用銀行調査部（1966）「自動車の流通機構―その歴史的発展と現状の諸問題―」『調査月報』NO.95，p.9）

44）日産自動車（1983），pp.194-195

45）（社）日本自動車工業会（1988），p.259

46）岡崎宏司（2007）「車，流行と変遷の40年」『JAMAGAZINE』Vol.41，p.5

47)（社）日本自動車工業会（1988），pp.259-260

48) 名古屋トヨペット社史編集室（1988），p.373

49) 桂木（1999），p.402

50) 名古屋トヨペット（1988），p.432

51) 1960 年代以前に自動車需要が少なかったわが国に T 型フォードで自動車の大量生産・大量販売を実現し，欧米で主流となっていたフォード生産方式を導入することは，非効率であったという指摘もある。（岩崎（2005），pp.108-109）

52)（社）日本自動車工業会（1988），pp.237-238

53)「日本最大の自動車メーカー誕生」として，1965 年 6 月 1 日付の新聞各紙は，一斉に日産・プリンス自工の合併を大々的に報じた。（川又（1988），p.115）

54)（社）日本自動車工業会（1988），p.238

55) この背景には日野はルノー 4 CV の技術によりコンテッサ 900 を開発したが，販売は伸長せず，1964 年に 1,300 cc エンジンを搭載してモデルチェンジした。ブルーバードやコロナと競合したコンテッサは，RR 方式の独自性を強調せず，豪華さやスタイルで需要を喚起しようとした。車両としてのインパクトが少なかった。当時は伝統のあるメーカーが技術的に信頼でき，安心感があったため，トヨタ自工・日産以外のメーカーは，技術力や信頼性を何らかの方法で訴求する必要があった。日野自工は，日本グランプリレースに力を入れたが，その成果はあまり上がらず，販売組織も弱体で苦戦を強いられた。（桂木（1999），p.395）

56) 塩地洋（1988）「日野・トヨタ提携の指摘考察」『経営史学』第 23 巻第 2 号，p.62

57) 桂木（1999），pp.396-397

58)（社）日本自動車工業会（1988），p.239

59)（社）日本自動車工業会（1988），pp.239-240

60) 森川英正（1977）『戦後産業史への証言二』毎日新聞社，p.24

61) 宇田川勝（1983）「我が国自動車産業の史的展開」法政大学経営学部編『我が国自動車産業の展望』（財）法政大学出版局，p.39

62)（社）日本自動車工業会（1988），p.240

63) 三菱・クライスラーの提携　1969 年 5 月に調印した覚書は，①三菱重工とクライスラーは三菱 65％，クライスラー 35％ の出資比率で日本に自動車合弁会社を新設する。②三菱重工，クライスラーは共同して自動車の研究・開発を行う。③新合弁会社の可能性と詳細については，さらに両者間で協議していく，であった。その後，三菱重工は 1970 年 2 月にクライスラーとの合弁事業に関する基本契約を締結したが，その内容は，①三菱重工は自動車事業部門を分離し，全株所有の子会社を設立，この新会社は政府の認可あり次第，クライスラーに対し第三者割当増資の形で新株式を発行する。②合弁会社の資本金は」三菱重工 299 億円（65％），クライスラー 161 億円（35％）で，計 460 億円とする。③役員数は三菱側は取締役 13 名，監査役 1 名，クライスラー側は取締役 7 名，監査役 1 名とし，取締役社長は三菱側が指名選任する。④クライスラーは 7 名の取締役を指名選任するが，いずれも代表権を持たない。⑤合弁会社の事業目的は，自動車及び関連部品の開発，設計，生産，組立，売買，輸出入とする。⑥合弁会社は，三菱重工の自動車事業部門を引き継ぎ，従来の三菱自動車の海外販売網に加えて，クライスラーのマーケティング・チャネルを活用し，全世界に輸出を行い，またクライスラーのノックダウン生産も行う，であった。

64) いすゞ・GM の提携　70 年 11 月，GM との提携を発表したいすゞは，71 年 7 月正式

調印，9月に外資審議会から承認を得た。両社の業務提携に合意した内容は，①安全・公害について，いすゞがGMの特許，ノウハウを活用できる技術援助契約を結ぶ，②GMは，いすゞ製品の世界市場への販売拡大について，全面的に協力する輸出援助契約を結ぶ，③GM，いすゞに伊藤忠商事，川崎重工業を加えた4社で自動変速機の製造のための合弁会社を設立，また同社でガス・タービンの共同開発も行う，④GMのいすゞへの資本参加は妥当な範囲内にとどめ，これに伴ってGMからいすゞへ役員を派遣する，であった。(井上昭一（2004)「日米自動車企業の経営戦略―GM，いすゞ，スズキの提携強化を事例として―」『関西大学商学論集』第49巻第1号，p.3)

65) 窒素酸化物など排ガス規制で法制化されたのは1975年に施行されたアメリカのマスキー法であった。この排気規制は厳しく，従来技術の延長での対応は不可能であった。エンジン燃焼を根本から見直し，転化や燃料供給を厳密に制御することが必要であった。わが国でも排出ガス規制が検討され，日米自動車メーカーは実現不可能と反発した中で，本田技研だけがCVCCエンジンを発表した。GM，フォード，トヨタ自工などが本田技研から技術供与を受けた。(岡田浄二（2001)「自動車業界の再編とグローバル・マーケティング―その背景と課題を探る―」岡山商科大学『岡山商大論叢』第36巻第3号，p.99)

66) 1974年7月，HISCO（ホンダ・インターナショナル・セールス）がフォード社各車種の国内販売に関し，日本フォードと仮調印し，フォードの販売を行ったが，79年に提携を解消した。((社)日本自動車工業会（1988），p.240)

67) 経済評論社（1964)『世界市場に挑戦する日本の自動車工業』経済評論社，pp.271-272

68) このような販売会社を挟むのはわが国独特であり，その機能は①系列ディーラーに対する製品の円滑な供給と販売の促進，②ディーラーの管理，③市場調査及びそれに基づく製品計画のアドバイス，④販売資金の調達と供給があげられている。(日本長期信用銀行（1966），p.59)

69) 日本長期信用銀行（1966），p.2

70) 通常は3年程度の契約期間で特別な事情がない限り，長期的に継続されるのが一般的である。

71) 通商産業省（1988），pp.56-57

72) 通商産業省自動車課（1987)『明日の自動車流通を考える』(財)通商産業調査会，p.17

73) 通商産業省（1987），p.17

74) 白石（1995），pp.123-124，またサプライヤーとトヨタの階層的企業間関係の形成については，和田一夫（1991)「自動車産業における階層的企業間関係の形成―トヨタ自動車の事例―」『経営史学』第26巻第2号に詳しい。

75) 白石（1995），p.124

76) 白石（1995），p.112

77) 塩地洋（1991)「自動車販売における二重の「系列」問題」九州産業大学商経学会『商経論叢』第32巻第1号，p.189

78) 白石（1995），pp.124-125

79) (社)日本自動車工業会（1988），p.198

80) 標準条件は，頭金と期間設定についてであったが，下取り中古車を高取りして頭金に

充当した場合，頭金比率の規制が実質的に無効になるため，その対策として中古車の査定機関として，1966 年 6 月「財団法人日本自動車査定協会」が設立された。協会への期待は，中古車の公正な価格・機能の査定と，適正な査定水準を一般に PR し，不当な高取り防止であった。しかし，当初の協会組織は，専属の査定員の不在，市場の動向を把握する体制の未整備など，十分に機能せず，68 年には通産省・運輸省から運営改善勧告を受け，この問題について業界に一定のルールが定着するのに時間がかかったが，こうした努力により，後に中古車の「オークション制度」を生み出す基盤が作られた。((社)日本自動車工業会 (1988)，p.199)

81）(社)日本自動車工業会 (1988)，p.198

82）この規約内容は，カタログ類に必要な表示，表示方法の基準，不当とされる表示・広告，オープン懸賞の制限などであった。

83）(社)日本自動車工業会 (1988)，p.199

84）影山僖一 (1980)『現代自動車産業論』多賀出版，p.5

▆第 9 章▆

1960年代半ばから70年代にかけてのわが国自動車メーカーのマーケティング・チャネル政策
──トヨタによる複数マーケティング・チャネルの積極的展開を中心に──

はじめに

わが国の自動車販売業界における合理化・近代化は，生産第一主義の下で，第二義的だったため，生産業界に比べて立ち後れた。1960年代前半，大量販売資金の準備，ディーラー企業の経営基盤の強化，中古車対応などの問題があった。そして，65年10月の乗用車の貿易自由化が近づくと，わが国の自動車メーカー（以下「メーカー」）は，海外メーカーに対抗するために，生産技術や生産台数だけではなく，国内での強靱なマーケティング・チャネルの構築に傾注するようになった。それまではわが国メーカーのマーケティング・チャネル政策は，他の国内メーカーとの競争を優位にすすめるためのものであったが，次第に海外メーカーとの競争でも有効な方法であることが認識されるようになった。そして，実際に大きな非関税障壁として作用したことにもあらわれている。

また，各メーカーはマーケティング・チャネル政策に傾注した一方で，次々と新車を投入したため，販売競争が激化した。各メーカーが新車投入を継続的に行ったのは，製品政策だけではなく，マーケティング・チャネルの拡大，つまり，複数マーケティング・チャネルを展開する上で，新車が必要であったためである。わが国では1960年代半ば以降，各メーカーのシェア拡大政策の中心は，複数マーケティング・チャネルの拡大と展開であった。さらに，自動車の顧客（ユーザー）が大衆層へ拡大し，新車保証期間や走行距離の保証距離延長政策などが，ユーザーへの安心感訴求のために採られた。その結果，各メーカーのディーラー間の販売競争が激化した。また，時代が進むにつれて，異なるメーカー・レベルの競争だけではなく，同一メーカーの異なるマーケティング・チャネルでも熾烈な競争が繰り広げられた。

本章では，乗用車の生産台数が増加し，貿易自由化が行われた1960年代半ばからわが国の自動車需要が飽和化し，代替需要が中心となった第二次石油ショック後の80年頃までを考察対象としている。特に複数マーケティング・チャネルを積極的に展開したトヨタ[1]を中心に取り上げていきたい。

1 1960年代後半におけるトヨタのマーケティング・チャネル

(1) 1960年代後半における自動車メーカーの競争環境の変化

　1964年にオリンピック景気が終息し，65年の転換期不況，66年の証券不況のような一時的景気後退はあったが，60年代後半から70年頃まで「いざなぎ景気」が続き，国内の自動車需要は急伸を続けた。また，50年代から60年代前半には，これまでの法人需要から個人需要への大きな転換[2]があった。このような需要構造の変化において，各メーカーは主導権を握るために，積極的に製品政策とマーケティング・チャネル政策に取り組んだ。この時期の大きな特徴は，トヨタ自動車工業（以下「トヨタ自工」），日産自動車（以下「日産」）に代表される乗用車メーカーが，大型車から小型車（1,800 cc以上）そして大衆車（1,000 cc以上）まで，運輸省の車種区分による軽自動車以外すべての車格の車種ブランドを生産するフルラインメーカーとしての成長過程を歩み始めたことであった[3]。やはりフルラインメーカーへの脱皮が可能であったのは，それだけメーカーとしての力が増してきたことを示している。

　一方，わが国では1965年10月，乗用車の貿易自由化実施により，自動車業界では再編が起こった。日産は，66年8月，プリンス自動車工業（以下「プリンス自工」）と合併して企業規模を拡大した。一方，66年10月にはトヨタが日野[4]と業務提携を発表し，67年11月にはトヨタ自工はダイハツ自動車工業（以下「ダイハツ」）との

図表 9-1　自動車メーカー別乗用車登録シェアの推移

（単位：%）

年　　　メーカー	60	61	62	63	64	65	66	67	68	69
トヨタ	26.8	28.5	29.2	32.0	32.1	33.8	33.1	31.4	29.0	31.4
日産	33.0	29.7	30.2	27.2	24.9	21.3	27.2	24.0	25.2	24.8
日野	5.1	4.6	3.9	3.3	3.3	3.0	2.1	0.4		
いすゞ	5.3	4.4	5.3	5.5	5.5	3.5	3.8	2.8	2.3	1.6
プリンス自工	6.4	5.0	5.1	6.3	8.2	6.7				
東洋工業	12.0	15.6	15.4	14.4	11.4	13.0	11.6	9.6	8.4	7.4
富士重工	8.5	8.5	5.9	5.0	5.2	6.4	7.6	7.8	5.9	6.0
三菱	2.3	2.8	3.0	4.2	5.2	7.3	9.4	8.8	7.4	6.3
鈴木			0.8	0.6	0.4	0.3	0.4	2.2	5.7	6.0
ダイハツ			0.1	0.9	1.7	2.6	4.9	5.3	4.9
本田技研					0.9	0.8	0.3	6.8	9.9	10.8

［出所］四宮正親（1998）『日本の自動車産業—企業者活動と競争力：1918-70—』日本経済
　　　評論社，p.169より抜粋，一部改

図表 9-2　車種別乗用車生産台数の推移

（単位：台）

	普通車	小型車	軽四輪車	合計
1955		20,220	48	20,268
1960		128,984	36,110	165,094
1965	3,139	599,030	94,007	696,176
1966	5,301	752,494	119,861	877,656
1967	12,652	1,080,567	282,536	1,375,755
1968	23,606	1,550,459	481,756	2,055,821
1969	24,967	2,026,899	559,633	2,611,499
1970	51,619	2,377,639	749,450	3,178,708

［出所］日本自動車工業会（1988）『日本自動車産業史』付表　一部抜粋

業務提携を発表した[5]。さらに 68 年 10 月には三菱重工業（以下「三菱重工」と略）といすゞ自動車（以下「いすゞ」），日産と富士重工業（以下「富士重工」）の業務提携が締結され，新たな枠組みでの自動車生産が行われることになった。そして，わが国の自動車生産台数は，67 年には前年比 38％ 増の約 314 万台となり，西ドイツを抜いて世界第 2 位に躍進した。また，同年 12 月には国内四輪車保有台数が 1,000 万台

図表 9-3　車種別乗用車メーカーの生産現況

1955 年		1965 年		
小型	軽	普通	小型	軽
トヨタ	住江（55）	トヨタ（64）	日産	富士重工（58）
日産		日産（63）	プリンス	東洋工業（60）
プリンス（51）		プリンス（64）	いすゞ	三菱（62）
いすゞ（53）			日野	鈴木自工（62）
日野（53）			トヨタ	
			三菱（60）	
			富士重工（60）	
			東洋工業（62）	
			ダイハツエ（63）	
			本田技研（63）	
			鈴木自工（65）	

［注］（　）内は生産開始年，数字がないものは第二次世界大戦直後から生産を開始
［出所］呂寅満（2008）「「国民車構想」とモータリゼーションの胎動―新三菱乗用車開発過程を中心に―」MMRC Discussion Paper, No.194, p.14

を突破した。

（2）1960年代後半における製品政策とプロモーション

　1960年代半ば以降は，50年代半ばからの国民車構想の影響があり，大衆車市場が急速に伸長し，軽四輪メーカーが大衆車分野に進出したため，次第にトヨタ自工の大衆車であった「パブリカ」のシェアが低下した。そのため，パブリカ・チャネルの経営が苦しくなり，トヨタ自工では，パブリカのフル・モデルチェンジを中止し，新しい大衆車開発に切り替えた。そして，66年9月に「トヨタ・カローラ1100」というブランド名のみを発表し，性能や価格を伏せたまま，「プラス100ccの余裕」というキャッチフレーズでティーザー広告を行い，新しい大衆車のブランド名と車格イメージの浸透を図った。そして，10月にカローラのスタイル，性能，価格，車型，発売予定等の記者発表を行った。トヨタ自動車販売（以下「トヨタ自販」）社長神谷正太郎は，「私は自信を持ってこの車を皆さんにご披露する。トヨタの念願である『誰にでも使っていただける本当の大衆車』ができたと自負している。近い将来，国内と輸出を合わせて月3万台を販売し，ファミリーカーに育て上げるつもりである」[6]と挨拶した。そして，トヨタは66年11月，パブリカよりも1クラス上のカローラ1100を発売した。これによってトヨタはパブリカとカローラの2つの大衆車ブランドを保有することになった[7]。

　一方日産は，1966年の合併によって資本金・社員数・ディーラー企業数で日本一となった。トヨタは，日産がプリンス自工との合併時に展開した「日本一の自動車メーカー誕生」というプロモーションに刺激された。それはトヨタは，日産とプリンス自工の合併以前である50年代初期から，国内1位の生産・販売台数とシェアを確立していたためである。したがって，トヨタは，日産のプロモーション活動によって，トヨタは実績でも第2位という誤解をユーザーに持たれることを危惧した。そこで，トヨタは販売実績を伸ばし，国内市場での優位を確立するため，66年9月から11月まで，すべてのディーラーで，国内販売5万台突破を目標とする「オールトヨタ5万台セールスコンテスト」を展開した[8]。つまり，ユーザーに対してはトヨタの競争地位が変化しようとも，国内トップ企業としてのイメージを持ち続けてもらいたいとする矜持のようなものがあったと推察される。

（3）複数マーケティング・チャネルの開始

1）複数マーケティング・チャネルの導入

　自動車の複数マーケティング・チャネルの導入は，他の製品に比べてわが国自動車流通における特徴の1つである。マーケティング・チャネルの複数化は，多様化するユーザーと車種ブランドに対応するものであり，主に新車発売を契機として行われた[9]。複数マーケティング・チャネル展開の目的は，各チャネルでそれぞれ異なった車種ブランドを扱い，販売目標を設定し，販売台数を増加させることであった。この

メリットは，他メーカーのディーラーとのシェア拡大競争と同時に，同メーカーの
ディーラー同士が競争し，全体の販売台数を短期間で多く拡販できることであっ
た[10]。つまり，外部との競争だけではなく，内部での競争を巻き起こすことが，販売
台数を増加させることにつながっていたわけである。また，1950年代後半から80年
代の高度成長時代におけるモータリゼーションの浸透による消費需要の増大と多様化
に対し，各メーカーは製品のフルライン化を実施し，各価格帯の需要に応じて生産を
行うと同時に，各製品ラインに対応した形で製品別のマーケティング・チャネルを構
築しようとした。その意味において，「系列的ディーラー・システム」は，各メー
カーの製品別販売（複数マーケティング・チャネル）を中心とし，同一メーカーの各
マーケティング・チャネルが相互補完的な役割を果たした[11]。しかし，このような政
策を採用することができたのは，市場がまだ成長過程にあり，ユーザーが各マーケ
ティング・チャネルを車種ブランドと結びつけ，イメージすることが可能な時期にお
いてであった。

2）トヨタによる複数マーケティング・チャネルの設置

　トヨタの複数マーケティング・チャネルは，トヨタ自販が1953年3月に，東京地
区で直営の東京トヨペットを設立したことにはじまる。東京トヨペットは，大学卒営
業員（セールスマン）[12]の採用，ハウス・セールスマンの採用，モデル営業所及び
サービス工場設置，テリトリー制やゾーンシステムの採用など，近代的なマーケティ
ング政策を採用し，その後の乗用車販売のノウハウ取得に大きな役割を果たしたとさ
れる[13]。トヨタ自販では，東京トヨペットの設置は，直営店としてはじめてであり，
大卒セールスマン採用も業界では異例であった[14]。それはわが国の大卒者が，まだ
10%にも満たず，多くの大卒者が重厚長大産業への就職を希望していた時代におい
て，トヨタ・ディーラーの大卒セールスマン採用はいかに異例のことであったかが想
像できる。その後，1954年9月，SKBトラック（後の「トヨエース」）発売にあた
り，56年2月から全国的に「トヨペット」チャネルを設置し，本格的に複数マーケ
ティング・チャネルを採用した。また，57年2月からディーゼル車[15]販売のため主
要都市に「ディーゼル」チャネルを設置した。さらに61年6月にはパブリカ[16]専門
のディーラーとして「パブリカ」チャネルを設置し，基本的に車種ブランド別に
ディーラーを設置していった。大衆車であるパブリカには，アフター・サービスが必
要だったため，小規模ディーラー企業の複数設置が行われた。しかし，大量販売が進
むと，小資本小規模での金融力の脆弱性，同系列同士の過当競争という弊害が現れる
ようになった。そこでこの問題に対応するために，合併・統合政策を打ち出したが，
販売既得権益などの問題があり，それほど進捗しなかった。他方で，カローラの発売
に万全を期すために新ディーラー企業が設置されるという矛盾が出てきた[17]。

　しかしトヨタは，大都市を中心にディーラー企業を増加し，次第に地方でもディー

ラーの設置・整備を進めていった。各ディーラー企業ではさまざまな問題が起きつつ
あったが，全体としてトヨタの販売台数は増加していった。一方，トヨタのマーケ
ティング・チャネルの構築は，アメリカで General Motors（以下「GM」）が悩んだ
大都市でのディーラー企業配置について工夫していることが指摘されている。東京地
区と大阪地区はほとんど全額自社資本といってもよい東京トヨペット，大阪トヨペッ
トにそれぞれ東京，大阪を独占させた。一方，大衆車ディーラーは，大都市を細分化
し，それぞれに地元資本によるディーラー企業を配置した。たとえば，カローラ店
は，東京では東京カローラ，新東京カローラ，西東京カローラ，カローラ足立，カ
ローラ巣鴨，カローラ武蔵野などであり，東京周辺の埼玉，千葉，神奈川でもそれぞ
れ細分化した[18]。つまり，すべての地域により画一的なマーケティング・チャネル政
策を行っていたのではなく，各地域の状況で柔軟に対応していったのである。

2　トヨタによる複数マーケティング・チャネルの積極的展開

(1)　トヨタ「オート」チャネルの設置

　日産とプリンス自工合併の際，埼玉プリンス自動車販売，千葉プリンス自動車販売
は，トヨタ・ディーラーとなり，「ディーゼル」チャネルを展開するようになった。
これにより，ディーゼル・ディーラーは11社となったが，1966年10月，トヨタ自
工と日野の提携に伴い，大型ディーゼル車の主力分野は日野に任せ，トヨタ自工は乗
用車および小型トラックが中心となった。そのため，各ディーラーは，後にスタート
した「カローラ」ディーラーと同一車種ブランドをメインに取り扱い，その後，カ
ローラ・ディーラーへと転換していった[19]。また，トヨタ自販はカローラの発売開始
までに大衆車のマーケティング・チャネルを強化するため，66年4月から半年間で
パブリカ・ディーラーを18社設置した。これにより，既存のディーラー企業と合わ
せてパブリカ・ディーラーは86社となり，トヨタ・ディーラー49社，トヨペット・
ディーラー53社，ディーゼル・ディーラー11社と合わせるとトヨタ・ディーラーは
199社に達した。カローラの販売増加によって，パブリカ・ディーラーの取扱台数は
急激に伸びた。そこでの取扱車種は，カローラ発売以前はパブリカ・シリーズだけ
で，1965年の月平均販売台数は8,000台程度だった。しかし，カローラ発売により，
67年には2倍以上の月平均1万8,000台（うちカローラ・シリーズ1万2,000台）に
急増した。この急拡大により，販売能力を超えるパブリカ・ディーラーや拠点が生じ
る可能性があった。そこでトヨタ自販は，67年6月，トヨタ，トヨペット，ディー
ゼル，パブリカに続く5番目のチャネル設置を決定した[20]。既にトヨタ自販には，66
年春から大衆車チャネルを2系列にする構想があり，カローラの販売増加を契機とし
て新チャネルを設置しようとした。新チャネル設立の基本方針は次の通りであっ

た[21]。

① 　地元の新資本と人材を集める。

② 　自動車関係に経験者が集まらない場合，既存ディーラーに資本・人材の応援を依頼する。

③ 　大府県には，2 店以上設立するが，その場合は府県内を細分化し，各店が担当すべき主たる販売地域を予め定め，不必要な競合を避ける。

④ 　店名は，「トヨタオート○○株式会社」で統一する。

⑤ 　1967 年 11 月より設立を開始し，最終的には全国で約 70 店を設置する。

⑥ 　取扱車種は，当面，カローラセダンとパブリカバンをパブリカ店との併売とし，ミニエースを専売とする。そして，カローラの姉妹車種である小型乗用車・スプリンター発売後は，これを専売車種として加える。

　この基本方針に基づいて「オート」チャネル設立準備が進められ，多くの既存ディーラーの協力があり，1967 年 10 月までに約 20 社が内定し，11 月から 3 社が営業を開始した。この後，各地でオート・ディーラーの設置が進み，68 年 3 月末までにパブリカから転換したディーラーや，68 年 1 月に日産ディーラーからトヨタ・ディーラーへと転換したトヨタオート大阪（旧浪速日産）を含めて，全国で 43 社が設置された[22]。一方で，自動車販売業界では前橋三菱が日産ディーラーへと系列換えをするなど，他メーカーのディーラーへの転換もあった[23]。そして，トヨタの国内におけるマーケティング・チャネル体制は，オート・ディーラーが，1967 年に 3 社，68 年に 42 社，69 年に 16 社が増加し，69 年末には 61 社に達し，ほぼ全国ネットを完成

図表 9-4　1965 年当時のトヨタの販売体制

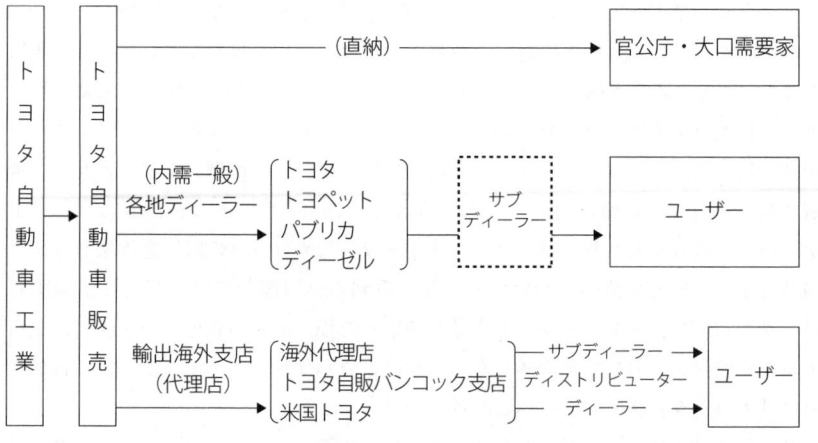

[出所]　(社)日本自動車会議所・日刊自動車新聞社（1966）『昭和 41 年版自動車年鑑』日刊自動車新聞社，p.47

図表 9-5　1966-1968 年の総市場におけるトヨタと日産のシェア・伸長率

（単位：%）

	期間	総市場	トヨタ	日産	その他
	1966 年	100	32.9	29.6	37.5
占拠率	1967 年	100	34.0	30.1	35.9
	1968 年	100	35.5	31.2	33.3
	1966 年	26.0	17.8	25.8	34.3
伸長率	1967 年	30.9	35.6	33.4	24.9
	1968 年	29.0	34.4	29.3	23.7

［出所］（社）日本自動車会議所・日刊自動車新聞社（1969）『昭和 44 年版　自動車年鑑』日
　　　刊自動車新聞社，p.80

した。その結果，全国のトヨタ・ディーラーは，67 年末の 201 社から 69 年末には 251
社に達した。そして，68 年春にすべてのオート・ディーラーは販売店協会に入社
し，68 年 4 月の役員会でオート・ディーラーが第五部会として承認された。

(2) パブリカ・チャネルからカローラ・チャネルへの転換

　1967 年 10 月から大衆車であるパブリカとカローラの併売店が設立されはじめ，68
年 2 月には 29 店となった。これは 66 年までにパブリカ・チャネルの統合が一段落
し，次の体制整備に乗り出したことを表している。パブリカ・チャネルの統合は，主
に東京都内で行われたが，これは販売体制が不備なディーラー企業を整理統合して，
トヨタとしての戦力強化を打ち出したものであった。こうした販売強化策は，ディー
ラー企業の経営体質強化に波及した。地方ディーラーでは採算が取れているところが
多かったが，都市部では地元資本のディーラーは，販売面で多くの困難があった。こ
れはトヨタ・パブリカ練馬に対し，東京トヨペットから常務を派遣したことに象徴さ
れる[24]。このため基本構想により進められたディーラー企業の新設は，東京地区では
トヨタ自販直系ディーラー企業が多く，オート・ディーラー設置でも直営ディーラー
企業が増えた。これはディーラー企業新設に伴う建設，土地購入などの経費が，地元
資本家では及ばない面が出てきたということであった[25]。トヨタ自販は，オート・
ディーラー設置にあたり，パブリカ・ディーラーにカローラの取扱選択権を与えた。
当時，トヨタ販売店協会においてパブリカ系列の第四部会では，部会長が全国各ブ
ロックのパブリカ・ディーラーの意見を聴取した後，部会の意思統一を図り，全店が
カローラ取扱店への転換を希望した。これによりパブリカ・ディーラーは，1969 年 3
月に「カローラ」ディーラーへと改称した[26]。

　また，72 年 6 月，第三部会として活動していたディーゼル・ディーラーの減少で，
部会を返上したため，カローラ・ディーラーが第三部会，オート・ディーラーは第四

図表 9-6　1968 年のカローラ・ディーゼル店およびオート店取扱車種

販売店名	取扱車種
カローラ・ディーゼル店	カローラセダン，カローラバン，パブリカバン，トヨタスポーツ 800
オート店	スプリンター，パブリカセダン，ミニエース

[出所] 名古屋トヨペット社史編集室（1988）『名古屋トヨペット 30 年史』名古屋トヨペット，p.220

部会となった[27]。トヨタ自販は，この新ディーラー設置により，68 年 2 月 1 日，車輌第三部のパブリカ第二課を母体に車輌第四部が新設された[28]。

　トヨタは新車発売の都度，新チャネルを設置した。これがトヨタの強力なマーケティング・チャネルを構築するエンジンとなっていた。これは 1968 年 5 月の「スプリンター」発売にあたっても踏襲された。オート・ディーラーの取扱車種は，カローラセダン（併売），ミニエース（専売），パブリカバン（併売）の 3 車種で開始したが，スプリンターが加わり，オート・ディーラー専売車種ブランドとなった。発売した 5 月にスプリンターは，3,800 台の登録実績を上げ，66 年にカローラが日産・サニーを上回った。そして，68 年 12 月には 5,800 台を販売し，カローラ・セダンと合わせて 2 万 2,560 台という単一車種ブランドでの月間登録台数の最高記録となった[29]。さらに 69 年，トヨタ自販は，カローラ・ディーラーとの取扱車種を調整し，2系列の取扱車種が変化した[30]。

（3）トヨタ自販主導による 1 チャネル 2 乗用車体制の推進

　トヨタ自販は，市場変化を分析・展望した上で，市場細分化による車種多様化を中心に新しい商品政策を推進した。その方針は次の 4 点であった[31]。

① 需要の高級志向に対応して，より豪華で居住性や走行性能に優れた自動車開発
② 若者市場中心のスポーティ志向に対応し，高性能でスポーティな自動車開発
③ 需要多様化に対応し，顧客の幅広い選択を可能とする豊富な車種構成
④ 安全，公害対策の積極的推進

　トヨタは，以上の方針で新商品の開発・発売を進め，この車種ブランド政策を前提として「1 チャネル 2 乗用車体制」を実現しようとした。これは各チャネルが，異なる乗用車を 2 車種ブランドずつ取り扱うことを意味した。また，基本的に車種別チャネル制は，量産車 2 種を各チャネルに配当し，さらにこの 2 乗用車のクラスを接近させ，スポーツタイプとファミリータイプとして，ユーザーの上級移行を吸収し，幅広いユーザー層を確保しようとした。これにより各チャネルの売上バランスをとり，ディーラー企業の販売意欲増進を図った。そして，トヨペット・サービスセンターの設置，トヨタ部品共販の設立など，メーカー側からのサービス，部品供給体制を整備

200

し，ディーラーが販売に専念できるような体制を整備していった[32]。この状況は，トヨタが各ディーラーに対して，きめ細かな対応ができるようにするための仕組みづくりでもあった。

1970年になると，トヨタは，「セリカ」，「カリーナ」を発売し，トヨタ・ディーラーがセンチュリー，クラウンおよびカリーナ，トヨペット・ディーラーが「コロナ」と「マークⅡ」，カローラ・ディーラーがセリカとカローラ，そしてオート・ディーラーがスプリンターとパブリカをそれぞれ扱う体制となった[33]。トヨタ自販の1チャネル2乗用車体制構想の推進は，多様化し，拡大する市場対応以外に，ディーラー企業経営の面で，図表9-7のような効果を期待したからである。

一方，トヨタはこの時期まで地区別，車種ブランド別にトヨタ，トヨペット，ディーゼルというディーラー1社主義をとっていた。しかし，東京地区では東京トヨペットの他に，東豊トヨペット，東都トヨペットの2社を増設した。その後，トヨタ自販は，東京都内のトヨタ・ディーラーの合理化に取り組んだ。それはディーラーの企業基盤を強化し，国内シェアを拡大するため，直営ディーラー企業であった東京トヨタと，同様に直営店であった東京協和トヨペットとの合体構想が急浮上したことに表れている。その後，1971年9月，トヨタ自販が東京協和トヨペットの事業を整理し，その拠点と人員を東京トヨタが引き継ぐ形で，合体が実現した[34]。このことからもわかるように，トヨタの場合，マーケティング・チャネルの地理的拡大だけではなく，拡大させたチャネルの経営規模についても，早い段階からかなり配慮をしていたことがわかる。

図表9-7　ディーラー経営面での期待効果

1）ディーラーの成長	取扱商品の幅拡大で，各ディーラーの成長を期し，オールトヨタの販売をさらに強化する。
2）需要の多様化，上級移行への対応	需要多様化と上級移行に伴い，1系列1乗用車体制では，各ディーラーが代替需要への対応時に自社顧客の継続確保が困難になってきた。また，他社ユーザーの吸引も，取扱車種が少なければ難しい。2車種にすることで，対応は容易になり，ディーラー経営が安定する。
3）モデルサイクルによる商品力変動への配慮	自動車は通常4～5年周期でモデルチェンジされる。。新技術や時代の要請で，よりよい商品に生まれ変わるが，モデルサイクル末期には，当該モデルの商品力低下は免れない。1車種しか扱っていない場合，ディーラーはモデルサイクルに伴う商品力の低下で大きな影響を受け，経営が不安定となる。1チャネルに2乗用車を与え，2車種のモデルサイクルにタイムラグを持たせると，それぞれが補完し合って経営を安定させることができる。

[出所]　トヨタ自動車販売(株)社史編纂委員会（1980）『世界への歩み　トヨタ自販30年史』トヨタ自動車販売，p.243

図表9-8　トヨタディーラーと1店あたりの販売台数の推移

年 ディーラー	1955	1957	1959	1961	1966	1968	1974
トヨタ店	49	49	49	49	49	49	51
トヨペット店	1	51	51	51	53	52	50
カローラ店	0	0	0	31	86	80	83
オート店	0	0	0	0	0	45	67
ディーゼル店	0	7	9	9	11	11	2
計	50	107	109	140	199	237	253
年間新車販売台数	22,240	71,408	90,144	176,243	482,991	807,212	1,256,371
1店あたり販売台数	455	667	827	1,259	2,427	3,406	4,966

[出所] 松下満雄編（1977）『流通系列化と独禁法』日本経済新聞社，p.95

3　トヨタにおける1960年代後半から70年代にかけての ディーラー経営問題

(1) トヨタによるマーケティング・活動の展開

　トヨタは，1960年代後半には，製品面では新車投入，既存車種ブランドのモデルチェンジとバリエーション拡大などで，フルライン・ワイドセレクション体制[35]を展開した。また，トヨタは，同一車種ブランドのワイドセレクションをいち早く採用した[36]。この時期はマーケティング活動の中でも積極的に製品政策を推し進めた。

　トヨタ自工の生産台数は，1965年には約47万台であったが，68年には100万台を突破し，70年に約160万台，そして，72年1月には生産累計1,000万台を達成した。トヨタの国内販売は，新製品発売，輸出が好調で，ディーラー企業の販売努力もあったため，65年の約41万台が69年には約104万台へと急増し，輸出台数も40万台に接近した。しかし，70年は約111万台と微増にとどまった。この背景には，68年7月の自動車取得税導入の影響，車庫規制強化[37]，69年6月にはリコール車問題，8月に発表された自動車新税構想[38]，11月には自賠責保険料の2倍引き上げ，さらに70年の万国博ブーム後の国内景気の停滞による影響があった[39]。ただ，トヨタ自工は，69年の年間実績では約147万台を生産し，GM，Ford Motor（以下「フォード」），フォルクスワーゲン，クライスラーに続き，世界第5位のメーカーに成長した。一方，71年3月末までに，トヨタ自販では，国内での150万台販売体制の確立方針を

とり，国内外のマーケティング・チャネル体制強化を進めた。特に71年4月から自動車の資本自由化[40]までに国内市場での絶対的優位を確立するため，積極的に国内でのマーケティング・チャネル体制強化を進めた。特にトヨタの場合は，ディーラー企業に対し，その販売地域であるテリトリーを微細に規定し，そのテリトリーを深耕させるためにさまざまな手法を用いて，コントロールしてきた。

(2) ディーラーの成長とマーケティング体制の整備

1960年代後半から70年にかけて，トヨタではディーラー企業や店舗数が増加しただけでなく，資本や従業員規模も増加した。66年3月における全国のディーラー企業の使用総資本（偶発債務を含む）は約3,200億円，1企業平均18億円であったが，70年3月にはそれぞれ約7,500億円，約30億円となった。そして，ディーラー企業の従業員数，セールスマン数も増加した。65年末と69年末の数値を比較すると，従業員数が約4万8,000人から約7万8,000人，セールスマン数が約1万人から約2万人となった。さらにディーラー店舗数（中古車ディーラー店舗を含む）が，約1,200カ所から約2,500カ所に増加した。つまり，わずか4年ほどで，さまざまな面でほぼ2倍前後に増加した。

また，トヨタ自販は，新たな目標として1971年の200万台販売体制を目指した。そこで70年には，国内販売130万台，輸出45万台，計175万台を目標とした。特に国内販売は，完全なフルライン体制と国内市場における優位性の確立を基本方針とし，製品ラインナップの充実と販売体制の増強に努めた[41]。自動車市場急拡大の背景には，自動車販売業界の競争激化があった。そして，次第に値引競争，割賦販売条件の悪化，下取り中古車の高取り，過剰なサービス[42]などが生じ，ディーラー企業の経営は悪化した。割賦販売は，モータリゼーション促進に重要な役割を果たしたが，その条件が60年代はじめに乱れ，「頭金なし」，月賦期間の長期化などの競争となり，その結果，ユーザーの自動車販売システムへの不信感が生まれそうになっていた。これらの事態は，当時，依然として自動車販売業界にはセールスマンの自由裁量幅が大きいこと，コミッション制存続によるセールスマンの身分の不安定さ，古い販売慣習により，無理な販売活動を展開したディーラーの経営が悪化したためであった[43]。

1960年半ばにおけるディーラー企業の経営状況は次の5点に集約されている[44]。

① ディーラーはほとんど法人組織だが，その大半は中小企業である。

② ディーラーの半数が第二次世界大戦後，特に1950年代半ば以降誕生した若い企業であるが，モータリゼーションの進展により，ディーラーの業績も伸長の一途を辿っている。

③ ディーラーは経営上，全般的に割賦販売に伴う売上債権に多額の資金を投入しているために内情は苦しい。また，固定資産の割合が低く，自己資本が過少で負債比率が高い。

④ 割賦販売が全体の約7割を占め，同時に多くの場合，中古車の下取りが頭金となっているために，膨大な販売金融資金が必要となっていた。ディーラー自らの金融機関からの資金調達では不十分であり，メーカーや自販に資金供給を依存せざるを得なかった。

⑤ 中古車問題がディーラーの収支上の大きな問題となった。したがって，各ディーラーは収益性の高い部品販売やアフターサービスにも力を入れるようになり，この面での設備増強や改善が販売体制強化において大きなウェイトがあった。

そして，個々のディーラー問題とは別に，業界全体で流通システムの円滑化が望まれた。そのために自動車流通金融について，生産と販売を分離する必要があり，膨大な割賦販売資金の供給パイプとして販売金融会社の創設，信用調査機関の設立など，流通面における関連システムの制度化実現が必要であった[45]。以前には，メーカーや販売会社のみの取り組みも見られたが，当時と比べて市場規模が比較にならないほど大きくなり，業界全体としての取り組み実現が必要になったためであった。

また，トヨタ自販は，ディーラー企業，トヨタ自工，トヨタ自販の三位一体の連帯確立という会社方針に基づき，三社首脳の懇談会，自工の役員も加えて各地のディーラー企業や店舗への訪問などを行った。1969年には，この組織体は，「最高政策会議」への発展的解消によって，両社長を議長とするトップの協議体に昇格し，実際の決定機関となった。そして，72年には，合同会議は自動車に関する難しい対策面を取り上げることが多くなり，「政策合同会議」に改称された。上位の役員層によるこの協議体は，実質的な最高決定機関となった。ここでは年間の生産・販売台数，国内販売台数，輸出台数，新車開発，排出ガス規制対策といった諸問題が主に検討された[46]。以上のように，三社による協議体は，次第に生産だけではなく，流通や社会を取り巻く問題についても検討する組織体へと発展していったのである。

(3) ディーラーにおける併売の発生

1970年8月，追加発売した「コロナハードトップ（RT 90型）」は，オート・ディーラーとの併売になった。この発売は，販売台数とオート・ディーラーの取扱車

図表9-9 愛知県内トヨタディーラー取扱乗用車一覧

販売店名	取扱車種
トヨタ店	センチュリー，クラウン，カリーナ
トヨペット店	マークⅡ，コロナ
カローラ店	カローラ，セリカ
オート店	スプリンター，パブリカ

[出所] 名古屋トヨペット社史編集室（1988）『名古屋トヨペット30年史』名古屋トヨペット，p.247

種ブランド数を増加させ，オート・ディーラーの経営を軌道に乗せるためであった[47]。こうしてコロナハードトップは，オート・ディーラーとの併売になったが，「コロナとマークⅡはトヨペット店の専売車種であり，将来的にもこの体制は不変」と考えていたトヨペット・ディーラーには不満もあった。そして，70年12月，トヨタは小型乗用車の車種ブランド不足解消のため，コロナよりは，少し車格が下のカリーナとセリカを同時発売し，カリーナはトヨタ・ディーラー，セリカはカローラ・ディーラーで取り扱われることになった。これによりトヨタの小型乗用車は，マークⅡ，コロナと合わせて4車種ブランドになった。また，小型乗用車のマーケティング・チャネルもトヨペット・ディーラー，オート・ディーラーと合わせて，トヨタ・ディーラー全社に枠を広げていった[48]。このような状況が複数マーケティング・チャネルを設置する負の面の表面化であった。

4　ディーラーの営業活動における制約としてのテリトリー制

(1) テリトリー制

　わが国の自動車流通システムでは，メーカー・販売会社とディーラー企業は，微妙な関係を保ってきた。ディーラー企業には，メーカーのマーケティング・システムの一部を担当し，他方で経営的自立が要求されてきた[49]。メーカーとディーラー企業の取引は，特約販売店契約の締結で開始され，その取引条件は，すべて契約及びそれに基づく取り決めによって規定された。契約形式や内容は，メーカーや販売会社によって異なるが，主要な契約条項はほぼ共通していた。契約期間は，契約締結の日から1年，あるいは翌年3月末までなど，各メーカーで異なるが，すべて契約当事者の一方から解約の申し出がない限り，1年ずつ自動更新された[50]。

　この契約条件のうち，ディーラー企業の販売地域を設定し，当該ディーラーにその地域での一手販売権[51]を与え，当該地域外への販売を禁止するテリトリー制が重要であった[52]。自動車販売におけるテリトリー制は，「メーカー・自販がディーラーの販売活動に何らかの地理的制限を課すことにより，特定地域における同系列車種店ディーラー間の競合を回避し，または適当にコントロールする制度」[53]とされる。また，テリトリー制には，オープン・テリトリー制とクローズド・テリトリー制がある。オープン・テリトリー制は，同一地域内の複数ディーラーにフランチャイズを与える方式である。一方，クローズド・テリトリー制は，1地域に自社ディーラーは1社，車種ブランド別専売制の場合には，その車種ブランド数だけのディーラーに限定し，その地域内では，当該ディーラーに独占販売権を与えるものであった。つまり，クローズド・テリトリー制の場合，ディーラー段階での同一車種ブランド間の競争は排除されることになった。クローズド・テリトリー制は，市場が小さい場合，限られ

た需要を奪い合うことによるディーラー企業の経営内容の悪化防止目的があった。そして，ディーラー企業の基盤が弱い場合，ディーラーに一定の利益を保証する目的があった[54]。

　各メーカーのディーラー企業設置は，当初は各メーカー別，1ディーラー1府県または近接府県を含む広域テリトリー制だったが，次第に販売台数が増加したことと，車種ブランド数の増加で，車種別マーケティング・チャネルとなり，次第に車種別クローズド・テリトリー制へと変化した[55]。また，ディーラーの販売地域は，基本的に都道府県単位のクローズド・テリトリー制[56]であった。

（2）テリトリー制とハウスセールス制の関係

　自動車流通におけるテリトリー制は，ハウスセールス制[57]と表裏一体の性格があった。コミッション・セールスでは，テリトリー設定はセールスマンの行動範囲の制約となった。しかし，同一価格，同一条件の下で，一定のコンセンサスによる販売活動を行うハウスセールスは，テリトリーを設定する方が有効であった[58]。テリトリーを設定する利便性は次の通りである[59]。

① その地域での他社との競合から，シェア拡大をめざす契機となる。

② テリトリー内だけに目標を定めて，軒並み訪問を行う「絨毯戦術」を可能にし，これを体制化できる。

③ 全セールスマンが各テリトリーに配置され，販売力を標準化することができる。

　ただ，自動車販売では，セールスマンのこれまでの勘と経験に基づくコミッション・セールスも有効であった。したがって，完全テリトリー制実施には，慎重な配慮と手順を踏む必要があった。また，ハウスセールス制は有効な手段ではあったが，各セールスマンの自由な行動を制約する可能性もあった。自動車販売はほとんど対面販売であったため，完全テリトリー制は，各セールスマンが担当地域での情報を詳細に入手して各家庭を訪問し，需要喚起するため，営業力の標準化作用を伴い，高効率が期待できた。しかし，ユーザーの人的関係や情報収集の必要から，テリトリー外の販売（いわゆる「テリ侵」）の可能性もあった。さらにディーラーによって取扱車種ブランドに得意不得意が生じる場合もあり，テリトリー制を完全に実施することは実際に困難であった。ただ，テリトリー制が，不公平をなくし，セールスマンとユーザー双方に大きな安心感をもたらした面もあった[60]。

　特にわが国で自動車需要が急速に伸長していた時期には，自動車の販売方法としては訪問販売が中心であった。また，テリトリー制によって，ユーザーに同一車種ブランドを提供するのは，原則として1人のセールスマンのみであった。その意味で，ブランド内競争は排除されていた[61]。そして，メーカー，ディーラー企業や店舗とのつながりではなく，セールスマンとユーザーとのつながりが深くなっていったといえる。

(3) トヨタにおけるテリトリー制の変遷

1）トヨタにおけるテリトリー制

　トヨタはマーケティング・チャネルを構築する際，地元資本に一手販売権を付与した。つまり，トヨタは直接投資を避け，地方の有力資本に出資してもらい，双方が販売契約を通じて，トヨタ製品の取扱に関する取り決めを行った。契約書ではトヨタは，当該ディーラー企業に対して，テリトリーを画定し，ディーラーのテリトリーは基本的に1府県単位とし，一般的にクローズド・テリトリーとした。ただ，東京，大阪などの大都市以外は，ディーラーのテリトリーは，基本的に県単位であった。一方，東京，大阪などの大都市では，同一チャネルのディーラー併設が認められ，およそ4～5社存在した。そして，ディーラーの営業施設の設置場所のみ制限するロケーション制[62]が適用されることもあった[63]。こうしたテリトリーは，メーカー・販売会社が決定した[64]。

　各府県でトヨタは，各チャネル・ディーラー1社に一手販売権を付与し，当該ディーラー企業は，販売状況に応じて当該テリトリー内に営業拠点であるディーラー店舗を設置した。また，トヨタはディーラーによるアフターサービスの提供を重視した。ディーラーが新たなディーラー店舗を設置する際には，整備工場の設置が義務づけられた。これはユーザーにとっても便利であり，ディーラーにもアフターサービスによる収入をもたらし，トヨタのブランド・イメージを高める効果もあった[65]。

　第二次世界大戦前のトヨタ，日産による全国的なマーケティング・チャネルの構築以来，原則として各ディーラーに地域独占販売権を与えていたが，1960年代前後になると，取扱車種ブランドや市場規模に対応し，オープン・テリトリー制とクローズド・テリトリー制を組み合わせる動きが出た。各メーカーは地方ではクローズド・テリトリー制で，大都市ではオープン・テリトリー制を採用した[66]。わが国ではじめてのオープン・テリトリー制導入は，トヨタでは61年6月，パブリカ発売にあたってパブリカ専門ディーラーの設立時であった。第一次として，全国に31社のパブリカ・ディーラーを設立し，東京に8社，大阪に5社，名古屋に4社設置した。これは従来のディーラーに対する考え方とは大幅に異なった。1県1ディーラー制は，大市場におけるディーラーは必然的に大規模となったが，この方式では，ディーラーの営業規模は同程度となった。逆に原則的にはディーラーにおける最適規模を推定し，それを市場の大きさに合わせて分布させるという考え方を採用した[67]。つまり，トヨタ自身がディーラーの規模を規定していたといえよう。

　一方，1つの販売地域としては，原則として1都道府県が，各メーカー共通の方針となっていたが，北海道のように広い地域や東京，大阪のような大都市では，複数のディーラー企業が置かれ，この場合も，一般的に地域を細分して1地域1ディーラーとし，ディーラー毎に販売重点地域を定めていた。また，メーカーによっては，同一

地域において，車種ブランドによる各専門のディーラーを定めた。しかし，車種ブランドによってディーラーを専門化するためには，その車種ブランドの販売によってディーラー企業の経営が成立しなければならないため，大手メーカーほど，車種ブランドを細分化した。それによって，大手メーカーのマーケティング・チャネルは整備され，シェアの維持，拡大が可能となった[68]。

2）トヨタにおけるテリトリー制の変形

　政策的にテリトリーを抑える方法は2つに集約される。1つは，拠点投入度であり，マーケティング・チャネルをどれだけ多く設置するかということと，もう1つは，セールスマン投入度であった[69]。

　メーカーは，専売店制とクローズド・テリトリー制によって，ディーラーを自己の製品ライン，特定地域を限定し，流通段階における競合他社の製品を完全に排除し，生産と流通の一貫したシステム構築が可能となった。1970年代から80年にかけて問題となった排他的マーケティング・チャネル（専売制），クローズド・テリトリー制などは，その競争制限的な要素から独占禁止法の規制対象として取り上げられた。このような事情から，各メーカーは相次ぎ，ディーラー企業との特約販売店契約を改正し，排他的な表現を削除した。しかし，メーカーとディーラー企業間の排他的な系列取引は依然として自動車流通には残存した。つまり，メーカーとディーラー企業はこの排他的取引を維持するため，契約とは別の手段を用いたためであった[70]。

　たとえば，トヨタでは東京地区を10ゾーンに分け，販売体制の「最適組織単位」を確立した。各ゾーンには営業部と責任者を置き，ゾーン内をさらに単位または丁目単位で多くのテリトリーに分割し，1960年から「1セールスマン，1テリトリー」の完全テリトリー制を基盤にした営業活動をはじめた。トヨタ以外の各地の販売会社もこのテリトリー制を採用したが，他メーカーは空テリトリー，すなわちセールスマンが実際に存在しないテリトリーや他のテリトリーとの兼任がかなりあった。セールス

図表9-10　1960年代後半におけるディーラーの労働生産性

年度 労働生産性	1966年	1967年度 下期	1968年度 下期	1969年度 下期
従業員1人あたり月間売上高（千円）	754	841	907	1,006
従業員1人あたり月間新車販売台数（台）	0.74	0.83	0.93	1.04
セールスマン1人あたり月間新車販売台数（台）	3.18	3.57	4.51	5.30
従業員1人あたり月間純利益（千円）	7	7	8	10

［出所］（社）日本自動車販売協会連合会（1971）『ディーラーの経営　販売秩序の確立と利潤の確保を』日本自動車販売協会連合会，p.24

マンは，このテリトリーを深く耕すことが要請された[71]。まさにメーカーや販売会社が，ディーラーの市場地域を規定し，深耕させる面では独立した小売業としての裁量は少なくなったといえる。

(4) トヨタにおける特約担当者の配置

　自動車の資本自由化の時期が1971年4月と決定された69年10月，トヨタ自工の豊田英二社長が，「トヨタのとるべき対策は量産化である。資本自由化実施直前まで，つまり71年までには年産200万台体制を確立したい」と基本方針を発表した。そこでトヨタは資本自由化対策として，フルライン体制の確立，年間200万台生産・販売を目標とした。70年12月のカリーナ，セリカの発売にあたって，神谷正太郎自販社長は「フルライン体制と同時に外資対策も完了」[72]と宣言した。また，トヨタはディーラー政策と同時にディーラーのプロモーション対応として，①自販直営のサービス工場の設立，②部品デポの設立，③中古車共販の設立，を進め，ディーラー企業を支援した[73]。ただ，トヨタ自工の生産台数は，68年に月産10万台，年産100万台を達成したばかりであった。この時点において世界で年産200万台を超えていたのは，GM，フォードの2社だけであった。

　トヨタが，1971年に200万台の生産体制を実現できる販売体制にするためには，ディーラー企業の販売努力だけに依存するのには無理があった。従来，地元の整備業者は，新車・中古車整備の傍ら，各ディーラーの新車販売に協力していた。東京トヨペットの場合，販売台数の約15%を販売した。これらは東京トヨペットのセールスマンとの個人的結びつきが背景にあった。そこで，東京トヨペットは，68年1月から特約店制度を開始し，整備業者との間で企業対企業の特約契約を結び，従来の個人的結びつきではなく，自社の協力店として強力な関係を構築するようになった。その運用を円滑化するために，各営業所に特約担当者[74]が配置された。従来の直販セールスマンは，テリトリーの開拓や管理に注力し，特に東京トヨペットでは，特約店の販

図表 9-11　東京トヨペットの特約店数と販売実績の変化

年	特約店数（店）	特約店の販売実績（台）
1968	340	5,267
1969	394	6,724
1970	436	7,000
1971	537	5,625
1972	674	7,036

［出所］東京トヨペット20年史編纂委員会（1973）『東京トヨペット20年史』東京トヨペット（株），p.204

図表 9-12　メイン・ディーラーとサブ・ディーラーの相違

	メイン・ディーラー	サブ・ディーラー
メーカー等の資本関係	「ある」場合がある	ない
車両の仕入先	メーカー，自販等	メイン・ディーラー
車両の登録業務	行うことが可能	行うことは不可能

［出所］久富繁雄（1975）『業種別会計実務自動車販売業』第一法規出版，p.21，一部改

売意欲向上や情報提供のためのコンテスト実施，各種講習会や特約店ニュースの発刊，技能コンクールなどを行った。担当者は特約店を管理し，一定の販売台数確保という分担体制をとった。これまで1人のセールスマンが私的に行ってきたものを公的なものとし，各セールスマンの仕事分野を直販と特販に区別し，効果的な営業活動ができるようにした[75]。つまり，正規ディーラーのみでは，販売の拡大には限界があり，他社との販売競争において，不利になることが明らかであった。そこで，これまで非正規ではあったが，有力なマーケティング・チャネルであった俗にいう「業販店」を制度化し，そこに担当者を配置したといえる。

　正規ディーラーはメイン・ディーラーであり，業販店はサブ・ディーラーである。多くのメーカーのメイン・ディーラーの下に多くのサブ・ディーラーが存在した。メイン・ディーラー，サブ・ディーラーは，それぞれ地方代理店，地区代理店と呼ばれており，取扱車種ブランド，販売地域が限定された。また，サブ・ディーラーとは別に，一般自動車販売業者が存在した。これらの業者は特定ブランドに限定せず，何でも取り扱った[76]。なお，メイン・ディーラーとサブ・ディーラーの相違は図表9-12の通りである。

おわりに

　本章では，1960年代半ばから70年代にかけての複数マーケティング・チャネルの展開を，トヨタという一メーカーを中心に取り上げてきた。トヨタにおける複数マーケティング・チャネルの展開は，当初はクラスの異なる新車発売と連動していた。したがって，新車発売とマーケティング・チャネル拡大の連動という関係を見ることができる。また，東京，大阪などの都市部では，他府県と異なり，車種ブランドにより，直営ディーラー企業を展開し，テリトリーを細分化し複数のディーラー企業と契約するなどの工夫を凝らした。さらに自動車需要が増大すると，各チャネルに複数車種ブランドを配置するようになった。それは1チャネル2乗用車体制，1チャネル3乗用車体制での具現化であり，まさに市場拡大と連動させた製品政策でもあった。

　本章が考察の対象とした時期は，複数マーケティング・チャネルをトヨタや日産

が，積極的に展開し，他メーカーでは採用を検討した時期であった。この時期においては，複数マーケティング・チャネルであっても，市場細分化は行われており，複数マーケティング・チャネル問題はそれほど顕著なものにはならなかったといえる。トヨタでは1961年のパブリカ・チャネル設立後のセグメントは，重複が全くなく，67年のオート・チャネル設立後のセグメントも，一応の市場区分がなされており，重複は相対的に小さかった。すなわち，オート・チャネル設立までは，60年代から70年代にかけてトヨタがフルライン政策を展開するのに応じた必然的なディーラーの複数チャネル展開であったといえる[77]。いいかえれば，市場の細分化はこの時期にはまだ可能であったということである。

　また，わが国の複数マーケティング・チャネルは，特定メーカーの特定車種ブランドが特定ディーラーによる専売制であると同時に，メーカーとディーラー企業の相互依存関係が強く，両者が資本的，人的な結合を通じて長期的な取引関係を維持するシステムであった。このシステムの起源は，アメリカ系メーカーによってわが国に持ち込まれたフランチャイズ方式のディーラー・システムであったが，その後の発展過程において，わが国独自の要素が付与されていった。特に1950年代から80年代にかけて，複数マーケティング・チャネルが進展したのは，生産の拡大と消費需要の増加が，複数マーケティング・チャネルの確立と拡大に有利な環境を提供したためであった[78]。つまり，わが国が自動車社会として発達するために，メーカーや自販による複数のマーケティング・チャネルの構築は，この時期においては，必然的なものであったといえるだろう。

— 注 —

1) 本章において，単に「トヨタ」と表記している場合は，トヨタ自動車工業，トヨタ自動車販売という製造と販売会社両方を指している。

2) 1968年以降，トラック・商用車主体から乗用車中心の市場に変化した。67年にはトラックが約174万台，乗用車が約137万台であったが，68年にはそれぞれ約199万台，約205万台となり，乗用車が逆転した。

3) 下川浩一 (1990)「自動車」米川伸一・下川浩一・山崎広明編集『戦後日本経営史第Ⅱ巻』東洋経済新報社，pp.116–117

4)「日野」は，日本自動車工業と日野自動車販売両社を指している

5) 業界再編成では，メーカーの合併や提携がディーラーを混乱させることが問題になる。そこで業界再編が政府の方針として出され，トヨタ自工も積極的だったが，日産とプリンス自工の合併より遅れたのは，販売面の調整に対するトヨタ自動車販売店協会山口理事長の要請に神谷社長が配慮したためだといわれている。(トヨタ自動車販売店協会広報部 (1977)『トヨタ自動車販売店協会年史「30年の歩み」』トヨタ自動

　　車販売店協会，p.173)

6)「6 ヶ月先行して発売された日産のサニーを抜くのはいつ頃か」という質問に対し，
　　神谷は「発売の月，つまり 11 月には追い抜くでしょう」と答えた。9 月のトヨタの
　　総生産台数が 5 万台強，パブリカが 1 万台，コロナが 2 万台強の時期に，カローラの
　　月販 3 万台の目標に集まった人々は驚いた。(トヨタ自動車(株) (1987)『創造限りな
　　くトヨタ自動車 50 年史』トヨタ自動車，pp.442-443)

7)　トヨタ自動車販売店協会 (1977)，p.166

8)　神奈川トヨタ(株)(1998)『モビリティライフの創造神奈川トヨタ 50 年の軌跡』神奈
　　川トヨタ，p.115

9)　日本長期信用銀行 (1968)「日本自動車産業における競争」『長銀調査月報』日本長期
　　信用銀行調査部，No.110，p.55

10)　遠藤徹 (2002)「トヨタの販売と輸出実績の足跡」岡崎宏司・畔柳俊雄・熊野学・遠
　　藤徹・桂木洋二『トヨタ自動車の研究』グランプリ出版，p.253

11)　孫飛舟 (2003)『自動車ディーラー・システムの国際比較―アメリカ，日本と中国を
　　中心に―』晃洋書房，p.140

12)　自動車の販売担当者を意味する言葉として，セールスマン，セールスパースン，営業
　　員などがある。本稿では当時一般的に使用されていた呼称として「セールスマン」を
　　使用する。

13)　遠藤 (2002)，p.252

14)　矢島鈞次監修 (1980)『トヨタ自販カープロフェッショナル』弘済出版社，p.34

15)　わが国の自動車は第二次世界大戦以前は，ガソリン車が主であったが，戦時中に
　　ディーゼルエンジンの研究が進み，性能が向上した。特にバスや大型トラックでは燃
　　料節約が大きいため，戦後はディーゼル車が急速に普及した。1949 年頃，日本で
　　ディーゼル車を製造していたのは，いすゞ自動車(株)，三菱重工業(株)，日野ディー
　　ゼル(株)等であった。(肴倉弥八編纂 (1980)『青森日産自動車 50 年史』青森日産自
　　動車販売，p.114)

16)　パブリカの製品企画は，1955 年に通産省で立案された国民車構想に遡る。パブリカ
　　は，トヨタが 61 年から発売した 697 cc，空冷 2 気筒 OHV・水平対向で 28 馬力を発
　　する新開発の U 型エンジン搭載の大衆車であった。

17)　(社)日本自動車会議所・日刊自動車新聞社 (1967)『昭和 42 年版自動車年鑑』日刊自
　　動車新聞社，p.64

18)　竹内敏雄 (1968)『自動車販売』日本経済新聞社，p.58

19)　トヨタ自動車販売(株)社史編纂委員会 (1980)『世界への歩みトヨタ自販 30 年史』ト
　　ヨタ自動車販売，p.72

20)　トヨタ自動車販売 (1980)，pp.150-151

21)　トヨタ自動車販売 (1980)，pp.150-151

22)　1970 年頃には，国内のトヨタのマーケティング・チャネルは，オート店の全国チャ
　　ネルがほぼ完成した。しかし，一部未設置地区もあり，71 年から 73 年にかけてトヨ
　　タオート徳島，トヨタオート島根，トヨタオート香川，トヨタオート鳥取の 4 社が発
　　足し，オート店の全都道府県への設置が完了した。一方，72 年 5 月，沖縄の返還に
　　伴い，沖縄トヨタグループが参加した。(トヨタ自動車販売 (1980)，p.282)

23　(社)日本自動車会議所・日刊自動車新聞社 (1969)『昭和 44 年版自動車年鑑』日刊自
　　動車新聞社，p.71

24）（社）日本自動車会議所・日刊自動車新聞社（1968）『昭和 43 年版自動車年鑑』日刊自動車新聞社，p.57

25）（社）日本自動車会議所（1968），p.57

26）トヨタ自動車販売（1980），p.167

27）トヨタ自動車販売（1980），pp.167-169

28）トヨタ自動車販売（1980），p.151

29）トヨタ自動車（1987），p.459

30）名古屋トヨペット社史編集室（1988）『名古屋トヨペット 30 年史』名古屋トヨペット，p.220

31）トヨタ自動車販売（1980），p.242

32）（社）日本自動車会議所・日刊自動車新聞社（1972）『昭和 47 年版自動車年鑑』日刊自動車新聞社，p.93

33）特にセリカは「恋はセリカで」，カリーナは「気になる男の気になる車」という新発売キャンペーンを実施した。（トヨタ自動車販売（1980），p.72，p.243）

34）東京トヨタ自動車四十年史編纂委員会（1986）『東京トヨタ自動車四十年史』東京トヨタ自動車，pp.60-61

35）トヨタは，日産よりも一貫して低価格製品のニーズに配慮しながら，一方では日産よりも高い価格帯にも製品を投入して「あらゆる財布と目的」にあった製品投入を展開し，フルライン政策を実現させていった。（四宮正親（1998）『日本の自動車産業──企業者活動と競争力：1918-70──』日本経済評論社，p.172）

36）トヨタが 1965 年 10 月，2,000 cc，6 気筒，OHC エンジン搭載のクラウンを発売したのがワイドセレクション方式のはじまりであった。これは 63 年頃から中型車の販売不振が顕著になったことへの対応策である「中型車は欲しいが，デラックス型まで買う余裕がない。といって，タクシーと同じスタンダードも嫌だ」という市場の不満を解消するために考えられたものであった。（矢島（1980），pp.134-135）

37）車庫規制強化の問題は，「保管場所確保に関する法律」の適用地を抱えるディーラーにとって，登録の遅れ，あるいはユーザーの購入手控えとなって現れた。（（社）日本自動車会議所（1969），p.71）

38）自動車新税構想は，車検を毎年受けさせることによって，平均 5 万円の税金を課し，それを道路と鉄道財源に充てるものであった。自動車業界では新税構想に対し，モータリゼーションを阻害し，自動車産業に与える影響が大きいとして，反対同盟が結成された。1971 年 9 月，日本自動車工業会など 19 団体によって結成し，運動を展開した。ユーザーの負担は，数度の増税だけでなく，70 年 6 月の任意保険料平均 65％ 引き上げ実施，70 年 12 月に自動車重量税の創設のため，重くなった。（トヨタ自動車（1987），p.506，日本自動車工業会（1988）『日本自動車産業史』日本自動車工業会，p.230）

39）（社）日本自動車販売協会連合会（1970）『ディーラーの経営』日本自動車販売協会連合会，p.3

40）自動車の資本自由化は，1971 年 10 月 1 日に閣議決定されたが，自動車，自動車車体・付随車，自動車部分品・付属品，ピストンリング，内燃機関・電装品，自動車用電球の 6 業種も対象となった。自由化に対しての方針は，①自動車工業に関わる対内直接投資の自由化は，71 年 10 月から実施する方針とする。なお，この方針に即応してエンジンの輸入の自由化時期も同時期に繰り上げる。②自動車部品工業及び自動車

販売に関わる対内直接投資の自由化は，原則として自動車工業と同一時期に実施するものとする。③上記自由化措置は，67 年 6 月 6 日付閣議決定に定める第 1 類自由化業種として行うものとされた。そして，71 年 4 月に自動車資本自由化が実施され，73 年 5 月には第 5 次資本自由化により，新設・既存とも自動車関連については 100％ 自由化の対象業種となった。さらに 78 年には完成車の輸入関税がゼロとなり，わが国の自動車産業・市場における貿易・為替・資本の面からの参入障壁は取り除かれた。(四宮（1998），p.255)

41)　トヨタ自動車販売（1980），p.170

42)　たとえば，トヨタ自販では，1967 年 4 月から乗用車，商業車およびトヨエースを対象に新車クレーム期間を 1 年または 2 万 km から 2 年または 5 万 km に引き上げた。日産でも，67 年 4 月からサービス体制の一環とし，乗用車，小型トラックを対象に新車保証期間をそれまでの 1 年または 2 万 km から 2 年または 5 万 km に大幅延長した。((社)日本自動車会議所（1968），p.12)

43)　日本自動車工業会（1988），p.198

44)　(社)日本自動車会議所・日刊自動車新聞社（1966）『昭和 41 年版自動車年鑑』日刊自動車新聞社，p.33

45)　(社)日本自動車販売協会連合会（1970）『ディーラーの経営収益性を高める指針として』日本自動車販売協会連合会，p.7

46)　佐藤義信（1997）『トヨタグループの戦略と実証分析（第 7 版）』白桃書房，p.279

47)　名古屋トヨペット（1988），p.237

48)　名古屋トヨペット（1988），pp.248-249

49)　四宮（1998），p.290

50)　公正取引委員会事務局編集（1974）『流通系列化』大蔵省印刷局，p.9

51)　メーカーが一定地域における一手販売権をディーラーに与える理由は，まず，同一ブランド内での競争回避であり，それによってディーラーにメーカーの販売政策を確実に実行させ，他メーカーのディーラーとの競争に集中させるためである。特にメーカーは，同一ブランド内での競争は，価格低下によるディーラー経営の悪化と十分なアフターサービスが確保できなくなるとしている。また，販売地域の規制は，メーカーの販売資金を効率的に使い，必要な全国的マーケティング・チャネルを構築し，ディーラーに狭い地域で需要を深く開拓させることが目的である。(公正取引委員会（1974），p.11)

52)　公正取引委員会（1974），pp.9-10

53)　宮崎友次・藤波和夫（1980）「自動車業における流通系列化の実態（3）」『公正取引』No.357，p.33

54)　日本長期信用銀行調査部（1966）「自動車産業の流通機構—その歴史的発展と現状の諸問題—」『調査月報』No.95，pp.74-75

55)　(社)日本自動車会議所（1966），p.33

56)　孫（2003），p.142

57)　わが国では，自動車の店頭販売が本格化するまで時間がかかり，ショールーム販売はなかなか中心とはならなかった。そして，セールスマンの足と耳を生かした情報収集をもとにした訪問販売が中心になり，ショールームはその補助的役割であり，セールスマンの活動と切り離して考えられた。(東京トヨペット 20 年史編纂委員会（1973）『東京トヨペット 20 年史』東京トヨペット，p.192)

58) 東京トヨペット（1973），p.217

59) 東京トヨペット（1973），p.217

60) 東京トヨペット（1973），pp.217-220

61) 成生達彦（1993）「自動車の流通：日米比較」『南山経営研究』第7巻第3号，p.576

62) ロケーション制は，テリトリー制の1つで，ディーラーの拠点設置場所についてだけ一定の地域（「主たる販売地域」）に限定するもので，当該ディーラーがこの主たる販売地域外で販売することについては特に禁止しないものである。（孫飛舟（2003）『自動車ディーラー・システムの国際比較―アメリカ，日本と中国を中心に―』晃洋書房，p.142）

63) 孫（2003），p.143

64) （社）日本自動車会議所・日刊自動車新聞社（1980）『昭和55年版自動車年鑑』日刊自動車新聞社，p.145

65) 孫飛舟（2006）「日・中・韓自動車流通の発展に関する一考察」『地域と社会』大阪商業大学比較地域研究所，第9号，p.72

66) 日本長期信用銀行（1966），p.75

67) 日本長期信用銀行（1966），p.75

68) 公正取引委員会（1974），p.10

69) 矢島（1980），p.83

70) 孫（2003），p.144

71) 竹内（1968），pp.71-73

72) （社）日本自動車会議所・日刊自動車新聞社（1971）『昭和46年版自動車年鑑』日刊自動車新聞社，p.42

73) （社）日本自動車会議所（1971），p.43

74) 特約店担当者は，東京トヨペットと契約を結んだ特約店と連携を密にした。単に特約店管理だけでなく，積極的に特約店のユーザーも訪問し，販売援助や指導を行い，東京トヨペットの信用を背景に拡販活動のパイプ役にもなった。さらに新車販売の増加により，各地域特約店の利益向上のため，工場資格のある店にはキロチェックのアフターサービス委託した。そして大部分の特約店は，顧客の確保や管理に大きく影響した。73年3月には，このような委託店が都内に692店あり，外注などの仕事において応援体制を取れる協力工場が44店，指定工場となったものが4店あり，これらを含めると，全特約店数は740に達した。（東京トヨペット（1973），pp.203-204）

75) 東京トヨペット（1973），p.203

76) 久富繁雄（1975）『業種別会計実務＜自動車販売業＞』第一法規出版，p.21

77) 塩地洋・T.D.キーリー（1994）『自動車ディーラーの日米比較―「系列」を視座として―』九州大学出版会，p.89

78) 孫（2003），p.152

━━**第10章**━━

石油ショック後のわが国自動車メーカーの
マーケティング展開
── トヨタによる積極的マーケティング・チャネル政策の展開
を中心に──

はじめに

1971年8月，アメリカのニクソン大統領によるドル防衛策が発表され，円の対ド
ルレートが上昇し，同時にアメリカで10%の輸入課徴金が実施され，不況が深刻化
した。この大幅な国際金融の枠組みの変化による影響をニクソンショックと呼んだ。
また，わが国では71年12月の自動車重量税導入により，自動車の販売環境が悪化し
た。ただ，ニクソンショックに対し，わが国政府は金融を緩和したため，延期利上げ
の影響が予想よりも小さく，アメリカの輸入課徴金も71年12月に撤廃され，景気は
72年春から次第に回復に向かった。さらに個人の消費意欲が強くなり，自動車の需
要も再び急増した。

トヨタ自動車販売（以下「トヨタ自販」）では，ディーラー企業の経営環境の質的
変化を予測し，経営体質改善に本格的に取り組んだ。また，1971年には，トヨタは
西ドイツのVolks Wagen（以下「VW」）を抜き，生産台数ではGeneral Motors（以
下「GM」），Ford Motor（以下「フォード」）に次いで世界第3位となった。71年の
総生産台数は，約196万台となり，前年比で21.5%増加し，車種別では乗用車約140
万台（同31.1%増），トラック約55万台（同3.9%増）となった[1]。ただ，目標の200
万台に僅かではあったが届かなかった。その後，72年12月にはトヨタ自動車工業
（以下「トヨタ自工」）は年産200万台を達成した。日産自動車（以下「日産」）は，1
年遅れて73年12月に年産200万台を達成した。本章では，トヨタのディーラー企業
に対するさまざまな施策を中心として考察していきたい。

1　1970年代前半のトヨタのマーケティング・チャネル政策

(1) ニクソンショック後のディーラー政策

トヨタ自販の神谷正太郎社長は，ニクソン大統領によるドル防衛政策発表後，すぐ
に社内各部門に対し，事態の重大性を告げ，各部門への影響と対応策検討を指示し

た。神谷社長は、「自動車普及率の上昇に伴う市場の安定成長期への転換、経費の恒常的高騰等、販売店経営を取り巻く環境は厳しさを増している。とりわけ、今般のアメリカのニクソン大統領によるドル防衛策の発表は、わが国経済にも深刻な影響を及ぼし、景気の好転は当分望むべくもない。国内自動車市場は長期低迷を余儀なくされる一方、販売競争はいっそう激化すると思われる。かかる事態を乗り切るためには、①セールスマン、メカニック等の戦力増強を通じ、新車販売におけるマーケットシェアを50％台に躍進させるとともに、②高度経済成長期に築いた経営資源の総点検を通じて、強靭な経営体質への転換を通じ、経営資源の無駄を排除し、高効率経営の実現、強靭な経営体質への転換をはかることが重要である。マーケットシェア50％台の獲得は、今後の販売店経営安定化にとっての要件であると確信するが、これを達成するためには、間接部門の合理化をはかり、直接員を可能な限り増強して『戦える体質』をより強固なものにすることが肝要である。各位におかれては、強固な決意のもとに総合的・長期的視野に立ち、これに積極的に取り組んでいただくようお願いする」と呼びかけた。ここではニクソンショックが国内販売部門に与える影響を、①市場に与える影響、②ディーラー企業の経営に与える影響に集約した[2]。

　ただ、ディーラー企業の経営合理化を打ち出す際、ディーラーの販売意欲が減退し、縮小均衡に向かう懸念があった。この状況に対し、トヨタ自販の方針は、縮小均衡ではなく、積極的にディーラーの販売力を伸長させ、市場地位を向上させることであった。それがディーラー企業の経営安定化につながり、トヨタ発展の基盤につながるものであったが、混乱期であったために誤解される恐れもあった。そこで、販売力増強は継続して推進し、経営体質強化は無駄排除で生じた余裕経営資源を拡大再生産に活用することを強調し、地区担当員を通じて、全国のディーラー企業経営者に理解を求めた[3]。このあたりの対応については、トヨタのディーラー企業経営や現場の営業員（セールスマン）への細かな配慮がうかがえる。

　一方、車両本部は、車両業務部を中心にディーラー企業の経営体質強化の具体的検討を開始した。まず、トヨタ自販では人材の有効活用を中心に、需要予測精度を向上させ、ディーラー企業の経営分析を強化した。そしてトヨタ自販は、72年2月、全国のディーラー企業に対し、「間接部門の人員の必要最小限までの圧縮と間接員の直接員への転用によって、贅肉のない筋肉質ディーラーへ脱皮させる」方針を固め、「2年後に各販売店の直接員比率65％、営業所直接員比率80％、本部・営業所人員比20：80を達成」に目標設定した。直接員とは各部門のセールスマンやサービス技術員など営業に直接携わる社員であった。そして、この目標実現のためにディーラー企業における具体的方策を検討するため、車両本部各部、部品部、鉱油部、サービス部および経理部による「販売店体質強化プロジェクト」を発足させた。これを推進する上で、最も困難視されたのはセールスマンの増強であった[4]。それは他産業への人材が

流れ，自動車販売業界では慢性的な人材不足の状況がその背景にあったためである。

　プロジェクトチームは，ディーラーの企業体質強化を推進する指針として，『トヨタ販売店体質強化のための間接部門の効率化』と題する小冊子をまとめ，1972年2月，全国のディーラー企業に提示した。ここでは，①ディーラー企業の体質強化に対する基本的考え方，②間接部門効率化の方法—組織・人・業務処理方法の総点検の実施，③間接部門のモデル人員—系列別，規模別，本部・営業所別，部門別の3点を提示し，各ディーラー企業に間接部門の再検討を提言した。さらに72年9月には，ディーラーの標準業務とモデル帳票をまとめた『販売店業務マニュアル』を刊行した[5]。各ディーラーでは，これらのマニュアルを用い，トヨタ自販地区担当員，各部門フィールドマンなどの指導により，間接部門の効率化を進めた。特にディーラー間接部門業務の中で重要な役割を果たし，業務量でも大きな比重を占めていた経理関連業務合理化に取り組んだ[6]。つまり，多くの関係者に対して，それぞれの使命やすべきことを文書化し，それを提示することによって，ディーラー企業の経営体質を強化することにつなげていった。

(2) 人材確保の困難性と資金支援

　1972年4月，トヨタは国内販売体制の抜本的強化を目指した「50年計画[7]」の推進に着手した。この計画は75年を目標年度とし，国内市場における絶対的優位の確立を目指し，販売計画と目標占拠率，販売計画達成の体制強化を図ろうとした。そして，73年2月には，「50年計画」の1年繰り上げ実施を決定した。景気回復で市場が急拡大し，体制面強化・整備の急務や，72年にトヨタのシェアが低下したことも，計画再検討を促す要因であった。しかし，国際通貨不安が73年に再燃し，2月にはドルの10％再引き下げが実施され，輸出計画の下方修正を余儀なくされた。さらに求人状況の悪化，地価や建設費の高騰で，計画前倒しが難しい局面もあった[8]。

　1960年代半ば以降，わが国では高度成長の持続と労働力不足が顕著となり，中高卒者が中心の現業職だけでなく，大卒者が中心の事務職やセールスマンも不足した。また，自動車のセールスマンの社会的イメージ[9]の低さが，ディーラー企業におけるセールスマン確保の障害となった[10]。さらに優秀なセールスマンの引き抜きなどもあった。これは他メーカーのディーラーも同様であった。そして，トヨタと同様の認識から他メーカーのディーラーも販売力増強を図り，激しい求人競争を展開した。トヨタ自販では67年頃から人事部を中心に，本格的にディーラーに対して採用援助に取り組んだ。採用に関する情報提供，求人パンフレット等の採用活動用具の提供，大学新聞や就職ガイドブックへのディーラー企業の求人広告掲載など，積極的な指導・支援活動を展開した。しかし，予定採用人員数の確保はできなかった。また，トヨタ自販は「50年計画」開始にあたって，従来人事部中心の求人活動を一層充実させるため，72年5月には本格的な採用援助活動を展開するための専門組織である販売店

室[11]を車両本部内に発足させた。この販売店室の設置は，トヨタ自販のディーラーにおける販売に力を入れるという姿勢の象徴としてとらえることができよう。

まず，トヨタ自販の販売店室は，ディーラー企業経営者に合併後の日産のセールスマン数と比較し，トヨタ・ディーラーは少ないことを指摘したうえで人員確保の必要性を訴えた。そして，販売店室は当面の活動重点を，ディーラー企業の採用体制の強化と採用に関するノウハウ開発においた[12]。人員確保では，1973年2月26日から3月2日にかけて，はじめてチャネル別販売力増強全国大会をトヨタ自販本社で開催した。全国のディーラー企業の採用担当責任者および採用担当者が出席し，トヨタ自販が人員確保の方針と対応策を説明した。これを契機にトヨタ自販とディーラー企業が提携して，多面的な採用活動を進めた。また，トヨタ自販は，「50年計画」実現のため，希望するディーラー企業にはディーラー店舗増設の設備資金融資を行うなど積極的に支援した。店舗増設には，地価や建設費上昇により，ディーラー企業の自己資金調達だけでは不足する可能性があり，ディーラー店舗の増設意欲の促進には好条件の資金融資が必要であったためである。この融資は「戦略設備資金融資」と名付け，73年4月から開始した[13]。以上のように，この時期以前からもディーラー企業に対しての経済的支援が行われていたが，さらにそれが積極化したといえる。

(3) ディーラーの経営環境

ディーラー企業では，部品メーカーや自動車メーカーの生産性の高さに比べて，経営効率が低いことや，マーケティング・チャネル・システムが硬直化していることが，しばしば指摘されてきた。一方で，ディーラーはメーカーから割り当てられた自動車の市場シェア獲得競争のために，契約通りの取引条件と販売方法を続けなければならない面もあった[14]。

自動車には，既納ユーザーと新規ユーザーがいるが，ディーラー，販売会社においても固定ユーザーの増加が目的であり，ディーラーの販売政策は，固定ユーザー増加と新規ユーザー獲得が基本であった。そこで各メーカーは，ユーザーの固定化と新規ユーザーの増加のためのシステム作りに着手した。既納ユーザーは，ディーラーの販売予測における需要予測がベースとなった。したがって，ディーラーには，既納ユーザー対応と管理のシステム化，維持が大きな課題であった。また，ディーラーの営業力は，他社のユーザーを自社のユーザーにすることを意味した。これは競合ディーラーのユーザー獲得を意味したが，自動車は保有に伴う登録時点で情報化され，プライバシー保護の観点から，運輸省からメーカーへは同一メーカー情報のみ伝達された。さらにディーラーへは，自社ユーザーの登録情報だけが伝達された。そのうちに同一メーカー他チャネルの情報，他社情報の取得も可能になった。この情報収集能力と，それに対する営業政策の巧拙によって他社ユーザー獲得に差が出た[15]。

また，わが国では車検や修理などのアフターサービスが重視され，その意味では

図表 10-1　トヨタ・ディーラーにおける拠点（ディーラー店舗）数と従業員数の推移

	1950	1955	1960	1965	1970	1975	1980
トヨタ店	47	49	49	49	49	50	50
販売拠点数				302	420	555	718
従業員数				20,078	22,500	27,430	26,075
トヨペット店		1	51	53	52	51	52
販売拠点数				290	503	608	821
従業員数				19,175	25,030	24,440	30,939
カローラ店				69	84	84	82
販売拠点数				228	654	1,654	1,079
従業員数				8,794	19,270	27,910	31,336
オート店					62	67	69
販売拠点数					344	550	685
従業員数					6,080	14,140	18,330
ビスタ店							66
販売拠点数							256
従業員数							4,790
ディーラー合計	47	50	100	171	247	252	319
販売拠点合計				820	1,921	3,367	3,559
従業員合計				48,047	72,880	93,920	111,470

［出所］四宮正親（1998）『日本の自動車産業–企業者活動と競争力：1918-70–』日本経済評論社，p.177（一部改）

　ユーザーとディーラーとの関係は長期的なものとなっていった。そのため，各ディーラーは，長期的視点から，ユーザー情報管理への大きな誘因を持っていた。セールスマンは，定期検査や車検の際に，ユーザーの職業，年収，家族構成やライフスタイルなどの情報を入手した。これらの情報は各ディーラーによって管理され，数年後，新車買換時にはこれらの情報に基づき，適切な車種ブランドを提案した。特に代替需要が増えた頃から，買換需要を確実にすることが，新車販売上は重要となった[16]。したがって，自動車販売においては既に半世紀近く前からデータベース・マーケティングが行われてきたといえる。

　1970 年代になり，市場が安定期へ入ると，販売競争激化と利益率低下により，人件費や資本コストの上昇を販売量増加だけでは吸収できなくなり，ディーラー企業の経営環境が悪化した。そこでトヨタ自販は，①ディーラー企業の経営効率向上・体質強化，②ディーラー企業の販売体制強化・市場シェア向上を基本方針として，ディーラーの内部，外部の両面からディーラー指導をした。そして，トヨタ自販は，セール

スマン・メカニックの増員，ディーラー店舗増設など，販売力増強をしてフルライン体制を軸とする商品展開とともに，市場シェア向上のエンジンとした。しかし，ディーラー企業の経営効率の改善，体質強化は，高度成長によって問題が潜在化し，不十分な面もあった[17]。つまり，本来であれば問題解決をしなければならなかった時期に，販売台数が増加したことから，先送りされた形になってしまったのである。

トヨタ自販からの資金的援助とディーラーの販売努力により，ディーラーの販売体制は次第に強化されていった。セールスマンは，1972年9月末の2万4,700人から73年9月末には2万6,900人へと1年間で約10％増加した。一方，新車を販売するディーラー店舗数は，72年9月末の2,251カ所から73年9月末には2,440カ所，74年月末には2,594カ所と2年間で343カ所増加した[18]。そして，73年4月には，愛知県愛知郡日進町に研修センターの建設工事を開始した。トヨタは，58年に販売力強化支援策の1つとして，セールスカレッジを中部日本自動車学校内に開設して以降，販売教育が毎年盛んになった。61年に移転した春日トレーニングセンターは，マネジャー教育の充実や産業車両部門への拡大などによって手狭になった。そして，74年9月の研修センター完成によって，充実した販売教育が実施できるようになった[19]。このようにトヨタは，ディーラー企業の従業員教育に対しても，ハード，ソフト両面からの支援を行うようになった。

2　石油ショックをめぐるトヨタの対応

(1) 2度の石油ショックによるトヨタへの影響

1973年10月，第4次中東戦争勃発を契機に起こった第一次石油ショック[20]により，わが国は直前の「列島改造ブーム」から一気に不況へと急転し，メーカーははじめて自動車の減産を余儀なくさせられた。そして，メーカーは自動車開発や車種ブランド構成など，製品政策を根本から見直す必要に迫られた[21]。74年の新車販売は，乗用車が約229万台で，前年比22.6％減となり，トラックが約154万台で同21.9％減となった。生産財であるトラック，なかでも軽・小型トラックの減少は比較的少なかったが，消費財である乗用車，特に軽[22]・小型乗用車が大きく減少して総需要が低下した[23]。このような経験は，戦後のわが国自動車工業でははじめてであり，すべてのメーカーが対応に困惑した。

第一次石油ショックによる物価高騰で，車両価格はほとんど値上がりしたが，国内販売の回復は比較的早かった。また，第一次石油ショック後，一時的な落ち込みがあったが，高成長が持続できたのは，わが国の自動車輸出が1973年の約207万台から，78年には約460万台と2.22倍の増加を記録したことが影響していた[24]。トヨタでは，第一次石油ショックによる減産と，その後の増産への切替が迅速であった。そ

して，第一次石油ショック後は，国内販売では「クラウン」や「カローラ」といった高級車や大衆車の二極にあった自動車販売が好調となり，中間クラスの販売減少が目立つようになった。一方でトヨタ自工は，77年に借入金がゼロとなった。銀行に依存した経営では自主性が保てないとの判断から，無借金経営を目標としていた。その後トヨタ自工は内部留保を増やし，資金面で健全性が増していた[25]。

　一方，1978年のイラン革命で，石油生産が中断し，78年末にOPEC（石油輸出国機構）が79年からの原油価格を4段階に分けて計14.5%値上げするという決定をしたことにより，原油価格が上昇した。そして，世界中で備蓄を急いだため，79年中は，原油需給は逼迫気味となり，第二次石油ショックとなった。特に70年前半からの10年間で，アメリカの自動車生産台数下落率は世界平均値を上回り，73年の約1,268万台から82年には約699万台と約569万台も減産した。この間，日本車の対米輸出は純増で約260万台あり，わが国での自動車生産台数は約708万台から約1,111万台となり，約403万台増加した[26]。そして，このような自動車輸出の増加が，80年代には日米貿易摩擦の大きな要因となっていった。

　2度の石油ショックの影響による世界の自動車業界へのダメージは大きかった。しかし，トヨタの対応は，他メーカーよりも僅かではあるが先行していたということができよう。つまり，トヨタは二度の石油ショックによる影響を最小限に食い止めることができたといえる。そして，その後の成長への力になっていったのは，メーカーあるいは販売会社における人材を中心とした基礎があったということであろう。

(2) 第一次石油ショック直前の人材不足による生産問題

　1973年春からは国内市場での好況が継続し，トヨタでは車両が供給不足となった。また，トヨタ自工では，深刻な労働力不足となり，人員確保に力を入れ，工場をフル稼働して増産したが，急激な需要増加には対応できず，需給バランスが崩れることがあった。車両供給不足のために顧客への納車が遅れ，人気車種ブランドでは受注から納車までの期間が3ヶ月以上となった。供給不足は販売機会の損失になるため，ディーラーは在庫圧縮などで需要確保に全力を注ぎ，トヨタ自販には1台でも多く配車するよう要請した。また，車両各部はディーラーからの配車増要請への対応に追われた。73年は，世界的な自動車ブームで，円切り上げ，通商摩擦などがあったが，国内市場だけでなく，輸出も好調であった。そのため，国内外の配分が大きな問題となった。海外のディーラーは，国内のディーラーと異なり，その時々の情勢でメーカー系列を変更することが多かったため，供給不足を理由にディーラーがトヨタから離反する可能性もあった。このような事情から，トヨタ自販は内外の配分を検討し，極力輸出を抑え，国内を優先した。しかし，国内における供給不足は，より深刻化した[27]。

　トヨタ自工は，1973年5月，この状況への対応策として，トヨタ自販と協議し，

ディーラー企業に生産人員の派遣を要請した。深刻な人手不足のため，トヨタ自工はグループ・メーカーから生産支援を受けてはいたが，まだ不足していた。ディーラー企業も，経営体質の改善後で人員余剰はなく，比較的短期間ではあったが，ディーラーの従業員が異なる環境で，未経験の作業に従事するには抵抗があった。しかし，ディーラー企業では，販売店協会で協議した結果，要請に応えて，6月4日に第1次としてディーラーのサービス部員を中心に294名が派遣され，6月から11月にかけて4次にわたってトヨタ自工に派遣された[28]。この状況は，メーカーからの要請に対して断ることができないディーラー企業の苦しい立場と，他方で，トヨタという看板の下での協力体制をとる立場の両面を見ることができよう。

(3) 第一次石油ショックによる生産と販売面での対応

1973年10月の第四次中東戦争勃発を契機として，74年1月から原油価格が2倍となり，第一次石油ショックが起こった。自動車産業では，まず新車販売が影響を受け，モータリゼーションの進展とともに順調に成長してきた国内新車販売にブレーキがかかった。特に影響が大きかったのは，排出ガス対策のための価格が上昇した軽乗用車であった。小型車との価格差が縮小し，経済車としての魅力を失いはじめた。ただ，自動車産業の生産金額は，減産にもかかわらず，73年の8兆1,700億円から，74年には9兆4,700億円へと15.9％増加した。これはそれ以前から進行していた世界的な資材高騰に第一次石油ショックが重なり，各メーカーが自動車販売価格を引き上げたためであった。しかし，価格上昇は，経営的には貢献せず，74年のメーカーの経営状況は，売上高は対前年比16.0％増となったが，製造業平均24.5％に比べると低く，経常利益は73年に同7.0％減，74年には同48.1％の大幅減益となった[29]。

このような状況において，トヨタが最も注意を払ったのは，ディーラー在庫の増加であった。トヨタ自販では，それまで5日ごとに把握していた全国のディーラー企業からの受注・在庫状況を，74年1月からは毎日把握した。また，トヨタ自工は1月から3月にかけて減産を実施した。しかし，需要減退は激しく，73年12月以降，増加傾向だったディーラー在庫台数は，74年2月には9万6,000台に達し，ディーラー資金，在庫スペースから限界とされていた10万台に近づいた。このためトヨタ自工は減産を強化し，3月にはディーラーの在庫調整を終えた[30]。

このようにトヨタでは，わずかの期間にメーカーが主導して，ディーラーの在庫調整を終えたが，この対応は他メーカーや販売会社は及ばなかった。一方，販売面ではトヨタ自販は，74年6月から7月にかけて，国内販売を前年比80％までに回復しようとする「T23作戦[31]」と「原価改善運動」を実施した。前者はトヨタの総力を結集させた増販支援策が実施され，後者は，ガソリン，鋼材の値上げ，自動車税の引き上げ等に対し，グループの結束で原料生産体制を強化することで実施された。このため，グループを支える下請・系列の整理・統合が強調され，特に生産系列グループの

再編成は，コストを中心とした体質強化を実行していった[32]。その結果，6月は10万台強となり，7月には全ディーラーが需要を掘り起こし，14万台強を販売し，2ヶ月合計で約24万2,000台となり，目標の23万台を突破した。トヨタ・ディーラー，トヨペット・ディーラー，カローラ・ディーラー，オート・ディーラーの全チャネルが目標台数を上回った[33]。これは各チャネルがこれまで以上の販売努力を行った結果，目標を上回る相乗効果を生み出したといえる。

　さらに1977年8月，トヨタ自工は「カリーナ」と「セリカ」のフルモデル・チェンジを6年8ヶ月ぶりに行い，相次いで新車を投入した。これは台頭著しい第三勢力に対して，価格面で優位に立ち，同時に日産との差を一気に拡大しようとするものであった。そこで採用したのが，これまで以上の低価格政策であった。トヨタは77年秋にカローラの新型車を発表すると同時に，78年を内需拡大の年にすることをディーラーに伝え，大拡販セールの実施を要請しており，このときに，「カローラ77万円キャンペーン」を実施した。これは大衆車重点志向への戦略転換に基づくものであった[34]。この時点のみを考えると，製品やマーケティング・チャネル政策ではなく，一般的にマーケティング論上はタブーとされている値引き競争の大々的な採用といえる。しかし，ユーザーにとって，価格ほどわかりやすい判断基準はなく，この時期に限っては，トヨタのマーケティング戦略上，採用するしかなかったともいえる。

(4) 排出ガス規制問題への対応

　1974年に大幅減少となった自動車の国内市場は，75年には新車需要が約430万台となり，前年比11.9％と回復し，第一次石油ショックで大きく減少した74年の前年比22.3％減と比べると，急速に回復した。しかし，台数では軽自動車を含めて約431万台と72年水準であり，過去のピークであった73年に比べると約30万台も下回っていた[35]。

　また，排出ガス規制の実施が，需要に影響し，各メーカーは排出ガス規制対応の巨額投資を余儀なくさせられた。排出ガス規制はアメリカで最初に実施されたが，1960年代の一酸化炭素規制とは次元の異なる厳しい規制が，マスキー上院議員によって議会に提案され，排出ガス規制の実施がメーカーの存亡に影響するようになった[36]。わが国メーカーも，さまざまな対策部品を追加装備したため，価格が上昇し，自動車の割高感が高まった。さらに，規制が段階的実施だったため，75年度排出ガス規制適合車も暫定的商品のイメージが強く，排出ガス対策による燃費・性能の低下もあり，規制適合車の買い控えが起った。こうした状況の下，75年9月，未対策車の駆け込み増産が問題となった。75年度排出ガス規制は，新型車が75年4月，継続生産車は75年12月からであった。そこで各メーカーは，適用期限まで適合車と未対策車を並行して生産した。法的に認められた措置であり，全面切り替えが近づくにつれ，規制適合車が敬遠され，未対策車への駆け込み需要が急増し，他メーカーも増産した。し

かし，メーカーは猶予期間を逆手にとった未対策車を意図的に増産しているという社会的批判が起こった[37]。実際にそのような面もあったために，完全に否定することはできず，メーカーもディーラー企業にとっても苦しい立場に立たされたこともあった。

そして，通産省は 1975 年 10 月末，トヨタ自工に 11 月の生産計画修正を要請し，トヨタ自工は未対策車の減産を実施した。生産管理部は急遽計画変更作業をしたため，突然の生産計画修正は販売にも影響し，11 月の販売実績は計画を大きく下回った。また，駆け込み増産への批判は，トヨタの企業イメージを低下させ，販売活動に影響を及ぼした。さらに 75 年には乗用車部門では新型車の発売がなく，76 年も 1 月にカローラと「スプリンター」にリフトバックを追加した以外は，年末に「マークⅡ」のモデルチェンジを予定しただけであった[38]。この状況に対し，いかにトップメーカーであっても，常にユーザーの注目を浴びるような政策を実行に移さなければ，ユーザー離れが起きることを経験した。

3 第一次石油ショック後のトヨタ自販のディーラー対応

(1) 販売力増強とディーラー支援

1976 年に入ると，トヨタ自販は販売が回復基調にあると判断し，販売力増強 2 カ年計画[39]を立てて推進した。これはディーラー企業の理解を得て，76 年 6 月から始めた。しかし，推進には，地価や建設資材の高騰でディーラー店舗投資に相当な資金が必要で，特に大都市では，1 店舗設置には 4〜5 億円かかった。第一次石油ショックの影響が残っていた時期であり，全国のディーラー企業には大きな負担となるのが

図表 10-2　メーカー・自販とディーラーの結合状況

① 株式所有状況	メーカー・自販は，約 47% に当たるディーラーに対してその株式を所有している。株式所有比率が 50% 以上のディーラー数は，全ディーラー数の 27%，株式所有比率が 100% のディーラー数は，全ディーラー数の約 15% であった。
② 役員派遣状況	メーカー・自販は，約 45% にあたるディーラー企業に対して役員を派遣しており，約 29% のディーラー企業に対しては，代表権を有する役員を派遣している。
③ 融資状況	メーカー・自販は，約 42% にあたるディーラー企業に対し融資を行っている。なお，融資を受けているディーラー 1 社当りの融資額（残高）は，約 2 億 6,600 万円となっている。

[出所]（社）日本自動車会議所・日刊自動車新聞社（1980）『昭和 55 年版　自動車年鑑』日刊自動車新聞社，pp.144-145 より作成

図表 10-3　車種店別・職種別 1 企業あたり平均従業員（1978 年）

（単位：人）

	管理職	セールスマン	メカニック	事務員	その他	計	企業数	1 企業あたり平均
大型車店	3,613	5,489	5,729	9,961	1,411	26,203	128	205
中小型車店	13,087	30,625	26,424	31,241	4,727	106,077	319	333
大衆車店	6,456	17,879	13,666	16,125	260	56,756	219	260
軽四輪車店	2,411	6,310	4,875	5,544	883	20,023	191	101
外車店	1,072	1,897	1,583	2,458	471	7,481	39	192
計	(12.3)	(28.7)	(24.1)	(30.2)	(4.7)	(100.0)		
	26,649	62,200	52,277	65,302	10,112	216,540	902	240
1 企業あたり平均	30	69	58	72	11	240		

［出所］（社）日本自動車販売協会連合会（1979）『自動車販売業界の回顧と展望』日本自動車販売協会連合会，p.25

　必至であった。そこでトヨタ自販は，資金不足のディーラー企業には，希望に応じて資金を融資した。これは 73 年に実施した第一次戦略的設備資金融資に続く，第二次融資となった。ここでトヨタ自販はディーラー企業に対し，2 年据え置きの 5 年払いという有利な条件で融資した。76 年 7 月から 78 年 6 月末までの 2 年間の融資累計額は，約 300 億円に達し，ディーラー店舗の増強に大きく寄与した[40]。

　そして，メーカー・自販は，国内のディーラー企業総数約 1,300 社に対して，株式所有，役員派遣，融資などにより，ディーラー企業との結合を強化した。1978 年の

図表 10-4　車種別店の月間販売台数（1978 年）

（単位：台）

車種別店	1 企業あたり月間販売台数			従業員 1 人あたり新車販売台数	セールスマン 1 人あたり新車販売台数
	新車	中古車	計		
大型車店	90	51	141	0.44	1.48
中小型車店	355	263	618	1.07	4.10
大衆車店	324	232	556	1.25	4.18
軽四輪車店	188	131	319	1.86	6.97
外車店	74	41	115	0.39	2.04
全体	261	187	448	1.09	4.21

［出所］（社）日本自動車販売協会連合会（1979）『自動車販売業界の回顧と展望』日本自動車販売協会連合会，p.26

それぞれの状況は図表 10-2 の通りであった。

　第一次石油ショック以降，労働力不足はやや緩和する傾向にあったが，ディーラー企業はセールスマンを計画通りに採用することは難しかった。トヨタ自販の販売店室は，ディーラー企業と連携して行う新聞求人広告を活用し，学生へのダイレクトメール送付，各大学に働きかけてトヨタ・ディーラー・グループとの懇談会を実施し，ディーラー企業の人材採用について支援した。各ディーラーの人事担当役員は採用を最重点とし，ディーラー内部での配置転換を行い，増員計画を推進した。その後，各ディーラーの販売力増強は順調に進み，全国のディーラー企業のセールスマン数は，1977 年 6 月には予定通りほぼ 3 万人に達した。全国の新車販売ディーラー店舗数も，78 年 9 月末で 2,962 カ所に達し，目標の 3,000 カ所に近いレベルを確保した[41]。

(2) 第 5 のマーケティング・チャネル「ビスタ」チャネルの設置

　第一次石油ショック後の国内市場低迷のため，トヨタのシェアは 1975 年から 3 年連続で低下した。新車だけでなく中古車需要も減少し，ディーラー企業の経営は悪化した。トヨタはこの事態を打開するためにあらゆる施策[42]を実施した。その結果，78 年のトヨタの国内登録台数は，折からの景気回復もあり，目標を大幅に上回る約 151 万台に達し，シェアも 38.2% と，3 年ぶりに回復した[43]。

　トヨタは，1978 年には長期目標として，82 年に 350 万台販売計画（国内販売 190 万台，輸出 160 万台）の達成を掲げた。その後，国内販売目標を 83 年に 200 万台に修正し，ディーラー企業の経営体質強化などの長期戦略とし，200 万台販売体制の確立を掲げた。78 年のトヨタの販売台数は約 150 万台で，83 年の 200 万台の目標達成には，79 年以降，毎年 10 万台，年率約 6% の成長が必要であった。しかし，国内市場は成熟期に入り，全体で年率 2～3% 程度の成長しか期待できなかった。このギャップを埋めるために新ディーラー（チャネル）設置構想[44]が浮上した。そして，ディーラー企業経営の安定化と販売力の有効活用による「1 チャネル 3 乗用車体制」の推進を視野に入れるようになった。これまでフルライン体制を整備してきたが，その後の急激な需要変動も考え，各マーケティング・チャネルに主要取扱車種を中心とした乗用車 3 車種ブランド体制を計画した[45]。各チャネルが，新規ブランド数を増やすことができると考えたためである。

　そして，1979 年 3 月，トヨタ自販は，自動車販売店協会役員会で，新チャネル設置の基本方針を発表した。その概要は，80 年 4 月から開始し，上級小型乗用車（専売），小型乗用車（併売），「ターセル」（併売），トラック型車両を取り扱い，月販 100～500 台の中規模店を全国に最低 60 社を設置するというものであった。そして，名称は「ビスタ」に決定した。ビスタは 80 年代に向けてスタートする新チャネルにふさわしい名称であり，頭文字の V は 5 番目のチャネル，勝利の V につなげる期待があった[46]。そこですぐに新ディーラー企業の候補を探しはじめ，6 月には車両第五

図表 10-5　国産新車の国内流通チャネル

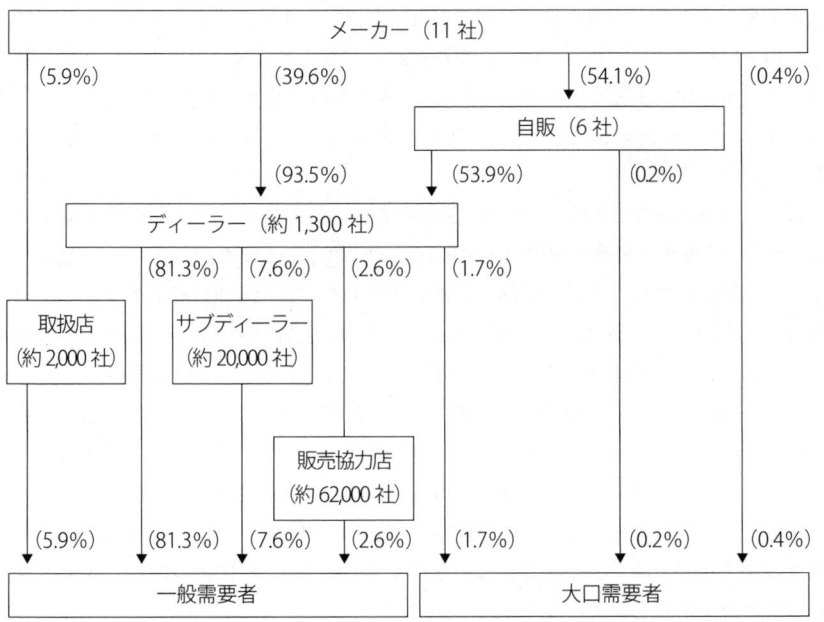

[出所] 資料＝公正取引委員会事務局，（　）の数字は 1977 年の国産新車の国内新車販売台
　　　数に占める流通チャネル別の販売構成比。本田技研のディーラー数は多く，規模も
　　　様々で，他メーカーの流通チャネルを分け，「取扱店」として区分している。本田技
　　　研のマーケティング・チャネルの中には，取扱店からさらにサブ取扱店を経由して
　　　販売されるものもある。サブ・ディーラーは四輪自動車販売業を主とするものであ
　　　り，販売協力店（整備工場，モーター店等）は，自動車整備業，二輪自動車販売業
　　　などを主とし，四輪自動車の販売または販売の斡旋を従とするものである。
　　　(社)日本自動車会議所・日刊自動車新聞社（1980）『昭和 55 年版自動車年鑑』日刊
　　　自動車新聞社，p.144

部が発足した。ビスタ・チャネルは当面，月販 5,000 台を目標にし，10 年後の年販 20
万台体制を目標とした。そして，新資本 80 社，既存ディーラー 77 社の合計 157 社が
候補となった。そして，8 月に第 1 次 28 社を決定し，最終的には全国を網羅する 66
社を選出した。新しい地元資本・人材を積極的に起用し，79 年末までに設立された
49 社のうち，約 3 分の 1 が地元資本であった[47]。また，「新しい血を導入して清新で
活力ある店をつくる」という選定基準により，ダイエーなど各地の有力新資本が参加
した。ビスタ・ディーラーの設置は急速に進んだ。
　ビスタ・ディーラーの取扱車種ブランドは，専売である「クレスタ」，「ブリザー
ド」と，カローラ・ディーラーと併売のセリカ・カムリ，ターセル，トヨペット・
ディーラーと併売の「ハイエース」の 5 車種ブランドであったが，クレスタはマーク

II，ターセルは「コルサ」と双子車であり，ハイエースはトヨペット・ディーラーの扱う小型トラックの主力車種ブランドであった。したがってビスタ・ディーラーは，既存のトヨペット・ディーラーと正面から競合することになった[48]。立ち上がり時点ではセールスマン1,500人（中途採用，既存店からの転籍組で約80％，新卒者で約20％），ディーラー企業64社，ディーラー店舗209店で，1980年4月から営業開始した[49]。

　こうしてトヨタは，1980年までに5つのマーケティング・チャネルを構築するに至った。5チャネル構築の理由は，生産レベルにおけるトヨタのフルライン政策に対応し，高級車種ブランドから低価格車種ブランドまで異なる車種構成のディーラーを設置した方が，より効果的なマーケティング活動が展開できるというトヨタの戦略があった。また，自動車産業が急速に発展していた段階では，市場競争も激しくなった。市場の拡大を図り，競合他社に対して優位に立つために，トヨタは自動車消費市場の細分化を行い，各細分に製品ブランドを用意するフルライン体制を構築した。そして，最も重要なのは，細分化された市場の情報をすぐに生産現場に伝達し，迅速な生産を行い，短いリードタイムで消費者に製品を届けるという戦略上の要求から5チャネルを構築した[50]。そして，この5チャネル体制は20世紀の終わりまで，変化することなく継続した。

(3) 訪問販売の転換と新たなプロモーション試行

　1980年のわが国での四輪生産台数は，約1,104万台に達し，前年比14.6％増加した。これは完成車のみの生産で，はじめて1,000万台の大台を突破した。また，アメリカでの生産台数を抜いて，わが国は世界一の自動車生産国となった。

　わが国では自動車販売は，1980年代に至るまでかなりの台数が訪問販売により販売されてきた。わが国においての自動車の訪問販売は，販売形態としては有力な方法であり，これまでの自動車市場を支えてきたといえる。ユーザー獲得のために，最初は各家庭への飛び込み販売を行い，販売後も次回も同社の自動車を買ってもらい，さらには新規ユーザーを紹介してもらうために，セールスマンはユーザーとの関係を維持した。セールスマンは，上司から「足で稼げ」「車を売るのではなく，まず自分を売れ」と教育された。ユーザーにとってもインターネットが利用できない時代は，セールスマンとの会話から直接情報を得るのは意味があった[51]。しかし，このような訪問販売についていくつかの問題が指摘されてきた。それは次の3点であった[52]。

① 訪問販売の効率低下 — 顧客不在宅の増加，ユーザーの来店傾向が増加
② 求人難と退職率の悪循環 — セールスマンに対する社会的イメージの低さ[53]
③ セールスマン意識の変化 — セールスマン自身が訪問販売の限界を感じていること

　以上のような状況や軽四輪車の店頭販売の比率が高まりなどによるユーザーの多様

化に対応するために，新たな販売方法の開発が必要であった。そして，さまざまな試みがなされるようになり，店頭販売とそれに伴うディーラー店舗・ショールームも変化した。ユーザーは，高い商品知識と選択能力を持つようになり，豊富なバリエーションから自分のライフスタイルにあった自動車を予め決めてからディーラー店舗を訪れるようになった。また，ユーザーの買回りによって選択するディーラーも分かれるという行動も活発に行われ始めた。このようなユーザーの購買行動変化に対応して，集客力の高いディーラー店舗づくりと来店ユーザーを販売に結びつけようとした[54]。

　一方，ディーラー企業経営上における経費の問題，値引き競争による経営の圧迫，循環型需要構造の変化は，ディーラー全体でのユーザー対応が必要になることを意味した。このような環境変化の中で，自動車販売業界は訪問販売を基本としながらも，各セールスマンの力のみに依存するだけではなく，次第に企業としてのマーケティング・システム構築を模索しはじめた。そこでセールスマンと企業との接点として店頭を重視し，新業態開発が試みられるようになった[55]。特に，トヨタの新マーケティング・チャネルであったビスタ・ディーラー[56]は，店頭販売[57]比重を高めて，それ以来「イベント」と呼ばれる店頭販売が定着するようになった。

　また，1980 年代に入ると，店頭販売のニーズ[58]がさらに高まり，ユーザーの行動にもそれが明確に表れるようになった[59]。そして，店頭販売を目的とした日曜営業を行う営業所も出てきた。トヨタ自販では，82 年 6～7 月を店頭販売強化月間とし，全国的な「日曜のショールーム・オープン」を試行した[60]。現在では日曜営業は一般的であるが，当時としては画期的であり，ディーラーが訪問販売から店頭販売へとシフトし，他の小売業と同様になりつつある一面でもあった。

おわりに

　1970 年代になり，さらにわが国の自動車市場が拡大すると，市場では多くの問題も起こりはじめた。各ディーラー企業のレベルでも，さまざまな問題が惹起しつつあったが，市場の急拡大により，かき消されていたという状況であった。わが国の自動車流通においては，各メーカーあるいは各販売会社は，自社のディーラー企業に対し，テリトリーを厳格に設定し，当該テリトリーを深耕させることを支援してきた。トヨタでも，各ディーラーが当該テリトリーを深耕する支援を行ってきた。トヨタの場合，各ディーラーに対するこのようなきめ細かな支援が，まず 1 台からの販売を大切にするという形で表れ，大きな市場シェアを構築する原動力になったといえる。

　1970 年代には，世界的には 2 度の石油ショック，国内でも自動車を取り巻く多くの問題が起きた。ただ，70 年代は，まだわが国の自動車市場が拡大し続けていた時

期であり，一時的な鈍化はあったとしても，基本的には右肩上がりの成長を維持し，いってみれば「売上がすべてを解決した」時期であった。このように市場がまだ製品を吸収する余裕がある時期のマーケティングは，プッシュ戦略でもよかった。したがって，トヨタは，ディーラー企業に対しては，人材採用面でのさまざまな支援や金融面での支援を継続させてきた。その結果，ディーラー企業数，ディーラー店舗数，セールスマン数などはこの時期に飛躍的に増加した。まさに巷間いわれる「販売のトヨタ」の基礎固めから大きく展開する時期であったといえよう。

── 注 ──

1）（社）日本自動車会議所・日刊自動車新聞社（1972）『昭和47年版自動車年鑑』日刊自動車新聞社，p.61

2）トヨタ自動車販売(株)社史編纂委員会（1980）『世界への歩みトヨタ自販30年史』pp.275-276

3）トヨタ自動車販売（1980），pp.276-277

4）トヨタ自動車(株)(1987)『創造限りなくトヨタ自動車50年史』pp.506-507

5）トヨタ自動車販売（1980），p.277

6）トヨタ自動車販売（1980），pp.277-278

7）この計画は1975年を目標年度とし，国内市場における絶対的優位の確立を目指し，販売計画と目標占拠率，販売計画達成の体制強化計画からなった。この計画の開始には，あらゆる機会を捉え，その趣旨，必要性，狙いなどをディーラー経営者に説明し，理解を求めた。各ディーラーは，独自の立場を踏まえ，拠点増設計画，営業員増員計画を半年ごとに立案，展開した．（トヨタ自動車販売（1980），p.279）

8）トヨタ自動車販売（1980），p.281

9）セールスマンに対する社会一般のイメージは，「厳しいノルマ」「個人の能力にのみ依存した孤独な仕事」「過酷な勤務形態」等々であった。自動車販売は，各人の能力に適した目標の設定，優秀なセールスマネジャーの適切なアドバイス，徹底した営業教育，営業活動を支援する豊富な情報・資料，ハウスセールス制による給与保障など，組織的かつ近代的な体制のもとで，自己の能力を発揮できる近代的ビジネスであるとメーカーや自販はとらえていた。（トヨタ自動車販売（1980），pp.279-280）

10）トヨタ自動車販売（1980），pp.279-280

11）当時，ディーラーの人事採用体制が弱かったため，採用体制を確立することが先決であった。ディーラーはまず，ディーラー・トップに対し，要員確保の重要性と厳しい採用事情への理解を求め，要員確保のために，採用担当責任者の責任明確化と専任採用担当の設置を要請した。そこでディーラーは，採用体制を整備した。採用ノウハウの開発は，既存の諸施策の充実と新たなノウハウ開発によって，その活用方法を各ディーラーに細かく指導した。なお，販売店室の活動は，セールスマンの量的確保に重点をおいたが，その他にも新入セールスマンの定着と早期戦力化，モラール向上等，質的強化のための諸施策も行った。（トヨタ自動車販売（1980），pp.280-281）

12) トヨタ自動車(株)(1987)，pp.507-508

13) トヨタ自動車販売（1980），pp.281-282

14) 下川浩一（1985)『日経産業シリーズ自動車』日本経済新聞社，pp.50-51

15) 竹内敏雄（1968)『自動車販売』日本経済新聞社，pp.32-33，p.36

16) 成生達彦（1993)「自動車の流通：日米比較」『南山経営研究』第 7 巻第 3 号，p.576

17) トヨタ自動車販売（1980），p.275

18) トヨタ自動車販売（1980），p.282

19) トヨタ自動車（1987），p.508

20) アラブ石油輸出国機構（OAPEC）と石油輸出国機構（OPEC）は，原油生産の削減と，アメリカ，オランダ向けの輸出禁止，輸出価格を 4 倍にすることを決定した。これにより原油価格はもとより，石油製品・石油化学製品も暴騰し，物価全般が高騰した。第二次世界大戦後，世界経済は資源浪費型経済体制になっていたが，基本システムの再構築が必要となった。また，戦後世界の自動車生産は順調に伸びていたが，これ以降の世界の自動車生産は低成長期に入り，アメリカは長期不況に移行した。（牧野克彦（2003)『自動車産業の興亡』日刊自動車新聞社，pp.139-140)

21) 桂木洋二（1999)『日本における自動車の世紀—トヨタと日産を中心に—』グランプリ出版，p.524

22) 1970 年には東京・牛込柳町交差点の車による鉛公害と杉並区の光化学スモッグ被害及びアメリカのマスキー法規制等による車の排出ガス規制が開始された。高速道路整備が進み，自動車の安全性と公害防止のため，軽自動車への車検制度が実施されるようになった。このため，当時の規格によって軽自動車メーカーは安全性や排出ガス規制のためのマイナーチェンジをしたため，価格が上昇し，軽自動車の大幅な需要減少が起こった。（箱田昌平（2007)「軽自動車の規格改正と企業競争—1950 年〜1990 年の軽自動車市場—」『追手門経済論集』追手門学院大学経済学会，第 42 巻，p.39)

23) (社)日本自動車会議所・日刊自動車新聞社（1975)『昭和 50 年版自動車年鑑』日刊自動車新聞社，p.288

24) 日本長期信用銀行（1979)「梗概」『長銀調査月報』日本長期信用銀行調査部，No.165，pp.8-9

25) 桂木洋二（2002)「トヨタ自動車 70 年の歩み」岡崎宏司・畔柳俊雄・熊野学・遠藤徹・桂木洋二『トヨタ自動車の研究』グランプリ出版，p.63

26) 牧野（2003)，p.140

27) トヨタ自動車販売（1980），p.285

28) トヨタ自動車販売（1980），pp.285-286

29) 日本自動車工業会（1988)『日本自動車産業史』日本自動車工業会，pp.251-252

30) トヨタ自動車（1987），p.570

31) この目標は，2 ヶ月で 23 万台を販売し，前年同月比 63.5% であった 5 月までの国内販売を 80% に回復することであった。全国のディーラーは，販売店活動を展開し，工販両社は各種キャンペーン，コンテスト，関連会社を含めた社内新車紹介キャンペーン等，販売支援活動を集中的に実施した。（トヨタ自動車（1987)，pp.571-572)

32) 佐藤義信（1997)『トヨタグループの戦略と実証分析（第 7 版)』白桃書房，pp.237-238

33) トヨタ自動車（1987），pp.571-572

34) 青野豊作（1982)『トヨタ販売戦略—世界をねらう"三段とび構想"—』ダイヤモン

ド社，pp.118–119

35) （社）日本自動車会議所・日刊自動車新聞社（1976）『昭和51年版自動車年鑑』日刊自動車新聞社，p.183

36) 桂木（1999），p.508

37) トヨタ自動車（1987），pp.608–609

38) 一方，日産がセドリック，ブルーバード，本田技研がアコード，三菱がギャランΣなど，新型車を相次いで発売し，トヨタは新商品でも不利になった。さらに1976年1月から軽自動車の排気量枠が550ccに引き上げられ，グレードアップした軽自動車も一斉に発売された。当時「売れるのは新型車だけ」といわれ，トヨタには需要喚起の手段がなかった。（トヨタ自動車（1987），pp.609–610）

39) 計画の内容は，1977年の年央まで全国のディーラーのセールスマンを10%増員して3万人とし，78年にはさらに2,000人増員し，全国のディーラーの新車販売拠点でも，78年央までに10%増設して合計3,000カ所にするというものであった。この計画を76年5月，トヨタ自販は販売店協会の役員会で販売力増強2カ年計画を販売店側の提示した。（トヨタ自動車（1987），p.610）

40) トヨタ自動車（1987），pp.611–612

41) トヨタ自動車（1987），p.612

42) 1977年6月に，オート・ディーラーの新規取扱車種としてチェイサーを発売した。秋にはカローラ1300カスタムでラックスに77万円という低価格によって，「カローラ経済性キャンペーン」を実施し，大衆車の不振打開を図った。78年2月には新型スターレット（KP61型）を投入し，同時に中古車部を発足させた。4月にはセリカXX（MA45型），8月にはFF車ターセル，コルサ，9月には，新型コロナ（TT130，RT133型）を発売した。（トヨタ自動車（1987），p.670）

43) トヨタ自動車（1987），p.670

44) トヨタ自販山本副社長は，「200万台販売体制は，既存店の戦力増強によって実現したい。しかし，10～15万台程度の販売力が不足するので，第5番目の系列の新設も検討する必要がある」と述べ，新ディーラー設置を示唆した。（トヨタ自動車（1987），p.671）

45) トヨタ自動車（1987），p.671

46) 名古屋トヨペット社史編集室（1988）『名古屋トヨペット30年史』名古屋トヨペット，p.376

47) （社）日本自動車会議所・日刊自動車新聞社（1980）『昭和55年版自動車年鑑』日刊自動車新聞社，p.141

48) 名古屋トヨペット（1988），p.376

49) 日本自動車会議所（1980），p.141

50) 孫飛舟（2006）「日・中・韓自動車流通の発展に関する一考察」『地域と社会』大阪商業大学比較地域研究所，第9号，p.72

51) 黒川文子（2008）『21世紀の自動車産業戦略』税務経理協会，p.21

52) 岩澤孝雄（1991）『カーライフ産業の未来戦略―自動車ディーラーと創造経営』白桃書房，pp.222–225

53) 主に勤務条件（長時間，早朝，深夜，不規則勤務），低い給料，不規則な休日，ノルマの厳しさが原因であり，現役の営業担当者自身もそう思っている実態がある。（日本自動車販売協会連合会（1989）「営業マンのあるべき姿について―業態開発を軸と

した営業マンイメージの向上―」『業態開発研究会報告書』日本自動車販売協会連合
会（1990）「拠点長のあるべき姿について―90 年代のカーライフ・サービス販売への
対応―」『業態開発研究会報告書』)

54）日本自動車工業会（1988），p.268

55）竹内（1968），p.118

56）ビスタ店の取扱車種は，新開発の上級乗用車「クレスタ」（GX，TX 50 型），新小型
四輪駆動車「ブリザード」（LD 10 型）のほか，他系列と併売するセリカ・カムリ，
ターセル，ハイエースを加えた 5 車種であった。

57）1950 年代後半，自動車では「セールスとは歩くことなり」という訪問販売が主流で
あった。一方，創立以来一貫して，店頭販売時代に備えて大型ショールームを備えた
営業拠点を設置，60 年代半ば以降には店頭販売要員として，セールスマンが交代で
勤務する「社内セールス」，女子社員によるトヨペットレディ制度等の戦略を推進し
た。来店者は少なく，十分な機能の発揮にはならなかったが，高効率販売を実現する
方針の下，魅力的な店舗設計，広告宣伝費の重点投入，商品説明のためのビデオディ
スクの店頭配備，日曜営業など，新しいマーケティング方法を採用した。

58）店頭販売のニーズは，①若年層，ニューファミリー層を中心とした顧客が，自動車専
門誌などの情報を持ち，自発的な行動をとるようになるなど，購買行動が多様化し
た。②その背景として車種ブランドの多様化があった。したがって，顧客は選択のた
めショールーム巡りを行い，販売条件でも他社との比較をするようになった。③家族
意識が変化し，一家の主人だけでなく家族の自動車購入に関する関心度，発言力が強
まり，家族全員で実車を見た上で購入を決定する行動が加わってきた。④共働きの勤
労世帯が乗用車使用層の中心を占め，昼間は不在が多く，顧客自身も家庭への訪問を
嫌うようになり，販売店側でも訪問効率が悪いため店頭吸引が必要となった，という
4 点に集約される。（名古屋トヨペット（1988），pp.378-379）

59）名古屋トヨペット（1988），p.378

60）名古屋トヨペット（1988），p.379

1960年代半ばから70年代のわが国自動車メーカーによる複数マーケティング・チャネル政策

——フォロワー・メーカーによる複数マーケティング・チャネル政策の展開——

はじめに

1950年代半ば，わが国では，トヨタ自動車工業（以下「トヨタ自工」・トヨタ自動車販売（以下「トヨタ自販」）が，複数マーケティング・チャネルを構築して以降，ライバル関係にあった日産自動車（以下「日産」）も，ほぼ同時期に複数マーケティング・チャネルを採用した。さらにはこれら2社を追いかける競争地位上フォロワー企業としてとらえられる東洋工業，三菱自動車工業（以下「三菱自工」），本田技研工業（以下「本田技研」）も，複数マーケティング・チャネルを採用した。さらには軽自動車専業メーカーも，複数マーケティング・チャネルを視野に入れようとした動きが，1960年代から80年代にかけてみられた。

1960年代後半は，「ファミリー・カー」時代の到来による大衆車の量的拡大期であった。この結果，わが国での乗用車普及状況は，63年の人口105人あたり1台から72年には10人あたり1台となり，欧米並みの水準に接近した[1]。そして60年代後半の軽乗用車では，富士重工業（以下「富士重工」），東洋工業，鈴木自動車工業（以下「鈴木自工」），新三菱重工業の既存4社の他，新たにダイハツ工業（以下「ダイハツ」），本田技研が参入し，6社体制となった。そして，全乗用車に占める軽乗用車の比率もほぼ1/3になった[2]。一方，小型乗用車でもファミリー・カー時代が到来し，63年に40万台であった乗用車（普通・小型・軽）の登録・届出台数は，73年には268万台と10年間でおよそ7倍となった。第二次世界大戦後から貨物主導で始まったわが国のモータリゼーションは，乗用車中心の欧米型へと移行していった[3]。

本章では，二番手としてトヨタを追随した日産のマーケティング・チャネル政策について取り上げる。さらに2社をさまざまな方策により，追随しようとしたフォロワー企業や独自のマーケティング・チャネル政策によるニッチャーとしての行動について考察していきたい。特に各メーカーや販売会社が，複数マーケティング・チャネルを採用した前後のさまざまな対応を考察していきたい。

1 日産とプリンス自工の合併とマーケティング・チャネル政策

(1) 日産とプリンス自工の合併による変化

1) 日産とプリンス自工の合併とその影響

　わが国でモータリゼーションが緒につきはじめた1960年頃の自動車の年間国内販売台数は，約41万台であった。そのうち乗用車は約36％で，14万5,000台に過ぎなかった。しかし，その後の自動車市場は急速に拡大し，66年には206万台に達した。後に66年は「マイカー元年」と呼ばれるようになり，この頃から乗用車が一般の勤労者ユーザー層にも浸透していった[4]。

　8章でも取り上げたが，このような環境の中で，わが国の自動車産業における国際競争力強化のために日産とプリンス自工との合併構想が浮上し，1966年4月20日に両社の合併契約の調印[5]が行われ，8月1日に合併し，日産はプリンス自工の全事業と全従業員を引き継いだ[6]。この自動車メーカー（以下「メーカー」）の大型合併は，わが国の自動車業界では第二次世界大戦後初めてであり，しかも銀行系列を超えた合併として注目を集めた。その後，71年4月の第4次資本自由化が実施されるまで，わが国での自動車業界再編成の動きは活発なものとなった[7]。

2) 日産における販売体制の改編

　日産とプリンス自工が合併した前年である1965年11月，日産は乗用車市場の急激な拡大に対して，販売組織の改編を行い，従来の業務部，第一販売部，第二販売部中心の組織を改め，スタッフ機能としての業務本部と管理機能を集中化した販売事務局を設置した。それは市場拡大に応じた販売戦略の展開には，管理・スタッフ機能を集中化させ，効率化を図る必要があったためである[8]。

　日産では，1956年の「モーター」チャネルの設立により，車種ブランド別に専門化した県別の複数マーケティング・チャネルをとったが，この管理は地域別管理であり，第一地区が東日本，第二地区が西日本のディーラー企業を，「日産」チャネル，「モーター」チャネルの区別なく管理していた。この体制では，販売車種ブランドの多様化，取扱車種ブランドの増大等で非効率な面が生じるようになった。そのため日産では，以前から効率的なディーラー管理について改善のための検討を重ね，車種別専門管理という社内のコンセンサスが形成されていった。しかし，それまでの経緯や利害もあり，なかなか実行へと移せなかった。その後，小型大衆車である「サニー」の発売を契機として，販売管理体制を69年4月にそれまでの地域別管理から，複数マーケティング・チャネルとして保有していた日産，モーター，サニーの各ディーラー，プリンス自販の4チャネルで形成されるチャネル系列別管理へと変更した[9]。これにより，各チャネルにおける販売車種ブランドが明確になり，ユーザーに対しても，チャネルと車種ブランドを訴求できる体制が整ったといえる。

3）新型車発売に伴うプロモーション

　1970 年には新型車「チェリー」の発売により，新しいマーケティング・チャネルとして「チェリー」が新設され，日産は 5 チャネル体制を構築することとなった。チェリーの発表は 70 年 9 月に行われたが，これに先立ち行われたプロモーションでは，「うわさの X-1 この秋に登場」のコピーによるティーザー・キャンペーン[10]は，多くのユーザーの興味と関心をとらえた[11]。特に 300 名モニター募集には，全国から約 14 万名もの応募があり，その反響の大きさを示した。日産はチェリーの販売では，軽四輪ユーザーの上級移行および新規ユーザーの開拓の方針を掲げていた。そして，70 年 10 月 10 日，11 日の両日の発表会が，全国チェリー・ディーラーで一斉に開催された。チェリーの新規参入効果[12]は大きかったとされる。その後，市場におけるスポーティタイプの変形ボデースタイルの要望に応え，チェリー・シリーズのグレードアップを図るため，71 年 9 月にはチェリー・クーペの追加，72 年には 2 月にセダン・デラックスおよび GL に 1,200 cc シングル・キャブレター車を，6 月に 1,200 cc シリーズに GL・L を追加し，73 年 3 月にはクーペ・シリーズに 1,200 X-1 R を加え，まさにユーザー嗜好の多様化に対応した車種ブランド展開を行った[13]。

　1973 年 1 月，さらに日産では，チェリーに引き続いて，国内販売 130 万台達成を目指すため，新車種ブランドである「バイオレット」を発表し，戦略車種ブランドとした。バイオレットへの期待は大きく，これを機に月産 2,500 台まで伸ばし，「トップ奪回」を合い言葉にバイオレット増販が検討された。このように日産は次々と新車種ブランドを開発し，最高級車である「プレジデント」から小型車であるチェリーまで，グレード別，排気量別のフルラインの製品を整えた。特に 71 年 8 月の「ブルーバード U」と，73 年 1 月のバイオレットは 70 年代のフレッシュなイメージを社会に与え，「伝統と技術の勝利」といわれることもあった[14]。そして，トヨタと同様に，日産においても製品では，フルライン政策の採用と，チャネルではそれらの製品展開にあわせて，5 チャネル展開を行ない，トヨタの展開するチャネル数を上回った。

4）新型車発売における軋み

　1970 年代には国際環境が激変し，70 年から 71 年にかけては金融引き締め，アメリカのドル防衛策の実行，円の大幅な切り上げなどにより，これまで急成長を遂げてきたわが国メーカーによる自動車輸出にブレーキがかかり，国内景気が停滞したこともあった。日産の企業レベルでは，このような事業環境でプリンス自工と合併し，その後矢継ぎ早に車種ブランドを開発し，市場へと送り出し，さらには 5 つのマーケティング・チャネルを構築したスピード感は，現在に置き直して考えてもかなりの早さであったといえる。

　しかし，日産では，間髪を入れず新車種ブランドを市場に出したため，それまでの営業員（セールスマン）による販売部隊の編成は困難な状況となっていった。それは

1950 年半ば以降，順調であったセールスマンの採用は，60 年代半ばになると，高度経済成長で各産業の大型化，多業種化，多職種化が進み変化してしまい，人材確保が難しい状況となった。特にディーラー企業では，労働条件，地域に限定された営業活動という立地条件，自動車販売という特殊性等から採用環境は変化した[15]。

(2) 販売管理システムの開発と補助販売機構の利用

1) 販売管理におけるネットワーク化

日産における販売管理システムは，1968 年 8 月の第 50 回事務合理化委員会に提案された「販売管理システムの総合機械化について」に基づき，具体的な展開が図られた。既に 66 年に，日産は全国のディーラー企業に対し，セールスマン活動管理の援助，指導の一環として「標準セールス活動管理方式」を統一的に実施していた。この背景には，個別の販売活動から得られる情報が，プロモーション活動の効率化に極めて重要であるという考え方が基底にあった。そこで販売活動管理システムは，セールスマンの各種商談段階の活動情報をタイムリーに収集し，分析することで販売活動状況を的確に把握し，ディーラー店舗に必要情報をフィードバックしようとした[16]。

また，ユーザー管理システムは，各府県の陸運事務所から入ってくる登録車両明細を記録し，マーケティング活動に対する基礎情報を提供するシステムでもあった。さらにオンライン IR システムは営業関係役員室にビデオ端末機を置き，必要情報が検索表示可能であり，当時としては画期的なものであった。そして，その他のアプリケーションは従来，EDP（Electronic Data Processing：電子データ処理システム）化していた諸統計の一層の拡張を行うとともに，マーケティング・データをファイル化し，EDPS（Electronic Data Processing System）にデータバンクとしての機能を持たせようとした[17]。その後も，日産とディーラー企業との 2 者間での接続から，日産とサプライヤーである部品メーカーなどを接続することにより，ネットワーク効果を発揮させようとした。

2) 補助販売機構の利用

これまで取り上げてきたように，日産は 1960 年代半ば以降，新車種ブランドの開発やマーケティング・チャネルの拡充を急速に行い，販売台数も飛躍的に増大した。さらに日産では，既存・新設ディーラー企業や店舗の拡充とあわせて，販売を側面援助する目的で，補助販売機構を設けた。さらに，官公庁・民間大口ユーザー向け直販部門としての日産内部組織である直納部の強化を図った。この結果，日産直納部扱い販売台数も増加した[18]。

また，1965 年 9 月，日産は全国食糧事業協同組合連合会（全糧連）と斡旋販売基本契約を締結した。これは全糧連傘下にある卸売業者や小売業者の自家用使用車の代替をターゲットとし，プロモーションを行うことになった。そこで 67 年 12 月から卸売業者への報奨制度を実施し，69 年 1 月以降，卸売業者の取引企業への斡旋販売を

推進した。さらに 66 年 12 月には，石油元売会社の日本石油，出光興産，共同石油と日産車の斡旋販売に関する基本契約を締結し，各ガソリンスタンドが保有する固定給油客の車両代替情報の取得を目的に，ニッサンサービス指定ガソリンスタンドを中心にそのプロモーションを行った[19]。

　一方，66 年 12 月，日産内部でも日産の従業員による見込み客紹介を制度として発足させ，69 年には 58 年に結成された日産の協力会であり，日産系列の一次部品メーカーが中心となっていた「宝会」各社の関連企業にもこの制度を拡大した。そして，69 年 7 月から 9 月の 3 ヶ月に，ブルーバードの東アフリカ・サファリラリー優勝記念行事の一環として，「サファリキャンペーン[20]」を実施した。この期間中に紹介件数 5 万件，成約台数 1 万 2,000 台の成果を収め，従業員全員に対して行った活動は，販売に対する意識付けに成功し，社員紹介制度の定着を見た。これと同趣旨による見込み客を紹介してもらうために，日産が属していた芙蓉グループメンバーである安田火災海上保険の傘下代理店による斡旋販売を実施するため，73 年 4 月に同社と覚書を交わした[21]。したがって，日産は自社の構築してきたマーケティング・チャネル（ディーラー企業や店舗）だけではなく，自動車販売のきっかけや窓口的な機能を期待することができるような機関は，ほとんど自社の補助的販売機関・機構として取り

図表 11-1　日産の国内販売体制

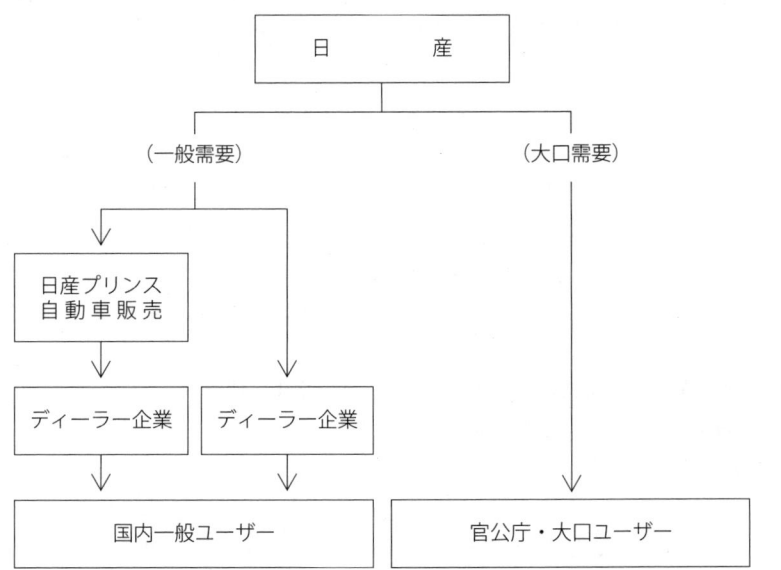

［出所］インダストリーリサーチシステム『日産自動車グループの企業戦略と組織』インダストリーリサーチシステム，p.81（一部改）

込み・利用することにしたのである。

2 東洋工業におけるマーケティング・チャネルの整備

(1) 東洋工業におけるマーケティング政策の展開

　1931年に東洋工業は，三輪車生産により自動車業界に進出した。第二次世界大戦後から60年にかけて，小型トラックは三輪車が主流であったため，東洋工業は最大の三輪車メーカーに成長した。そして，60年に「マツダR360」により，四輪車へと本格的に参入した[22]。

　1950年代後半，東洋工業は市場に密着した販売活動推進の一環として，全国に大規模なディーラー店舗の増設を計画した。そして東洋工業による大規模なディーラー店舗増設計画は，64年8月より実施され，各ディーラー企業を中心に新車発売，サービス，中古車販売その他の店舗が増設・拡充されていった。その実行にあたっては，東洋工業が用地を調達し，建物と設備を設けて，一定のリース料によって貸与するリース制度が導入された。この制度を利用した64年9月のマツダオート千葉の柏営業所以降，ディーラー店舗が相次いで建設された。そして，当初のディーラー店舗数は396店であったが，トラック系と乗用車系を合わせて，65年10月には424店，66年4月には462店へと増設・拡充されていった[23]。

　さらに1966年6月，東洋工業は，人口10万人にあたりで1ディーラー店舗設置という「1,000拠点計画」を立てた。これにより67年10月には876店，68年10月には887店となり，69年10月には目標を達成し，1,033店になった。この他サービス，中古車販売その他の268店舗を合わせると，東洋工業のディーラー店舗数は，全国で合計1,301店に達した。一方で，65年8月には，東京，大阪および広島に管轄販売部が新設され，本社の自動車販売部の統括課によって，全国をこの3地域に分け，各管轄地域で販売業務を推進する体制が確立された。その後，各管轄地域は細分化され，66年4月には名古屋，5月には仙台に管轄販売部が設置された。さらに69年12月には，本社内に九州管轄販売部も新設され，東洋工業における販売部門の内部体制も一段と強化されていった[24]。

(2) 東洋工業における複数マーケティング・チャネルの採用

1）複数マーケティング・チャネルの採用

　1948年から49年にかけて構築された東洋工業のマーケティング・チャネルは，1県1ディーラー制であり，この体制によって60年代半ばまでの急速な販売増加に対応してきた。しかし，1県1ディーラーの場合，人材や資金力に限界があり，販売競争の激化により不利な状況が生じ，再検討を迫られるようになった。ディーラー店舗の増設は，1県1ディーラー制の弱点を補うための対策であったが，この補強対策に

も限界があった。ディーラー企業の規模が拡大するにしたがい，経営管理は複雑にな
り，規模拡大が必ずしも販売効率の向上に繋がらない面が出てきた。そこで東洋工業
はこの観点から，直売店舗の増設を進める一方で，テリトリーに分割し，1 都道府県
に複数のマーケティング・チャネルを布く方針に転換した[25]。つまり，トヨタ，日産
が採用した複数マーケティング・チャネルを東洋工業も採用することとなった。

　東洋工業がディーラー企業設置において，1 県 1 ディーラー制の転換をしはじめた
のは，1965 年に「ファミリアバン」がトラック系ディーラーと乗用車系のディー
ラーで発売されたときであった。以後，「ルーチェ」，「ニューファミリア」にも同様
の方針がとられた。一方で，1 県 1 ディーラーの方針は，66 年 4 月，東京に設立され
た関東マツダを除いては，しばらく継続した。そして，複数マーケティング・チャネ
ルの設置方針が明確になったのは，67 年に入ってからであった[26]。そして，新設
ディーラー企業 33 社の内訳は，乗用車ディーラー 21 社，トラック・ディーラー 5
社，併売ディーラー 7 社となった。このようにして，マツダのマーケティング・チャ
ネルは次第に増加していった[27]。

2）税制改正における価格変更

　1960 年代になると，わが国のメーカーは完成乗用車の輸入自由化を控えて，小型
乗用車を中心に販売価格を引き下げはじめた。これは 60 年代半ば以降もしばらく続
いた。そして，漸く本格的に小型応用車部門に進出した東洋工業も，そうした業界動
向に追随することになった。一方で，各メーカーによる自主的な価格引き下げとは別
に，税率の変更による価格の変動もあった。特にそれまで 2,000 cc 以下の乗用車の物
品税は，租税特別措置法により，62 年以降，20% の基準税率が 15% の暫定税率に据
え置かれていた。しかし，65 年 4 月からは 16% に引き上げられた。これに伴い，東
洋工業でも「R 360 クーペ」と「キャロル 360」を 2,000 円，「ファミリアセダン」を
2,000〜3,000 円にそれぞれ引き上げた。その後も物品税については，66 年 18%，67
年 20% と，当初の基準税率に漸次戻されることになっていたが，66 年 4 月には，物
品税全般にわたる改正が行われ，2,000 cc 以下の乗用車の物品税率は，再び引き下げ
られて 15% となり，以後これが基準税率と定められるようになった。これによって
各メーカーは値下げし，東洋工業でも R 360 クーペ，キャロル 360，ファミリアセダ
ンの価格を元に戻し，65 年 4 月以降に発売した「ファミリアクーペ」については，
4,000 円の価格引き下げを実施した[28]。

　以上の経緯からわかるように，既にモータリゼーションが始まったとされる時期に
は，自動車の販売価格は，各メーカーともに競合するメーカーや政府の政策変更にか
なり敏感になり，環境変化にあわせて，その都度変更を余儀なくされていた。

3 富士重工における業務提携とマーケティング・チャネル

(1) 富士重工と他メーカーとの業務提携

1）富士重工の業務提携

　富士重工は，中島航空機をその前身とし，第二次世界大戦後は，「ラビットスクーター」を生産し，1958年に軽自動車「スバル360」を発売し，四輪車の生産へと移行した。スバル360は極めて合理的な設計により，67年に本田技研が「N360」を出すまでの9年間は，軽自動車では上位を維持した[29]。

　8章でも取り上げたが，1966年12月16日，富士重工は，資本自由化に備えていすゞ自動車（以下「いすゞ」）と業務提携し，協定書に調印し，共同声明を発表した[30]。いすゞはトラックの大手メーカーであったが，50年代半ば以降，小型車開発で2社に出遅れ，シェアが毎年低下していた。一方，富士重工は「スバル1000」で小型車市場に参入してから，それほど時間が経っていなかった。このような事情から，2社は外資のわが国への進出に対し，企業防衛と事業体制強化から業務提携に踏み切った。

　富士重工といすゞとの業務提携は，順調に滑り出していたが，1968年春になって，いすゞが富士重工に対して，三菱重工をグループに入れるという提案をした。構想には，三菱重工と組み，大型トラック市場を制覇することを意図していた。一方，三菱重工は第三勢力の結集を図り，その上で外資メーカーとの提携を考えていたといわれる。しかし，外資との提携は，富士重工の視野にはなく，多角経営の事業路線，互恵平等，自主独立の提携理念に反していた。さらに三菱重工も富士重工と同様に多角経営を推進しており，造船以外の多くの分野で富士重工と競合する事業が多かった。また自動車部門は，富士重工，三菱重工ともに乗用車に主力を置き，軽・小型の両部門で競い，車種ブランドの調整は不可能であった。そこで富士重工は，いすゞと協議し，68年5月，提携を解消した。

　富士重工は1968年5月，いすゞとの業務提携解消後，日産とは車両調整が比較的可能であり，金融系列についても日本興業銀行を介して関係が近かったため，自主性尊重を前提に業務全般での相互補完の協力関係に入り，68年10月に業務提携の覚書に調印した。こうして富士重工は，業界再編成を多角事業路線と自動車部門の自主独立性確保という経営方針を貫いた[31]。この状況での富士重工といすゞの行動には，自動車業界の再編が進んでいく中で，取り残されないようにしたいという焦りが感じられる。ただ，両社ともにこれまで自動車を生産してきたという誇りも同時に持ち合わせており，これまでの路線を曲げてもという，ジレンマも両社からは伝わってくる。

2）富士重工と日産の提携開始

　自動車産業では，メーカー・レベルにおける業務提携はしばしば行われてきた。富

士重工の日産との業務提携は，小型大衆車サニーの受託生産（1982 年からパルサー系に切り替え）から始まった。1960 年代後半，富士重工の生産ラインに余力があったため，69 年 12 月から日産の指導でサニーを生産するようになった。サニーの受託生産は，日産には生産設備の大幅削減に役立ち，富士重工には生産設備が稼働し，量産の規模確保が可能となり，日産の量産技術の習得に役立った。特に富士重工には量産技術の吸収は，大きな収穫であった。それは富士重工が日産の持つ高度な生産技術を習得したことで，スバルの品質向上やコスト低減実現への基礎となり，高性能，高品質，低価格の小型車が輸出可能になったのは，この受託生産から得たものであった。したがって，サニーの受託生産は双方にメリットを生み，富士重工と日産との業務協力関係は名実ともに備わった。両社の提携は，サニーの受託生産だけでなく，各分野で一層強化された。具体的な成果は，①排出ガス対策車などの研究・開発，②開発技術・生産技術の交換，③部品の供給・共用化，などである[32]。

　OEM（相手先ブランドによる）精算という言葉は，現在では人口に膾炙している部分もあるが，既に日産と富士重工の間では 40 年以上も前から取り組まれ，その実をあげていたことがわかる。

(2) 富士重工のマーケティング・チャネルの整備

1）富士重工における単一マーケティング・チャネル

　富士重工は，「スバル 1000」の発売にあたって，トヨタのカローラ・ディーラーや日産のサニー・ディーラーのような新しいマーケティング・チャネルを構築することを理想としていた。しかし，富士重工はスバル 1000 を既存の軽自動車のマーケティング・チャネルに乗せた。それは小型乗用車販売の経験がなく，軽乗用車ユーザーの上級車種ブランドへの乗り換えを促進するのが効果的と考えたためである。また，資金的にマーケティング・チャネル増設の余裕もなかった。ただ，大規模メーカーのようなマーケティング・チャネル政策を採用することができなかったことをバネにニッチャーとしての基盤固めができたという指摘もある[33]。

　本来，富士重工のような単一マーケティング・チャネルは，メーカーとディーラー企業との関係が密接となり，強い協力関係を築きやすいというメリットがある。一方，2 車種ブランド以上の併売を同一ディーラー企業に委託した場合，販売しやすい車種ブランドに力を入れるというデメリットもある。スバル 1000 の販売は，当初，斬新な機構と優れた性能でユーザーの人気を集めたが，時間経過とともに，カローラ，サニーの販売力に押されるようになった。一方，スバル 360 の販売も，1967 年頃までは軽乗用車部門での売上首位を保ったが，67 年に本田技研から対抗車種ブランドである「ホンダ N 360」が革新的なマーケティング政策により発売され，富士重工の脅威となった[34]。そして，富士重工の単一マーケティング・チャネルは，他社の小型乗用車と軽自動車によって挟撃されたため，単一チャネルの不利な点を打開する

道を「業販」施策の推進に求めた。その上で，商品教育，セールスマン教育，サービ
ス活動，中古車管理等，特約店への指導力を一層強めた[35]。この状況を見る限り，複
数マーケティング・チャネルの構築，展開が可能であるのは，やはり規模の経済が働
く大規模メーカーであったことが理解できる。また，複数マーケティング・チャネル
政策を採用できない場合，別の方策を採用することで，不利な点を克服しようとした
のであるが，それが他のメーカーも採用していた業販チャネルであった。

2）富士重工の業販政策

　富士重工におけるディーラー企業指導の第1の重点は，正規ディーラーの販売力不
足を補うため，他人資本や販売力を活用する販売方法である「業販」を推進すること
であった。ディーラー企業は，直接あるいはサブ・ディーラーを通してユーザーに販
売するほかに，「業販店」と呼ばれる販売協力店を通じて販売することがしばしばあ
る。業販店は，複数メーカーの製品を販売していることが多く，一般のディーラー企
業とはかなり販売方法が異なる。ディーラー企業としては，業販店を活用することで
販売コストの低減と効率化を図れるというメリットがあるが，他方で販売に伴うマー
ジンも低下するというデメリットがある。しかし，いわゆる軽自動車販売では，業販
店を効率的に活用することでディーラー企業の経営安定化が図られている例が数多く
見られてきた[36]。

　それは元来，自動車販売は小規模な整備業者からはじまり，メーカーによって専売
チャネルが採用され，マーケティング・チャネルを構築していったという事情があっ
たからである。ただ，第二次世界大戦後生まれた二輪車メーカーから四輪車メーカー
へと転身したメーカーは，チャネル組織力がなかったため，販売は業販店を利用し

図表11-2　各メーカーのマーケティング・チャネル（1970年当時）

会　社　名	ディーラー	チャネル数
トヨタ自工	トヨタ トヨペット カローラ（旧パブリカ） オート	4チャネル
日産	日産 モーター サニー チェリー プリンス	5チャネル
いすゞ	いすゞ モーター	2チャネル
東洋工業	マツダ オート	2チャネル

た。そして，業販店での販売が四輪車で本格的に展開されるようになったのは，本田技研と鈴木自工によるところが大きい[37]。富士重工の業販は，特に1967年にホンダN360が業販主体のマーケティング・チャネル政策により顕著となり，すぐに軽自動車で首位となったことに刺激された。それまで富士重工のスバル360は，直販主体で販売されていたが，スバル1000の発売により販売力不足が顕著となると業販問題が浮上した。

　しかし，直販から業販への一気の切替は，ディーラー企業に大きな抵抗があった。それは業販の拡充には日常から業販店への対応が必要であり，マージン，サービスなどの諸条件の他に問題[38]があったためである。ただ，販売努力を積み重ねることで，富士重工の業販政策も，「スバルR-2」を発売した69年には上昇した。69年にはスバルは平均月販7,600台の業販実績をあげ，業販比率は46%に達し，これまでの記録を大幅に更新した。以後，R-2の拡販を契機に，クロス・マージン方式や大型看板設置などの業販対策を強化したが，他メーカーの業販システムを容易に切り崩せず，軽乗用車ブームが下火となり，新車刺激期間を縮め，R-2の業販台数は再び停滞した。そして，この反省によりその後の業販の本格的取り組みを促進するようになった[39]。

　富士重工の国内販売は，他の国内メーカーと同様，石油ショック後に苦戦を強いられたため，過去最大の規模と頻度で販売対策を打ち出した。社内では，全農の特販推進，取引先の販売促進，従業員販売，従業員紹介コンクールなど，全社あげて拡販に取り組み，一方，ディーラーにはユーザー管理と小型車重点の奨励制度を中心に台数達成の意識革命を促し，拡販キャンペーン[40]を実施した[41]。

(3) ディーラー企業に対するマーケティング

　国内の自動車販売は，1960年代半ばから70年代半ばにかけて急速に発展したが，石油ショックを経て，一気に停滞するようになった。そこで富士重工は，74年から78年にかけて展開した「V1計画」「V2計画」を基に，79年春から2カ年計画で「アルシオーネ計画」を開始し，月販2万台の販売を目標とした。それは単一マーケティング・チャネルで富士重工とディーラー企業が生き残るためには，最低限月販2万台の維持が必要とされていたためであった。拡販キャンペーンは，セールスコンクール，業販コンクール，ユーザー紹介作戦，ひとこえ運動，車両の無料点検，部品・用品セール，中古車セールなどに及んだ[42]。

　目標達成の重点をディーラー企業におけるセールスマンの拡充と業販・農販の推進におき，ディーラー指導・支援を強化した。業販は先に取り上げたが，「農販」は農村部などで農業団体などを中心としてプロモーションを図るものであった。そして，これら業販・農販は，マーケティング・チャネル政策において正規のディーラー企業設置が難しいメーカーや単一のマーケティング・チャネルにおける課題を打開する方

法であった。また，業販では，80年9月，「スバルスコープ店」制度[43]を発足させた。これで過当販売競争や3年車検制への移行問題ならびに整備業者がスバルスコープ店に参加し，業販体制が前進した。農販では，73年にスバルサンバーが全国農業協同組合連合会（全農）の全国重点銘柄に指定された。以後，各ディーラーは，各県経済連との協調体制により増販に努めた[44]。

　スバル・ディーラーは，1958年5月のスバル360の発売に備えて設置された[45]。また，ディーラー企業は，原則として1県1ディーラーであるが，大都市や特別な地域には複数のディーラー企業の設置が採用された。58年に8社，60年に28社，63年に44社，65年45社，70年50社，75年64社となり，ゆっくりではあるが増加していった。またほとんどの富士重工の自動車は，スバル・ディーラーを経てユーザーに届けられていた。81年3月末で，新車拠点388店，中古車拠点328店，総員9,213名（うち販売員3,042名）がスバル車の販売に携わった。その他，スバル陣営にはスバルスコープ店244社，スバル協力店16,000社，さらに全国農業協同組合連合会が，スバルの販売を側面から支えた[46]。

4　三菱におけるマーケティング・チャネルの変革

(1) 三菱自販のマーケティング・チャネル政策と外資との提携

1）三菱における複数マーケティング・チャネルの展開

　1964年6月に新生三菱重工業が誕生し，同年10月には三菱ふそう自動車と新三菱自動車販売が合併して，三菱自動車販売（以下「三菱自販」）が発足した。そして，メーカーである三菱重工業自動車事業部門が軽自動車から大型トラックという世界にも例の少ないフルライン体制を採った。それにあわせて三菱自販は，従来，新三菱重工業が生産し，新三菱自販が販売していた乗用車，軽自動車等から，三菱日本重工業が生産し，三菱ふそう自動車が販売してきた大型トラック・バス等までを扱うことになった。三菱自販の営業体制は，乗用車，軽自動車等を管掌する第一営業本部とトラック・バス等を管掌する第二営業本部の2部本部制であった。そして，この各傘下に114社のディーラー企業があった。そのうち乗用車系ディーラーは約90社あったが，ディーラー店舗の展開力は弱かった。そこで三菱自販は，販売増強策を推進すると同時に，マーケティング・チャネルの拡大強化に取り組んだ[47]。この間，乗用車ディーラーの店舗増強にも力を注ぎ，69年3月末までに，ふそう系も含んでいたが，1,000店舗のディーラー店舗体制の確立を目指し，66年末には，ディーラー企業数121社，ディーラー店舗数585店，67年末129社・754店，68年135社・830店のように毎年拡大した。またこの間，特に乗用車系ディーラー店舗の増強に力を入れ，74年末までに乗用車系ディーラー企業だけで新たに44社が設立した[48]。

　一方，三菱自販発足時のトラック・バス関連のディーラー企業は，「ふそう」二十数社で，他に乗用車等とともに扱っていた旧菱和系ディーラー企業が三十数社あり，これらを合わせるとほぼ全国にマーケティング・チャネルを構築していた。また，「ふそう」チャネルの拡大・展開は，既存ディーラー企業の支店や営業所等を次々と分離・独立させ，1965 年から 72 年にかけて，新たに 14 社が誕生した。ただ，当時のディーラー企業は，その設立経緯や販売車種ブランドによって「菱和」「新菱」「ふそう」などの名称が社名に冠され，三菱自販のディーラーであることを周知・徹底することが難しく，他メーカーに比べて不利な面があった。そこで，「三菱社名商標委員会」の承認を得て，全国のディーラー企業名に，一斉に地域の名称とともに「三菱自動車販売」を冠した名称をつけられるようになり，66 年 10 月 1 日から実施した。従来の「東北菱和自動車」は「東北三菱自動車販売」，「東京ふそう自動車」は「東京三菱ふそう自動車販売」などに変更した[49]。

　1969 年 6 月には，三菱三重工合併以来，三菱重工業 5 事業部の 1 つとして運営されてきた自動車事業部が自動車事業本部に改編された。70 年 4 月，その自動車事業本部を基盤に三菱自工が設立された。それに伴い，三菱自販から三菱自工への人員移籍も行われた。これらの政策によって，両社の経営計画のうち，国内販売においては三菱自工は，三菱自販が策定した計画を全面的に採り入れた。さらに計画全体や長期経営計画を審議・策定する経営審議会も自工・自販合同で開催されるようになった。そこでは個々の業務計画策定，推進も両社間で定期的な連絡会議を持ち，ユーザー，ディーラーに関する情報ならびに開発・生産についての情報交換を行った。また，製品開発面でも，三菱自販のマーケティング部門も参画した合同の商品企画会議が開催されるようになった[50]。したがって，これまで生産部門と販売部門が分かれ，それぞれが意思決定していた部分があり，相互の理解不足も見られたが，両社のトップによる意思疎通が頻繁に図られることになり，コミュニケーション面での課題が一部克服されたといえるだろう。

2）ディーラー店舗における対応の相違

　三菱自販が，ディーラー企業数やその店舗の増設を急いだ背景には，乗用車の輸入自由化（1965 年 10 月），自動車取得税実施（1968 年 7 月），軽免許制度廃止（1968年 7 月），自賠責保険料 2 倍に引き上げ（1969 年 11 月），自動車重量税新設（1971 年11 月），第一次石油ショックによる経済混乱等，自動車販売を取り巻く環境の厳しさが増幅することへの対処のためという背景があった[51]。まさに生産部門だけではなく，流通部門の対応を急ぐことが，特にわが国に対する外資の攻撃からの防波堤となり，さまざまな制度変化についても流通部門で対応可能なことは，早期に対応しておこうという姿勢が見られた。

　ディーラー店舗増設政策には，質的向上も伴わなければならず，東京，大阪等の大

都市圏ではディーラー統合などを図ったが，地方では小規模ディーラー店舗による地域密着型の販売体制をとるようにし，むしろ細分化を進めた。また 69 年 7 月，「ミニカ 70」の発売を機に，軽自動車販売の重要な戦力である副販売店の系列強化を図るため，東京地区乗用車系特約販売会社 8 社との共同出資で東京三菱自動車業販を設立した。これによって東京地区での副販売店の集約化ができ，三菱自販と直結する形で，軽自動車や小型自動車の潜在需要の草の根的開拓が推進できるようになった。また，「ランサー」の発売に伴って，73 年 2 月 1 日，それの専売会社 6 社を新たに設立した[52]。

(2) 三菱とクライスラーとの提携

1969 年 5 月，三菱重工とクライスラーの覚書調印後，7 月には合弁事業に関する基本契約案が提示された。三菱重工でも自動車事業分離構想を持っていたため，8 月から本格的に両社間での折衝が開始された。そして，10 月に 2 段階の手続きを踏み，合弁事業を開始する構想[53]がまとまった。構想が 2 段階となったのは，一挙に生産合弁事業体が設立できるほど，諸般の情勢が熟していなかったという事情があった。しかし，最初から生産合弁会社として発足可能となり，第 1 段階の輸出入合弁会社を構想から外し，改めて協議した結果，70 年 2 月に合弁事業に関する三菱重工とクライスラー間で基本契約[54]が締結された。これに基づいて，三菱自工に対するクライスラーからの出資払い込みが 71 年 9 月に完了し，三菱自工とクライスラーは，商品開発，国内外の販売，海外事業の展開等に関し，緊密な連携関係[55]をもつことになった。

そして，この提携の一環として，三菱自工の車種ブランドであるギャラン等をクライスラー社の物流網などによって北米など世界各地へ輸出し，逆にクライスラーの車種ブランドを三菱自工が輸入し，三菱自販が販売を担当することになった。こうして三菱は，わが国ではユーザーに提供する乗用車の車種ブランドが軽自動車から「デボネア」まで揃い，フルライン体制が整えられた。ただ，わが国の一般ユーザーには大型車はなじめず，石油ショックもあり，販売実績では 72 年 129 台，73 年 108 台，74 年 3 台の計 240 台であり，74 年に輸入車販売は終わった。その後，76 年 4 月に，クライスラーとの輸出入業務を取り扱うために設立されたダイヤスター・インターナショナルによって「プリムス・ボラーレ（4 ドアセダン，2 ドアクーペ）」が 79 年 4 月，「クライスラー・オムニ O 24」が「ギャラン」ディーラー企業 40 社と「カープラザ」ディーラー企業 85 社から発売された。これらはわが国でのアメリカ製輸入車としてははじめての 5 ナンバー車となった。また，当時，三菱自工はアメリカでの独自のマーケティング・チャネル構築についてクライスラーと協議を始めていた。そのような背景もあって販売には期待がかけられたが，80 年までに計約 1,500 台の販売にとどまった[56]。この背景には，それぞれの市場において，ユーザーの求める車種ブラ

ンドと，メーカーや販売会社・ディーラーの提供したい車種ブランドにおけるミスマッチがあったといえよう。

（3）三菱における補助販売機構の活用とマーケティング活動の活性化

1）補助販売機構の活用

　三菱自工は，一部乗用車系ディーラー企業 29 社でトラックを併売していたが，1972 年 4 月からその取り扱いを止めた。そこでトラック販売から乗用車販売に転身した営業員は，乗用車拡販において大きな戦力となった。次いで 73 年 2 月，新型大衆車ランサーを発売し，乗用車販売の最激戦地である東京や大阪にランサー・ディーラーを新設し，本社内にランサー推進部を設置した。このチーム体制は，後の東京営業所設置につながった。

　また，先にも他のメーカーで取り上げたように，この時期前後から自動車の拡販で期待された施策として，正規ディーラーだけでなく，さまざまな機関を自動車販売の窓口として利用しようとする動きが活発になった。三菱の場合，全国農業協同組合連合会との提携及び明治生命保険，東京海上火災保険との提携等があった。特に明治生命との提携による拡販対策は，当時明治生命が全国に約 3 万人の保険外務員を擁していたため，彼らに三菱自動車の紹介販売戦力になってもらうと同時に，三菱自販傘下の販売会社が同社の特約店となって生命保険業務も扱うという内容の提携であった。67 年 2 月に東京地区販売会社 11 社との提携が成立し，次第に全国各地に広がった[57]。

2）マーケティング活動の活性化

　三菱自販が会社発足 10 周年を迎えた 1974 年は，73 年秋の第一次石油ショックの影響が顕著となった年で，総販売台数も 73 年の約 41 万 5,000 台から，約 31 万 5,000 台に落ち込んだ。そこで，75 年 1 月開催の販売会社社長新春セミナーで，三菱自動車グループあげての［M–M 運動］実施を宣言した[58]。M–M 運動の諸施策の一環として，75 年 10 月に東京営業所が新設された。これは東京地区でのマーケティング活動の拡充・強化と人材育成目的のために設立され，直接販売・サービスを行うと同時に各種の市場実験，情報の収集にも力を注いだ。そして，77 年 10 月に乗用車営業本部の職制を大幅に改正し，従来，同本部販売部に所属していた各営業所を廃止すると同時に，同販売部を東京，関東，北海道，東北，中部，近畿，中・四国，九州の 8 地区に分割し，その地区の中心となる札幌，仙台，名古屋，大阪，広島，福岡に営業所を設置した。そして各販売部長ならびに本社販売部機能・戦力も，東京営業所を除く各営業所に分散配置した。この背景には，地域の販売会社ならびにユーザーと密着した販売戦略の展開を図り，「SPD」や「カープラザ」など，新しいチャネルの展開をスムーズに進展させる体制を構築するという目的もあった。SPD は 76 年 7 月から 81 年 9 月までに 56 社（76 店舗）が設立された。SPD とは Single Point Dealer を略し

図表 11-3　メーカー別乗用車市場占拠率推移

(単位：%)

メーカー	1962	1963	1964	1965	1966
トヨタ	29.2	32.0	32.1	33.8	33.1
日野	3.9	3.3	3.3	3.0	2.0
ダイハツ	—	0.1	0.9	1.7	2.6
日産	30.2	27.2	25.0	21.3	27.2
プリンス	5.1	6.3	8.2	6.7	—
富士重工	5.9	5.0	5.2	6.4	7.6
いすゞ	5.3	5.5	5.5	3.5	3.8
東洋工業	15.4	14.4	11.4	13.0	11.6
本田技研	—	0.01	0.9	0.8	0.3
三菱重工	2.9	4.2	5.2	7.3	9.4
鈴木自動車	0.8	0.6	0.4	0.3	0.4
輸入車	1.2	1.4	2.0	2.1	1.9

［注］1. 軽自動車を含む，2. プリンスは 1966 年以降日産と合併，三菱重工は 1965 年以前
　　　は新三菱重工
［出所］トヨタ自動車販売(株)社史編纂委員会（1980）『世界への歩み　トヨタ自販 30 年史』
　　　トヨタ自動車販売，p.118

た通称で，「ギャラン」チャネルを補完し，拠点空白地区や独立小商圏に，比較的小
規模店（月販 30 台，50 台，70 台という 3 パターンを設定）を設置し，地域に密着し
たきめ細かなサービスを行うというものであった[59]。

　また，既存のディーラー企業だけではなく，自動車とは全く関係のない業種，業界
に対してもディーラー企業の設立を推奨した。さらに大都市周辺地区の開拓に三菱商
事の大きな協力があった。三菱自販の場合と同様，三菱商事自動車部にもプロジェク
ト・チームが編成され，三菱商事 80%，三菱自工 10%，三菱自販 10% の共同出資に
よる三菱商事自販が 77 年 11 月に設立された。この三菱商事自販によって，東京都，
神奈川県，千葉県，埼玉県，栃木県，長野県，新潟県，大阪府などの一部特定地区で
マーケティング・チャネルが構築された。こうして，78 年 3 月に全国一斉に開業し
たディーラー企業 109 社・ディーラー店舗 186 店は，三菱自販系が 71 社で，三菱商
事自販系が 38 社となった。また，これらのディーラーは，統一店舗マニュアルに
よって，ムード，スタイル，カラーリング，店内レイアウト等を統一イメージとし，
さらに事業目論見，組織概要，モデル賃金体系，モデル就業規則等あらゆる角度から
の 15 種類に及ぶマニュアルも作成して指導・育成に努めた。この新ディーラー店舗
は，通称社名を「カープラザ○○（地名）」などとし，81 年 3 月までに 199 社 429 拠
点が展開されるようになった[60]。既に他メーカーのディーラー企業やディーラー店舗

の設置が行われ，市場が飽和化しつつある時期に，新たにディーラー企業を募集し，さらにディーラー店舗の増設を求めていったことの苦労は，先発者とは異なった苦労が存在していた。それはこれまで自動車販売の経験のない事業者をもディーラー企業の候補としなければならなかった点にあらわれている。

　また，販売戦略にも新機軸を打ち出し，他社に先がけて，テレビショッピング，通信販売等，マスメディアの活用も取り入れた。自動車市場の中で女性のマーケットが確実に成長しているのに対応して，テレビを通じて女性向けの特別仕様車などの販売を行うと同時に，ダイヤモンドクレジット社，サンケイリビング社とのタイアップで，女性使用車（ミニカ・フローラル）を中心に，通信販売を展開した[61]。

5　鈴木自工のマーケティング・チャネルの強化

(1) 本格的なマーケティングの展開

　鈴木自工は，1920 年に鈴木式織機として設立され，52 年に輸送用機器へと進出した。53 年 3 月にはバイクモーターを発売し，折からのバイクブームで二輪車の増産を重ねていた。54 年 6 月に鈴木自動車工業へと社名変更し，55 年 3 月に発売した「コレダ号」が主力製品となった。同年 10 月には軽四輪乗用車「スズライト」（2 サイクル 360 cc）を発売し，軽自動車メーカーとしての道を中心として歩むことになった[62]。

　鈴木自工は，1965 年 1 月から 4 月にかけて，「SS セール[63]」キャンペーンを展開した。これによって見込み客に呼びかけ，ディーラーの販売意欲を盛り上げようとした。ただ 65 年は，東京オリンピック景気の反動で，経済界は不況となり，自動車業界も沈滞ムードであった。そのような環境ではあったが，鈴木自工は代理店では売上高，伸長率，占拠率等を競う販売コンテストを実施し，ディーラーではスズキ車販売の都度点数が与えられるインセンティブ[64]を付与した。ユーザーには，ディーラーと同様にさまざまなプロモーションを積極的に行っていった[65]。

　また，鈴木自工は商品をより多く販売するためには，ユーザーが入手しやすい環境を整備することが必要との判断から，長期月賦販売制度を採用するようになった。そこで 66 年 8 月，鈴木自工の全額出資（資本金 2,000 万円）による東海鈴木信販を設立した。浜松地区，次いで静岡地区で試行し，その反響を見ながら業務拡張を図っていった。そして，67 年 4 月にスズキ信販と改称し，東京，名古屋，大阪を中心に本格的活動を開始し，業績は順調に伸長した。69 年 5 月以降は，東京，仙台，名古屋，大阪，広島，福岡の 6 事務所を置いて業務の進展に努力した[66]。この販売金融は，自動車を普及させる上で，特にわが国では重要であったと考えられる。

　さらに鈴木自工は，軽自動車の殻を破り，小型車である「フロンテ」の発売に際し

て，販売活動の方向転換を図るとともにマーケティング・チャネルの整備計画を進めた。その基本として「A-1計画」[67]を立案・推進した。この時期から鈴木自工は，次第に二輪車と四輪車のマーケティング・チャネルを分離するようになり，ディーラー企業の内部体制でも二輪車，商用車，乗用車組織を明確化した。なお，「フロンテ360」が発売された年，旧本田技研系のディーラー企業が鈴木自工のチャネルに入ることもあった[68]。したがって，他のメーカーとは異なる形で流通段階での変革が進み，四輪車部門でも代理店，ディーラー店舗に至る系列の必要性がこれまで以上に強くなった[69]。二輪車，四輪車のディーラーの区分は，その後，本田技研も行うようになった。これはメーカーやディーラーの立場における販売面だけではなく，車検や修理などサービス面での対応には，ある程度の店舗面積や技術員の技能の問題もあることから，ユーザーにとっての望ましい状況の創出には必要な対応であろう。

(2) 鈴木自工における副代理店制の採用

　鈴木自工は1972年2月，副代理店制度を発足させ，74年2月には二輪・四輪の販売で優秀な成績を上げた全国の副代理店企業2,000社を招き，「'74スズキ副代理店大会[70]」を開催した。大会に招待された2,000店の副代理店は，鈴木自工の核となる販売店で，毎年販売力を強め，鈴木自工の実績伸長に大きく貢献するようになっていた[71]。

　1970年代前半の軽四輪市場では，鈴木自工，本田技研，ダイハツの3社が鎬を削っていた状況であり，鈴木自工は，商用車分野では優勢だったが，乗用車分野では本田技研に抑えられた。しかし，創立50周年を迎えた70年，鈴木自工は全社をあげて「スズキ50Ｖ作戦」を展開し，軽四輪車でトップを目指すことになった。そこでは販売力の整備・強化を目指す副代理店制度導入は，その一環でもあった。一方，積極的な商品開発にも取り組み，商品面からも四輪市場の強化が図られた。石油ショックで自動車需要が低迷し，制度上の制約もあって軽自動車需要に陰りが出た頃ではあったが，鈴木自工は製品ラインナップを拡大した。さらにディーラー企業の強化を図ったことで，鈴木自工は本田技研との差を縮め，73年には軽四輪市場において販売台数第1位となった[72]。

　さらに鈴木自工では，1971年から73年にかけ，代理店がサービス工場指定を受けられるよう，必要資金を鈴木自工が融資し，自動車車検員をできるだけ早く育成するため，全国から資格取得予定者を集めて，年間4回の予備研修を実施した。この車検実施を1つのチャンスと捉え，サービス工場を不変収益部門と位置づけ，代理店サービス責任者研修会を開催し，基本的な体制作りを重視した。そのうえ，全国の主なディーラー企業と技術情報によって結ぶため，月刊の小冊子「スズキ技術情報」を発行し，73年3月からは代理店サービス部門の生産性を追求するため，「整備売上月報」を収集して，その分析結果を報告していく体制を整えた。これらのさまざまな施策の

ほか，代理店サービス部門での採算意識を高めるため，定期点検整備台数に対応した奨励金を指定工場に支給したほか，ユーザーに対する PR とイメージ高揚を目的として，全国統一デザインの「民間車検工場」表示制度の袖看板を作製した[73]。特に軽自動車から出発したということで，さまざまな機関を販売窓口とし，ある程度の帰属意識を持ってもらい，販売に協力してもらうための投資ということでは，仕方ない面もあったと考えられる。

おわりに

　1950 年に起こった朝鮮動乱は，日本の自動車産業の再生・発展の端緒となった。これによりわが国の自動車は，技術向上，国際的な性能・価格水準に接近することができるようになった。また，通産省は 50 年代半ばに「国民車育成要綱案」を出し，超小型で低価格の大衆車生産を 1 社に集中生産させることを意図したことがあった。これは頓挫したが，これが 1 つの契機となり，多くのメーカーが大衆車の開発を開始した。さらに 50 年代半ばからは，モータリゼーションが進展し，自動車需要の用途は営業用から個人使用，ユーザーもそれまでの法人から個人へと大きく変化した。そしてこの時期に，各メーカーは，それまでの「排他的マーケティング・チャネル（専売制）」の採用と並んで，他の製品の流通に比べてわが国の自動車流通の特徴となる「複数マーケティング・チャネル」を採用するようになった。さらに各メーカーは 1 チャネルから 2 チャネルに増加させるだけではなく，製品ブランド別専門店制へ移行するようになった。そして，1965 年に乗用車の貿易自由化が行われたが，複数マーケティング・チャネルを構築・展開していったことは，海外メーカーのわが国市場へ進出に対して 1 つの防波堤の役割を果たすことにもなった。つまり，複数マーケティング・チャネルの採用は，国内メーカー同士の競争だけではなく，海外メーカーとの競争においても有効となったのである。

　さらに 1960 年代半ばにモータリゼーションが本格化する中で，自動車市場が拡大することを見込んで，トヨタは 1 チャネル 2 乗用車体制を取り入れた。また，日産はプリンス自工と合併し，規模の利益の実現を目標とし，チャネルも合併後は 4 チャネル，70 年にはトヨタよりも早く 5 チャネル体制とした。そして，トヨタ，日産を追いかけるフォロワー企業も，同様に複数マーケティング・チャネルを採用し，市場の拡大を図ろうとした。つまり，マーケティング・チャネル数の増加はモータリゼーション進展期においては，より市場を拡大させるように作用したといえる。一方で，本章で見てきたように，コストや企業規模の面からトヨタや日産とは同様のマーケティング・チャネル政策を採用できない企業は，他社との業務提携へと大きく梶を切る企業も現れた。また，業販チャネルを最大限活かす努力や自動車販売にこれまで関

係してきた諸機関を新たなユーザーを発見する窓口として，この時期には特にまず1台から販売を積み重ねようとしてきた努力の形跡が認められる。

　本章は，平成21年度専修大学個人研究助成「日本における1970年代の自動車流通の展開—日本の自動車メーカーによる複数マーケティング・チャネル制の拡大—」による研究成果である。日頃の研究支援に対し記してお礼申し上げたい。

注

1）富士重工業(株)社史編纂委員会（1984）『富士重工業三十年史』富士重工業，p.148
2）富士重工（1984）p.148
3）富士重工（1984）pp.148-149
4）日産自動車(株)社史編纂委員会（1975）『日産自動車社史 1964-1973』日産自動車，p.81
5）合併契約の調印について，川又社長は合併の意義を，「合併という大事業が果たされ，その基礎の上に総力が結集されるならば，合併のメリットは最大限に発揮され，多角的経営を行う日産は国民経済の中に大企業としての地位を占めるだろう。それがわれわれの描く明日の日産の姿であり，合併の真髄である」と述べている。
6）日産とプリンス自動車工業との合併により，新会社となった日産は，資本金398億円，従業員3万1529人，生産能力月産6万台の規模となり，世界水準のメーカーとなった。この合併で，自動車部門ではグロリア，スカイラインなど乗用車4系列，商業車9系列が加わり，日産の基本車種系列は，乗用車10系列，商業車23系列となった。
7）富士重工（1984）pp.134-135
8）日産（1975）p.81
9）この結果，第一営業が日産・ディーラー（プレジデント，フェアレディ，ブルーバード，ダットサントラック，ダットサンバン・ピックアップ，ニッサンパトロール，ニッサントラック），第二営業がモーター・ディーラー（セドリック，ローレル，キャブオール，キャブスター，エコー，ブルーバードバン），第三営業がサニー・ディーラー（サニー，サニーバン，サニートラック），日産プリンス自販がプリンス系車種をそれぞれ専管する責任体制確立の基礎が築かれた。（日産（1975）p.82）
10）ティーザー・キャンペーンとは，会社名，ブランド名，価格など商品広告に必要な主要なポイントをあえて伏せて行う事前プロモーションである。
11）300名モニター募集には全国から約14万名の応募があり，反響が大きかった。
12）新規参入効果は，自動車市場におけるスポーティタイプの変形ボデースタイルの要望に応え，チェリー・シリーズの一層のグレードアップを図るため，1971年9月にチェリー・クーペを追加した。72年には2月にセダン・デラックスおよびGLに1200 ccシングル・キャブレター車を，6月に1200 ccシリーズにGL・Lを追加し，73年3月にはクーペ・シリーズに1200 X-1 Rを加え，嗜好の多様化に対処した。
13）日産（1975）pp.354-355
14）埼玉日産自動車(株)創立30年史編さん委員会（1974）『埼玉日産自動車の30年』埼

玉日産自動車，pp.119-120

15) 特にディーラーのセールスマンは，「セールス，ノルマ，仕事が過酷」というイメージや評価が採用面だけでなく，社内のセールスマンにも動揺と偏見を与え，営業戦力不足が進んだ。

16) 日産（1975）p.86

17) 日産（1975）p.86

18) 日産（1975）pp.82-83

19) 日産（1975）p.83

20) サファリ・キャンペーンとは，このキャンペーン期間中に紹介件数5万件，制約台数1万2,000台の成果を収め，従業員全員に対し販売に関する意識付けに成功し，社員紹介制度が定着した。

21) 日産（1975）p.83

22) 牧野克彦（2003）『自動車産業の興亡』日刊自動車新聞社，p.230

23) 五十年史編纂委員会（1970）『明日をひらく東洋工業-東洋工業株式会社五十年史現況編』東洋工業，p.501

24) 五十年史（1970）pp.501-502

25) 五十年史（1970）p.502

26) まず1967年1月の水戸マツダ設立から，東京，大阪等を中心に新しいディーラーが設置された。66年末には乗用車系，トラック系合わせて78店であったディーラーは，70年12月には111店に増加した。

27) 五十年史（1970）pp.502-503

28) 五十年史（1970）pp.504-505

29) 牧野（2003）p.231

30) 富士重工がいすゞを提携相手に選んだのは，「多角経営の富士重工が自主性，独立性を堅持し，自動車の分野で外資に対抗できる体制をつくるという基本線を維持する。それにはまず，自社の商品を確保しなければならない」という基本方針があったからである。

31) 富士重工（1984）pp.137-138

32) 富士重工（1984）p.138

33) 矢吹雄平（2000）「ニッチャー戦略の行方と自動車業界の再編」岡山商科大学『岡山商大論叢』第36巻第2号，pp.173-176

34) 富士重工（1984）p.149

35) 富士重工（1984）p.150

36) 通商産業省自動車課（1987）『明日の自動車流通を考える』（財）通商産業調査会，p.17

37) 富士重工（1984）p.150

38) 問題は，スバル360はモデルチェンジを11年間も行わず，ホンダN360に対抗して，業販店をスバル陣営に引き寄せる余地が少なかったことであった。

39) 富士重工（1984）pp.150-151

40) 通常自動車メーカーの行う拡販キャンペーンには，セールスコンクール，業販コンクール，ユーザー紹介作戦，ひとこえ運動，車両の無料点検，部品・用品セール，中古車セールなどがあった。

41) 富士重工（1984）pp.151-152

42) 富士重工（1984）p.214

43) スバルスコープ店制度とは，スバル業販店の中から，ディーラー企業と富士重工の双方が系列強化のため必要な有力販売店を選択し，優遇的な諸施策を講じ，地域代行的な大型業販店に育てる制度である。

44) 1978 年度にはスバルサンバー販売台数の 13% を農販が占めた。

45) 特約店第 1 号は 1958 年 4 月の東京・伊藤忠自動車（現中央スバル自動車）であった。そして，58 年に 8 社，60 年に 28 社，63 年に 44 社，65 年 45 社，70 年 50 社，75 年 64 社となった。

46) 富士重工（1984）p.216

47) 1969 年 3 月末までに，「ふそう」も含めて 1000 店体制の確立を目指した。66 年末には，ディーラー数 121 社・585 店，67 年末 129 社・754 店，68 年 135 社・830 店に拡大した。

48) 三菱自動車工業㈱総務部社史編纂室（1993）『三菱自動車工業株式会社史』三菱自動車工業，p.519

49) 三菱自工（1993）p.521

50) 三菱自工（1993）p.523

51) 三菱自工（1993）pp.525–526

52) 三菱自工（1993）p.526

53) 2 段階の構想とは，第 1 段階で，三菱重工 65%，クライスラー 35% の出資比率で輸出入合弁会社を設立する，そして，第 2 段階で時機を見て三菱重工は自動車事業部門を分離し，全株所有の子会社を設立，この新会社は政府の認可を受け次第，クライスラー社に対して第三者割当の形で新株式を発行し，三菱重工 65%，クライスラー社 35% の出資比率の合弁会社とする。そして，この製造合弁会社発足とともに第 1 段階で設立の輸出入会社を吸収するというものであった。

54) その後，基本契約と関連諸契約は，クライスラー社の事情で同社の出資比率が 15% に変更され，状況の変化で逐次改訂された。しかし，この契約により，三菱重工の自動車事業を分離し，専業化するという構想はさらに具体化した。

55) 緊密な連携関係とは，この提携の一環として，ギャラン等をクライスラー社のネットワークを通じて北米をはじめ世界各地への輸出を行い，クライスラー社の大型高級乗用車を三菱自工が輸入し，三菱自販がその販売にあたるようになった。

56) 三菱自工（1993）pp.528–529

57) 三菱自工（1993）pp.524–525

58) この運動は，販売会社，三菱自動車販売，三菱自動車工業が一体となって，More Value（よりよい車），More Volume（より多く販売），More Effort（より一層の努力），More Profit（利益の確保）を目的とし，5 年後の 80 年までに乗用車関係 10% 以上，トラック・バス関係 27% 以上にシェアを向上させることを目指したものであった。この目標を達成するために，三菱自販はさらに各部門毎の戦略を設定した。乗用車部門は「C 作戦」，トラック・バス部門は「F 作戦」を，フォークリフト部門は「6 H 作戦」，部品・用品部門は「P 作戦」をそれぞれ展開した。（三菱自工（1993），p.534）

59) 三菱自工（1993）pp.536–539

60) 三菱自工（1993）p.539

61) 三菱自工（1993）pp.535–536

62) 牧野（2003）p.232

63) SS セールとは，まず SS は「世界のスズキ」（Sekai no Suzuki）の頭文字である。

64) インセンティブについては，ユーザーには，ディーラー同様，世界一周旅行に招待するほか，ダブル・プレゼントとしてガソリン 1 年分を進呈するなど，大がかりでその仕組みが流通段階の末端や消費者にまで及んだ。

65) 鈴木自動車工業社史編纂委員会（1970）『50 年史』鈴木自動車工業，pp.363-364

66) 鈴木自工（1970）p.365

67) A-1 計画とは，地域によって細分化し，完璧ではないが，既存流通網との関連で，細かく整備するものであった。

68) 当時の日本経済新聞は「本田技研の全国一のディーラーであるホンダ販売のほか関西の有力販売店はこのほど本田技研に対してディーラー権の返上を通告，7 月付で鈴木自動車工業の翼下に入った。・・・本田技研系のディーラー企業では，先に福岡ホンダ販売が九州スズキ販売に転向して以来，本田系販売店はかなり動揺していたが，関西地区の主力ディーラーが一斉に鈴木系に転向したのは，自動車販売業界では異例のケースとして注目される」と伝えた。本田技研の「N 360」の新発売に際し，業販制度を取り入れたのに反発して，鈴木自に鞍替えしたのである。（佐藤正明（1995）『ホンダ神話　教祖なき後で』文藝春秋，p.267）

69) 鈴木自工（1970）pp.374-375

70) '74 スズキ副代理店大会では，大会に招待された 2000 店の副代理店は，スズキ系販売網の核となる販売店で，毎年，販売力を強め，鈴木自工の実績伸長に大きく貢献した。

71) 鈴木自動車工業（株）経営企画部広報課（1990）『70 年史』鈴木自動車工業，p.139

72) 鈴木自工（1990）p.141

73) 鈴木自工（1990）pp.145-146

第12章

わが国における 1980 年代の自動車流通
——複数マーケティング・チャネル転換期におけるメーカーと ディーラー企業の行動——

はじめに

わが国だけでなく，自動車業界は二度の石油ショックにより，大きな影響を受けた業界の1つである。わが国では自動車はモータリゼーションにより大衆化し，一般庶民の足として販売台数を増加させてきたが，第一次石油ショックにより，販売台数が落ち込み，回復基調が見えてきたところで，第二次石油ショックに襲われた。しかし，1980 年代に入ると，わが国では自動車生産・販売に回復が見られた。

わが国では，1980 年の自動車保有台数が 3,786 万台となった。その後の伸長率は，81 年 4.6%，82 年 4.3%，83 年 3.8%，84 年 3.7%，88 年 3.7% とそれぞれ増加したが，5 年間では 22% 増と，伸長率は低下した。自動車需要鈍化には，景気停滞の他に市場の成熟化という背景もあった。乗用車市場（含む軽）の需要構造は，85 年で代替が 66% を占め，世帯あたり普及率は，75 年の 52% から 80 年 66%，82 年 69%，85 年 72% と伸び，ステレオ，ルームエアコンの普及率を抜き，自転車並みになった。自動車の複数保有世帯も，79 年の 16% から 85 年には 23% と増加し，80 年代には生活必需品として庶民の生活の中に定着したといえるだろう[1]。

1950 年から 30 年以上に亘り，トヨタ自動車工業（以下「トヨタ自工」）とトヨタ自動車販売（以下「トヨタ自販」）は，元来は一組織であったが別組織で経営してきた。それが 82 年に両社が合併（工販合併）し，三菱自動車でも 84 年にトヨタと同様の動きがあった。一方で，わが国の自動車市場は飽和し，新規需要がほとんど望めなくなり，代替需要に依存するようになった。高度経済成長時期から「複数マーケティング・チャネル」政策をとってきた自動車メーカー（以下「メーカー」）は，今後の政策の転換を迫られそうになったが，バブル経済により，自動車需要は再び上昇し，高級車を市場導入等により，市場が活性化したかのような状況となった。

本章では，二度の石油ショックによる需要の落ち込みから，漸く生産と販売が安定し，やがていわゆるバブル経済を迎えることになった 1980 年代を中心に複数マーケティング・チャネルの展開と直面した課題，メーカーとディーラー企業レベルにおける新しいマーケティング手法の試行について考察していきたい。

1 わが国における自動車保有の環境変化

(1) 自動車ユーザーの自動車観の変化

1980年代になると，乗用車の世帯普及率が60％を超え，代替需要が中心となり，さらに自動車輸出が国際政治の動向で左右されるようになり，各メーカーは国内の販売基盤をより強化しはじめた。各メーカーとも，新マーケティング・チャネルの設立や，地域に密着したディーラー店舗の展開，業販店のネットワーク化を活発に行った。

また，これまで自動車は半数以上が訪問販売によって販売されてきた。訪問販売は販売形態として有力な方法であり，それがこれまでの自動車市場を支えてきたといえる。しかし，ユーザーの多様化への対応には新たなマーケティング手法が必要であり，さまざまな試みがなされるようになった。たとえば，店頭販売へのユーザーの誘導とそれに伴うディーラー店舗やショールームの変化もその1つであった。一方で，自動車の普及が進むことにより，ユーザーは高い商品知識と選択能力を持つようになり，豊富な車種ブランドの中から自分のライフスタイルにあった自動車を予め決めてから店頭を訪れるという行動が目立つようになった。さらにユーザーの買い回り行動も活発に行われはじめた。

このような購買行動の変化に対応して，集客力の高いディーラー店舗作りと来店したユーザーを販売に結びつけるための努力がなされた。たとえば，①日曜営業，②地域との密着を目指したイベントや地域のコミュニティ活動との連携，③店頭におけるビデオディスクの活用やドライブ・レジャー情報の提供，④他産業とタイアップしての複合店舗作り，⑤自動車関連用品やアウトドア用品，スポーツ用品の販売やレンタル，さらにオリジナルブランドのファッションやファンシーグッズの販売などである。これらは直接販売台数の拡大というよりは，ユーザーに対して総合的なカーライフ提案によってコミュニケーションを深め，これまで行われてきた訪問販売と店頭販売の連携から新しい販売方法を築くための試みであった。また，若者や女性をターゲットとして，ストア・アイデンティティを明確に打ち出した店舗作りも行われるようになった[2]。まさにこれまで商品知識のないユーザーに，押し込み的な販売を行っていた時代から，ユーザーの自動車に対する知識の高まりや，自動車という商品の生活における位置づけが，大きく変化したことにより，そのマーケティング手法を変更しなければならなくなったのは当然のことであった。

(2) 自動車を取り巻く制度変化

自動車の国内販売に影響を与えたものとして，各種の制度変更があった。まず，車検期間の延長と認証制度があげられる。1983年7月，改正道路運送車両法が施行され，この改正に伴って，自家用乗用車の車検期間が新車の初回に限り，3年に延長さ

れた。同時にそれまで非常に多いと指摘されてきた定期点検項目も大幅に削減され，新車では 6 ヶ月点検が廃止された。車検期間の延長が実現したのは，国産車の安全性と品質が飛躍的に向上したことがあげられる。さらに 83 年には新認証制度が発表され，7 月に続き 2 度目の車両法改正と同時に自動車形式規則の改正，それに伴う一連の通達の見直しが図られた。認証制度の見直しは，82 年来の海外メーカーに対する国内市場開放として取り組まれ，海外製品の受け入れやすい制度として整備することを目的としていた。この認証制度の簡素化・国際化と関連してドアミラーやエアスポイラーの装着などが認可された[3]。

　したがって，わが国における制度変更はかなり海外から影響されたり，あるいは外圧がかかることがあるが，自動車を取り巻く制度変更についても例に漏れず，そのような色彩が強く表れている。その後も，自動車に関する制度変化は，海外からの影響を色濃く受けているままである。

2　トヨタのマーケティング・チャネル行動と工販合併

(1) マーケティング・チャネルの拡充

1) トヨタによる新マーケティング・チャネルの設置

　第一次石油ショック以降，わが国の自動車市場は低迷し，トヨタのシェアも 1975 年以降，3 年連続して低下した。中古車需要も落ち込み，ディーラー企業の経営は悪化した。しかし，トヨタは新車発売や中古車部を発足させ，積極的に市場に働きかけることで 78 年には国内登録台数は，折からの景気回復もあり，目標を大幅に上回る 151 万台に達し，シェアも 38.2% になり，3 年ぶりに回復した。

　トヨタ自工の販売は，すべてトヨタ自販が担当していた。ダイハツ工業，日野自動車工業，関東自動車工業，トヨタ車体など系列メーカーで生産された自動車もすべて同様であった。具体的にトヨタ自工で生産された自動車は，トヨタ自販を通じて各地区のディーラー企業（トヨタ，トヨペット，トヨタカローラ，トヨタオート）で販売活動が展開された[4]。

　1978 年，トヨタは長期目標として 350 万台の年間販売計画を立て，82 年に国内販売 190 万台，輸出 160 万台を達成しようとした。その後，国内販売目標を 83 年に 200 万台に上方修正した。ただ，83 年の 200 万台の目標達成には，79 年以降毎年 10 万台，年率 6% 程度ずつ伸長させていくことが必要であった。しかし，国内の自動車需要は成熟し，全体で年率 2~3% の伸びしか期待できなかった。そこで新しいマーケティング・チャネルの設立構想が持ち上がった。また，トヨタの既存ディーラー企業に対しては，経営安定とマーケティング力の有効活用による「1 チャネル 3 乗用車体制」を推進しようとした。トヨタでは，これまでフルライン体制を整備してきたが，

急激な需要変動も考慮に入れなければならず，ディーラー系列ごとに，主要取扱車種ブランド中心の乗用車3車種体制を計画した。そして，1979年3月，トヨタ自販はトヨタ自動車販売店協会役員会の席上，新ディーラー設置の基本方針を発表し，直ちに候補探しを開始し，6月には車両第五部を発足させた。トヨタ自販は，月販100～500台の中規模ディーラー企業を全国で最低60社設置しようとした。そこで80年4月から営業開始予定の新マーケティング・チャネルの概要を発表し，名称を「（トヨタ）ビスタ[5]」とした。

　新しいディーラー設置では，新資本80社，既存店77社の合計157社の候補が名乗りを上げた。選考作業は難航したが，8月に28社を決定し，最終的には全国で66社を選出した。この中にはこれまでのディーラー企業とは異なる大手小売業であるダイエー等各地の有力な新資本が参加した。ビスタ・ディーラー[6]の設置は急速に進み，80年4月から一斉に営業を開始した。ビスタは，店頭販売の比重を高めて高効率販売を実現する方針をとり，魅力的な店舗設計，広告宣伝費の重点投入，商品説明のためのビデオディスクの店頭配備，日曜営業等，新しい販売方法を採用した[7]。一般に小売業は，現在では日曜日も開店し，むしろ日曜日が書き入れ時であるために営業をしていないことの方が珍しい。しかし，30年前のわが国の自動車販売は異なっており，ディーラー店舗では日曜営業をしていることの方が珍しかった。それは自動車は，訪問販売で販売することを志向してきたからである。そのため，基本的にはディーラーは小売業であり，顧客がいればいつでも営業をしているべきであるという考えに立って，店頭販売を目的とした日曜営業を行うディーラー店舗も出てきた。店頭販売のニーズとは，次の4点であった[8]。

① 若年層，ニューファミリー層を中心としたユーザーが，自動車専門誌などによる情報を持ち，自発的な行動をとるようになるなど，購買行動が多様化した。

② その背景として車種ブランドの多様化があった。ユーザーは選択のためショールーム巡りを行い，販売条件についても他社との比較を行うようになった。

③ 家族意識が変化し，一家の主人だけでなく家族の「車購入」に関する関心度，発言力が強まり，家族全員で実車を見た上で購入を決定する行動が加わってきた。

④ 共働きの勤労世帯が乗用車使用層の中心を占め，昼間は不在が多く，ユーザー自身も家庭への訪問を嫌うようになり，販売店側の事情としても，訪問効率が悪いため店頭吸引が必要となった。トヨタ自販としては，81年6月から7月を店頭販売強化月間として，全国的な「日曜のショールームオープン」を試行した[9]。

　そして1980年，わが国はアメリカを抜いて，世界最大の自動車生産国となった。貿易摩擦は，かつての鉄鋼，繊維，カラーテレビ，電子機器などから，わが国最大の輸出産業となった自動車について強くなった。国際収支の赤字に悩むアメリカは保護貿易主義を強め，わが国メーカーは，81年には対米乗用車輸出台数の自主規制を余

図表 12-1　トヨタ自工のマーケティング・チャネルの形態図

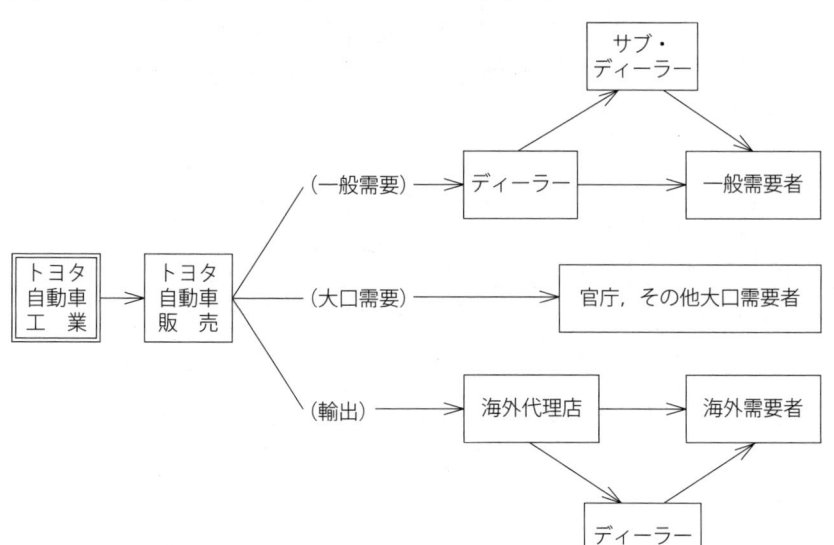

[出所] インダストリーリサーチシステム (1981)『トヨタ・グループの全貌』インダスト
　　　 リーリサーチシステム，p.28（一部改）

儀なくされた。また，輸出環境の悪化から，各メーカーは相次いで現地生産体制へ移
行した。そして同年，トヨタは新しいマーケットを目指したスペシャルティーカー
「ソアラ」を発売した。ユーザーの購買行動の変化に対応し，店頭イベントや日曜営
業を強化し，多拠点展開のメリットを生かす積極的拡販策を推進した[10]。

　また，第二次石油ショックの影響で景気が後退し，自動車の販売競争は厳しくな
り，ディーラー企業の収益が圧迫された。トヨタのディーラー企業は，直間比率や営
業員（セールスマン）の営業効率の向上を図り，車両利益率を改善するなどして，経
営体質向上と収益力回復に努力した。しかし，「双子車やきょうだい車」[11]を含むフル
ライン化によって，同じメーカーであるトヨタ・チャネル同士のディーラーでも競合
が起こった。トヨタ自販は，販売正常化に取り組んだが，ディーラー企業の経営はさ
らに悪化した。また，トヨタ自工が製品開発体制を強化している間，次々と他メー
カーは新型車を発売した。特に新世代エンジンの開発中，他メーカーは，開発リード
タイムの短いターボ車を市場に投入した。そのため，1980年のトヨタ車の国内登録
台数は149万台と前年を割り，シェアも37.5%に低下した[12]。また，軽自動車販売
は好調なままで，鈴木自工，ダイハツ，本田技研，富士重工は，それぞれ販売台数を
伸ばした。

図表 12-2　トヨタ車のディーラーと取扱車種ブランド

ディーラー	取　扱　車　種	
	乗用車系	**トラック系**
トヨタ	センチュリー，クラウン，カリーナ，ソアラ	ハイラックス，スタウト，ダイナ，大型トラック・バス，コースター，ランドクルーザー
トヨペット	マークⅡ，コロナ，コルサ，ソアラ	トヨエース，ハイエース
トヨタカローラ	セリカ，カローラ，ターセル	タウンエース
トヨタオート	チェイサー，スプリンター，スターレット	ライトエース，タウンエース，パブリカピック
トヨタビスタ	クレスタ，セリカ，カムリ，ターセル	ハイエース，ブリザード

［注］一部地区（東京，大阪，沖縄）では取扱車種に例外がある
　　　1981 年現在，カローラ店にディーゼル店 1 店を含む
［出所］インダストリーリサーチシステム（1981）『トヨタ・グループの全貌』p.29

2）安定成長下でのディーラー政策

　1980 年 1 月，トヨタは安定成長下でのディーラー企業の経営目標と，それを実現する方策を検討する「C 80 委員会」[13)]を設置した。C 80 委員会は，81 年 3 月，車両，サービス，部品，経理，システムの 5 部門による「C 80 プロジェクト」を設置し，ディーラー統一システムの開発を開始した。81 年末には全国 9 ブロックで説明会を開催し，翌年 5 月にはモデル・ディーラー 2 社でシステムを試行し，83 年 2 月には C 80 推進室を設置して，全国ディーラー企業への本格導入の体制を整えた。

　トヨタが，マーケティング活動を活性化させ，新型車を投入した結果，シェアは上昇した。特にトヨタの乗用車は，1985 年には軽自動車を除いたシェアで 44.9% に達した。5 月には，大衆車のモデルチェンジを行い，相対的にシェアの低かった大衆車市場で販売台数が増加し，6 月からは「T-50 作戦」[14)]を展開するようになった。一方，85 年秋以降，トヨタは円高で輸出が打撃を受けることもあったが，輸入関連業種では新たなビジネス・チャンスが生まれたという営業各部の判断もあった。さらに 85 年は 83 年に乗用車 3 年車検への移行から 3 年目を迎え，買換の潜在需要の掘り起こしにより，市場活性化の可能性も出ていた。

(2) 生産・販売会社の合併

　1950 年 4 月以降，トヨタ自工とトヨタ自販は 32 年以上にわたり，生産と販売（卸売）を分担してきたが，分離当時から同じトヨタ・ブランドの自動車を生産・販売する会社として一体的運営をし，62 年には両社の代表取締役で構成する会議体を設け，両社関連の重要事項について意思疎通を図ってきた。78 年からは，工販両社の

図表 12-3　トヨタの国内営業拠点（1981年2月現在）

ディーラー	ディーラー数 （店）	直営サービス工場 （カ所）
トヨタ	50	904
トヨペット	52	811
トヨタビスタ	66	273
トヨタカローラ	82	1,126
トヨタオート	69	792
合　　計	319	3,906

［出所］インダストリーリサーチシステム（1981）『トヨタ・グループの全貌』p.29（一部改）

　一体感醸成と相互理解を図るために人事交流を行い，新任管理者や新入社員の合同研修を開始した。79年以降は，両社の会社方針なども緊密に連携するようになり，背景の考え方，戦略展開等の整合性をとってきた。しかし，国際的な事業展開，迅速な意思決定には，工販両社の諸機能を統合し，再構築する必要があった。

　1981年6月，トヨタ自工取締役豊田章一郎がトヨタ自販取締役社長に就任し，同時にトヨタ自工取締役2人も自販取締役に就任し，人事交流が実現したことで，工販両社の連携が一層緊密になった。そして，82年1月25日，トヨタ自工とトヨタ自販は合併に合意し，覚書[15]に調印した。82年1月27日に合併準備委員会が発足し，合併を正式に発表し，合併期日を7月1日に定めた。そして，合併期日に向かって合併準備を進めた結果，82年3月15日，合併契約書[16]に調印した。その後，5月13日，トヨタ自工とトヨタ自販は，それぞれ臨時株主総会を開き，合併契約書承認の件を原案通り承認した[17]。

　ディーラー企業の日常業務の窓口は，この時期以前から約30年以上にわたり，トヨタ自販であり，ディーラー企業や店舗はトヨタ自販との意思疎通を活発に行い，信頼関係も固まっていたため，工販合併のニュースはディーラーに動揺を与えた。「売ることを知らない自工」の介入は，「販売の事情を知ってくれるのか。無理な合理化を押しつけてくるのではないか」と様々な憶測を生んだ。しかし，合併後も，トヨタの精神である「1にユーザー，2にディーラー，3にメーカー」は変わらないというメーカーの意向が示された。工販合併後の新生トヨタ自動車とディーラー企業や店舗の関係は従来と同様であり，販売会社という卸売機関を抜くことでマーケティング・チャネルが短縮され，ディーラーの声がメーカーのマーケティング戦略等に敏感に反映されるというメリットが生まれることを強調した[18]。

　1982年7月1日，トヨタ自工とトヨタ自販が合併し，トヨタ自動車[19]が誕生した。

266

図表 12-4　トヨタのディーラー数の推移

年 ／ ディーラー他	1938	1955	1960	1965	1970	1975	1980	1987
トヨタ	29	49	49	49	49	50	50	50
トヨペット		1	51	53	52	51	52	52
ディーゼル			9	11	4	2	1	1
カローラ				69	84	82	81	79
オート					62	67	69	67
ビスタ							66	66
フォークリフト			1	3	16	20	30	32
部品共販店					6	12	23	34
レンタリース					42	53	58	61
合計	29	50	110	185	315	337	430	442

［出所］トヨタ自動車株式会社（1987）『創造限りなく　トヨタ自動車50年史・資料』トヨタ自動車，p.158（一部改）

社長にはトヨタ自販社長豊田章一郎，会長にはトヨタ自工社長豊田英二が就任し，経営方針[20]を明らかにした。新会社は，資本金1,209億円，年間売上高4兆5,000億円，従業員5万6,700人の規模となり，当時はわが国ではじめての4兆円企業へと成長した[21]。

　トヨタ自工とトヨタ自販の合併によって，トヨタの意思決定は迅速化され，各分野での諸施策が活発に展開されるようになった。メーカーとディーラー企業との関係では，先に取り上げたように，国内販売200万台体制を目標とし，販売体制の強化策を継続した。そして合併と同時に，経営体質の強化と改善努力を促進するための新しい施策として，卸手形サイトの10日延長とマージンの増額を発表した。そして，第3次戦略的設備資金融資制度を発足させ，低金利融資を行い，店舗の新築・改築を積極的に推進した。セールスマン確保の面でも支援を続けた。そして，国内でのトヨタと日産の差は，1980年に約32万8,000台だったものが，90年には109万8,000台と3倍まで拡大した[22]。

3　日産の販売組織変更と高級車路線

(1) 地域別販売部体制とマーケティング・チャネルの統合

　日産は1975年6月に，国内登録累計1,000万台を達成した。ただ，トヨタは72年に達成していたため，少し遅れての達成となった。日産とトヨタはモータリゼーション以前の時期から，激しく開発，販売競争を繰り広げてきた。

　日産の系列別営業組織では，マーケティング・チャネル毎に担当部長が配置され，自らのチャネルを保護しようとし，チャネルでエゴが発生するようになっていた。たとえば，新製品発売では，チャネル同士での新車種ブランドの奪い合いが起こった。そのためにユーザー志向のマーケティング体制になっていなかった。そして，1980年代になると，ユーザー自身がそれ以前とは大きく変化し，マーケティング・チャネル別組織では限界が出てきた。しかし，チャネル別から地域部制への移行は，営業部門の反対もあり，なかなか受け容れられなかった。

　日産は，1983 年 1 月の組織改革により，従来の販売事務局を廃止し，販売促進部と販売業務部を新設した。その目的は，ディーラー店舗の効率的な配置や 5 つのマーケティング・チャネルを横断的にとらえた宣伝・販売促進策を立案・検討するためである。また，新型のリッターカーであった「マーチ」を複数マーケティング・チャネルで販売する車種ブランドが出てきたことから，チャネルにとらわれない機動的なプロモーションをする必要があるためであった[23]。さらには，1983 年 4 月から日産は，ディーラー企業に対するマージン率の改訂に踏み切った。販売価格の 15～20％ というマージン率をさらに 14～20％ 幅で引き上げるというもので，具体的には，ディーラーに対する卸売価格を同率分だけ引き下げる形とした。これはディーラー企業の経営体質改善策の 1 つであり，またディーラー企業の経営体質改善として新しい販売奨

図表 12-5　日産の国内販売チャネル

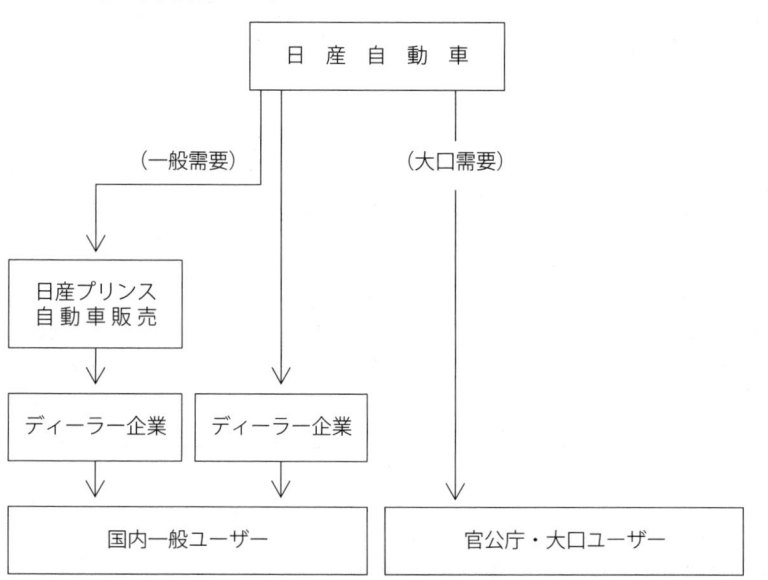

［出所］加藤寛・野田一夫（1980）『日産自動車』蒼洋社，p.123（一部改）

268

図表 12-6　日産におけるディーラー企業とサービス工場数（1980 年）

チャネル	主な販売車種ブランド	ディーラー企業	直営工場	指定工場	協力工場
日産	ブルーバード，フェアレディＺなど	59	600	460	1,190
モーター	セドリック，ローレルなど	41	370	90	390
サニー	シルビア，サニー，スタンザなど	67	650	40	170
チェリー	オースター，パルサー，チェリーなど	38	380	10	30
プリンス	グロリア，スカイライン，ホーミーなど	55	510	100	400

［出所］加藤寛・野田一夫（1980）『日産自動車』蒼洋社，p.123（一部改）

励金政策の採用を決定した。それは，これまでディーラー企業に伏せていた販売奨励金を事前に公表し，ディーラー企業が自主的に販売計画を立てやすくするためのものであった[24]。

　そこで 86 年夏から九州地区において，地域部制のテストをした。そして，87 年 1 月から日産の販売部門は，それまでの第一販売部（日産），第二販売部（モーター），第四販売部（チェリー）及び別会社の日産プリンス自動車販売（プリンス）というチャネル別体制から，全国一斉に地域別体制[25]に変更した。

　地域別体制が整備されたことにより，1989 年にプリンスがチェリーを吸収合併し，日産のマーケティング・チャネルは，それまでの 5 チャネルから 4 チャネルに集約された。高度経済成長期には，トヨタ同様，マーケティング・チャネルを増加させることにより，各ディーラー企業の努力により販売台数を伸ばしてきたが，市場の成熟化により代替需要が 8 割を超えるようになると，トヨタなど他メーカーとの競争ではなく，日産内のディーラー企業や店舗同士での競合が激しくなった。そのために，車種ブランド・チャネル別体制を見直し，全国を 10 ブロック[26]に分けて地域毎に担当部長を配置することで，ディーラー間の調整や地域特性に密着した政策展開が可能と判断した。

　地域別体制は，ユーザーの地域特性[27]がある場合に有効に働くものであった。したがって，各地域のユーザーの特性やニーズに対応していくためには，営業部門に配属されている社員が，その地域を知り尽くさなければならなかった。また，チャネル別販売部体制では，ユーザーの奪い合いが同じメーカーの異ディーラーで起こったため，チャネル企業間の関係もあまりよくなかった。この状況に対し，メーカーの窓口

を一本化することによって，さまざまな調整が可能となった。

(2) 1980年代における販売情報管理の拡充

日産では，ユーザー本位のマーケティングを強化するために，販売に関する情報を総合的に収集・分析し，市場にきめ細かく対応できる体制が必要不可欠であると認識した。そこで日産は，1981年に「データネットワークシステム」を開発し，ディーラー企業の協力を得て直ちに全国に展開した。前章でも取り上げたように，日産では78年に他メーカーに類を見ない販売部門の大規模な情報センターを設置した。この情報センターが，新システムの開発，展開にも大きな役割を果たした。このシステムによって，販売，サービス，部品，販売会社の財務状況などの情報が集中的に管理され，必要な情報が迅速に入手できる体制が整えられた。それによって，ディーラー企業の管理業務の合理化と経営体質の強化に寄与した。さらに82年には，この新システムとサービス，部品管理などの諸システムが統合され，相模原部品センターとのオンライン化も果たされた。そして，その範囲も部品販売会社，サービスセンターにまで拡大された結果，日産と300社以上をつなぐネットワークに発展した[28]。

したがって，日産ではこれまでバラバラに存在していた生産機関だけではなく，マーケティング・チャネルを含めて，ネットワーク化することで，よりネットワーク全体の価値を上げようとした。それに加えてというよりも，まずそれをすることが，最終ユーザーのためであると認識した上での行動であったかどうかについては，今後検討の必要があろう。

(3) 高級車路線—「シーマ」[29]現象—

1985年のプラザ合意以降，わが国では急激に円高が進み，わが国の経済は不況に陥ったが，この不況を脱するために，わが国の輸出企業は，売上を国内に移したり，国内生産を海外に切り替えたり，部品調達を海外からするなどの対応を行うようになった。その結果，多少の円高では，輸出企業には大きな影響を与えず，輸入企業にはコスト減による増収効果が働くようになり，企業経営に有効に作用するようになった。その結果，わが国の経済は，いわゆるバブル経済という，かつてないほどの好景気を謳歌することとなり，逆に90年代前半はバブル経済崩壊という事態を経験することとなった。このプラザ合意以後の80年代後半において，国内消費を刺激するための政策が各企業によって採用されていった。特に自動車メーカーは，販売している製品が高価なことから，バブル経済期には大きな恩恵を得ることもあった。

日産では，1987年6月，新型「セドリック・グロリア」の発表の場で，久米豊社長が，「1988年1月には3ナンバーの新型車をシリーズに加える」と「シーマ」の発売を予告した。シーマは，87年10月の東京モーターショーに参考出品され，翌月には価格未定の段階でディーラーが自主的に一般ユーザーを集めて披露した。通常は，メーカーがディーラー企業に対して披露することはあるが，一般ユーザーを対象に披

露したのは珍しいことであり，12月までに2,500台の購入予約が集まった。そして，88年1月にシーマが発売され，後にいわれる「シーマ現象」が起こった。シーマの当初の販売目標は月販3,000台であったが，発売直後から注文が殺到し，約1ヶ月で9,000台の成約[30]があった。88年2月には5,000台以上が販売され，シーマは日本の3ナンバー車販売台数の1位となった。この時期，日本では3ナンバーの高級車がよく売れたが，シーマはまさにバブル期を象徴した車種ブランドとなった。

そして，1988年3月に，日産は全国のディーラー企業の代表者を集めたセミナーで，「N-MAX」[31]を発表した。この基本政策は，①ディーラー系列イメージの明確化と取り扱い車種ブランドの強化，②ディーラー店舗網の増強・整備，③ディーラー店舗政策に対応する営業体制の確立[32]であった。これを実行することで，90年の国内販売台数130万台を達成しようという目標があった。そのために日産は，ディーラー店舗整備への投下資金として約5,000億円を予定した。しかし，バブル経済崩壊後，日産自体の財務状況が悪化し，マーケティング戦略においても大きな影を落としはじめた。

4　三菱自動車のマーケティング・チャネルの展開と工販統合

(1)　三菱自販のマーケティング・チャネルの展開と複雑性

前章でも少しふれたが，三菱自販では，既存ディーラー企業とは別に，異業種，異業界に対してディーラー企業の設立を推奨した。これに連動して，大都市周辺地区の開拓には三菱商事が協力した。三菱商事では，三菱自販の場合と同様，三菱商事自動車部にもプロジェクトチームが編成され，三菱商事自販[33]が設立された。こうして，1978年3月に新規ディーラー企業として，全国一斉に109社，ディーラー店舗186店が開業した。このうち，三菱自販系のディーラー企業は71社で，三菱商事自販系のディーラー企業は38社であった。これらのディーラーは，81年3月までに統一店舗マニュアルにしたがって，統一イメージにし，「カープラザ○○（地名）」として，ディーラー企業199社，ディーラー店舗429店が展開されるようになった[34]。

三菱自工は，軽自動車から大型トラックまで生産している車種の全分野が，他メーカーと競合した。そのために企業体質の強化を図りながらも，市場分野や車種構成の見直しを図ってきた。「カープラザ」チャネルでは1社2店体制が完成されたが，ディーラー店舗の増設により，管理・間接業務が増大した。そして，間接経費が負担増となったため，販売効率とディーラー店舗効率の向上に重点を置き，店舗改装や経営システムの改善等を促進した。また，既に「ギャラン」で実施していた業販システムを，カープラザでも取り入れ，ギャランの業販店舗と重複しない業販店舗チャネルを設置する方針をとった。

図表 12-7　三菱の国内販売体制（1983 年）

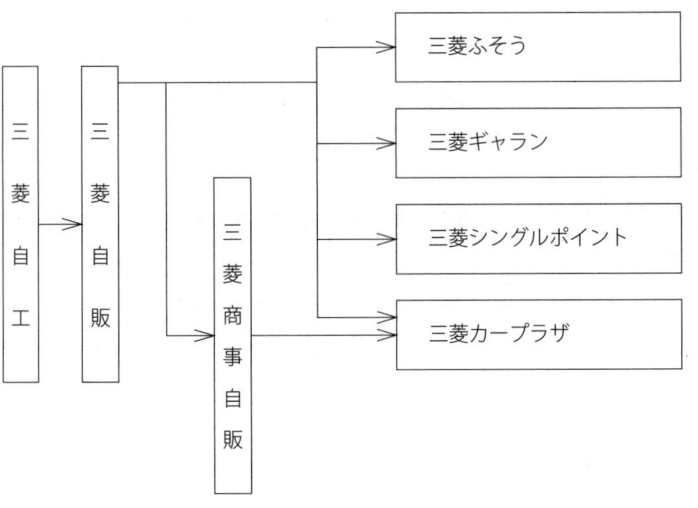

[出所] インダストリーリサーチシステム（1983）『三菱自動車工業グループの企業戦略と組織』インダストリーリサーチシステム，p.50（一部改）

　しかし，ギャラン・チャネルとカープラザ・チャネルの 2 チャネル[35]では，同ブランド内競合が起こり，チャネル系列別車種ブランドの見直しが必要となった。カープラザは，比較的ディーラー企業や店舗の規模が小さかったが，取扱車種ブランドが大衆車から高級車まで幅広く，販売力が分散してしまいがちであった。これらの問題点やチャネル体制強化のため，ディーラーの再編成を検討する必要もあった[36]。

　このような状況を考えると，わが国の自動車流通の特徴とされてきた複数マーケティング・チャネルは，トヨタや日産のようにある程度の生産台数があり，ある程度明確な車種ブランドにおける差別化がされていることが条件となっていることがわかる。また，当該メーカーのディーラー企業やそれが展開するディーラー店舗の地理的な分散，既存ユーザーの保有率など，さまざまな要素がディーラー企業の経営には影響していることが証明されているだろう。

(2) 三菱自動車の発足—生産と販売の統合

　1970 年 6 月に三菱自工が発足し，それ以降，メーカーと国内総販売会社としての三菱自販が併存する形となった。次第に工販連携での体質改善が急がれ，業務改善合理化推進検討会がしばしば開催された[37]。検討会での議論内容を効率的に実現するため，重複業務の効率化を推進し，各部の移管も行われた[38]。この間，三菱自工と三菱自販との総販売契約が 82 年 10 月に改訂され，販売基本契約が解消された。この契約は，三菱重工と三菱自販との間で締結されたが，三菱重工の契約上の地位を，同社か

ら三菱自工への営業譲渡に伴ってそのまま継承したため，情勢変化で法的・税務的な面での不備もあった。その後，三菱自販の業務を大幅に三菱自工に移管し，工販間の業務効率化が行われるようになった。しかし，三菱自工の対応部門に個々の業務を移す範疇にとどまったため，抜本的な改革となっていなかった[39]。

1982年7月，トヨタ自工とトヨタ自販が合併し，三菱自工と三菱自販でも合併の気運が高まった。この背景には，ユーザーのニーズを直接開発・生産現場に反映させ，生産と販売が一体化した販売活動ができる工販統合の実現と，クライスラーとの基本契約を解消し，株式公開による自主独立企業へと三菱自工を脱皮させる目的があった。こうして両社合併へのプロジェクトが始動し，84年1月に漸く「三菱自販から三菱自工への営業全面譲渡，三菱自動車販売休眠会社化」の結論に達した。

そして1984年10月，三菱自販は営業を三菱自工へ譲渡し[40]，この工販一体化は合併の形でなかったので，内部では「工・販統合」[41]と称するようになった。三菱自動車における工販統合前と統合時点では，新たに加えられた乗用車営業本部とトラック・バス営業本部では，乗用車営業本部の営業機能は，ギャラン，カープラザのマーケティング・チャネルの育成と責任体制を明確にするため，チャネル別縦割職制とし，従来の生産管理本部乗用車業務部，三菱自販の乗用車企画部および同乗用車業務部の企画機能を集約するとともに，経営体質の脆弱なディーラー企業の体質強化などのための手直しが行われた。

乗用車系の主力はギャランであり，小型車及び軽自動車を扱っていたが，カープラザ[42]に比べて人員，ディーラー店舗とも規模が大きく，三菱自の国内乗用車販売の約85%をカバーしていた[43]。さらにギャランと同じ車種ブランドを扱う小規模ディーラーのグループに「SPD（シングル・ポイント・ディーラー）」があった。これは既存のギャラン・ディーラーではカバーしきれない空白エリアを埋めるため，1ディーラー企業1店舗として，1976年から設置されはじめ，88年には46社となった[44]。そして，85年4月からは，ディーラー企業ではなかなか採用しにくい人材を，メーカーが採用し，基礎的教育を施した後に，将来のディーラー企業幹部候補として，メーカーに籍を置いたままディーラー企業に配属することも行った。これは営業活動により得た情報を，メーカーにフィードバックするという役割もあった[45]。

また，トラック・バス営業本部は，基本的には三菱自販当時の職制を維持しながらも，車種ブランド別による販売戦略部門の強化，ディーラー支援，特販業務の一元化，バス営業関連機能の集約により改正した。

(3) マーケティング・チャネルの簡略化

三菱自工と三菱自販の工販統合の結果，カープラザは，従来の三菱自販傘下から三菱自工直系になったディーラーと，三菱商事自販系の2ディーラーで展開されることになった。工販統合の目的の1つは，ユーザーのニーズを直接メーカーが吸収し，開

図表 12-8　三菱自の国内販売体制 （1988 年 8 月）

乗用車	・ギャラン　　131 社 （SPD 46 社）	672 店
	・カープラザ　151 社	334 店
トラック・バス	・ふそう　　　47 社	290 店

［出所］碇義朗 （1988）『三菱自動車全開―「攻め」に転じたグローバル戦略』
　　　　ダイヤモンド社, p.165

発・生産・販売・サービスが一体となり，ディーラーに寄与することで，その意味では，三菱商事自販系列のディーラーとの交流は，工販統合前と同様，まだワン・クッションあった。

　三菱自工は，カープラザ・チャネルの月販 1 万台体制確立を目指した。そのため，カープラザ・ディーラー企業全体をある程度の水準に強化する必要があった。それには，マーケティング・チャネルの一元化が効果的であった。そこで，カープラザ・チャネルを，①大衆車ユーザーの拡大や上級志向への変化に対応できる組織を作り，中・高級車も本格的に取り扱うチャネルに育成する，②全国的販売政策の統一により販売会社の経営基盤拡大を図り，また月販 1 万台体制の確立を図る，という三菱自工の方針を三菱商事に説明して理解を得た。そして，1990 年 3 月末で，三菱商事保有の三菱商事自販の株式全部を譲り受け，三菱自工の 100% 子会社とした。そして，90 年 4 月からプラザ自販に変更した。この変更により，一元的なマーケティング・チャネル政策が目指されることになった。

5　東洋工業 （マツダ） におけるマーケティング・チャネル施策の積極的展開

(1)　マツダにおける 5 チャネル体制の構築

1 ）マツダにおける住友銀行介入の影響

　第一次石油ショックの時期，東洋工業はロータリー・エンジン車の販売不振で経営不振に陥った。その背景には慢性的な赤字経営によるディーラー企業による価格破壊も影響していた[46]。

　1981 年 12 月，東洋工業は販売台数を増加させるために，それまでの「マツダ」「マツダオート」チャネルに加えて，「オートラマ」チャネルを設置し，82 年 10 月から商品の供給を開始しはじめた。しかし，東洋工業の経営状況は，悪化したままであったため，企業再建に住友銀行が介入し，1984 年，社名をマツダ[47]に改称した。住友銀行からの経営陣が最初に取り組んだのが，マーケティング・チャネルの整備であった。住友銀行は資金的支援を強く押し出し，ディーラー企業の財務体質強化から

図表 12-9　マツダのディーラー店舗数

チャネル	開始時（89.4）	1990年2月	伸び率
マツダ	674	805	19.44
マツダオート	752	759	0.93
オートラマ	240	293	22.08
ユーノス	100	147	47.0
オートザム	300	736	145.33
合　　計	2,066	2,740	32.62

［出所］曽我信孝編著（1995）『マツダマーケティング戦略』白桃書房，p.63
　　　　（一部改）

社員教育制度まで幅広く援助した。

　また，マツダの再建を開始した1985年は，先にも取り上げた通り，プラザ合意直後であり，わが国の経済は急激な円高となり，輸出中心のマツダは深刻な事態に直面した。円高不況によってマツダの収益が急激に落ち込んだ時期があった。しかし，国内景気が徐々に回復し，次第に売上高が伸び始めた。その結果，マツダは販売を中心とした営業強化策を採用し，5チャネル体制の確立を目指した。そこでマツダは国内での販売を50%するにはマーケティング・チャネルを拡大するしかないと考えた[48]。

2）マツダ・イノベーション計画の推進

　マツダは，1980年代半ばの円高不況から経済の回復基調を背景に，「MI（マツダ・イノベーション）計画」[49]を推進することとなった。MI計画の実施により，89年4月には画期的な国内販売体制を打ち出した。まず，マツダはそれまでのマツダ，マツダオート，オートラマの3チャネルに加え，さらに「ユーノス」「オートザム」の2チャネルを設置した。そして，新規に設立した2チャネルのディーラー店舗は300店となり，特にオートザムのディーラー店舗はユーノス・チャネルのそれを上回った[50]。各チャネルでの車種ブランドは，マツダ・チャネルが乗用車6種と商用車7種，マツダオート・チャネルでは乗用車9車種，商用車6車種を扱い，これら2つのマーケティング・チャネルでは車種ブランドの独自性はなかった。マツダ・チャネルはファミリア，マツダオート・チャネルはサバンナRX-7が主力車種ブランドであり，それ以外の車種ブランドを2チャネルが併売することとなり，ユーザーの誘引と販売効率を上げる政策をとった。さらにオートラマ・チャネルは，乗用車9車種，商用車4車種となり，外車中心に品揃えした。さらに新規チャネルであるオートザムは，乗用車4車種，商用車1車種のみで，ユーノスは，乗用車6車種，商用車1車種のみだった。つまり，マツダ，マツダオート，オートラマの3チャネルは，乗用車と

商用車のバランスをとり，フルライン体制とした。特にオートラマは，他メーカーの
チャネルとは異なっていた。それはマツダの生産したフォード・ブランドを店頭販売
するためのチャネルであり，したがって，新車の販売だけではなく，ユーザーに総合
的なカーライフを提供しようとするものであった[51]。

　しかし，マツダとマツダオートの2チャネルは，それぞれのコンセプトが不明確
で，単に車種ブランドのみを増加させただけで，マーケティング・チャネルの独自性
はなかった。この点でオートラマとオートザム，ユーノスは，コンセプトが明確で
あった。まず，オートラマは外国車中心，オートザムやユーノスは若年層にターゲッ
トを絞り，スポーティなイメージを訴求することとなった。そして，オートザムが
1989 年 6 月，ユーノスが 89 年 9 月から営業を開始し，マツダの 5 つのマーケティン
グ・チャネル体制を構築した。

(2) マツダにおける 5 チャネル体制の独自性

1) マツダ・チャネルの特異性

　マツダの 5 チャネル体制は，トヨタや日産のマーケティング・チャネルと比較さ
れ，その生産規模からマーケティング・チャネル数の多さが指摘され，批判されたこ
ともしばしばあった。しかし，マツダの 5 チャネル体制は，トヨタや日産にはない独
自性も指摘されている。トヨタや日産などの他メーカーは，製品に自社名を冠したブ
ランドを展開しているが，マツダは特にオートラマ，ユーノス，オートザムの 3 チャ
ネルは，全くマツダという名称を使用していない。これは主として，輸入車を取り扱
う場合も，現地メーカーの名称を冠して販売することが可能であった。そして，オー
トラマではマツダの自社製品でも，「Ford」として販売した。これはマツダ独自のイ
メージ戦略だった。さらに 5 チャネルといっても，マツダの場合は，異業種の資本を
導入すると同時にそれらがもつマーケティング・ノウハウを活用しながら，特に店頭
販売を重視した[52]。

　トヨタ・日産などに比べ，マツダのブランド・イメージやロイヤルティが相対的に
弱く，逆にマツダの名を冠した製品やマーケティング・チャネルが，製品に古いイ
メージを抱かせた[53]。そこでマツダは，マツダの名称そのものをブランドから外すこ
とで，旧イメージを払拭し，新たな高級ブランドのイメージを創出しなければならな
かった。特にオートラマは，大手小売業や損害保険会社等，異業種との共同出資形態
をとり[54]，設立時には，マツダ自体は出資しなかった。さらに従来，各メーカーの
ディーラーが行っていた訪問販売中心の販売方法を改め，店舗販売を中心にした。し
たがって，オートラマは，伝統的な販売形態を否定し，販売方法には自由度と独自性
を取り入れ，オートラマの独自性が出るようになった。

2) ディーラー企業への異業種からの参入

　ユーノスは，オートラマを超える異業種異資本[55]からの参入があった。これはオー

図表 12-10　マツダの連結対象ディーラー企業への出資額

（単位：％，百万円）

会　社　名	出資比率	資本金	出資額
（株）ユーノス	100.0	1,000	1,000
（株）オートザム	100.0	1,000	1,000
広島マツダ	48.0	80	38
愛知マツダ	40.0	300	120
アンフィニ広島	34.5	90	31
アンフィニ東京	6.8	475	32
アンフィニ関東	19.9	150	30
合　　計			2,252

［出所］曽我信孝編著（1995）『マツダマーケティング戦略』白桃書房，p.71

図表 12-11　自動車大手 5 社のディーラー実績（1993 年 3 月決算）

会社名	系列数	ディーラー数	黒字店数	黒字店率（％）
トヨタ	5	310	255	82.26
日産	5	210	71	33.81
三菱	3	312	222	71.15
マツダ	5	405	19	4.69
本田技研	3	1,278	23	1.80

［出所］あべ進（1993）「指導者ディーラーランキング 300」『週刊ダイヤモンド』1993 年 10 月 16 日号（一部改）

　トラマが順調だったことから，さらに強化を図るため同様の方式で開始した。しかし，オートラマと比べて，ユーノスの方がより徹底して独自のイメージを打ち出し，同時にマツダの他チャネルとの差別化ができた。そして，一気にマツダの主力チャネルとなった。これが可能になったのは，マツダの要望で実現したのではなく，バブル経済時期に多角化を推進していた資金の豊富な企業の参加があったためである。こうしたマツダのディーラー企業への資本支援は非常に少なかった[56]。

　革新的なコンセプトを持ったユーノスは，MI 計画により，高級車種ブランドを専門的に扱うチャネルとして出発し，店舗内の雰囲気も一新[57]した。ユーノスは，オートラマと同様に店頭販売を主としていた。一方，オートザムの特色は，1989 年に鈴木自動車工業から OEM およびプラットフォーム供給を受けた軽自動車を販売するために設立された[58]。ユーノスのように，チャネルに特別なイメージの付加価値を与えるのではなく，地域志向型戦略[59]が打ち出された。また，オートザムは，全国の業販

店から優秀な業者[60]を選択することができた。そのため，オートザムは，統括会社であるオートザムとディーラー企業の間にディストリビューターとしての地区販売会社[61]37 社を設置した。そして，既存 2 チャネル[62]の参画を促し，商圏内での融和を図ろうとした。さらにそれまでのように 1 県 1 ディーラー企業という形態ではなく，複数の小規模ディーラーの設置を積極的に推進した[63]。しかし，オートザムが新規に登場し，その代替的補完を果たす役割を持ったことで，マツダとマツダオートのディーラー企業からの不満を緩和するとともに，商圏内の棲み分けを可能にした[64]。したがって，それぞれのマーケティング・チャネルであるディーラー企業を同一次元で差別化するのではなく，全く異なる次元で差別化しようとしたことがわかる。

6　小規模ディーラーの展開と補助販売機構の利用

(1) 鈴木自工における業販システムの充実

1）鈴木自工における業販チャネルの利用

　鈴木自工は，1983 年の小型車「カルタス」の発売当初，二輪店や軽四輪車と同じようにディーラー企業が代理店を通して，一般ユーザーに販売する業販システムを踏襲する方針であった。ただ小型車と軽四輪車では，販売対象も手法も異なるため，カルタスの発売 1 年前から，軽四輪車のディーラー企業を母体として，全国で新規に 53 社が設立され，営業を開始した[65]。しかし，販売目標が達成できず，対応策が必要になり，業販システムではカバーできない部分を補充するため，他メーカーの直販体制に対抗しようとした。そして，地場資本の直販ディーラー企業であるフロント・ディーラーは，85 年 8 月末で 26 社に達し，86 年 3 月までに全国で 100 社設置することを目指した。これに刺激されてディーラー店舗でも独自の展示会を開いて営業を強化するなど，相乗効果も出てくるようになった。

　1985 年の鈴木自工社内の営業体制は，開発を中心として 8 名の地区担当が配置された。そして，鈴木自工の 90 年までの軽四輪車の国内販売は，全国約 80 社のディーラー企業のもとに 4 万 1,000 店の業販店が存在した。79 年に軽四輪車である「アルト」の発売によって，ディーラー企業の経営体質も充実するようになった。うち月 3 台以上販売実績がある副代理店が 2,300 店存在し，有力店は年間 300〜500 台も販売していた。

　1987 年 12 月，鈴木自工は年間販売台数が 100 万台（年末までに 105 万 3,180 台）に達し，長年の目標を達成した。しかし，ディーラー企業には，二輪車・四輪車の併売ディーラーもあり，軽四輪車の販売戦略が徹底しない面もあった。このため，二輪車販売の強化も兼ねて専売店化を進め，軽四輪車のマーケティング・チャネルを強化した。また，小型車も，軽四輪車ディーラーを母体として，新たに「カルタス」チャネ

ルを全国に設置して，チャネルを強化し，これにさらにフロント・ディーラーを加え，ディーラー企業150社を系列下においた。こうして88年1月から12月までに年間の軽自動車販売台数で，鈴木自工の軽自動車の市場占有率は約28%となった[66]。

2）鈴木自工とGMとの業務提携

1981年3月，鈴木自工はGeneral Motors（以下「GM」）・いすゞと業務提携に調印し，鈴木自工へのGMの出資比率が5.3%となり，88年4月からはGM車の国内販売を開始した。その後，GMの鈴木自工に対する出資比率は増加し，資本面での関係が強化されていった。また，軽四輪市場での激しい首位争いが続いていた88年6月，鈴木自工は井関農機との間で，商用車である「キャリイ」の販売で提携し，農業地域でのマーケティング・チャネルを強化した。両社の提携内容は，鈴木自工が井関農機にキャリイを供給し，井関農機は全国45社，約600拠点の系列チャネルで販売するというものであり，販売時期・台数を早急に協議して発売を開始し，さらにはキャリイをベースにして，両社で農業用新型車両を開発していく方向も打ち出された[67]。ただ，農業地域での軽自動車販売では，三菱自動車が農業協同組合を通じて高いシェアを持っていた。農業地域では，鈴木自工の軽トラックもウェイトが高く，87年度におけるキャリイ販売台数10万5,000台のうち，約4割が農業関係者だった。

一方，農機メーカーは，米価引き下げや減反政策で，トラクター等が年々販売高が減少し，事業の多角化が急務となっていた。鈴木自工にとっても，農村地域に強いマーケティング・チャネルを持つ農機メーカーとの提携[68]は，強い援軍となった。なお，井関農機で販売した軽トラックとアフターサービスは，同社系列のディーラー企業が担当したが，そのためのサービスマン研修，整備機器の導入等は，鈴木自工が協力して実施した。

(2) 本田技研の四輪車事業進出とマーケティング・チャネルの構築

本田技研は，本田宗一郎がオートバイメーカーを起こし世界企業へと成長した。第二次世界大戦後，約200社であったオートバイメーカーとの競争を勝ち抜いた。そして，1963年にDOHCエンジンを搭載した軽トラック「T 360」とミニスポーツカー「S 500」により，四輪車事業へと進出した[69]。67年にはFF方式採用の軽自動車「N 360」を発売し，翌年には軽自動車Nシリーズの国内販売台数で1位となった。そして，N 360発売以降，3年間は国内販売実績1位となった。また，72年には，「シビック」を発売し，低公害エンジンCVCCの開発に成功し，アメリカの大気清浄法案である「マスキー法」を世界のメーカーに先駆けて達成した[70]。そして，CVCCの技術をトヨタが導入することを決めたことから，一気に評価が高まることとなり，通産省も低公害車の普及のために優遇税制の検討に入った[71]。その後も次々と新技術や斬新なデザインにより，顧客への新しい価値の提案を行っていった。

本田技研は，二輪車メーカーとしては，世界的に非常に有名になっていたが，自動

車メーカーとしてはわが国最後発であったため，四輪車への進出当初は新たにマーケティング・チャネルを構築しなければならなかった。そこで二輪車のマーケティング・チャネルを「ホンダ」チャネルとして，基本的に利用していた。それ以前は，本田技研が自転車用補助エンジンのメーカーから出発したため，自転車店，自動車販売店に直接二輪車を卸す方式で経営の基礎を固めていた[72]。

　ただ，二輪車と四輪車では，販売方法が異なり，ディーラー店舗の面積も必要なことから，1978 年には四輪車のマーケティング・チャネルとして「ベルノ[73]」チャネルを設置した。ベルノ・チャネルは，「プレリュード」の発売と同時に設置し，スポーツカーをメインとして扱った。ホンダは，前身や販売地域の違いから企業規模が異なったため，社内では便宜的に販売台数により，L 店，B 店，M 店，G 店の 4 種類に区分した。そして，販売台数の最も多い L 店の中で，登録業務ができることを前提に，ショールームと認証整備工場の保有，中古車販売・処理能力が充実しており，1 店舗あたり 5 人以上のセールスマンがいるようなディーラー企業を 100 社ほど選び，「クリオ」チャネルとして発足させた[74]。さらに正規ディーラー企業の機能を補完するために，HISCO（中古車，各種ホンダ製品，フォード車などを販売），ホンダ SF（サービス・ファクトリー），ホンダ SR（ショールーム），モデル販売店の OP（オープンポイント）などがあった。また長期間，本田技研の二輪車などを販売してきたディーラー企業は，四輪車への展開も可能であり，ここにも本田技研とディーラー企業との共存共栄を図ろうとする経営理念が指摘されている[75]。

　「プリモ[76]」チャネルは，小型車であるシビックや軽自動車を主に扱った。一方のクリオは，「レジェンド」や「アコード」等のセダンを中心に扱うことになった。本田技研は，この 3 チャネル体制により，メーカーとしては明確な車種ブランド別によるマーケティング・チャネルの設置を行ったため，ユーザーにはわかりやすいチャネル区分となった。ただプリモは，基本的にこれまで本田技研の二輪車を扱ってきたディーラー企業であったため，規模の零細性と，ディーラー社数と店舗数の多さという問題がその後もつきまとうことになった。

　そこで，本田技研は，プリモ・ディーラーの販売力を強化するため，全国を 6 ブロックに分け，ブロック単位でマーケティング政策を練る「ブロック・マネジャー制」を導入した。ブロック・マネジャーが中心となり，ディーラー店舗の配置を見直し，効率的なマーケティング・チャネルの構築を目指すようになった。それ以前は，各ディーラー企業が独自に出店を決定していたが，商圏に合わせたディーラー店舗を整備しようとした[77]。

おわりに

　わが国でモータリゼーションが緒についた時期から1970年代に至る時期まで，自動車市場はまさに右肩上がりの状況であった。この状況を変化させたのは，第一次石油ショックであった。石油ショックの後，トヨタはシェアが下降し始めたため，それまでの1チャネル2乗用車体制を改め，1チャネル3乗用車体制を推進した。また，80年には新たなマーケティング・チャネルを設置し，トヨタのチャネル数も日産と同じく5チャネルとなった。メーカーがチャネル数を増加し，各チャネルに複数車種ブランドを配置することによって，製品の差別化がユーザーにとっては不明確となり，「双子車・きょうだい車」問題が次第に影響するようになってきた。さらにトヨタはそれまでの生産と販売（卸売）を分離する企業体制から，82年には生産と販売会社（卸売会社）を1社に合併し，それまで30年以上にわたって継続してきた企業体制が変化した。

　一方，日産では，それまでのマーケティング・チャネル系列別営業組織によりチャネルごとに担当部長が配置されていた。このため，日産内部では新製品発売のたびにチャネル間で新車種ブランドの奪い合い競争が起こり，自らのチャネルに対するエゴが強くなった。そこでこの組織体制を改編し，チェリーをプリンスが89年に吸収することで，5チャネルから4チャネル体制へと改編された。ここには他メーカーとの競争だけではなく，自社のディーラー同士の競争がマイナスに作用し始めたという認識があったためである。

　さらに石油ショック後は，トヨタや日産を追いかけていた三菱自動車，東洋工業などのフォロワー企業でも，マーケティング・チャネルの拡充・強化政策を積極化させた。特に東洋工業は84年にマツダと社名を改めた直後から，積極的なマーケティング・チャネル強化政策を採用した。そして，リーダー企業と同様に5チャネル体制を構築し，収益を上げようとしたが，各ディーラーにおけるコンセプトの不明確さや単なる車種ブランドのみの増加，独自性の不明確さなど，多くの問題が露見した。一方，四輪車最後発であった本田技研は，まず二輪車のマーケティング・チャネルを四輪車へと転換し，その後，四輪車の専売チャネルを設置し始め，さらには3つのマーケティング・チャネルを設置した。さらにそれまで軽自動車を中心として生産してきたメーカーは，業販チャネルの強化に乗り出すなど，リーダー企業とは異なるマーケティング・チャネル政策の強化に乗り出した。つまり，リーダー企業と同じように，マーケティング・チャネルの数を増加させるだけではなく，これまでのチャネル政策以外でユーザーに接近する方法を探ろうとしたのである。

　石油ショックによって，わが国内での生産と販売が伸び悩む中，各メーカーのマーケティング・チャネル政策もリーダー企業の戦略をほぼ模倣し，踏襲することが，自

動車販売の常道と考えられていた時期を過ぎ，各メーカーは，次第に自社のマーケティング・チャネル政策を打ち出し始めた時期であった。しかし，1980 年代半ばのプラザ合意以後，わが国はいわゆるバブル経済を迎え，少しマーケティング・チャネルの構築に，二の足を踏み始めた様子が見られた時期でもあった。

── 注 ──────────────────────────────

1）名古屋トヨペット社史編集室（1988）『名古屋トヨペット 30 年史』名古屋トヨペット，p.373

2）（社）日本自動車工業会（1988）『日本自動車産業史』日本自動車工業会，pp.268-269

3）日本自動車工業会（1988）p.269

4）インダストリーリサーチシステム（1981）『トヨタ・グループの全貌』インダストリーリサーチシステム，p.28

5）ビスタ（Vista）は展望を意味し，頭文字のＶは 5 番目のチャネル，勝利のＶにつながることもあって採用された。

6）「ビスタ」の販売車種ブランドは，専売のクレスタ，ブリザードと，「カローラ」と併売のセリカ・カムリ，ターセル，「トヨペット」と併売のハイエースの 5 車種ブランドとなった。クレスタはマークⅡ，ターセルはコルサと双子車であり，ハイエースは「トヨペット」チャネルで扱う小型トラックの主力車種ブランドであった（名古屋トヨペット社史編集室（1988）『名古屋トヨペット 30 年史』名古屋トヨペット，p.376）

7）名古屋トヨペット（1988）p.376

8）名古屋トヨペット（1988）pp.378-379

9）名古屋トヨペット（1988）p.379

10）名古屋トヨペット（1988）p.372

11）双子車とは，わが国では複数のマーケティング・チャネルで，同じ車を異なる車名で販売する場合に用いられ，基本的な外観やメカニズムは共通であるが，異なる名称をつけて販売される自動車を指す。

12）1980 年のトヨタ自工の全国シェアが 37.3％ であった。トヨタのシェアが 40％ を超えたのは，北海道，栃木，愛知，奈良，山口，宮崎，鹿児島の 7 地域で，トヨタがトップを占める地域は 47 都道府県中，44 都道府県あった。これは 79 年度も同じであった。一方，日産がトップを占めている地域は山梨，長野，静岡の 3 県で，中部地方ではトヨタ，日産とシェアが伯仲した。

13）Ｃ 80 委員会：Ｃ 80 のＣはチャレンジの頭文字で，1980 年代のディーラー経営革新にチャレンジするという意味があった。

14）「T-50 作戦」とはトヨタの乗用車発売 50 周年を記念した乗用車のシェア向上戦略。

15）覚書の内容は，①トヨタ自工とトヨタ自販とは対等な立場で合併する。ただし手続き上はトヨタ自工が存続し，トヨタ自販は解散する。合併後の社名はトヨタ自動車株式会社とする予定である。②合併期日は昭和 57 年（1982 年）7 月 1 日を目処とする。③合併比率はトヨタ自工およびトヨタ自販の株価，資産評価額等を考慮して，別途両社協議の上決定する。④トヨタ自工はトヨタ自販の従業員の合併期日において引き継ぐ。⑤役員に関する事項，その他合併に必要な事項は，両社協議のうえ定める，で

282

あった。

16) 合併契約書の内容は，①商号の変更＝トヨタ自工は合併期日に，商号をトヨタ自動車株式会社（TOYOTA MOTOR CORPORATION）と変更する。②授権株数（授権資本）＝トヨタ自工は授権株数を20億（株）（1,000億円）増加し，その総数を60億株（3,000億円）とする。③合併比率＝トヨタ自販の株式1株につきトヨタ自工の株式0.75株の割合で，合併新株式を割当交付する。ただし，トヨタ自工の所有するトヨタ自販の株式2億1,000万株は割当をしない。④合併交付金等＝合併新株式の配当起算日は，合併期日とする。なお，トヨタ自販の82年4月から6月までの期間の配当金に代えて，トヨタ自販の株式1株につき2円75銭の割合の交付金を支払う。⑤役員の選任＝合併に伴い新たにトヨタ自工の役員となるものは，トヨタ自工の合併契約書承認の臨時株主総会で選任する。⑥合併承認総会＝トヨタ自工，トヨタ自販は合併契約書の承認のための臨時株主総会を5月13日に開催する，であった。

17) 既に5月8日には公正取引委員会の承認も得ており，この臨時株主総会の終了で合併期日までに必要な法的手続きを完了した。

18) 名古屋トヨペット（1988）pp.377-378

19) 新会社であるトヨタ自動車は，資本金1,209億円，年間売上高4兆5,000億円，従業員5万6,700人の規模となり，日本初の4兆円企業となった。

20) 経営方針は，①お客さま第一主義をモットーに，販売店，仕入先，トヨタ自動車が三位一体となって魅力ある商品を提供する，②国内販売200万台体制を打ち立てるとともに，海外戦略も長期的視野に立って積極的に推進する，③合併によって得た利益を消費者に安くてよい車を提供することで還元する，ということが柱であった。

21) 名古屋トヨペット（1988）p.377

22) 遠藤徹（2002）「トヨタの販売と輸出実績の足跡」岡崎・畔柳・熊野・遠藤・桂木『トヨタ自動車の研究』グランプリ出版，p.259

23) インダストリーリサーチシステム（1983）『日産自動車グループの企業戦略と組織』インダストリーリサーチシステム，p.101

24) インダストリーリサーチシステム（1983）『日産』p.101

25) 地域別体制については，第一営業部は海道，東北，関東，北越，東海，第二営業部は首都圏，第三営業部は近畿，中国，四国，九州に変更した。

26) 全国を東日本，首都圏，西日本の3つのテリトリーに分け，それぞれを3つの営業部門が担当した。そしてさらに全国を北海道，東北，関東，北越，東海，首都圏，近畿，中国，四国，九州の10ブロックに分け，それぞれの地域ブロックを担当する営業部を設置した。

27) ユーザーは北海道や東北地区では降雪が多いために4WD車の欲求が高く，都市部では高級感のある自動車が欲しいという欲求が高い。

28) 日産自動車（株）調査部（1983）『21世紀への道　日産自動車50年史』日産自動車，pp.225-226

29) 「シーマ」はセドリックやグロリアに飽き足らないユーザーをターゲットに開発した自動車であり，専用のボディを採用した日産の最高級パーソナルセダンとして発売された。

30) この成約のうち9割近くが510万円の最上級仕様であった。

31) 「N-MAX」は，NISSAN MAXIMUM の略で，新しい国内販売体制のビジョンとその実現に向けて日産グループの力を極限まで発揮しようとするものであった。

32) 営業体制の確立には，当時 3,000 の拠点数を約 1 割増やし，既存拠点の約 1 割を移転し，約半数の拠点で増改築を行うことであった。

33) 三菱商事自販は，977 年 11 月に資本金 3 億円で三菱商事 80%，三菱自工 10%，三菱自販 10% の共同出資によって設立された。

34) インダストリーリサーチシステム（1983）『三菱』pp.50–51

35) 2 取扱車種は，軽自動車およびランサー EX など一部車種のみがギャラン・ディーラーで専売され，ギャラン（カープラザ店取扱＝エテルナ），ミラージュ（同＝ランサー・フィオーレ），トルディア（同＝コルディア）などは双子車を設定し，併売方法を採用した。

36) インダストリーリサーチシステム（1983）『三菱』p.51

37) 1981 年頃には，①三菱自販の経営改善には，三菱自工と重複する業務をさらに厳しく見直し，統合を強力に推進する必要がある。②単に三菱自販の経営上の問題というのではなく，モータリゼーションが成熟し，ユーザーニーズが多様化する状況の中での厳しい競争場裡を生き抜くには，工販一体の戦略展開が望ましく，それには合併が最も望ましい，というような議論がなされた。

38) 総務部，人事部，関連会社勤労部，販社システム推進室，乗用車業務部，乗用車サービス部，トラック・バスサービス部，部品・用品部，企画経理部，資金部等の業務の全部ないしは一部を三菱自工の対応部門に移管し，人員も多くが転籍した。

39) 三菱自動車工業（株）総務部社史編纂室（1993）『三菱自動車工業株式会社史』三菱自動車工業，p.519

40) 三菱自工に営業を譲渡した三菱自販は，64 年 10 月以来の社名を「菱自」に変更し，定款上の事業目的も改め，残余資産の管理業務および商法上，税務上等の会社管理業務を執行する会社となった。

41) 合併でなかったのは，三菱自販株式を所有する株主が若干でも残った場合，三菱自工株式の三菱重工業（85%）／クライスラー社（15%）の持ち株比率に影響を及ぼすことになり，その場合，三菱重工業／クライスラー社間基本契約の根幹に触れ，改訂交渉を行うにも時間を要するなどの理由からであった。

42) カープラザは，1978 年に新大衆車（ミラージュ）を発売する際に，歴史の古いギャランおよびトラックのふそう系に次ぐ第 3 のチャネルとして誕生した。（碇義朗（1988）『三菱自動車全開–「攻め」に転じたグローバル戦略』ダイヤモンド社，p.170）

43) 碇（1988）p.170

44) 碇（1988）p.170

45) この制度は，「自工籍乗用車営業社員（通称：Voice Rep.）と呼ばれたものであり，85 年から 5 年間継続した。（碇（1988）pp.176–177）

46) 久保田（1995）曽我編著『マツダマーケティング戦略』白桃書房，p.61

47) マツダ：東洋コルク工業に端を発し，その後東洋工業となる。1984 年に社名を創業者松田重次郎にちなみ，ブランド名のマツダ株式会社に改称した。

48) 桂木洋二（1999）『日本における自動車の世紀』グランプリ出版，p.635

49) 「MI 計画」は，マツダにおける従来の社内的雰囲気の一新，すなわち，企業のヒエラルキー体質を排し，社員がもっと自由な発言と行動のできる会社にしたいといった組織内部の改革が盛り込まれ，マツダのマーケティング戦略の改革と強化がその骨子となった。

50) マツダのチャネル拡大戦略は，1990年2月の状況と比較すると，わずか10ヶ月程度で，全店舗数で674店も増加しており，その伸び率は約33％であった。

51) 竹内敏雄（1968）『自動車販売』日本経済新聞社，p.75

52) 久保田（1995）p.67

53) 「技術のマツダ」のイメージ先行は，ユーザーにとって技術屋イメージであり，ハイセンスを要求する顧客志向とは離れたイメージを持たせてしまうことになった。

54) オートラマの場合，出資者が異業種であるメリットを最大限に生かし，その販売能力を取り入れ，店頭販売戦略をスムーズに行うことに成功した。顧客との販売契約が完結したあとで発注することで在庫を削減し，来店機会増加のために，ディーラー店内にカー用品を多数品揃えし，一般の商業店舗と変わらない営業方法を取り入れた。

55) 異業種異資本では，三越，JR九州，住友商事，三菱石油，昭和興産，宝船等であり，レジャー産業や流通・サービス業，建設，不動産等多彩な資本参加があった。

56) 連結決算の対象になる会社は，わずかに7社で，その投資額も23億円弱である。5チャネル体制の確立で設立したユーノス・チャネルとオートザム・チャネルの合計20億円を控除すると，わずかに3億円に満たない出資額であった。しかし，ユーノス・チャネルの特殊性は，マツダの100％出資の子会社が中核になって推進しているとも考えられる。

57) ユーノスでは，オートラマをさらに進化させた店内アミューズメント施設の充実を図った。

58) 河村泰治（2000）『自動車産業とマツダの歴史』郁朋社，p.223

59) 地域志向型戦略とは，全国エリアを細分化し，各エリア内で中古車販売業者や板金業者，整備業者らの中小自動車関連会社の要求を踏襲した営業を中心にした。

60) オートザムではこれを「ベスト・イン・エリア」と表現した。

61) 地区販売会社は，地区販売会社の資本構成はマツダ50％，既存のマツダ系列およびマツダオートの両チャネルから参入した販売店資本50％の折半形態となっている。

62) マツダ系，マツダオート系チャネルは，ユーノス系，オートラマ系から取り残された形になった。

63) 河村（2000）pp.218-219

64) 久保田（1995）p.73

65) 1983年は月平均1,300台，84年は1,600台に増加したが，第一目標の月3,000台に及ばなかった。

66) 鈴木自動車工業（株）経営企画部広報課（1990）『70年史』鈴木自動車工業，pp.275-276

67) 鈴木（1990）pp.276-277

68) 農機メーカーとの提携：両社の提携内容は，鈴木自工が井関農機にキャリイを供給し，井関農機は最終的に全国45社，約600拠点の系列販売網で販売するもので，販売時期・台数を早急に協議して発売を開始し，さらにはキャリイをベースにして両社で農業用新型車両を開発する方向も出された。

69) 牧野克彦（2003）『自動車産業の興亡』日刊自動車新聞社，pp.231-232

70) 中央公害審議会の答申が出された1972年10月11日には，本田技研はCVCC（複合渦流調速燃焼）方式による新エンジンを開発，これによって1975年度排出ガス規制の達成は可能と発表した。そして，低公害車実現の可能性あるとして注目された。（名古屋トヨペット（1988）p.310）

71) 佐藤正明（1995）『ホンダ神話　教祖なき後で』文藝春秋, p.283

72) 加藤寛・野田一夫（1980）『本田技研工業』蒼洋社, p.20

73) ベルノ・ディーラーは, スペシャリティ・カーであった「プレリュード」を販売する
　　ディーラーであったが, ディーラー企業募集にあたっては, 新聞や金融機関を通じ,
　　人材を募集するという画期的な方法を採用した。希望者は 3,000 人にのぼったが,
　　1,000 平方メートルの土地と 3,000 万円以上の払い込みという条件や経営管理の研修
　　などについて行けない者を除いて, 最終的にディーラー企業 88 社, ディーラー店舗
　　91 店が決定した。（加藤・野田（1980）『本田技研』pp.20–21）

74) さらに B, M, G の各店も就業規則があることや, 月次決算を出しているなどの面か
　　ら選別し, 条件を満たしたディーラーを「プリモ」チャネルとして新たに組織し, 条
　　件を満たせなかったディーラーは, サブ・ディーラーに格下げした。（佐藤（1995）
　　pp.433–434）

75) 加藤・野田（1980）『本田技研』p.20

76) プリモディーラーは本田技研の大衆車と軽自動車を販売するチャネルであり, 当時
　　1,310 社に対して, 1,775 店舗存在し, 1 企業あたり 1.3 店舗と小規模なディーラー企
　　業が多かった（「日経流通新聞」1991 年 3 月 4 日付）

77) 「日経流通新聞」1991 年 3 月 4 日付

▬▬第13章▬▬

わが国の自動車流通における新しい胎動
──1990年代から21世紀にかけてのメーカーによる新しい試みを中心として──

はじめに

　20世紀の終わりに近づくと，グローバルな規模での自動車メーカー（以下「メーカー」）の合併が起こった。1998年には，ドイツのダイムラー・ベンツとアメリカのクライスラーの合併発表，合併実現（その後解消）により，国境を越えたメーカーの再編が始まった。また，わが国のメーカーでも，合併まではいかずとも，国境を越えた資本・業務提携が一般的となった。

　これまでに取り上げてきたように，わが国の自動車流通はいわゆる流通系列化で特徴づけられるが，製品開発との密接な関連も指摘されている[1]。これはメーカーとディーラー企業間のフランチャイズ契約により具現化されてきた。そして，Ford Motor（以下「フォード」）にその源流を見る方法が，わが国の自動車流通でも適用された[2]。さらにトヨタ自動車（以下「トヨタ」）と日産自動車（以下「日産」）が，1台でも多く販売することを念頭に置いた「複数マーケティング・チャネル」を採用した。これを本田技研工業（以下「本田技研」），三菱自動車（以下「三菱自」），マツダも競って採用してきた。

　ただ，バブル経済崩壊後から継続したわが国の自動車販売における不振は，これまでの単なる修正だけでは状況を変えられなくなった。そこでわが国のメーカーもマーケティング・チャネルの整理・統合などが必要となり，これまでのチャネル経営を変更し始めた。一方で，ディーラー企業や店舗の再編は，メーカーの連結対象のディーラー企業が中心で，地場資本による独立系ディーラー企業の統廃合はそれほど進んでいない[3]。さらにわが国では，原油高や若者の「車離れ」など，自動車販売を取り巻く環境が大きく変化し，これらに対する対応も当然必要となってきた。

　本章では，まずわが国の自動車流通においてみられた流通（取引）慣行について取り上げる。そして，20世紀終わりから21世紀にかけての各メーカーやディーラー企業による，これまでわが国自動車流通の特徴とされてきた「排他的マーケティング・チャネル」，「複数マーケティング・チャネル」を超えた新しい自動車流通の動きについて取り上げていきたい。

288

図表 13-1　自動車メーカー別国内生産台数

メーカー	乗用車	トラック	バス	合計
トヨタ	2,910,107	557,475	34,464	3,502,046
日産	1,511,702	206,875	7,054	1,725,631
三菱自工	820,703	411,436	7,443	1,239,582
本田技研	1,185,703	120,696		1,306,399
スズキ	640,778	225,552		866,330
マツダ	688,478	225,442	76	913,996
ダイハツ	374,174	178,773		552,947
富士重工	334,263	95,255		429,518
いすゞ	25,532	330,710	3,458	359,700
日野		67,845	6,633	74,478
日産ディーゼル		45,883	3,106	48,989
その他		458		458
合計	8,491,440	2,421,413	62,234	10,975,087

［出所］日刊自動車新聞社（1998）『自動車年鑑1998年版』日刊自動車新聞社，p.61（一部改）

1　1990年代にも残る自動車流通における慣行

(1)　流通系列化問題の顕在化

1）二重の系列問題

　わが国では1998年7月末時点で，乗用車メーカー9社による27のマーケティング・チャネルが存在した。トヨタは5チャネル（DUO店を除く），日産も5チャネル（通常はチェリー1社を除き，4チャネルとされる），マツダ4チャネル，三菱自2チャネル，本田技研3チャネル，いすゞ3チャネル，富士重工1チャネル，ダイハツ1チャネル，スズキ2チャネルを有していた。わが国における他の製品流通の特徴と比較した場合における自動車流通の特徴は，「排他的マーケティング・チャネル」と「複数マーケティング・チャネル」である。これらは「二重の系列問題」として指摘されてきた[4]。そして，ディーラー企業は，すべてメーカーのマーケティング・チャネルとして，車種ブランド別の専売店制により「排他的マーケティング・チャネル」を構築してきた。さらに販売地域も主に都道府県を単位としてテリトリーが決められていた。

　これら2つにおける問題は，排他的マーケティング・チャネルが前提的問題であり，複数マーケティング・チャネルは，前者の問題内部の副次的問題とされる。つまり，前者の解決がなくても，後者の解決はあり得るが，前者の解決は必然的に後者の

解決を伴うということである[5]。したがって，複数マーケティング・チャネルの整理・統合化の動きや一本化の動きは，排他的マーケティング・チャネルの問題解決にはならないということである。

2）メーカー–ディーラー企業間における取引慣行

　メーカーとディーラー企業間において，これまで継続してきた取引慣行は，通商産業省編「転換期の自動車産業」で次のように整理されている。

①　自動車ディーラーは，通常，メーカーとの販売契約により販売地域が定められ，その地域内の一手販売権を与えられるとともに地域外への販売に制約が課せられる

②　ディーラー企業の販売地域は，原則1道府県1単位であるが，一部都市では，複数またはそれ以上のディーラー企業がおかれることもある

③　ディーラー企業はメーカーによりそのチャネルとして，車種ブランドの組み合わせにより専門化されており，他社の製品を扱えない

④　テリトリー外販売があった場合は，ディーラー企業間でアフターサービス料の授受などにより，ユーザーの使用本拠地を基礎としたアフターサービスを充実させるための調整が図られる

　さらにテリトリー制が敷かれるメリットとして，次の6点が指摘されている[6]。

①　販売地域が限られるため，需要を深く開拓でき，販売努力を傾注できる

②　同じチャネル内の無用な競争が回避される

③　適正なマーケティング・チャネル（ディーラー）設置により，地域との密着が高まり，販売促進の効果が上がる

④　アフターサービスが円滑に行われる

⑤　努力目標が立てやすく，販売効率が上がる

⑥　登録関係業務について関係する地域ごとの行政機関が特定されるため，時間的・経済的負担が少なくてすむ

　排他的マーケティング・チャネルには，責任販売台数（いわゆる「押し込み販売」），専売制，テリトリー制がその基盤にあった。このような状況に対し，メーカーとディーラー企業間における主従関係を認識したためであろうか，公正取引委員会は責任販売台数の制度廃止，販売目標制度への改善と，それまであった当該契約条項の削除・改訂等の改善，専売制，テリトリー制についても改善措置を自主的に検討することを指導した[7]。

　また通産省では，自動車流通行政の立場から，取引慣行と流通機構について見解を発表した。しかし，取引慣行については，生産が需要に追いつかない時代に形成された取引慣行は，時代状況に合わなくなったとして，見直し・改善を求めたが，流通機構の仕組みそのものの否定はせず，弊害を規制すべきとした[8]。つまり，これまでの取引慣行は環境変化によって修正すべきところは修正しなければならないが，完全に

否定すべきものではないとされたといえるだろう。わが国の自動車流通にとっての「必要悪」というといいすぎであろうが，これまでわが国の自動車流通において生産台数を伸長させ，販売台数を伸ばし，世界的にも有数の自動車大国へと押し上げた原動力のようなものをみていたのかもしれない。

(2) 複数マーケティング・チャネルによる問題

「二重の系列問題」のもう1つの問題は，複数マーケティング・チャネルであった。車種ブランド別マーケティング・チャネルは，市場を細分化することで多様化した車種ブランドを各チャネルに配分し，異なる市場形成ができれば，競争回避につながり，市場の拡大・浸透が可能とされてきた。それには部分市場が形成可能な程度に差別化された製品開発が不可欠であることが指摘されてきた[9]。いいえかえると，複数マーケティング・チャネルは，同一メーカーで，チャネル間競争が回避される場合には有効であり，将来にわたってもそれぞれのチャネルにおける新車種ブランドが，既存市場を侵食しないことが前提となる。つまり，メーカーの車種ブランド別マーケティング・チャネル政策を正当化できる条件は，まずメーカーの製品開発によって，車種ブランド別といえる程度に製品差別化が明確になされていることである。

しかし，販売台数を増やすためには，マーケティング・チャネルを増加することが有効であるという流れにより，わが国でどのような競争地位にあるメーカーも，複数マーケティング・チャネルを挙って，導入するようになった。そのため，各メーカーの製品差別化は不十分になり，車種ブランド間で競合し，特に同一メーカーの異車種ブランド・チャネル間の競争が激化してきた。そこで起こったのが「双子車・きょうだい車」問題であった。メーカーが多くの車種ブランドを開発し，市場に出したため，価格競争に陥り，ディーラー企業の経営を圧迫するようになった。したがって，製品差別化のできた製品をユーザーに訴求し，ユーザーにとっても明確な違いが認識できたのは，複数マーケティング・チャネルが導入されてからの短期間でしかなかったといえる。

また，小売段階におけるディーラー企業・店舗間競争は，異なるメーカーの自動車を販売するディーラーとの競争と，同一メーカーのチャネルが異なるディーラーとの競争の様相となった。メーカー同士の競争を「外」の競争とすると，あるメーカーを頂点として同じメーカーではあるが，チャネルの異なるユーザーまでのマーケティング・チャネル同士の一種擬似的組織内での競争も存在する。これを「内」の競争ととらえると，「外」と「内」の一般的な競争と，「内」と「内」という特殊な「競争の二重構造」が自動車流通においてはこれまでなされてきたことになる。

2　わが国の自動車ディーラーとメーカーとの関係

(1) わが国のディーラー企業経営

1) 自動車販売の成熟化とその対応

　1990年代前後になると，わが国では自動車販売は代替が8割以上となり，過去の販売台数が新車の販売に影響するようになった。そして，国内自動車市場が成熟化してかなり時間が経過し，年によって多少の変化はあるものの，いわゆるバブル経済崩壊以後は，ほぼ一貫して減少している状況といってもよい。また，90年代には新車を販売するディーラー店舗や中古車販売業者の数も緩やかに減少してきた。現在では，1990年代はじめのピーク時から約2割のディーラー企業が統合，あるいは廃業により減少したといわれている。

　これまでの章でも取り上げてきた通り，わが国の場合，他国と異なり，自動車では特殊な販売方法により販売されてきた。それが訪問販売であった。したがって，これまでの自動車販売が訪問販売を主としたことから，ディーラー店舗は個人宅を訪問する販売基地のような役割を有していたといえる。しかし，これまでの訪問販売にかか

図表 13-2　自動車販売台数の推移

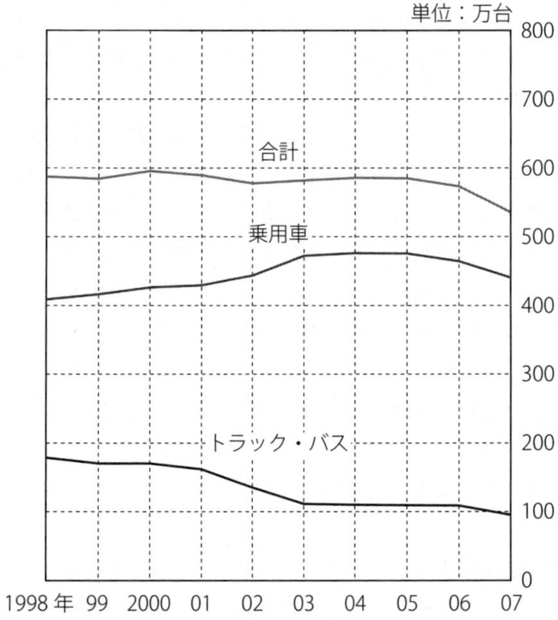

単位：万台

[出所] 日本自動車工業会

わるコストの増加をディーラー企業が吸収できなくなってきた。また，別の面では，ユーザーの生活パターンが変化し，在宅率が減少したことで，訪問販売よりもディーラー店舗に来店して自動車を選択するようになり，ユーザーの購買行動に変化が見られはじめてかなり時間が経つようになった。現在では，ユーザーがディーラー店舗を訪れ，説明を受けたり試乗したりするなどして契約し，納車についても「来店納車」が一般化してきた。これはこれまでの自動車販売の姿とは大きく異なったといえる。

　一方，ディーラー企業の経営状況は，車両部門の売上総利益率が毎年低下し，収入手数料やサービス料収入を増加させても，売上総利益率が上昇しなくなったといわれる。また，営業経費が増加し続けているため，さらにディーラー企業の収益力を圧迫している。このような状況に対しては，これまでメーカーのディーラー支援があり，販売奨励金という形で経済的な支援が幅広く行われてきた。しかし，バブル経済崩壊後，メーカー自身の財務状況の悪化から販売奨励金をそれ以前のようには出すことが不可能になり，削減の方向性が示されていた。そこでディーラー企業にとっては，経済的な自立がかなり以前から求められていた。ただ，ディーラー企業の財務状況の悪化は，メーカーからの販売奨励金から脱却どころか，より依存しなければならない状況となった。

２）ディーラー企業における財務構造の改善

　ディーラー企業の財務構造改善には，これまで自動車販売といえばいかに値引をして販売するかといわれてきた構造を大きく見直すことにかかっている。自動車販売における値引は，まずメーカーの過剰生産に原因がある。ただ，過剰生産によって価格引き下げを余儀なくされているのは自動車だけではなく，ほとんどの製品の生産・販売でも同様である。また，ディーラー企業の収益改善の遅れは，値引額の大きさもあるが小売価格をコントロールできない販売の仕組みにあるという指摘もある[10]。それは，これまで自動車はワン・プライスではなく，営業員（セールスマン）とユーザーが対面して値引き交渉が行われ，交渉次第で購入価格に差が出ることが多く，成り行きで価格が決定されてきた面があった。このような状況に対しては，ユーザーの不満も大きく，さまざまな弊害をもたらした[11]。そして，ワン・プライス制が実行できなかった背景として指摘されてきたのは，次の４点である[12]。

① 訪問販売により個別商談が原則であったため，価格を明示して不特定多数のユーザーをディーラーの店頭に集客する必要性が薄かったこと

② ワン・プライスで表示する価格が最低価格となり利益が最低線に固定化してしまうこと

③ 競合店が個別商談によりワン・プライスを下回る価格を提示すること

④ 下取り車査定により調整されるため実際にはワン・プライスにはならないこと

　このような状況がこれまで継続してきたために，ディーラー企業は，価格と販売量

が不安定になり，明確な利益計画を立てることができなかった。したがって，ディーラー企業の財務構造を改善するためには，自動車の販売価格を明確に管理できなければならないことは明白であった。しかし，それまで長い間継続してきた販売方法には大きな問題があると認識しつつも，思い切った行動をとることはできなかった。

　また，値引競争はフランチャイズ制と矛盾することも指摘されている。一般的にフランチャイズ制では，一律の仕切価格，ディーラー企業の地域性など全ディーラー企業や店舗でのワン・プライスが前提となっている。したがって，地域，店舗，ユーザーなどにより価格の相違があれば，フランチャイズ制はディーラー企業や店舗同士の競争を引き起こしてしまい，崩壊することになる[13]。そこでディーラー企業の財務構造の立て直しと，ユーザーの価格に対する不信感を払拭するためには，メーカーとディーラー企業の協力に基づく新しい価格システムが必要となる。新しい価格システムの構築には，①小売価格情報システムの開発，②メーカーのディーラー企業への卸値である仕切価格変動制の導入，③ワン・プライス方式の導入がある[14]。

　そして，小売価格情報システムの開発には，メーカーが果たさなければならない役割が大きくなる。それはこれまでメーカーは，前面に出て市場価格の形成に参加していなかったが，メーカーの負担が増えると，市場価格の形成に動くようになる[15]。しかし，小売価格がある範囲内に収められても，価格幅が相変わらず存在し，完全にワン・プライスとはならず，メーカー主導による建前上のワン・プライスになる。一方で値引情報は，以前の口コミや雑誌などというかなり限定された情報源から，インターネットなどに移行するようになってあふれるようになり，それらを元にユーザーが値引き交渉をするようになると，ディーラー店舗での対応についての問題も出てくることになる。

　したがって，新しい価格システムの構築で最も必要なことは，ユーザーにとって最もわかりやすいワン・プライスを徹底して実行することにかかっているといえよう。この実行を下支えするのが，小売価格情報システムの導入・運営とメーカーからディーラー企業への仕切り価格変動制の導入である。

(2) メーカーとディーラーの関係変化

1) トヨタにおけるディーラー対応の変化

　先にも取り上げてきたが，これまでのわが国のメーカーとディーラー企業との関係は，大幅な値引きに対して，メーカーが補填し続ける護送船団方式であった[16]。販売台数に応じてメーカーが支払う販売奨励金は，トヨタの場合，1997 年度で 1,000 億円規模に達したため，販売奨励金の削減方針を打ち出した。そのような方針を示した背景には，販売奨励金を原資としたディーラーの値引き販売に歯止めをかけ，販売台数増加のためのディーラー企業による自社登録を防ぐことがあったためである。自動車販売における値引競争はディーラー企業自身の財務構造の悪化，自社登録の増加は新

車販売価格にも影響を与えてきた[17]。そして，自社登録車は，そのまま中古車市場に新古車として流通することが多いため，中古車流通の秩序にも影響を与えることがある。したがって，単に値引き販売は，ディーラー企業における利益の減少という，一時的なもので終わるのではなく，長期的にディーラー企業の経営に影響を及ぼすものである。

　わが国では，バブル経済以来，メーカーからディーラー企業への販売奨励金が減少し続けていた。これはメーカーの販売奨励金の基金となる輸出収入の減少，市場変化を見誤り，売れない自動車を生産してきたことに原因があった[18]。そして，ディーラー企業は，メーカーからの販売奨励金依存型経営を行ってきた矛盾が限界に達したと指摘される。たとえば，これまでトヨタの「カローラ」チャネルでは，主力車種ブランドであったカローラを薄利多売することで，経営の維持，高級車での利益確保が可能であった。しかし，1990年以降，トヨタのマーケティング目標は，新しいカテゴリー開拓，ブランド・ロイヤルティの構築，シェア確保へと移動した。ユーザーのニーズも，代替，新しいカテゴリー，多様化，個性化へと変化した。低価格，高品質な自動車を迅速に納車するといったこれまでの手法では，ユーザーは満足しなくなってきた[19]。

2）ディーラー企業対応の変化

　1998年1月に，トヨタは，海外からも流通系列化批判がされる中で，ディーラー企業との契約内容の中に，経営重要事項の「事前協議」を「事前通知」と改訂し，「事前通知」すべき事項は，他社製品の取扱を含まず，他社製品の販売はディーラー企業に任せる等の改善をした。ここにおいて，排他的専売条項に類するものは，契約上の文言ではなくなった[20]。また，車種ブランドに拘わらず支給していた「ボリューム・インセンティブ」をチャネル毎に特定の2〜3車種ブランドに絞ることや目標台数を達成する毎に，段階的に増額していた支給比率を一律支給に改めることを通知した[21]。個別に支給することで，ディーラー企業では，特に販売努力を行う車種ブランドというのが出てきたが，これまでの「儲かる車」を売るという考え方から脱却しようとしたといえる。

　しかし，1998年度の新車販売が各メーカーの予想以上に低迷し，ディーラー企業の多くが赤字決算となる見通しが強くなったため，トヨタは販売奨励金を97年度並とし，自動車の「仕切値」と呼ばれるディーラー企業への卸売価格も1台当たり約2万円引き下げ，ディーラー企業による仕入負担を軽減した。モデルチェンジの直前を除いて，仕切り値を下げるのは異例であった。トヨタは販売奨励金の支給基準を販売台数に比例するものから，営業テリトリー内のシェアや利益面など多面的なものに変更しているため，値引につながることはある程度抑止できるとした[22]。しかし，これまでの販売奨励金は，値引の原資として使われてきたことを考えると，同様の使われ

方がされる可能性もあった。

　また，トヨタは接客やアフターサービスの向上を狙い，全国のディーラー企業を対象にしたユーザー満足度の評価制度を導入した。マーケティング・チャネルごとのユーザー層に応じて基準を明確化し，満足度の低いディーラー企業に対しては，トヨタが改善を促すことにした[23]。また，1チャネルで店頭営業体制を1人のセールスマンが販売から点検・整備などのアフターサービスまでを担当する「マン・ツー・マン」営業に切り替え，ユーザー密着の体制によって，車検時などの買い換え需要を逃さないように徹底した[24]。さらに新型車の購入者という限定付きではあるが，さまざまなサービスや情報提供も行い，販売後の手厚いケアを前面に出し，新車販売を支援するようになった。

3）他のメーカーにおけるディーラー対応の変化

　三菱自では，1998年に従来無期限であったディーラー企業との契約期間に3年の契約期限を設けた。これはメーカーとディーラー企業のこれまでの結びつきが次第にドライになったことを示したといえる[25]。そしてダイハツの場合には，首都圏では都県を越えた営業が一般化していた側面もあるが，新契約では営業範囲を「主たるエリア」という表現とし，隣接するディーラーの地域への出店や訪問販売が可能な文言に変更した[26]。このような変更は，排他的マーケティング・チャネルといわれ，専売制，テリトリー制などにより具現化されてきたこれまでのわが国自動車流通においては小さな変化である。しかし，このような小さな変化が，大きなうねりとなる可能性もあるように感じられる。

　また，日産とそのディーラー企業では，2000年度末までに中古車大展示場を増やし，中古車販売を収益源として，新車市場の落ち込みとシェアの低迷で収益力が弱まったディーラー企業の支援に乗り出した。一方，ディーラー企業でも，新車販売が伸び悩んでも採算がとれるように，従来行われてきた過度な新車依存体質を改善しようとした[27]。

　そして，三菱自は系列ディーラーと協力し，カー用品店をフランチャイズ展開し，業績が悪化しているディーラー企業の支援をした[28]。さらに本田技研も新たなユーザー向けに「CS活動方針」を定め，全ディーラーのユーザー対応やメンテナンスの見直しを行った[29]。このように各メーカーにおいて，あらゆる角度からこれまでのディーラー企業の経営を見直そうという動きが出たのは，それだけディーラー企業の経営が厳しく，どのディーラー企業においても大きな曲がり角に来ていたことを示すものである。また，ディーラー企業における過度の新車販売依存体質からの脱却は必要なことであり，「自動車ディーラーは小売業からサービス業へ」というこれまでのディーラーの立ち位置を大きく変化させるものであろう。

　さまざまなメーカーのディーラー支援策であるが，これまでの販売支援といえば，

販売奨励金を支払うというほぼ経済的支援に限定されていたが，形を変えた経済的支援や新しいマーケティング手法の提案など，以前とは異なったものもバブル経済崩壊後からは，見られるようになった。それはメーカーは単純に経済的な支援を行うだけではなく，ディーラー企業の力を引き出すような支援形態に変容しているようにも解釈できる。そして，需要成長期に構築した自己拘束を伴う取引関係は，環境変化に対し，その適応に対する利害調整が必要であることが指摘されている[30]。それは環境変化に対し，常にビジネスモデルを検討し直し，ユーザーに対応することが求められる小売業の宿命かもしれない。

3　多様化する自動車の販売形態

(1) メガ・ディーラーの登場

　アメリカでは1970年代になり，メーカーがディーラー企業に販売奨励金を出せない状態に陥り，マーケティング・チャネルの崩壊が一部でみられた。わが国も当時のアメリカとよく似た状況になるにつれ，自動車販売もアメリカ型に再び近づく可能性も出てきた。それはこれまでわが国のメーカーが構築してきた複数マーケティング・チャネルを整理・統合する動きが，バブル経済崩壊後に出てきたことに表れている。一方で，これまでのディーラーの枠組みを大きく変えようとする動きも出てきている。たとえば，アメリカでは，大都市圏を中心にあらゆるメーカーの自動車を展示して扱う「メガ・ディーラー」が急速に成長してきた[31]。

　ただ，メガ・ディーラーには，これまでのところ，2つの意味がありそうである。1つは，複数，およそ4,5社，あるいは4,5チャネルのフランチャイズ権を保有し，自動車販売を行っているディーラー企業であり，マルチ・ディーラーと呼ぶべきものである。もう1つは単に1カ所に，いくつもの所有権の異なるディーラー企業・店舗が集積し，ユーザーに比較購買の機会を与えている自動車展示場のような位置づけのものである。したがって，アメリカでいわれるメガ・ディーラーは，主に前者であり，20世紀の終わり頃からわが国で開設され始めたものは，「オートモール」とも呼ぶべき後者が多いようである。そして，単純にディーラー企業の規模（売上高，従業員数，販売台数）が大きいものもメガ・ディーラーと呼ぶことがある。

(2) オートモールの開設

　先にもあげたように，20世紀後半からの自動車販売では，1カ所に大量に自動車を展示して販売するメガ・ディーラーと呼ばれるディーラーやディーラー企業各社が，一カ所に集まってモールを形成するオートモールに代表されるチャネル系列を超えた動きが出た[32]。トヨタは，「トヨタオートモールクリエイト」という企業を1999年9月に設立し，2000年11月には「カラフルタウン岐阜」，06年12月に「大阪オート

モール」，07 年 11 月に「トレッサ横浜」北棟（08 年 03 月にトレッサ横浜[33]完全オープン），08 年 10 月に「埼玉オートモール」を開設した[34]。特に最初に開設したカラフルタウン岐阜は，岐阜トヨタ，岐阜トヨペット，カローラ岐阜，ネッツトヨタ岐阜 1 号店，ネッツトヨタ岐阜 2 号店，さらに岐阜ダイハツも入り，5 チャネルすべての販売車を集めた。カラフルタウンの敷地は，大型店舗を岐阜県の豊田紡績工場の遊休地を利用し，中古車も含めた 300〜500 台の自動車を展示して集客力を向上させ，ユーザーが比較検討できるようにした。さらに集客力を高めるためにスーパーなど異業種への出店も働きかけた。この動きに対し，愛知県内のディーラー企業の賛同も得て出店した[35]。

　当時，トヨタではマーケティング・チャネルが異なる自動車は，「アムラックス東京」と「アムラックス大阪」のショールームでしか同時に見ることができなかった。さらにトヨタは，東京臨海副都心に三井物産などと共同で開発するテーマパーク内にも試乗コースを設置し，それ以前とは異なるチャネルを超えた自動車展示を志向し始

図表 13-3　カレスト座間店舗ガイド

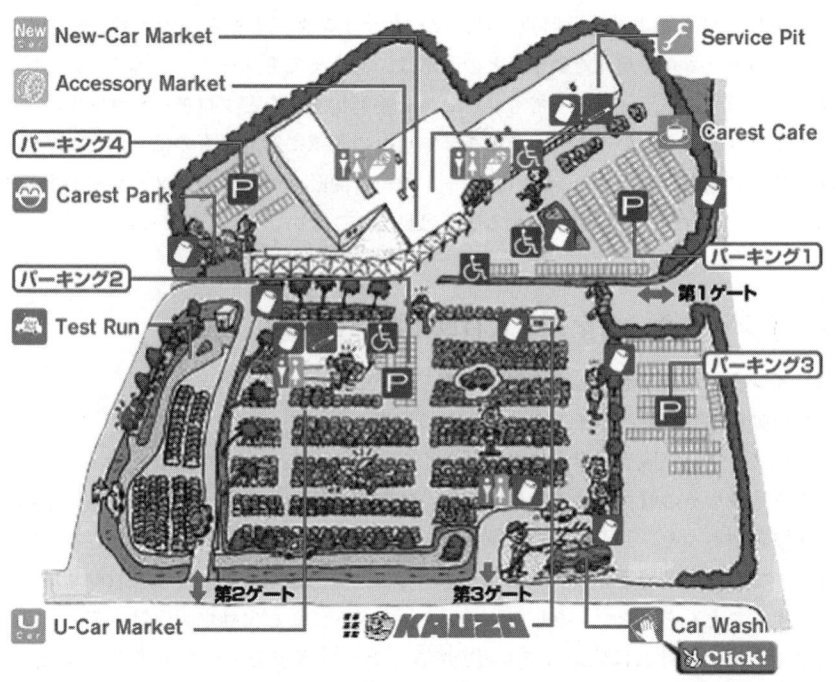

[出所] http://www.carest.co.jp/GUIDE/area.html（カレスト座間ウェブサイト 2010 年 10 月 1 日閲覧）

めた。これはトヨタが，本田技研などに比べて苦手としてきた 30 歳以下の若年層の需要喚起を図るためである[36]。現在のところ，トヨタオートモールの展開するオートモールは国内で 4 カ所であるが，新しい自動車販売の方向性を探る機会となっているといえよう。

　一方，日産でも 1995 年 3 月に閉鎖した座間工場跡地に，敷地の一部を使用して日産の全販売車種を集めた大型の販売拠点を 99 年 12 月末に「カレスト座間」を建設し，新車 100 台と中古車 1,000 台を展示販売するようにした。新車は日産の全車種ブランドを揃え，ユーザーが 1 カ所で比較検討できるようにし，中古車は他のメーカーのものも扱うようにした[37]。さらに明確なワン・プライス販売，ユーザーから求めがない限りセールスマンからは声をかけないノン・プレッシャーの徹底を図っている。その結果，営業時間が長いこともあるが，仕事帰りや遠方からの来店も増えた。商圏は半径 15 km，自動車で 1 時間圏である[38]。これらトヨタと日産 2 社によるオートモールの開設は，複数マーケティング・チャネル問題に風穴を開ける 1 つの背景となったといえる。ただ，図表 13-3 からも分かるように，新車の販売（展示）スペースはそれほど広いものではなく，主に中古車展示場や試乗スペースに大部分が割かれているといえよう。

　しかし，20 世紀の終わり時点では，マーケティング・チャネルの整理・統合やこれまでのチャネルを超えた動きなどの改革は，あくまでもメーカー主導であり，同一メーカーのディーラーであってもサービスを差別化するなどプロモーション手段を大きく変化させようというようなディーラー自身の改革に目立つものは，バブル経済崩壊以降まで見られなかった。それはオートモール開設についても，メーカーが主導するなど，ディーラー企業が主導する動きは見えてこない。

4　インターネットを介した自動車販売の開始

(1) インターネットを介した自動車販売

1）自動車販売におけるインターネットの利用

　これまで自動車販売業界の自主規制として，ディーラー店舗を設置した場合，販売できる地域をその管轄地域だけに限定し，新聞の折込広告なども当該地域内に止める紳士協定があった。しかし，自動車販売のテリトリー制は，それ以前から存在基盤が揺らいでおり，県境近くのディーラー店舗では，売上が落ち込むと他社管轄地域にも販売することもあった[39]。そして，インターネットによる自動車販売は，ディーラー店舗さえ構えなければ他地域でも販売できるという盲点を突いたものとなった。また，わが国のメーカーには，インターネット利用した広告を規制する仕組みがなかった[40]。それは，わが国でインターネットが商用化された 1990 年代半ばになるまで，

図表 13-4　わが国のインターネット利用状況

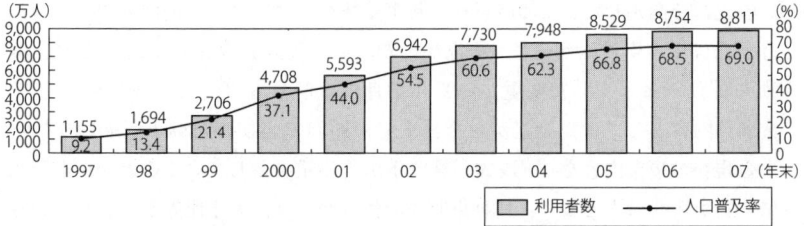

※インターネット利用者数（推計）は，6 歳以上で，過去 1 年間に，インターネットを利用
　したことがある者を対象として行った本調査の結果からの推計値。インターネット接続機
　器については，パソコン，携帯電話・PHS，携帯情報端末，ゲーム機等あらゆるものを含
　み（当該機器を所有しているか否かは問わない。）利用目的等についても，個人的な利
　用，仕事上の利用，学校での利用等あらゆるものを含む
※人口普及率（推計）は，本調査で推計したインターネット利用人口 8,811 万人を，2007 年
　10 月の全人口推計値 1 億 2,769 万人（国立社会保障・人口問題研究所『我が国の将来人口
　推計（中位推計）』）で除したもの
※1997 年から 2000 年末までの数値は「通信白書」から抜粋。2001 年から 07 年末までの数
　値は，通信利用動向調査における推計値
※調査対象年齢については，1999 年調査まで 15〜69 歳であったが，その後の高齢者及び小
　中学生の利用増加を踏まえ，2000 年調査は 15〜79 歳，01 年調査は 6 歳以上に拡大したた
　め，これらの調査相互間では厳密な比較はできない
［出所］総務省「通信利用動向調査」

　どのような使用方法があり，さらにそれを自動車販売へといかに利用すればよいのか
が，全く見えていなかった時期であったことも関係しているであろう。
　インターネットがわが国でも一般化し，インターネット人口が 9 千万人を超えるよ
うな時代になって，漸く自動車販売においてどのように利用すればよいのか，また使
用範囲とその限界も見えてくるようになったといえよう。さらにパソコンによるイン
ターネットの利用から，携帯電話やモバイル端末などによるインターネットの利用方
法にはかなりの差がある。そこにおいて，メーカーやディーラー企業・店舗はいかに
ユーザーとインターネットを介してのマーケティングが可能かを見極める必要性に迫
られるようになった。
2）わが国におけるインターネット業者による自動車販売
　わが国でも 1990 年代の後半になり，「カーポイント」と「オートバイテル・ジャパ
ン」が設立され，インターネット上で新車販売を手がけるようになった。まずカーポ
イントは，96 年 9 月に放送事業を目的としたスカイスポーツ企画として設立され，99
年 3 月にはソフトバンク，マイクロソフト，ヤフーの合弁により，カーポイントと呼
ばれる事業の開始が発表された。そして同年 10 月，会社商号をカーポイントに変更
し，11 月にはネットエイジからインターネット自動車仲介サービス業を行っている

ネットディーラーズ事業の譲渡を受け，自動車総合サイト carpoint.ne.jp（現 carview.co.jp）の運営を開始した。この時点から新車見積もりサービスの提供を開始し，2000年4月からは中古車検索サービスも開始した。その後，01年1月に商標をカーポイントから「カービュー」に変更し，03年7月には商号もカービューに変更している[41]。事業内容としては，設立から今日までの期間で当初の自動車販売の支援（仲介）から現在の事業内容を「インターネット広告事業」としていることからも分かるように，新車販売はもとより，自動車販売の仲介からは，若干距離が生まれているようである。

図表 13-5　オートバイテル・ジャパンのビジネス・モデル

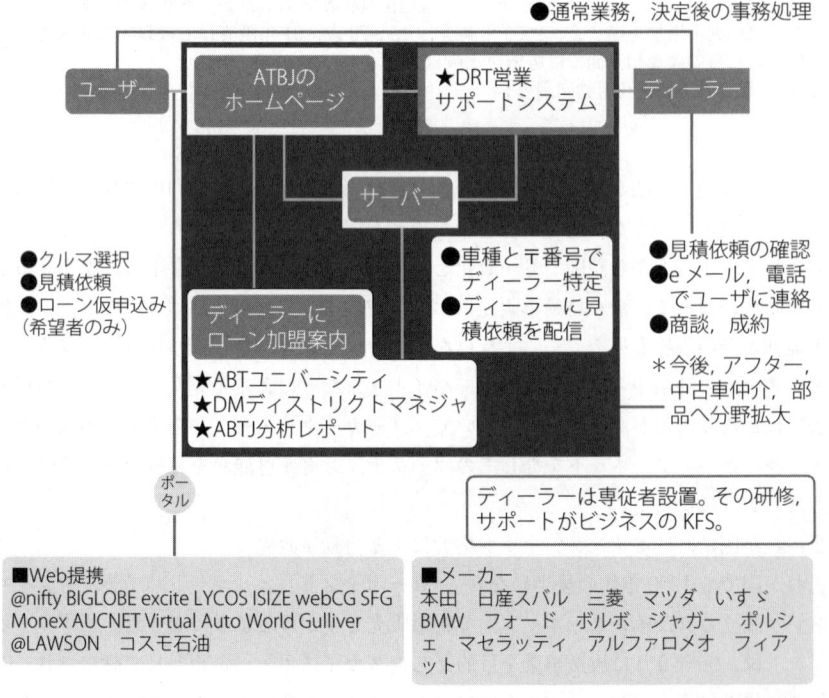

■ABTJ（オートバイテル・ジャパン）のビジネス・モデル
■ビジネスパートナー
　インテック（システムインテグレータ）　伊藤忠（カー関連, exite）　トランスコスモス（Web マーケティングノウハウ）　リクルート（ISIZE, carlife など）　オリコ（自動車ローン審査ノウハウ）　GE キャピタル（ノンバンク, 日本リースオート）

●通常業務，決定後の事務処理

| ユーザー | ATBJの
ホームページ | ★DRT営業
サポートシステム | ディーラー |

サーバー

●クルマ選択
●見積依頼
●ローン仮申込み
（希望者のみ）

ディーラーに
ローン加盟案内

★ABTユニバーシティ
★DMディストリクトマネジャ
★ABTJ分析レポート

●車種と〒番号で
ディーラー特定
●ディーラーに見
積依頼を配信

●見積依頼の確認
●e メール，電話
でユーザに連絡
●商談，成約

＊今後，アフター，
中古車仲介，部
品へ分野拡大

ポータル

ディーラーは専従者設置。その研修,
サポートがビジネスの KFS。

■Web提携
@nifty BIGLOBE excite LYCOS ISIZE webCG SFG
Monex AUCNET Virtual Auto World Gulliver
@LAWSON　コスモ石油

■メーカー
本田　日産スバル　三菱　マツダ　いすゞ
BMW　フォード　ボルボ　ジャガー　ポルシェ　マセラッティ　アルファロメオ　フィアット

[出所] http://www.venus.dti.ne.jp/〜gbmp 5 zu 7/case/case 002.html「インターネットによる自動車仲介事業の展開」オートバイテル・ジャパンマーケティング本部 IT プロモーション企画部長塩田将司氏，2010 年 10 月 1 日閲覧）（一部改）

　また，オートバイテル・ジャパンは，1999 年 11 月からわが国での事業を開始した。事業内容は，インターネットを介した自動車購入支援サービスの提供であった。当初は，インターネットによって自動車販売が仲介されることで，多くのメディアが取り上げ，わが国のそれまでの自動車流通が一変するかのような報道がなされたときもあった。

　2000 年 6 月にはオートバイテル・ジャパンは，新車見積利用者数がサービス開始 5 ヶ月で 10 万件を突破した。ただ 02 年 6 月には中古車と自動車保険の見積事業の自社運営から撤退し，主力事業である新車販売の見積仲介に注力することになった。その後，同年 9 月にはオートバイテルの主要株主であったリクルートやオリエントコーポレーションが株式をアイ・シー・エフに売却し，同社の子会社となった。05 年 3 月には年間見積利用者数が 100 万件に達し，同年 4 月にはインターネットによる新車ディーラー向けカー用品販売事業のピーエーシーを子会社化，6 月にはカー用品オンラインショッピングサービスを開始した。07 年 3 月には年間見積利用者数が 200 万件となった。ただ，同年 11 月にアメリカ・米国オートバイテルインクとの資本解消し，筆頭株主である SBI ホールディングスによる連結子会社となった。そして，08 年 4 月にオートックワンに商号を変更し，オートバイテルの商号がなくなった[42]。

　このように 2 社のわが国でのインターネットによる自動車販売の仲介というビジネスを考えるとき，やはりこれまで長い間継続してきた自動車流通における壁を突破できず，事業の縮小や転換を余儀なくされたことが分かる[43]。

(2) わが国自動車メーカーにおけるインターネットを介した自動車販売のケース

　1990 年代後半以降，わが国のメーカーもインターネットを利用した販売促進に着手しはじめた。トヨタのウェブサイトでは，インターネットや書店などに設置した端末からトヨタの全車種ブランドや全国のトヨタ・ディーラーにある中古車情報を検索できるようにした[44]。そして，トヨタが運営する情報提供サービスとして，1998 年 6 月に第 1 期「GAZOO」プロジェクトを立ち上げた。元々は，トヨタの業務改善支援室によるディーラー企業の業務改善活動の中で誕生した画像情報システムであった。新車販売の情報提供や見積り，中古車の在庫検索，下取り価格の見積もり，車検や板金塗装の見積もりや予約などの機能があり，ネッツではインターネットを利用した販売を開始した[45]。ただ，GAZOO においては，情報提供についてはメーカーを問わずに提供しているが，販売紹介はトヨタ車のみにとどまっている[46]。その後，自動車情報の提供だけでなく，CD や DVD などメディア製品の販売，旅行商品から日用品までの総合物販，掲示板やメールなどのコミュニティ・サービスを提供するようになった。そして，02 年 10 月には GAZOO のノウハウを基に，トヨタの自動車向け情報提供サービス「G-BOOK」を開始した[47]。基本的には，このサイトにより販売するのではなく，販売の小さなきっかけ作りである。

　一方，日産はインターネットによる販売の最初の窓口を本社に置き，自社のウェブサイトを通じて，新車の見積もりやディーラーへの商談予約ができるようにした。ここではユーザーは，日産に住所や名前を電子メールで連絡し，日産はネットに接続している最寄りのディーラー店舗にユーザー情報を送り，ディーラー店舗がユーザーに対応することにした[48]。また，本田技研も中古車の在庫情報を提供するウェブサイトを開設し，中古車情報を掲載するようになった。しかし，わが国メーカーのウェブサイトの場合，アメリカのインターネットを利用した販売とは異なり，インターネット上では申込ができなかった。つまり，わが国のメーカー主導のインターネットを介した販売は，当初はメーカーの自社製品とディーラーのプロモーション手段に止まっていた。したがって，これまでの秩序を乱す動きは牽制され，価格比較といった利便性は出ていなかった。

　インターネットによる販売のメリットは，ユーザーの都合のよい時間に自動車の情報収集が可能になり，セールスマンとの煩わしい値引交渉をせず，複数メーカーの自動車を比較して選択することができる。しかし，わが国では特にその傾向が強いが，ユーザーが自動車の現物を見て，最終的に決定する傾向がある。特にわが国では，自動車販売ではインターネットを1つの販売促進の手段や窓口として利用し，その後はさらに来店型のユーザーを対象としたディーラー店舗づくりや訪問販売によりフォローする必要がある。

　要するに，わが国における自動車販売におけるインターネットの利用は，国土の広いアメリカなどとは異なり，ユーザーにとっては情報収集の場であり，メーカーにとっては自社の広告媒体としての位置づけ，そしてディーラー企業や店舗にとっては，所在地や営業時間など店舗情報の提供手段としての位置づけ程度のものであるかもしれない。ただ，インターネットによる情報提供によって，成約のきっかけとなるケースも1割以上あるといわれ，やはり販売やサービス提供の切っ掛けとしてはなくてはならない手段となっているといえる。

おわりに

　わが国では，20世紀の終わりの10年はバブル経済の後遺症に悩まされ，「失われた10年」ということが頻りにいわれた。自動車販売もまさに失われた10年のような状況となり，メーカーだけではなく，ディーラー企業においても，このような閉塞感を打ち破ろうとする行動がみられた。

　まず，これまでの取引慣行の見直しであり，メーカーの「本気度」がどこまであったのかはわからないが，これまで何十年にも亘って継続してきた「制度」の見直しに若干着手しようという姿勢もみられた。しかし，一向に上向かない景気状況のため

に，メーカーによる改革も頓挫したままであった。また，これまでの排他的マーケティング・チャネルによりユーザーが，同じメーカーの自動車を1カ所で同時に見ることができないという状態に置かれていた。工場などの跡地の有効利用という方策のためでもあるので，単純にユーザーの利便性のためと言い切ることができないが，オートモールが開設された。オートモールについては，ユーザーの自動車に対する認識やカーライフ自体が変化しようとしていることもあり，今後もユーザーの動向をにらみながらという状況が継続するであろう。ただ，オートモールにより，ユーザーについては選択の幅が拡大したということはいえる。

　また，1990年代半ばから商用に利用され始めたインターネットであるが，振り返ってみると当初はインターネットを主軸として自動車販売自体を変化させようという意図があったように考えられる。しかし，鳴り物入りといってもよい状態でわが国に登場した新車の仲介支援であるが，これまで長い間継続してきたわが国の自動車流通においては，通用しなかったと言い切ってもよいであろう。しかし，インターネットを介して，さまざまな情報提供やユーザーとの関係維持などメーカーやディーラー企業・店舗がしやすくなったということはできるのではないだろうか。

── 注 ──

1）岩澤孝雄（1991）『カーライフ産業の未来戦略』白桃書房，pp.111-112
2）安森寿朗（1994）『ディーラーパニック』ダイヤモンド社，p.11，p.93
3）日産の場合，全ディーラー企業のうち62%（86社）が独立系で，三菱自では独立系が124社と81%を占める。
4）塩地洋，T.D.キーリー（1994）『自動車ディーラーの日米比較』九州大学出版会，p.81
5）塩地他（1994）p.115
6）野田編（1980）p.377
7）宮崎友次，藤波和夫（1980）「自動車における流通系列化の実態（3）」『公正取引』第357号，PP.32-38
8）野田編（1980）pp.356-364
9）岩澤（1991）pp.111-112
10）沖野啓二朗（1997）「価格システムの再構築を最優先に諸施策を」『自動車販売』（社）日本自動車販売協会連合会，2月，p.8
11）弊害としては，①提示した価格が信用されない，②営業マンの士気の低下，③店の信用が傷つく，④ディーラーの利益低下，が指摘されている。（（社）日本自動車販売協会連合会（1997）『自動車販売』9月，pp.20-21）
12）日本自動車販売協会（1997）p.21
13）日本自動車販売協会（1997）p.21
14）日本自動車販売協会（1997）p.21

15) 沖野（1998）p.17

16) 「日経ビジネス」1997 年 3 月 31 日号，pp.28-29

17) 日刊自動車新聞社編（1998）『1998 年度版自動車年鑑』日刊自動車新聞社，p.247

18) 「日経ビジネス」1995 年 9 月 18 日号

19) 山崎朗・吉川勝広（2002）「情報技術導入による自動車ディーラ企業の変質」『経済学研究』九州大学経済学会，第 68 巻第 6 号，pp.72-73

20) 「日本経済新聞」1998 年 11 月 8 日付

21) 「日本経済新聞」1998 年 5 月 19 日付

22) 「日経流通新聞」1998 年 9 月 29 日付，「日本経済新聞」1998 年 9 月 21 日付

23) 「日本経済新聞」1998 年 7 月 1 日付

24) 「日本経済新聞」1998 年 7 月 14 日付

25) 「日本経済新聞」1998 年 6 月 18 日付

26) 「日本経済新聞」1998 年 8 月 11 日付

27) 「日本液剤新聞」1998 年 7 月 10 日付

28) 「日本経済新聞」1998 年 8 月 20 日付

29) 「日本経済新聞」1998 年 6 月 30 日付

30) 小島健司（2009）「取引関係固有投資と系列販売網の生成過程」『国民経済雑誌』神戸大学経済経営学会，第 199 巻第 3 号，p.31

31) 「日経ビジネス」1998 年 7 月 27 日号，p.30，「日経ビジネス」1997 年 9 月 22 日号，p.18

32) 西村晃（2000）『ホンダにみる挑戦する会社の経営戦略』たちばな出版，pp.176-177

33) トレッサ横浜には，横浜トヨペット，トヨタカローラ神奈川，ネッツトヨタ神奈川，ネッツトヨタ横浜，神奈川トヨタ，神奈川ダイハツが入居し，さらにトヨタ系のカー用品を扱うジェームスが入居し，さまざまな面からユーザーのカーライフを充実させようとしていることが分かる。

34) http : //www.toyota-automall.co.jp/history.html（（株）トヨタオートモールクリエイトウェブサイト，2010 年 10 月 1 日閲覧）

35) 「日経流通新聞」1998 年 10 月 1 日付，「日経流通新聞」1998 年 12 月 1 日付

36) 「日経流通新聞」1998 年 9 月 10 日付，「日本経済新聞」1998 年 11 月 30 日付

37) 西村晃（2000）『ホンダにみる挑戦する会社の経営戦略』たちばな出版，p.177

38) http : //h 50146.www 5.hp.com/lib/products/handhelds/pocketpc/user/nissan.pdf（（株）日本ヒューレットパッカードウェブサイト 2010 年 10 月 1 日閲覧）

39) 「日経ビジネス」1998 年 1 月 12 日号，pp.22-23

40) 「日経ビジネス」1997 年 3 月 31 日号，p.13，1998 年 1 月 12 日号，pp.22-23

41) http : //www.carview.co.jp/company/outline/history.aspx（カービューウェブサイト，2010 年 10 月 1 日閲覧）

42) http : //autoc-one.jp/corporate/history/（オートックワンウェブサイト　2010 年 10 月 1 日閲覧）

43) 現在，オートバイテル・ジャパンのウェブサイトを開くと，名前こそオートバイテル・ジャパンと表示され，自動車の画像が表れるが，「美容外科やダイエット」などの文字が並ぶサイトへとつながる。(http : //www.autobytel-japan.com/2010 年 10 月 1 日閲覧)

44) 「日経ビジネス」1998 年 4 月 20 日号，p.9，「日記流通新聞」1998 年 10 月 6 日付

45）「日本経済新聞」1998 年 9 月 23 日付

46）根来龍之・桑山卓三（2001）『ポスト CRM の顧客関係』p.13

47）http：//gazoo.com/top/gazootop.aspx（GAZOO.com. ウェブサイト 2010 年 10 月 1 日閲覧）

48）「日経ビジネス」1998 年 1 月 12 日号，pp.22-23,「日経流通新聞」1998 年 10 月 6 日付

■■■第14章■■■

わが国における複数マーケティング・チャネルの崩壊
——日産自動車・本田技研工業のマーケティング・チャネル整理を中心に——

はじめに

わが国の自動車流通において，排他的マーケティング・チャネルが布かれたのは，1920年代に日本フォード，日本GMという2社によってであることは，これまでの章において取り上げてきた。また，第二次世界大戦後，朝鮮特需により息を吹き返したわが国の自動車メーカー（以下「メーカー」）は，1台でも多く販売するために，多様な車種ブランドを開発した。それらを異なったマーケティング・チャネルによって販売することで，よりよい競争が生まれるということで，導入したのが複数マーケティング・チャネルであった。しかし，複数マーケティング・チャネルも制度疲労を起こし，自動車がわが国社会の隅々まで普及し，代替需要が8割を超えるようになってからは，有効に作用しなくなってきた。

さらにいわゆるバブル経済崩壊後のメーカーの財務体質の悪化により，さまざまな分野にメスを入れはじめ，当然販売部門もその対象となった。そこで，日産自動車（以下「日産」）が，まず最初に複数マーケティング・チャネルにおけるチャネル数の削減に取りかかった。また，それまでユーザー段階でも明確なチャネル区分がされているとされた本田技研工業（以下「本田技研」）においても，日産やマツダとは異なる視点から，チャネル整理が断行された。したがって，複数マーケティング・チャネルの削減が自動車流通改革の一方向となった。

本章では，マーケティング・チャネルの削減や一本化に取り組んできたメーカーやディーラー企業の対応を中心として取り上げ，それほどチャネル削減や一本化には積極的ではないトヨタ自動車（以下「トヨタ」）と比較しながら考察していきたい。

1 わが国メーカーにおける段階的チャネル統合の動き

(1) 日産におけるマーケティング・チャネルの統合

日産グループは，1991年度からカルロス・ゴーンが就任するまでの間に，90年代を通して連結最終損失を7回計上した。その背景には，販売台数の減少（91年308

万台から 98 年 246 万台），国内シェアの低下（91 年 23.2% から 98 年 20.4%），世界シェアの低下（91 年 6.6% から 98 年 4.9%）が目立った[1]。

1）日産におけるマーケティング・チャネルの削減

バブル経済の崩壊後，日産は財務が悪化し，さらにデザインや製品戦略などの面でも他メーカーに対して，なかなか優位に立てず，次第に販売不振に陥り，国内の販売台数では本田技研の後塵を拝するようになった[2]。そのような状況の中，1999 年 3 月，日産はフランスのルノーと資本提携した[3]。そして，ルノーの副社長であったカルロス・ゴーンが，最高執行責任者（COO）に就任した。そして，10 月には「日産リバイバル・プラン（NRP）」[4]を発表し，2001 年 6 月にはゴーンが最高経営責任者（CEO）に就任し，さまざまな改革を進めていった。

まず販売面で日産は，1999 年 4 月からマーケティング・チャネルを 4 チャネルから 2 チャネルに減少させた。それは「日産」と「モーター」チャネル，「サニー」と「プリンス」チャネルでの取扱車種ブランドをそれぞれ一本化させ，「ブルーステージ」と「レッドステージ」の 2 チャネル[5]へ統合した。チャネルを半減させた背景には，95 年から山口県で実施した「二系列相互併売戦略」の成功があったとされる。日産がトヨタや本田技研に匹敵するだけの収益性を確保するためには，開発，生産，販売という一貫した効率化を徹底する必要に迫られた。これによって日産は，車種ブランドを 2 割から 3 割削減し，年間数億円のコスト削減を見込んだ[6]。

ただ，実態はディーラー店舗の看板を掛け替えただけで，約 190 社のディーラー企業はほぼそのままだった。そのため，同じ車種ブランドを販売するディーラー店舗同士が地域によっては競合する状況となった[7]。つまり，ディーラー店舗の看板の色は異なるが，展示している車種ブランドが同じという状況が少なからず見られるようになったのである。また，2 つのチャネルは，ラグジュアリータイプはブルーステージ，スポーツタイプはレッドステージとしていたが，人気車種は両方のチャネルで併売されていた[8]。

マーケティング・チャネルの整理に伴い，日産のディーラー 3 団体（日産自動車販売協会，日産サニー販売協会，日産プリンス販売協会）も 2000 年に統合した。これまでディーラー団体では，商品供給と販売奨励金が中心的議題であり，車種ブランドの割り振りは，メーカーに主導権があった。そこで，ディーラー団体は，一本化することで，発言力を高め，チャネルごとのユーザー層や車種ブランド数のバランスなどを考慮した割り振りをメーカーに提案していくことになった[9]。

その後，日産は 2002 年 1 月に京都府，岐阜県等 4 府県でディーラー企業を相次いで合併し，直営ディーラー企業の統合を加速させた。また，01 年 7 月，10 月に東京地区のディーラー企業を再編し[10]，他地域でも統合を進めた。ただ，これら 8 社のディーラー企業は，いずれも日産の完全子会社で販売車種ブランドは同じであった。

図表 14-1　主要メーカーの国内販売チャネル（2003 年末時点）

メーカー	チャネル数	店舗数	2003 年販売台数
トヨタ自動車	5	4,950	1,175,908
日産自動車	2	3,100	825,094
本田技研工業	3	2,400	734,982
マツダ	3	1,238	277,689
三菱自動車	1	950	367,040

［出所］「日本経済新聞」2004 年 3 月 1 日付（一部改）

つまり，統合させやすいという事情が揃っていた。特に，製品競争力との関連で，以前は多少曖昧であった販売に関する部分でも，製品に盛り込む機能や特徴，さらにそれらのプロモーションなどの点で，よりマーケティング志向となった[11]。

　また日産は，2002 年 4 月に軽自動車「モコ」を発表し，軽自動車市場に参入した。これはスズキ自動車（以下「スズキ」）から OEM 供給を受けたものであった。この時期には，これまで日産を代表する車種ブランドであり，長く日産車として親しまれてきた「セドリック」「グロリア」「ローレル」などのブランドを廃止し，新たな車種ブランドとして市場に送り出すことも行った。

(2) 日産におけるマーケティング・チャネルの一本化

　日産のマーケティング・チャネル改革は，単に 4 チャネルを 2 チャネルに減少させただけでなかった。日産は 2004 年 9 月，04 年度に発売する新型 6 車種ブランドを一斉に公開し，全車種を 2 チャネルで併売する方針を示した。つまり，ブルーステージとレッドステージの両チャネルでの併売である。しかし，併売車の増加で，ユーザーにとっては，チャネルの区分は一段と難しくなった。そして，ディーラー企業の中には，チャネル一本化への布石という見方をする企業も出てきた。

　他方，日産自動車販売協会は，マーケティング・チャネル一本化に反対する意向を

図表 14-2　日産のディーラー系列（2004 年 3 月時点）

チャネル		店舗数	主な専売車
ブルーステージ			
	日産系	1,195	セドリック，ティアナ，プレサージュ，
	モーター系	290	リバティ，エクストレイル
レッドステージ			
	サティオ系	657	グロリア，スカイライン，フェアレディ Z，
	プリンス・チェリー系		プリメーラ，サニー

310

日産に伝えた。それはチャネルの効率化を優先するメーカーに対し，身内同士の販売競争激化を危惧するディーラー企業の反発であった。理想的なディーラー店舗展開は，地域ごとに店舗が分散する状態である。しかし，かつて5チャネルを有していた日産では，ディーラー店舗が隣接するケースが多かった。そして，日産が併売を加速した2004年は，前年に比べて販売台数は増加したが，利益は2～3割も減少した。ただ，すべてのディーラー企業が疲弊したわけではなく，営業エリアが重ならないディーラー店舗では販売車種ブランドが増えるメリットもあり，競争で淘汰が進めば，残ったディーラー企業の経営効率は高まることとなった。

そして，日産では，「日産180」[12]の進捗により，2005年までの新車投入で販売台数が増加した。しかし，05年秋以降，再び日産の国内販売は不振に陥った。そこで，05年4月からブルーステージとレッドステージの2チャネルで全車種ブランドの併売が行われ，同じ日産ディーラー企業同士の競争も激しくなった。また，日産は三菱自との包括的な事業提携を行い，その一環として三菱自から軽自動車のOEM供給を受けるようになった。そして，ゴーンがすすめてきたNRPが終了した。NRPで復活の糸口を掴み，「日産180」で100万台の増販を果たした[13]。

さらに日産は，2006年4月，直営ディーラー企業52社を販売事業会社と資産管理会社に分割し，06年7月には資産管理会社を日産ネットワークホールディングスに統合した。一方の販売事業会社は，日産ネットワークホールディングスからディーラー店舗を借り受ける形で販売業務を継続し，一層の販売業務に専心することが期待された[14]。日産の06年度からはじまった08年度までの中期計画において，投下資本利益率（ROIC）平均20%を掲げ，連結ディーラー企業の経営効率改善は大きな課題となった。また，資産分離で効率を高めると同時に，06年10月には，東京，京都，鹿児島の直営ディーラー企業を統合した。直営ディーラー企業を55社から52社に削減（地元資本ディーラー企業87社）することで，販売コストの圧縮をさらに進めた。そして，07年3月，日産は全国で地域統括会社を10社置き，マーケティング・チャネルの再編を進めることになった。

2　本田技研におけるマーケティング・チャネルの整理

(1) 本田技研におけるマーケティング・チャネルの統合の経緯

本田技研は，1995年から徐々に2チャネルのディーラー企業の統合を促進させてきた。そして，98年10月から新規格となった軽自動車の販売では，あくまで正規ディーラーにこだわり，軽自動車を扱うマーケティング・チャネルを活性化するため，新規格車発売に合わせ取引条件を見直した。見直し内容は，軽自動車のマージン設定を車種ブランドごとの販売台数に応じた絶対額で決定する方式から希望小売価格

に対する割合とする方式に変更した[15]。

　本田技研の販売方法は，店頭販売と紹介販売が中心であった。週末ごとにイベントを開催し，来店者にはプレゼントを配って住所を聞き，後は直接訪問して販売を行っていた。CS（顧客満足）は本田技研が担当するため，ディーラー企業はユーザー管理をしていただけであった。一方でトヨタや日産は，人海戦術による訪問販売をこれまで行ってきた。バブル経済時代には，本田技研のようなカウンター・セールスが受け容れられたが，バブルが弾けてしまうと，足腰の弱さが露呈したと指摘されている。そして，このような状況を打開するための方法が，各チャネルに絶えず話題性のある商品を供給し続けることであった[16]。

　これまで，本田技研が国内最後発でありながらも販売台数を伸長させてきた背景には，3チャネルに分かれる前まで「ロードマン」と呼ばれる地区担当者がディーラー企業の経営者と膝を交えて話し合って，将来の夢を共有してきたことがあった。規模の小さい「プリモ」チャネルには比較的赤字企業は少なかったが，直営ディーラー企業の多い「クリオ」「ベルノ」チャネルは軒並み赤字に転落し，連結決算で見ても出資会社の累積赤字も増加する状態が続いていた[17]。

　本田技研は，1997年に国内販売台数80万台を達成したが，98年は約69万台，99年も約70万台と2年連続して同水準に止まった。本田技研の2003年度までの中期計画は，全世界での四輪車販売を300万台にすることであった。これは99年度と比べて，50万台多い目標であった。このうち30万台はアメリカを中心とした海外における増加分で，国内では20万台の販売増加を念頭に置いた。しかし，97年の80万台を10万台上回る水準に増加させることは，景気低迷が続く中では容易なことではなかった。また，本田技研はこれまで製品の魅力で販売を伸ばしてきた面が強く，組織的な販売力ではトヨタに比べて劣っているとされてきた。特に，二輪車販売出身の零細なディーラー企業や店舗が多く，魅力あるディーラー店舗づくりと効率経営が課題であった。この計画達成のために，まず20種類以上の新型車投入やフルモデルチェンジの実施，チャネル強化により，ディーラー企業約1,000社における営業員数を1万1,000人体制から1万2,000人体制にする方針をとった[18]。

　さらにはそれまで出遅れていたRV（レクレーショナル・ビークル）市場に進出し，多くの車種ブランドを集中的に投入し，それらを成功させ，海外での販売台数も伸長させた。1999年3月期の売上では日産にわずかに及ばなかったが，わが国自動車産業では実質2位といってもよい地位を得るようになった。それは本田技研が，元来重点志向の強いメーカーであり，主に若者や女性をターゲットとして，中級以下の乗用車に力点を置いてきたことに表れている[19]。

　2000年当時，本田技研には3つのマーケティング・チャネル[20]があり，人気車を販売するチャネルを増加させるために併売[21]を拡大した結果，本田技研のディーラー

企業では，他メーカーだけでなく，近接する他の本田技研のディーラー企業との値引き競争が激しくなった。また，ディーラー企業による自社登録も常態化していた。さらに各ディーラー企業間での明確な地域割りができていなかったため，競争が激化していた。この背景には，本田技研の場合は，二輪車ディーラーから四輪車ディーラーとなったディーラー企業が多かったため，狭いエリアで複数ディーラーが併存していたことがあった[22]。つまり，当初からトヨタや日産のように地域別のテリトリーが明確化されていなかったという理由がある。そして，1990年代半ば前後からの10年近くの間，さまざまな方面からチャネルの削減の示唆や3チャネルの維持という意見が出されるようになったが，3チャネル体制は温存された。

(2) 本田技研におけるマーケティング・チャネルの一本化

販売台数を増やすための複数マーケティング・チャネル政策は，ユーザー基盤を広げる効果があった。したがって，チャネルの一本化は，ある意味，弱小ディーラー企業の自然淘汰につながった。2002年，本田技研の国内販売は，小型車「フィット[23]」が高い性能と利便性がありながら低価格であるとユーザーに認知されたことから大ヒットし，過去最高の約90万台に達した[24]。

本田技研のディーラー企業は約1,000社あり，販売台数はトヨタの4割程度であったが，ディーラー企業数は反対に3～4倍もあった。これら1,000社のうち，二輪車ディーラーから出発したプリモ・ディーラーが9割近くあった。ただ，ディーラー店舗がクリオやベルノと近接しても，これまでは専売の軽自動車で差別化できたが，本田技研のディーラー店舗全店で同じ車種ブランドを取り扱うようになると，ディーラーの店舗規模や経営規模が収益格差に影響するようになった。

そこで本田技研は，2005年9月から営業体制を大幅に改編し，ディーラー政策を変化させた。北海道や関東，関西など6地域の出先事業所だった地区営業部を全面廃止し，業務を本社に集約して，一元化した。四輪営業担当者の4割に相当する830人が移動する一大改編となった。そして，地区営業部は，約1,000社のディーラー企業に対し，新商品やイベント等の情報伝達と経営指導という役割があった。他メーカーは本社直轄で行っており，本田技研だけワンステップがあった。このためメーカーの社員が，定期的に巡回して営業施策を説明する必要があった。これはディーラーにおけるサービス対応や労務管理の指導，展示会のレイアウトまで細かなところまで相談に乗っていた。このような体制見直しの目的は営業効率化であった。さらには，自動車に先進技術が次々に導入されたことから，ユーザーへの説明技術が求められるようになった。そこで新たに営業スキルを競うコンテストなどを，本田技研と販売店協会が共同で行いはじめた[25]。

(3) 本田技研による3系列の一本化とプレミアム・チャネル

2006年3月，本田技研はマーケティング・チャネルを一本化し，本田技研の生産

図表 14-3　本田技研の国内営業体制

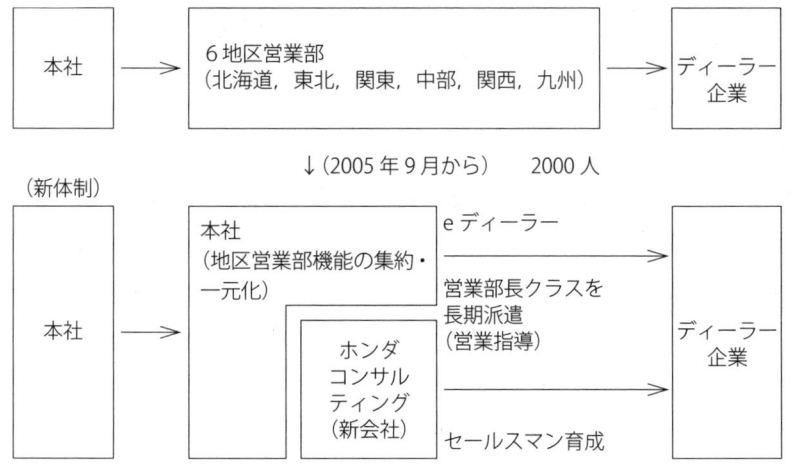

[出所]「日経産業新聞」2006年11月6日付

する自動車すべてを取り扱うチャネルとして「ホンダ」チャネル（全国約2,400店舗）を開始した。本田技研はこれまで3チャネル体制を強調してきたが，低収益と販売不振のため，1985年に3チャネル体制が確立して以来，20年ぶりの抜本的な改革であった。本田技研の新しいマーケティング・チャネル政策は，①ユーザーにとってわかりやすいチャネル構築，②Hondaブランドの車を全ディーラーで購入できる利便性，③同一ディーラーからの継続的な営業・サービスの提供，によりユーザー満足をさらに高めていくことを目指している。

　2006年8月から本田技研のマーケティング・チャネル統合に伴い，ディーラー店舗では順次，店名を「Honda Cars」（ホンダカーズ）へ変更し，店舗外装も06年秋以降，新色となるシルバー基調をベースとした色彩へと一新した。一方，ホンダカーズへの移行により，ディーラー企業の統合も始まった。ただ，地元資本同士によるチャネル統合は急速には進んでいないが，本田技研直営のディーラー店舗を地元資本のディーラー企業へ譲渡することや同一地場資本内でのディーラー集約等，全国で1,000社を超える本田技研特有の小規模ディーラー体制は，市場規模に応じた最適化が加速していくこととなった。そして，本田技研ではディーラー企業の販売成績に応じて新車の卸売価格に格差をつける成果主義が徹底されるともいわれた[26]。

　一方，本田技研はプレミアムブランドの「アキュラ」チャネルを2008年秋に国内に導入し，全国にディーラー店舗100店舗設置を表明した。これにより，アキュラの開設以降は，一般市場での量販を狙うホンダカーズと，高級スポーツ市場を担うア

図表 14-4　本田技研の国内販売体制

	統合前	→	2006 年 3 月	2010 年以降
販売チャネル	専売車	併売車		
プリモ (857 社，1,494 店)	軽自動車（ライフ，ザッツ，バモス など）シビック	エリシオン オデッセイ ステップワゴン ストリーム エアウェイブ フィットなど	ホンダ 全車種 取り扱い (約 2,400 店)	
クリオ (80 社，511 店)	レジェンド，アコード			
ベルノ (75 社，399 店)	NSX，CR-V，S 2000，インテグラなど			アキュラ (100 店程度) →無期限延期

キュラの 2 本立てで年間販売台数 80 万台以上の販売を目指そうとした。しかし，本田技研は，07 年 7 月にはアキュラ導入の 2 年延期を発表し，その後無期限の延期を発表した。その背景には既存のブランドの販売自体が低迷しており，アキュラの品揃え不足の事情もあった。それはバブル経済期のように，高級車であれば売れるという状況ではなくなったためであった。

3　トヨタにおけるマーケティング・チャネルの統合と「レクサス」チャネルの設置

(1) トヨタにおけるマーケティング・チャネルの統合と維持

　トヨタは 1980 年の「ビスタ」チャネルの設置以降，5 チャネルにおいて，それぞれ取り扱う車種ブランドを変え，一部を除いて排他的マーケティング・チャネルである専売制を貫いてきた。一方で 92 年 4 月から，トヨタのディーラー企業が展開するフォルクス・ワーゲン正規ディーラーとして「DUO」を開設し，VW 車とアウディ車の販売も開始した。ただ，これらは輸入車ディーラーであるために，トヨタのディーラー企業や店舗としてはカウントしていない。また，94 年 10 月には，トヨタ，ダイハツ，日野自工の 3 社によって，小型トラック分野での相互協力体制を強化した。さらに 98 年 8 月，トヨタはダイハツとの提携関係の強化を発表した。

　また，20 世紀はガソリン車の時代であったが，1997 年 10 月，トヨタはプリウス（ハイブリッド量産車）を発表し，12 月から発売した。さらに 98 年にはマーケティング・チャネルの縮小ではなく，「オート」チャネルを「ネッツ」チャネルへと名称

を変更することで，イメージの刷新を図り，ユーザーのターゲットを若年層へとシフトした。そして，99年10月には自動車の国内生産累計1億台を達成した。また，この間に，既存のトヨタでは生産できない新型車やマーケティング手法を企画するために，ヴァーチャル・ベンチャー・カンパニー（VCC）を作り，異業種合同の「WiLL」シリーズの3車種ブランドも発売した[27]。

さらに2001年8月には，トヨタは日野自動車（以下「日野」）の第三者割当増資を引き受け，発行済株式の過半数を取得し，日野を子会社とした。02年7月には北米での自動車生産累計1,000万台を達成した。そして03年12月に，トヨタ，日野，ダイハツで，03年度の世界販売台数678万台になり，General Motors（以下「GM」）に次いで世界第2位の自動車メーカーとなった。

2004年3月，これまでトヨタが得意としてきたセダン市場が大幅に縮小したため，中型セダンを主力車種として設置されたビスタの使命は終わったとの判断が働いた[28]。そして，ネッツ・チャネルとビスタ・チャネルを統合し，5月に発足させた「新ネッツ」[29]の概要を発表した。当初の販売車種ブランドは旧2チャネルの合計より7車種ブランド少ない21車種に絞り込み，専売車の投入で商品力を強化しようとした[30]。これまでネッツとビスタは，販売車種ブランドの違いで，ある程度の棲み分けがされていたが，チャネル統合で垣根が崩壊し，隣接ディーラー同士が競争するような状況となった。特にネッツとビスタは，小型車や中型車が多く，ディーラー店舗数も多かったために，地域的な問題が残ったが，この統合は，ディーラーの自主的な取り組みを重視した実力主義への転換を意味しているとされる[31]。

ただトヨタは，ネッツとビスタの統合後は，現在まで4チャネル体制を維持している。この背景には，レクサス・ブランドを除く新車販売で，年間170万台以上を維持するためには，4チャネル体制が不可欠という判断があるためといわれている。そこでトヨタは，ユーザーが理解しやすいマーケティング・チャネル・ネットワーク構築

図表14-5　トヨタの国内販売体制

チャネル	営業開始年	販売会社数 （社）	新車販売店舗数 （店）	総従業員数 （人）
トヨタ	1935	50	1,083	30,441
トヨペット	1956	52	954	24,189
カローラ	1961	74	1,331	31,237
ネッツ	1967	66	987	20,443
ビスタ	1980	66	644	10,586

[注] 日刊自動車新聞社（2002）『自動車年鑑』より著者作成
　　会社・店舗・従業員数はいずれも2001年9月末現在

のため，1990年以来のビジュアル・アイデンティティ（VI）を刷新した。2006年度中に新VIの導入を終了し，各マーケティング・チャネルが目指す方向性と個性的な色分けを訴求している[32]。このように，国内市場に対するトヨタのマーケティング・チャネル政策は，縮小均衡策を選択した他のメーカーとは対照的なものである。しかし，トヨタにも需要低迷が及ぼす再編のうねりが押し寄せるようになった[33]。

(2) 高級車チャネル・レクサスの設置

　トヨタの高級車チャネルとして，北米で成功した「レクサス[34]」チャネルのわが国での事業展開が決定したのは，2003年2月であった。アメリカ市場で，レクサスを導入するにあたっては，それまでの北米でのトヨタ車の販売方法ではなく，全く新しいビジネスモデルと新たなマーケティング・チャネルが必要ということになった[35]。トヨタはレクサスの設置によって，ベンツやBMW等の輸入車に席巻されているわが国の高級車市場に参入し，収益向上を図ることを目標とした[36]。またトヨタは，自社の国際商品の力により，国内販売の梃子入れをしたと見ることもできる[37]。そして，2004年5月にレクサスの国内事業展開の概要を発表した。その概要については次の通りである。

① 開発から販売までトヨタブランドと切り離すこと
② 2005年8月の開業後1年以内での4車種の投入
③ 販売目標（当面年間5〜6万台）
④ 販売ネットワークは180店舗[38]
⑤ レクサスのディーラー企業数は109社[39]
⑥ 販売スタッフはレクサスの思想を共有し，実践できる人材
⑦ 専用研修施設を2005年春に富士スピードウェイ内に開設

　2005年8月のレクサス・チャネル開業時には，すべての都道府県にディーラー店舗が設置された。特にディーラー店舗は，高級ホテルのロビーのような空間とし，セールスマンも来訪者から質問がない限り話しかけないようにするなど，レクサスの新規性をディーラー店舗と比較して訴求しようとした。さらにレクサス・ディーラーのセールスマンには，リッツカールトン大阪での研修も実施した[40]。これらの活動は，これまでのわが国における自動車販売を一新する契機として期待された。

　また，レクサスのディーラー企業の経営形態は，これまでのトヨタのディーラー企業ではチャネル新設の際，新規に自動車販売を志向し，異業種等からの参入も受け入れたが，レクサスの経営母体のほとんどはこれまでのトヨタ・ディーラー企業であった。そして，レクサスは独立した法人格を持たず，トヨタとの取引は各レクサス・ディーラー店舗が直接行う形式を採用した。ただ，レクサス開設の年には，国内販売目標台数を2万台に設定していたが，販売実績は10,293台と約半分となった。そして，2006年は3万台を目標にしたが，目標は未達であった。やはり，「トヨタ」とい

図表 14-6　トヨタのマーケティング・チャネル

チャネル	
トヨタ	高級車を中心とした販売
トヨペット	ミディアムカーを中心とした販売
カローラ	コンパクトカーを中心とした
ネッツ	個性的で存在感のある車種ブランドの販売
レクサス	高級ブランド車の販売
DUO	フォルクスワーゲン（VW）販売

［出所］丹下博文（2007）「トヨタ自動車のマーケティングに関する研究―トヨタ販売システム（TMS）への前提的アプローチ」愛知学院大学『経営管理研究所紀要』第 14 号，p.9（一部改）

うブランドを外しても，誰もが「レクサス＝トヨタ車」ということを認識しており，この認識が大きく変化しない限り，ベンツや BMW のようなヨーロッパ高級ブランドとの競争は難しいのかもしれない。

　そして，トヨタと日産・本田技研とは，これらによりマーケティング・チャネルの経営に大きな差異が明確になった。つまり，前者は相変わらずの複数マーケティング・チャネルを若干修正し，今後も継続させようとしている。それはトヨタが相変わらず，複数チャネルを維持することによって，市場変化への対応力を強めようとしていると解釈される[41]。一方，後者は，複数マーケティング・チャネルを放棄し，単数のマーケティング・チャネルにより販売を行うことになった。

4　フォロワー・メーカーのチャネル再編

(1)　三菱自動車の信頼回復への取り組みとマーケティング・チャネル統合

　三菱自は，開発，生産，販売の各面にわたる大規模なリストラ計画の概要を公表し，2001 年 3 月期の達成を目標として，乗用車車種ブランド 40％ 削減や，優良ディーラー企業を軸にした整理・統合を進めた[42]。本田技研があくまで正規ディーラーにこだわったのとは異なり，新規格の軽自動車の商戦開始にあたり，取引のある業販店約 2 万店のうち，従来よりも多い 1,400 店で試乗会を開催するなどした[43]。つまり，正規ディーラーではなく，販売拠点（窓口）の充実を目指した。さらに富士重工は，新規格の軽自動車の発売に伴い，三菱自同様，正規ディーラー以外の小規模販売店である業販店の拡大に乗り出した。初めて正規ディーラー企業と同時に全国の 1,000 店以上の業販店に約 3,000 台の試乗車を提供し，小規模な業販店の店頭を確保しようとした。この背景には，富士重工は業販店を通じて軽自動車の約半分を販売し

ていた現実があった。当時，正規ディーラー企業62社の店舗552店のほかに，正規ディーラー企業から自動車を仕入れて販売する業販店が，全国に約17,000店存在した。このうち月間1台以上販売する業販店4,500店を「制度店」として組織していた。この制度店以外で正規ディーラーを通じ，他のメーカーの扱いが多い業販店にも商品研修会などへの参加を呼びかけた。ここには業販比率を高めることで，正規ディーラー企業の戦力を補う方針があった[44]。

バブル経済崩壊後は，大型の車種ブランドを必要とする，あるいは上級の装備や快適さを評価するユーザーは，2,001 cc 以上の自動車を購入するようになった。ここではRV車の果たした役割は大きく，1990年代半ば以降，ステーションワゴン，1 BOXワゴン，オフロード4 WD などのRV車と呼ばれる車種が若者の人気を集め，売上を伸ばした。それに適合したのが三菱自であった[45]。90年代前半，三菱自は「パジェロ[46]」等のRV車の国内での販売が順調であり，業績は好調に推移した[47]。当時，三菱自は国内シェア15%，世界シェア5% を目標に掲げるようになった。そして，国内生産能力が不足気味だったため，三菱自は1トン・ピックアップ・トラックの生産をタイに移管し，国内での生産を打ち切った[48]。

しかし，1990年代後半になるとそれぞれの好業績とは一転し，三菱自は経営危機に陥った。96年に発生したアメリカ工場（MMMA）でのセクシャル・ハラスメント訴訟，97年に発覚したわが国での総会屋への利益供与等，これらは三菱自に対する信頼の喪失につながり，90年代後半での全世界的な販売減少となった[49]。そのため，99年から2000年代初頭にかけて，三菱自は管理全般におけるリストラクチャリングに取り組んだ。同時に，海外メーカーとの資本提携を目指した。当初はボルボトラックとの資本提携に合意したが，後にダイムラー・クライスラーとの提携に移行した。03年には，三菱自のトラック・バス部門は，三菱自から分離独立し，三菱ふそうトラック・バスとなり，ダイムラー・クライスラーの子会社になった。そして，00年半ばに三菱自は，ダイムラー・クライスラーとの資本提携を解消し，三菱グループの支援を受けながら経営再建を図ることになった[50]。

ただ，国内販売は，2000年および04年に発覚したリコール隠し等によりさらに落ちこんだ。そして，04年4月にはダイムラー・クライスラーが経営追加支援の中止を発表したため，三菱グループ主導で再建することとなった。05年1月には，日産と包括的な事業提携を行い，日産にOEM供給することを発表し，さらに同月には新経営計画「三菱自動車再生計画」を発表した。三菱グループの三菱重工業，三菱商事，東京三菱銀行に増資などの追加支援を要請し，これによって三菱重工の出資比率が15% を超えるために持分法適用による連結対象会社となり，同社の傘下で再建を目指すこととなった。一方で，11月，ダイムラー・クライスラーが全株式を売却したため，資本関係の解消，12月には市場低迷を理由として，中型・大型セダン市場

から撤退した[51]。

　三菱自は，開発，生産，マーケティング各面での大規模なリストラ計画の概要を公表し，2001年3月期の達成を目標として，乗用車車種ブランドの40%削減や，優良ディーラー企業を軸とした整理・統合を進めてきた。商用車系ではリコール問題で国内販売が激減した三菱ふそうトラック・バスが06年3月，直営ディーラー企業26社を社内カンパニー化することで間接部門をほとんど持たない営業主体の販売部門に切り替え，直接員比率90%以上に高めた。

　三菱自は，2002年10月，「ギャラン」「カープラザ」チャネルの2つの乗用車チャネルを03年1月に1つに統合すると正式発表した。統合後は系列名を「Mitsubishi Motors（ミツビシ・モータース）」と改め，全国のディーラー企業227社を3割以上減らし，150社程度に集約するとした。そして，ディーラー企業1社あたり販売台数やユーザー満足度等独自の目標値を設け，それを満たさないディーラー企業とは契約を更改しない方針も打ち出し，04年3月末までの達成を求めた[52]。三菱自は，系列ディーラー企業の7〜8割が赤字経営であり，マーケティング・チャネルの統合が急務と強調した。ディーラー企業の集約は，連結対象の直営店を中心に合併等を進め，全社合計で当時，約1,050店舗あったディーラー店舗数は集約後も原則維持したが，07年には直系ディーラーの体系を全面的に見直し，越境合併を含む大幅な統合を行った。

(2)　マツダにおける5チャネル体制の崩壊

1）5チャネル体制の崩壊

　マツダは，1980年代後半にマーケティング・チャネルを3つから5つに拡大し，経営危機を招いた。そこで乗用車が主の2チャネル，軽自動車が主の1チャネルへと縮小した。そして，98年度中に乗用車が主の2チャネル40社のディーラー企業を対象として，社長や間接部門を共有化させ，事実上の統廃合を進めた。そして，メーカー自身も開発車種ブランドを大幅に絞り込んだ[53]。また，ダイハツは，販売台数に応じて組織化する有力業販店の集客力を強化させるために，発売後の店頭発表会に向けて試乗車を多く用意した[54]。さらにいすゞは，98年11月から，隣接都道府県同士の系列ディーラー間の競争が激しくなり，リストラの必要に迫られていた首都圏のディーラー5社を再編した。これにより，1社当たりの営業区域を拡大して販売効率をあげようとした[55]。

　バブル経済の終期である1990年1月，マツダはディーラー企業に2,000億円もの費用をかけディーラー店舗1,000店の新設・増設・改装を発表した。この額は，他のメーカーにはない規模であった。この動きに連動して工場を新設し，量販体制による製品供給の確保を目指した。この時，整備対象となったディーラーは主にマツダとマツダオートであった。そしてこの投資を契機として，一気に93年には100万台の販

売体制を確立しようとした[56]。

　1990年代前半のバブル経済の崩壊により，マツダの各マーケティング・チャネルのディーラー企業でも，ユーザーを獲得・維持する有効な方法が見つからず，採算が取れずに撤退や倒産の危機が高くなった。そこでディーラー企業からは，チャネル別の車種ブランド限定解除要求が出されるようになった。そこでマツダは，5チャネル体制を放棄せざるを得なくなった。まず，マツダは特定チャネルのみで販売していた専売車を，他チャネルでも販売可能にする併売方針[57]を打ち出した。これにより，チャネルごとに差別化した車種ブランドを提供する5チャネルによるマーケティング・チャネル政策を放棄することになった。それは形式的には5チャネル体制であったが，実質的に3チャネルに縮小する方向となった。そして，再びマツダは苦境に陥り，増資してフォードが経営権を握ることとなり，フォード主導での再建が始められることになった[58]。つまり，マツダの5チャネル体制は，「バブル経済に生まれ，バブル経済で崩壊した体制」だったといえる。マーケティング・チャネルを増やし，ユーザーのさまざまなニーズに対応するため多くの車種ブランドを揃えることで，ユーザーの支持が得られるというあまりにも楽観的な見通しであった。そして，生産設備投資とマーケティング・チャネル拡張政策のリスクやコストは，最終的には各ディーラー企業に転嫁された[59]。つまり，メーカー視点でのマーケティング・チャネル政策の展開であり，ユーザー視点どころかディーラーの視点に全く立つことがなく，展開された政策であったということができよう。

2）マツダにおけるマーケティング・チャネル統合

　バブル経済が崩壊し，ユーザーの所得減少や多額の借金返済を回避するという行動が顕著になった。5チャネルにより，多様化するニーズに合致した製品供給体制と絶えざる話題づくりによる努力が水泡に帰した[60]。

　マツダは最もチャネル数の多い時期には，3チャネルから5チャネルに拡大し，経営危機を招いた。そこでバブル経済崩壊後，乗用車が主の2チャネル，軽自動車が主の1チャネルに縮小した。まず，96年4月にアンフィニをマツダアンフィニに呼称変更し，ユーノスをマツダアンフィニまたはマツダに統合した。これによって5チャネル体制は，わずか7年で崩壊した。これに伴い，ディーラー企業では店舗投資をしていたが，短期で閉店に追い込まれた企業もあった[61]。また，99年，マツダは経営が悪化したディーラー企業支援のため総額1,450億円の無担保融資を実施した。しかし，マツダの連結財務改善のため支援対象になったのは直営のディーラー企業だけであった。そして，資本注入で直営ディーラー企業は全社が黒字化したが，地場資本のディーラー企業の経営者には不信感が残ることになった[62]。

　そして，1998年度に乗用車が主の2チャネルのディーラー企業40社を対象に，事実上の統廃合を進めた。また，マツダも開発車種ブランドを大幅に絞り込んだ。2002

図表 14-7　マツダの国内マーケティング・チャネル

チャネル	ディーラー企業数	店舗数	異業種ディーラー社数
マツダ	54	812	—
マツダオート	56	760	—
ユーノス	140	205	食品，化学，造船，商社など 40 社
オートラマ	114	336	流通，石油販売，運輸など 70 社
オートザム	806	884	軽自動車販売店など

［出所］「日経産業新聞」1991 年 10 月 3 日付（一部改）

年 10 月にマツダは，国内生産体制の再編成を発表し，さらに広域統合による国内のマーケティング・チャネルの強化を目指すようになった。

　マツダのディーラー企業は，メーカー直営，地元資本に分かれ，営業地域が複雑に入り組んでいる場合が多かった。したがって，無謀な再編をするとディーラー企業の反発や混乱を招くおそれがあった。04 年 2 月にはディーラー店舗全店で軽自動車の扱いを開始し，登録車も併売を拡大した。マツダは直営を中心に営業地域が隣接するディーラー企業同士で，一方に業績的な余裕があり移植可能な販売ノウハウを持つなど条件を設定し，今後の統合を推進しようとしている。2000 年にディーラー企業は 428 社あったが，07 年 3 月には 298 社に減少した。これは広域統合による合理化が行われたためである[63]。

　また，マツダはメンテナンスパックの新商品として，車検つきの「36 ヶ月プラン」を導入した。このプランにはメリット，デメリットが指摘されているが，ユーザーの買換サイクルの長期化により，初回車検（購入後 3 年目）の獲得を目標としたものである[64]。つまり，マツダにとっても，ディーラー企業にとっても新規購入ユーザーを獲得することから，サービスの販売へ目標を転換したといえるだろう。

　マツダは，その歴史が証明しているように，三輪車の生産から開始し，長い間三輪車がマツダの事業を支えてきた。その後，軽自動車，大衆車へと展開した。この 80 年近くの自動車生産は，常に「小型実用車」であった。したがって，今後も小型実用車をメインとして，車種ブランドを絞り込んで事業展開をする必要がある[65]。そして，マツダの業績が 2000 年代半ばより若干回復しはじめている。これは，ブランド戦略・新車の成功が指摘されることが多いが，部品価格の切り下げや品質向上に裏打ちされたものであることも指摘されている[66]。

(3) 業販チャネルの再活性化

1) 富士重工における業販チャネル活性化

　富士重工は 1989 年 1 月，「レガシィ」の発売以来，順調に国内市場，北米市場での

販売が回復した。しかし，バブル崩壊後，日産が経営不振に陥り，経営再建の一環として，日産が保有していた富士重工の株式売却を決め，2000 年には GM にすべて売却された。さらに 05 年 10 月になると，GM が保有する富士重工株 20% をすべて放出し，そのうち 8.7% をトヨタが買い取って筆頭株主となり，富士重工はトヨタと提携関係を結ぶこととなった。そして，GM の提携先であるスズキと軽自動車の部品の共通化などを進め，ダイハツとの開発部門の交流や部品共通化によるコスト削減も目指すようになった。08 年 4 月には，トヨタが第三者増資で 17% 程度まで行い，富士重工の軽自動車部門は，09 年以降段階的に自主生産から撤退し，ダイハツからの OEM 供給を受けることになった。一方で，富士重工は，06 年 4 月，北海道，近畿など 6 地区の直営 12 社を半分に統合した。そして，88 年から行ってきたボルボ車販売からの撤退を決定し，本業であるスバル車の強化を打ち出した。さらに富士重工は，ディーラー企業統合と同時に，新販社支援システムの活用に伴う販社間接部門の圧縮を行い，同部門に所属する 1 万 2,000 千人のうち 4,800 人を直接部門に振り分けて営業力を拡充した。

　さらに富士重工は，2008 年には全国を 6 地域に分割して統括会社を設置した。このように全国を地域に分割する「道州制」は，日産（10 統括会社），三菱自（5 統括会社）も採用している。ディーラー店舗数を 550 店舗から 1 割削減し，前年度から人件費やプロモーション費の削減などで固定費を 1 割減らした[67]。

　三菱自，富士重工，ダイハツの各社が，業販を拡大する理由は，販売窓口の拡大だけではなく，登録車も生産する三菱自や富士重工は，軽自動車よりも登録車を販売した方が利益額が大きかったためである。つまり，軽自動車は業販店に任せ，ディーラーの戦力は登録車の販売に割くというものであった[68]。つまり，これまでのようにすべてのチャネルに対して，同じように販売努力をするのではなく，より利益の出るチャネルに対して販売努力をする動きが顕著になった。まさに「選択と集中」を実践し始めた時期であった。

2）ダイハツにおける業販チャネル活性化

　ダイハツは，販売台数に応じて，組織化する有力業販店の集客力を強化させるために，発売後の店頭発表会に向けて試乗車を多く用意した。これらは富士重工とほぼ同様のプロモーション手法であった。また，いすゞは 1998 年 11 月から，隣接都道府県同士のディーラー間の競争が激しく，リストラの必要に迫られていた首都圏のディーラー企業 5 社を再編した。これにより 1 社当たりの営業区域を拡大して販売効率をあげようとした。

3）スズキにおける外資提携と OEM 供給

　鈴木自動車工業は 1990 年 10 月，スズキに社名変更した。93 年 9 月には「ワゴンR」を発売し，これまでの軽自動車とは異なる新発想の軽ワゴンとして大ヒットし

た。94 年 3 月には，それまで結んでいたいすゞとの業務提携を解消し，一方で 98 年 9 月には，GM との資本提携関係強化で合意し，GM 出資比率 3.3% から 10% となった。99 年 12 月には富士重工と業務提携で合意した。2000 年 4 月には，小型車新販売チャネル「スズキアリーナ」チャネルの営業を開始した。00 年 9 月には，スズキと GM が新たな戦略的提携を発表し，GM 出資比率は 10% から 20% へと増加した。これに伴い，GM の日本国内ディーラー向けに小型車の OEM 供給を開始した。（ただ，その後 GM との資本関係は解消した）また 01 年 4 月には軽乗用車の OEM 供給について日産と基本合意している。

おわりに

　バブル経済崩壊後，各メーカーでは自動車流通の革新の方向として，マーケティング・チャネルの整理・統合，チャネルを超えた動きがあった。しかし，1990 年代後半から現在にかけても，わが国でいわゆる流通系列化をしてきたとされる業界で起こったようなことは，自動車業界では起こらなかった。それは店舗立地型の目視できる新車の大型量販店の出現可能性もなかったことが証明している。

　また，インターネットの普及により，メーカーが自社製品を紹介するものから，インターネット専業の自動車販売業者までさまざまな業者がインターネット上には現れ，チャネル系列に縛られてきたこれまでのわが国の自動車流通に対しては海外からの政治的な圧力以外での変化が起こる可能性もあった。しかし，現在のところそれほど顕著になっていない。

　一方で，バブル経済の崩壊とともに，各メーカーは生産とともに，マーケティング政策の変更もしなければならなくなった。それはこれまでの自動車市場が拡大するというビジネスモデルが適用できなくなったことを意味した。そこで日産は，経営状況の悪化からルノーとの資本提携に踏み切った。そして，マーケティング・チャネル政策の面ではそれまでの 4 チャネルから 2 チャネルへと一気にチャネルを半減させた。さらに 2 チャネルを数年も経たないうちに，全車種ブランドの併売を 2005 年から実施することで，事実上のマーケティング・チャネルの一本化へと踏み切った。また，本田技研は，ディーラーごとの製品差別化がうまくいっていたといわれていたが，3 つのマーケティング・チャネルを 1 チャネルへと統合した。また，三菱自はディーラー企業のマーケティングの問題だけではなく，メーカー自身の問題で多くの困難を抱え，チャネルを一本化した。そして，バブル経済期に 5 チャネルを展開したマツダは，わずか 7 年で 5 チャネル体制を放棄し，再編を進めている。

　一方，トヨタは 1980 年の新マーケティング・チャネルの設置後は，5 チャネル体制を維持してきたが，一部チャネル名の変更，2004 年にはチャネルの統合を行っ

た。現在のところ，4チャネルを維持する方針ではあるが，高級車チャネルの導入を
これまでのマーケティング・チャネルの構築とは異なる方法で行うなど，やはり市場
の成熟化と景気の悪化に伴う対応には多くの苦労を経験している。

　最近では，トヨタ，日産，本田技研のわが国メーカー大手3社で，軒並み「売れる
車」へのシフトが鮮明になっている。2009年に各メーカーの売れ筋上位3車種ブラ
ンドの販売台数が全体に占める割合は，トヨタ約39%，日産約53%，本田技研約78
%であった。これは06年と比較すると，トヨタ約24%，日産約41%，本田技研約54
%と比較すると，明らかに上位集中が明確になっている[69]。

　そして，21世紀になる頃からメーカーとディーラー企業との関係は，それまでの
ディーラーの大幅な値引きに対してメーカーがその補填をする，いわゆる護送船団方
式からの変化があった。これはメーカー自身の財務体質の悪化により，販売奨励金を
以前のように支払えなくなったことが影響している。また，2006年2月には日本自
動車販売協会連合会が，ディーラー企業とメーカーの契約事項の詳細を規定する
「ディーラー基本契約」のモデルとなる「モデル契約書」を改訂した。ここではメー
カーにディーラー権の売買を認めるように求める条項が入れられたようである[70]。そ
して，企業によってはディーラーとの契約上の文言が変わるなど，これまでのメー
カーとディーラーとの関係も次第に変化してきている。

--- 注 ---

1）吉田博・ラルフ・ビープンロット（2006）「日産自動車と三菱自動車の経営再建にお
　　ける行動分析-コーポレート・ガバナンスの視点から」『国民経済雑誌』神戸大学経済
　　経営学会，第194巻第3号，p.76
2）1998年は，日産の危機といわれ借金が2兆1千億円，在庫金額が1兆円という状況
　　であった。（高橋忠生（2008）「日産自動車のマネジメント改革」『横浜経営研究』第
　　28巻第3・4号，p.195，なお，本講演は，2007年12月12日のものである）
3）両社の資本提携面でのメリットは，ルノーが400万台規模の連合体のイニシアティブ
　　を獲得し，グローバルな生き残り競争上の規模的側面を整備でき，日産はリストラク
　　チャリングを推し進めるための資金調達ができたことである。（井上昭一（2002）「自
　　動車企業の合併・買収と連合体の結成-ダイムラー・クライスラーとルノー・日産を
　　素材にして-」関西大学『商学論集』第47巻第4・5号合併号，p.224）
4）日産リバイバルプランは，2000年4月から実行され，3つの必達目標（①2000年度
　　に連結当期利益の黒字化の達成，②2002年度に連結売上高営業利益率4.5%以上の
　　達成，③2002年度末までに自動車事業の連結実質有利子負債を7,000億円以下に削
　　減）を全て1年前倒しで達成した。
5）日産は「日産」チャネルと「モーター」チャネルを「ブルーステージ」，「サティオ」
　　チャネルと「プリンス・チェリー」チャネルを「レッドステージ」とした。レッドは

スポーティー感，ブルーは上質感のあるチャネルという色分けを意図した。

6) 「日本経済新聞」1998 年 5 月 16 日付，「日経流通新聞」1998 年 6 月 18 日付

7) この状況に対しては，経営再建策「日産リバイバルプラン」に沿って，店舗数を既に 1 割（300 店）以上削減した。

8) 峰如之介（2006）『日産最強の販売店改革』日本経済新聞社，p.17

9) 「日経流通新聞」1998 年 6 月 18 日付，1998 年 7 月 9 日付

10) 日産は 2001 年 7 月に東京日産モーターなど 2 社，10 月に日産プリンス東京販売など 3 社を再編した。

11) 長沢伸也・木野龍太郎（2004）『日産らしさ，ホンダらしさ–製品開発を担うプロダクト・マネジャーたち–』同友館，p.101

12) 「日産 180」とは日産が全世界で 100 万台の増販を目指すプランであった。

13) 峰（2006）p.187

14) 峰（2006）p.20

15) 「日経流通新聞」1998 年 10 月 13 日付

16) 佐藤正明（1995）『ホンダ神話　教祖なき後で』文藝春秋，pp.526–527

17) 佐藤（1995）p.541

18) 西村晃（2000）『ホンダにみる挑戦する会社の経営戦略』たちばな出版，pp.164–165

19) 河村泰治（2000）『自動車産業とマツダの歴史』郁朋社，p.257

20) ホンダのマーケティング・チャネルは，小型・軽乗用車を主体とする「プリモ」チャネル，スポーツタイプの車を中心に販売する「ベルノ」チャネル，そして上級・高級車を扱う「クリオ」チャネルであった。

21) 本田技研のチャネルにおける併売は，全販売数量の 20% 強を占める人気車種のオデッセイとステップワゴンはすべてのマーケティング・チャネルで扱う併売車であった。

22) 西村（2000）p.166

23) フィットは，2001 年には新車販売台数 2 位となり，カー・オブ・ザ・イヤーなどさまざまな賞を受賞した車種ブランドで，各方面から大きく注目された製品であった。（長沢・木野（2004）p.144）

24) 長沢・木野（2004）p.174

25) 「日経産業新聞」2006 年 11 月 16 日付

26) 峰（2006）p.18

27) 「日経産業新聞」2004 年 4 月 19 日付

28) 岩崎尚人（2005）「ケーススタディ　トヨタ自動車」『経済研究』第 171 号，成城大学経済学会，p.124

29) 「新ネッツ」チャネルは，看板から［TOYOTA］の文字をはずし，脱トヨタを訴える一方，インターネットを活用した広告など従来とは違う販売手法を導入した。

30) 市川優編（2003）『変革の構図　トヨタ新成長戦略』日刊自動車新聞社，pp.131–132

31) 市川（2003）p.140

32) 丹下博文（2005）『企業経営の社会性研究（第 2 版）』中央経済社，pp.89–90

33) トヨタは，2005 年 12 月，トヨタカローラ南信を名古屋トヨペットに，ネッツトヨタ東九州を大分トヨタに譲渡した。ともに直営店を地場店に移行させたが，2006 年 6 月には，福岡トヨタなどを系列に持つ九州・昭和グループが，傘下の佐賀トヨタと長崎トヨタを一本化した。トヨタ店と初の広域合併会社西九州トヨタが発足した。さら

に，地場有力店の岩手トヨタを5月に直営化し，福島トヨタも完全直資化する等，地殻変動が起こっている。

34) レクサスは1989年にアメリカから発売を開始した。トヨタは専売のマーケティング・チャネルを構築し，ビッグ3にはない品質感が受け，2006年にはアメリカだけで約33万台を販売した。（井上久男（2007）『トヨタ愚直なる人づくり-知られざる究極の「強み」を探る』ダイヤモンド社，p.189）

35) 大薗恵美・清水紀彦・竹内弘高（2008）『トヨタの知識創造経営』日本経済新聞出社，pp.80-81

36) 市川（2003）pp.134-135

37) 井上（2007）pp.189-190

38) 店舗は，新車，サービス，中古車機能を有したレクサス専売店舗とし，トヨタの他の系列からは独立したネットワークを新たに構築する。

39) 109社のうち，107社は国内のトヨタ車ディーラーで，2社のうち1社はサウジアラビア有数の財閥企業である。

40) 井上（2007）p.191

41) アイアールシー（2006）『トヨタ自動車グループの実態2006年版』アイアールシー，pp.95-96

42) 「日経流通新聞」1998年11月10日付

43) 「日経流通新聞」1998年8月25日

44) 「日経流通新聞」1998年10月13日

45) 近能善範・奥田健裕（2005）「日本自動車産業の変貌：1990年代を中心として」法政大学『経営志林』第42巻第2号，p.17

46) パジェロは，当時人気となった4WD車の代表的な車種ブランドであり，これによってRVブームに火がつけられたといってよい。さらにパジェロは，パリ・ダカールラリーで活躍したり，ファッション性に優れていることなどが，人気の要因であった。（桂木洋二（1999）『日本における自動車の世紀』グランプリ出版，p.637）

47) 桂木（1999）p.638

48) 折橋伸哉（2008）「三菱自動車工業株式会社の最近のあゆみ」『東北学院大学経営・会計研究』第15号，p.42

49) 吉田他（2006）p.82

50) 折橋（2008）p.43

51) 折橋（2008）pp.43-44

52) 「日経産業新聞」2004年4月28日付

53) 「日経ビジネス」1998年11月2日号，p.10，「日経流通新聞」1998年6月18日付

54) 「日経流通新聞」1998年10月13日付

55) 「日経流通新聞」1998年9月24日付

56) 他チャネルでも販売可能にする方針：ユーノス800は，ユーノス系列だけを販売する予定だったが，その系列の販売だけでは採算に乗らないとしてマツダ系列でも販売した。

57) 桂木（1999）p.635

58) 久保田秀樹（1995）「チャネル管理と問題点」曽我信孝編著『マツダマーケティング戦略』白桃書房，p.78

59) 「日本経済新聞」1991年1月31日付

60）久保田（1995）p.75

61）「日本経済新聞」2004 年 3 月 1 日付

62）「日経産業新聞」2004 年 12 月 1 日付

63）「日経産業新聞」2007 年 12 月 6 日付

64）住商アビーム自動車総合研究所（2008）『自動車立国の挑戦』英治出版，pp.300–303

65）河村泰治（2000）『自動車産業とマツダの歴史』郁朋社，pp.322–323

66）山崎修嗣（2006）「マツダグループの経営戦略」産業学会『産業学会研究年報』第 21 号，p.93

67）「日経産業新聞」2009 年 12 月 21 日付

68）「日経流通新聞」1998 年 10 月 13 日付

69）「日経産業新聞」2009 年 9 月 1 日付

70）「日経産業新聞」2006 年 1 月 1 日付

■■■終章■■■

わが国自動車流通における 「相互利益関係」 の形成に向けて
——今後の自動車流通研究の新視座——

はじめに

　本書では，わが国の自動車流通の歴史を振り返ってきた。他の製品の流通と比べた場合，わが国の自動車流通の特徴とされてきた「排他的マーケティング・チャネル」「複数マーケティング・チャネル」について，その生成と展開について，これまでの章において，直接あるいは間接的に取り上げてきた。本章では，これまでのチャネル研究と 1980 年代半ば以降の新潮流について取り上げる。

　その上で，マーケティング・チャネルを「事業システム」として捉えることを提案し，これまでのわが国における自動車流通について，事業システムという視点から改めて振り返っていきたい。

　そして，「はしがき」において取り上げたわが国自動車流通の生成と展開を考察することによって明らかにしたかったことについて，現時点での著者の見解を述べていきたい。さらに自動車流通において今後「相互利益関係」の立ち位置から考察することの意義について取り上げていきたい。

1　チャネル分析の基礎をめぐって

(1) 市場，組織，中間組織

　製造業者（生産者，メーカー）が，自らが製造（生産）した製品の販売を自身とは異なる流通機関に委ねるようになって，かなり長い時間が経っている。当初，製造業者が完全に市場に委ねていた時期は長い間は続かず，自身で製造から最終顧客への販売を手がける企業の成立，自ら実行する機能と，自身では実行せず他者に依存する機能を選択し，環境に合わせてその姿を変えてきたこれらの行動についての説明は，これまで取引費用理論などで行われてきた。ただ，その取引費用理論も万能ではなく，行動仮説として限定された合理性や機会主義などの可能性を排除することができない。それらを統御するためには，防衛，適応，履行評価が行われ，当然，取引費用が発生することになる。そして，統御にも資産特定性，環境不確実性，行動不確実性が

ある。ただ企業は，取引費用の多寡のみで，経営行動を決定することはない。一般的
に取引費用が抑えられると市場が選択されるが，組織や中間組織が選択され取引費用
が増える場合もある。そこで，企業はなぜ，市場を選択せず，組織や中間組織を選択
するかについて，これまでの章を通してさまざまな考察を行ってきた。特にわが国の
自動車流通では，中間組織が果たしてきた役割が大きかったといえるだろう。

(2) チャネル概念とこれまでのチャネル研究

　これまで「チャネル」といったときには，流通チャネル，マーケティング・チャネ
ルのどちらを指しているのか曖昧な場合が多かった。また曖昧にしている方が，都合
がよかったともいえる。そこで，チャネル自体を継起的段階とした上で，その継起的
段階を移転する主なものは所有権であり，他の移転要素は所有権が移転することに
伴って移転することから，チャネルとは所有権移転の経路ととらえてきた。しかし，
所有権の移転のためには，さまざまな要素移転も必要であり，それらの要素が移転す
るからこそ，所有権移転も進むのである。

　また，流通チャネルとマーケティング・チャネルの相違については，一般製品名称
や業界の場合は，流通チャネルという用語を使用し，個別製品ブランドや個別企業な

取引費用理論のロジック

[出所]（出典）林美玉（2006）「流通チャネルにおける取引コスト分析の展開（1）」『経済論
　　　叢』京都大学，第178巻第5・6号，p.81（一部改）

どのチャネルには，マーケティング・チャネルという用語を宛がってきた。したがって，本書のテーマである自動車流通は，自動車という一般製品のわが国国内での流通を示すものであるが，細部の説明には各メーカーの個別製品ブランドが流通することから，マーケティング・チャネルという用語を意識して使用してきた。

　これまでの流通研究は，特にわが国では流通チャネルやマーケティング・チャネルにおいて，その参加者は対立することが前提とされてきた。主として製造業者が，チャネルにおいてパワーを行使することで，いわゆる流通系列化を進めてきた業界もある。ただ，流通系列化を進めるか否かに拘わらず，パワーを行使する過程では，さまざまなコンフリクトが発生する。これまでの伝統的なチャネル論は，いかに自身にとって最適なチャネルを選択するかという問題，そして，それをいかに管理するかということにさまざまな力を注ぐことが指摘されてきた。これらをパワー・コンフリクト論で説明しようとしたのが，伝統的なチャネル論であった。

(3) チャネル研究の新潮流

　1980年代半ばになると，次第に伝統的なチャネル論が衰退しはじめ，新しい流通論ともいえる新潮流が生まれた。この新潮流は，これまでのマーケティング・チャネル研究における統御を再整理し，チャネル参加者が対立するのではなく，長期継続的な協働関係を構築することが，実践の場面においては，より多くのメリットをもたらすものとしている。さらにそれ以前のチャネル論よりも多くの成果をもたらすことを主張しているようである。そして，長期継続的な協働関係が参加者にもたらす成果をさらに測定しようとする研究に進むようになった。この中では，それ以前のパワー・コンフリクト論的な要素は，ほとんど見られなくなり，チャネルを考察する視点も，対立的・経済的・短期的視点から，協調的・社会的・長期的視点へのまさにチャネル研究におけるパラダイム転換を示すかのような動きが目立ってきた。この背景には，対立するよりも協調し，新たな価値を生み出す方が，チャネル参加者だけではなく，チャネルを取り巻く環境全体に対しても有益であり，社会に対しての長期的な利益をもたらすという視点が生まれてきたためである。

(4) 事業システムとしてのマーケティング・チャネル

　わが国において，流通系列化を象徴した業界として，自動車，家電製品，化粧品，医薬品業界などが取り上げられてきた。また，これら製品の流通システムを取り上げる際には，必ず「流通系列化」という言葉が使用されてきた。この用語自体，チャネルにおいて主にパワーを持った主体である製造業者が，他のチャネル参加者をさまざまなパワーにより押さえつけ，その過程で起こるコンフリクトをいかに抑えるかをチャネル管理としてきた側面ばかりを強調してきたように思われる。しかし，本書では，個別自動車メーカーにおけるメーカーからユーザーまでのマーケティング・チャネルをユーザーに価値を届ける経路として観察し，支配・被支配からなるマーケティ

ング・チャネルではなく，ユーザーに最大に価値をもたらすための事業システムというとらえ方をしてきた。そのような視座に立つことで，これまでの長い間の流通チャネルやマーケティング・チャネルを「流通系列化」という視座のみから見るのではなく，チャネル参加者それぞれが利益を生み出すことで，結果として，最終ユーザーに対して利益を生み出す，つまりより大きな価値をもたらすという「相互価値論」の適用できる関係として見ることができるようになると信じている。

2　わが国における排他的マーケティング・チャネルの構築・展開

(1) アメリカ系2社によるマーケティング・チャネルの設置

　自動車は，19世紀の終わりにヨーロッパ，アメリカで開発され，大量生産が確立された。わが国では，20世紀になる前後の時代は，海外生産された自動車を輸入・販売し，組立を試行していた状況であった。当時は，自転車販売店や小規模な商社が自動車販売（流通）を主に担当していた。また，自動車は現在のような移動手段ではなく，富裕層の「玩具」程度の製品であった。そのような製品認識あるいは使用方法から一変したのが，1923年9月に発生した関東大震災であった。これを契機にアメリカ系自動車メーカー（以下「メーカー」）であるFord Motor（以下「フォード」）とGeneral Motors（以下「GM」）がわが国に直接進出し，ノックダウン（KD）生産を開始した。また生産だけではなく，販売に関しても，それぞれが自社でマーケティング・チャネルの構築を開始し，ほぼ1県1ディーラーが配置された。

(2) わが国における自動車政策の開始

　わが国の自動車については，1920年代半ばからの約10年間はアメリカ系2社による生産・販売が主であったが，36年に最初の自動車法制といわれる自動車製造事業法が制定された。この背景には，第二次世界大戦へ向かう中，国内事業者の保護・育成という目的があった。これによりアメリカ系2社はわが国での事業規模を次第に縮小し，39年末には撤退した。このアメリカ系2社の事業規模が縮小していく過程で，トヨタ自動車工業（以下「トヨタ自工」）と日産自動車（以下「日産」）はアメリカ系2社のマーケティング・チャネルを次第に自社へ転換することを進めた。一方，アメリカ系2社撤退後のわが国の自動車産業は，完全に軍需目的の生産・配給（流通）体制となり，主要な産業は戦時体制へと組み込まれた。そして，自動車については日本自動車配給（日配）が設立され，その下部組織として道府県別に各ディーラーが合同した地方自動車配給（自配）が設立され，この組織を通しての販売（配給）が行われるようになった。

　つまり，各メーカーが，それぞれのマーケティング・チャネルを経営するのではなく，日配・自配という組織に集約された。この状況では，メーカーとディーラー企業

との間にはそれ以前の関係というようなものではなく，ディーラーは単に自動車の販売拠点としてしか位置づけられなかった。

(3) 戦中戦後の自動車をめぐる環境

　第二次世界大戦直前・中の自動車は，ほとんどが軍需であり，生産量も少なかったことから民需には回らなかった。そして，わが国の第二次世界大戦での敗戦後，経済民主化に力点が移動し，すぐにトラックのみ月産1,500台の生産許可が連合国軍最高司令部（GHQ）から出された。しかし，GHQは乗用車生産を禁止した。また，1946年1月に自動車製造事業法が廃止されたことで，戦時体制期とは異なった状況が自動車流通に見られるようになった。そして，自配が自動車流通を担当していたが，46年6月に通産省から「自動車配給機関改善方に関する件」が出され，戦時体制期以前のようにメーカーごとに分かれての自由販売が可能となった。

(4) わが国自動車メーカーの戦後の立ち上げ

　第二次世界大戦後，わが国の各メーカーは，すぐに生産再開をしようとしたが，戦争により疲弊していたことや，戦時中には軍需産業の一角を占めていたため，戦時体制期以前のような生産状況にすぐに戻すことができなかった。そのような中，まずトヨタ自工は，小型車部門へ進出を決意し，1947年10月から本格的に乗用車生産を開始した。しかし，49年には販売競争の激化と経営環境が深刻化し，49年末には越年資金が2億円不足するという事態に陥った。この状況に対し，銀行団が融資して倒産を回避した。また，日産は44年9月から49年8月までは日産重工という社名であった。敗戦後，GHQによる民需転換政策の影響で鶴見工場の大部分が接収され，戦前のような生産体制を組むことができなかった。さらにヂーゼル自動車工業（以下「ヂーゼル自工」）は，46年5月に制限会社に指定され，他者と同様に生産制限を受けたことで，戦前と同様の生産ができなかった。そして，49年7月にはヂーゼル自工からいすゞ自動車へ改称した。

(5) 各メーカーのマーケティング・チャネルの再編

　トヨタ自工によるマーケティング・チャネルの再編は，戦前のディーラー企業には拘束されず，優秀なディーラーの獲得を目標とした。トヨタ自工は，地方の有力資産家をディーラー企業としていったことから，ディーラー企業との資本関係は，地元資本による系列ディーラーが圧倒的多数となった。これはトヨタ自工のディーラー（マーケティング）・チャネル政策の基盤となっている。一方，他メーカーは，自社資本でディーラーを設立した企業が多かった。トヨタ自工は，自配解散直前にディーラー獲得機会を得た際に，他メーカーの人材をリクルートすることに成功した。その中には，戦前の日産販売店協会における会長など有力者もいた。その一方で，メーカーと卸売（販売）を担当する会社を分離しようとする「新販売会社設立案」が1948年2月に出されたが，生産台数が伸びず，財務問題，さらには労働争議なども

頻発し，なかなか実行に移すことができなかった。そしてようやく生産と販売が別会社に分離され，トヨタ自動車販売（以下「トヨタ自販」）が設立されたのが50年4月になってからであった。

　一方，日産重工（日産）は，マーケティング・チャネル再編については，トヨタ自工に出遅れた。1945年12月に日産興業を改組し，日産自動車販売（以下「日産自販」）を設立した。これはトヨタ自工に先駆けて，生産と販売を分離したといえる。ただ，トヨタ自工のディーラー設置がどんどん進捗していくことに危惧を持っていた。それは戦前の日産ディーラーの有力者が，トヨタ自工へ転向したことがその背景にあった。また，トヨタ自工が生産と販売を分離しようとした同時期に，日産は49年7月からメーカーがディーラー企業に対して直接販売するという直売制へ移行した。これは，日産が日産自販との総代理店契約を解消し，各ディーラー企業と直接契約することによって実施された。また，ヂーゼル自工は終戦まで95%が軍需であったために，マーケティング・チャネルを構築する際には，戦前の販売組織や他社のディーラー企業を自社に転換することができず，新規にマーケティング・チャネルを構築する必要があった。

　ここでのメーカーとディーラー企業との関係は，メーカーがディーラーを選択する力を持っていたというよりも，メーカーが積極的にディーラーを選別し，有望と思われる各地域の地元資本家を自社のディーラーへリクルートしたといえる。一方，ディーラーとしても，将来性が期待されるメーカーの傘下に入ることを選択した。また，日産については，一部でトヨタ自工よりも魅力が劣っていたというよりは，あまりにもトヨタ自工のディーラーへの働きかけが強く，ディーラーに選択してもらえなかったという状況であったといえよう。

　第二次世界大戦後の各メーカーの生産や販売組織の再構築については，敗戦後の苦しい状況は各メーカーとも同様であったが，生産だけを再興するのではなく，マーケティング・チャネルの再構築を一足先に手がけた企業，つまりトヨタ自工に先発者利益があったといえる。その背景には，戦時中の各自配での人間関係が影響しており，生産政策も重要であるが，マーケティング政策も同様に重要であったことを示している。

3　複数マーケティング・チャネルの構築と展開

(1) モータリゼーションのはじまりと展開

　1950年6月に起こった朝鮮動乱によって，わが国自動車産業には特需が発生した。これにより，わが国メーカーの技術水準が向上し，国際的な性能・価格水準に接近した。特需は，短期的なもので終わったが，わが国の自動車産業は大衆車生産へと大き

く転換した。また，通産省が55年5月に「国民車育成要綱案」を出し，超小型で大衆的な低価格車で輸出可能な乗用車を1社に集中生産させることを意図した。この計画は頓挫したが，ほぼ同じ時期からトヨタ自工，富士重工，東洋工業，新三菱自動車は360 ccの乗用車開発を開始し，小型乗用車の開発競争が激化した。大衆車生産が活発化したことで，それまでの自動車の用途が営業用から家庭使用へ，ユーザーは法人から個人へ次第に変化し，自動車需要に変化が見られるようになった。50年代半ばから後半にかけてのこの現象は，わが国のモータリゼーション萌芽期を象徴するものであった。

　モータリゼーション萌芽期のわが国自動車業界の特徴は，乗用車比率の上昇，小型三輪トラックから小型四輪トラックへの移行，小型二輪車や軽二輪車から小型・軽乗用車への移行，小型トラックの乗用車的性格化が見られ，1960年代半ば以降，モータリゼーションが本格化した。そして，この時期にわが国のメーカーは最後発の本田技研工業（以下「本田技研」）を含めて11社体制となった。

(2) トヨタによる複数マーケティング・チャネルの拡大と市場浸透

　モータリゼーションの進展に伴い，わが国のメーカーは，わが国における自動車流通の特徴の1つである複数マーケティング・チャネルの採用を開始した。その口火を切ったのがトヨタであり，1953年3月に東京地区に直営ディーラーである「東京トヨペット」を設立し，56年3月からは全国に「トヨペット」チャネルを設置し，複数マーケティング・チャネル制を本格的に採用した。その後も矢継ぎ早に，「ディーゼル」（57年2月）チャネル，「パブリカ」（61年6月）チャネルを設置し，製品ブランド別専門店制へと移行した。一方，日産も56年9月に全国に「モーター」チャネルを設置し，65年4月には「サニー」チャネルを設置した。さらに東洋工業でもトラックと乗用車のディーラーを区分し，「マツダ」チャネル，「マツダオート」チャネルを設置し，複数マーケティング・チャネル制へと移行した。

　わが国のメーカーが，複数マーケティング・チャネルの拡大を開始し，それが緒につきはじめたのが1960年代前半であった。その時期のわが国における自動車の流通方式には，2種類あった。それは1つは総販売会社を設立し，販売分担する方式（メーカー─卸売業─小売業）で，トヨタ自工，プリンス自工，日野が採用した。もう1つは，メーカーの営業部が販売を担当する方式（メーカー─小売業）で，日産といすゞが採用した。

　さらにトヨタが大衆車チャネルの整備を進め，大衆車「カローラ」の発売によるマーケティング・チャネルを強化するために，1966年4月からの半年でパブリカ・チャネルを18社増設した。その当時は，トヨタ，トヨペット，ディーゼル，パブリカの複数チャネルが存在していたが，パブリカからのチャネル変更，日産ディーラーからの転向などにより，全国で43店の「オート」チャネルが68年3月に設置され

336

た。そして，69年3月にパブリカ・チャネルから「カローラ」チャネルへ改称され，複数チャネルを拡大しただけでなく，製品ブランド別専門店制が明確になった。それはトヨタが1チャネル2乗用車体制を採用したことにも現れている。この背景には，ディーラー企業の成長，需要の多様化，上級移行への対応などがあったが，ディーラーとその先にいるユーザーの変化を捉えるものであった。

(3) 日産とプリンス自工の合併とマーケティング・チャネル

日産は，1965年に販売組織の改編を行い，業務部，第一販売部，第二販売部中心に組織を改編した。その中で，業務本部（スタッフ機能）と販売事務局を設置し，管理機能を集中化・効率化することにした。これは自動車の流通方式として，メーカーと卸売機能を分離せずに自社内に営業部を置き，トヨタなどのようにメーカーと卸売を区分する行動をとっていなかった影響である。一方で，狭い国土にメーカーがひしめき合っている状況を変化させるために，通産省が主導してメーカーの合併を計画した。最初はトヨタを中心にという意向であったが，トヨタが拒否したために，日産とプリンス自工が66年8月に合併することになった。これにより日産のマーケティング・チャネルは，日産，モーター，サニーの3チャネルに，プリンス自販を加えた4チャネルによるチャネル別管理へと変更した。その後も日産は積極的にマーケティング・チャネルの拡充を行い，新チャネルである「チェリー」チャネルを70年に設置し，5チャネルによる販売体制となった。また，「業販チャネル」と呼ばれる補助販売機構の利用も積極的に行った。そして，トヨタ，日産を追いかけるフォロワー企業のマーケティング・チャネル政策もトヨタ，日産の戦略をほぼ踏襲するものであった。

この時期は，メーカーの生産力向上により，生産台数は飛躍的に増加し，その生産した自動車を売り捌くことがディーラーの仕事であった。市場が成長段階にあったことから，ディーラーは販売する「窓口的な機能」を果たしていたに過ぎない面もあった。したがって，基本的にはディーラーは，メーカーの政策を忠実に実行していさえすれば，売上も利益も伸張した時代であった。

(4) トヨタのチャネル行動と工販合併

1960年代には，わが国の自動車保有率も急上昇し，メーカーの業績も向上した。しかし，70年代になって第一次石油ショックの後，トヨタのシェアは下降しはじめた。この対応として，複数マーケティング・チャネルを採用し，それぞれのチャネルに2乗用車を割り当てていた体制から，「1チャネル3乗用車体制」を推進することになった。したがって，車種ブランド数が急速に増加したことで，ユーザーにはバリエーションの豊富さを提供する形になった。また，トヨタは80年4月には新チャネルである「ビスタ」チャネルを設置し，最終的には全国で66社のディーラー企業を設置した。この新チャネルには，大手小売業であるダイエー等の有力新資本が参加し

た。これまでの各地域の地元資本家を自社のマーケティング・チャネルに組み込むのとは異なる政策を採用したことになる。そして，この時期のわが国の自動車販売は，ディーラーの営業員（セールスマン）が各家庭を訪問し，1台1台販売を積み重ねるという方法が主であったが，新チャネルでは店頭販売を重視し，日曜営業等の新販売方法を導入した。一方で，80年代になるとトヨタでは，5チャネルでそれぞれ主力3ブランドを展開したために，いわゆる「双子車・きょうだい車」問題が起こり，大衆車から上級車まで取り揃えるというフルライン化によってトヨタ・チャネル同士での競合が発生するようになった。

　また，この時期までのわが国の自動車流通方式は，先にも取り上げたとおり，メーカー→卸売会社（自販）→小売会社（ディーラー）という形式と，メーカー→ディーラーという2通りの流通形式があったが，トヨタでは1982年7月に生産・販売会社の合併（工販合併）を行い，製品の流れは，メーカー→小売会社と大転換した。ただ，工販合併に対してディーラーの動揺も見られたが，トヨタ内部では，戦前からディーラー企業設置の際に強調した「1にユーザー，2にディーラー，3にメーカー」の方針に変化がないことを確認し，流通方式が変わることをディーラーに受容してもらった。この期間は，メーカーであるトヨタのマーケティング・チャネル政策が，前面に出て，まさにメーカー主導のマーケティングが行われていた時期であったといえよう。しかし，メーカーが販社を統合するという動きにはディーラー企業が反対し，それを説き伏せた経緯も見られたことから，一方的にディーラーがメーカーのマーケティング政策を受け入れていたとも言い難い面もあろう。

(5) 日産の販売組織変更と高級車路線

　日産は，1975年6月に国内登録累計1,000万台を達成した。トヨタよりも少し遅れての達成であった。モータリゼーション以前の時代から，日産はトヨタとは激しい開発・販売競争を繰り返してきた。しかし，朝鮮動乱以降，プリンス自工と合併した年を除いて，これまでトヨタの登録台数を超えることができないままである。日産では，70年代半ば，チャネル系列別営業組織により，系列毎に担当部長を配置する体制であった。これはメーカーが卸売機能を内部化したことで，このような体制は当然であったと考えられる。しかし，トヨタと同様に，複数のマーケティング・チャネルを抱え，車種ブランドを増加させることで，やはり日産内部でも激しい販売競争が起こっていた。新車が発表される度に，チャネルごとの販売部長が奪い合う状況も見られたようである。このような状況になると，競争の激化に伴う負の面が強く出ることになる。そして，日産では複数マーケティング・チャネルの多さが重荷となり始めた80年代後半，チャネル数の削減に他社に先駆けて取り組むことになった。そして，89年にプリンス・チャネルがチェリー・チャネルを吸収し，5チャネルから4チャネル体制へと変化した。

一方でバブル経済期において，日産が採用した高級車政策が功を奏し，88年1月に「シーマ」が発売されてからは，販売目標の3倍に達し，「シーマ現象」が起こった。この約20年間は，日産ではメーカーのマーケティング・チャネル政策にかなり影響を受けてきた面が強かったといえる。これはトヨタは資本を注入したディーラー企業が少なかったが，日産の場合，資本を注入したディーラー企業が多かったことが影響していると推量される。

(6) フォロワー・メーカーのマーケティング・チャネルの積極的展開

三菱自動車工業（以下「三菱自工」）もトヨタと同様に，メーカーと卸売機能を持つ会社を分離し，三菱自動車販売（以下「三菱自販」）として経営していた。三菱自販も1975年10月に東京営業所を新設し，東京地区でマーケティング・チャネルの拡充・強化（「カープラザ」等の新チャネル展開）に乗り出し，複数マーケティング・チャネルを展開した。その後，トヨタが工販合併をしたのと軌を一にするかのように84年10月に工販統合し，三菱自動車を発足させた。

また，東洋工業は，第一次石油ショック後，ロータリーエンジンの販売不振で経営が悪化した。その再建に住友銀行が介入し，特にマーケティング・チャネルの整備に注力した。この住友銀行による支援を背景に，ディーラー企業の財務体質強化や社員教育制度の支援を充実させ，1984年には創業者の名前に因んで社名をマツダに改称した。そして，マツダも5チャネル体制の確立を目指した。89年4月からは「MI（マツダ・イノベーション）計画」を開始し，その後「マツダ」「マツダオート」「オートラマ」チャネルに加え，「ユーノス」「オートザム」チャネルを設置した。

一方，鈴木自動車工業（以下「鈴木自工」）は，二輪車，軽四輪自動車の専業メーカーであったが，1983年の小型車発売を契機に，軽四輪ディーラーを母体としてディーラー企業を全国で53社設立した。そして，85年には鈴木自工は，全国80社のディーラー企業，業販店を4万店以上保有し，さらに農業地域でのマーケティング・チャネルを強化するために，井関農機との販売提携を行い，いわゆる「農販」を積極化させた。

さらに1962年に本田技研は四輪車への進出を表明した。そして，本田技研初の四輪車を発売したのがその翌年で，わが国では量産する最後発の自動車メーカーとなった。ただ，四輪車が後発であったことから，当初からマーケティング・チャネル問題が起こった。それまで二輪車のマーケティング・チャネルを「ホンダ」チャネルとして基本的に利用していた。しかし，四輪車の販売は二輪車とは異なり，スペースの問題や技術的な問題など，多くの問題があった。そのため，四輪車専業のマーケティング・チャネルである「ベルノ」チャネルを78年に設置し，85年には主に二輪車ディーラーから開始した「ホンダ」チャネルを「プリモ」チャネルと「クリオ」チャネルに分割し，3チャネル体制による明確な車種別の区分に応じたマーケティング・

チャネルを設置することとなった。

　この時期は，メーカーによる複数マーケティング・チャネルの積極的展開期であり，販売台数を伸張させるには，その枝葉となるディーラー店舗の必要性が背後にあった時期であった。そのために，フォロワー・メーカーでも，積極的にディーラー店舗の増加要請をし，ディーラー企業もそれに応えていたといえる。二度の石油ショックから安定成長，そして，市場の飽和化が見えはじめた時期であったが，メーカーの意思がディーラーに対して色濃く打ち出され，それにディーラー企業もできる限り対応しようとした時期でもあった。

4　各メーカーによるマーケティング・チャネルの再編

(1) 日産における段階的チャネル統合

　いわゆるバブル経済により，わが国の自動車業界も大きな恩恵を受けたが，バブル経済が崩壊すると，メーカーも同様にその影響を被った。まず，バブル経済崩壊の打撃が大きかった日産は，1999年3月，ルノーとの資本提携を行い，その実践者であるカルロス・ゴーンが，日産の改革を主導することとなり，99年10月には，「日産リバイバルプラン（NRP）」を発表した。また，マーケティング・チャネルの改編にも着手し，それまでの4チャネルから「ブルーステージ」チャネルと「レッドステージ」チャネルの2チャネルに統合し，日産が，2004年度に発売予定の新型6車種を04年9月に一斉公開した上で，05年4月には全車種ブランドを2チャネルで併売する方針を発表した。これがチャネル一本化への布石となった。そして予定通り，05年4月から2チャネルでの全車種ブランド併売が実施され，日産のディーラー企業同士の競争はさらに激化した。

(2) トヨタにおけるチャネル統合とレクサス・チャネル

　トヨタは，1980年のビスタ・チャネル設置以降，5チャネル体制を維持し，一部を除いて排他的マーケティング・チャネル（専売制）を実施してきた。その体制に変化が生じたのは，オート・チャネルを「ネッツ」チャネルへと98年に改称したときにはじまり，2004年3月にはネッツ・チャネルとビスタ・チャネルの統合が行われた。その後は，4チャネル体制を維持している。

　また，トヨタは2005年8月に高級車チャネルとして北米で好業績を上げていた「レクサス」チャネルをわが国に導入した。レクサス・チャネルは，①開発から販売までトヨタブランドとの切り離し，②開業後1年以内での4車種ブランド投入，③販売目標　年間5〜6万台，④販売ネットワークとして180店舗，⑤販売スタッフのレクサス思想の共有を目標とした。そして，レクサスの経営母体は，これまでの新チャネル設置の際は異業種からの受け容れもあったが，ほとんどが既存のトヨタのディーラー

企業であった。ただ，トヨタとの取引は各ディーラー店舗が直接行う方式を採用した。

(3) フォロワー・メーカーにおけるチャネル統合

本田技研は，1997 年に年間国内販売台数 80 万台を達成した。本田技研は，これまで製品の魅力で販売台数を伸長してきた面が強かったが，マーケティング・チャネル全体の組織的な販売力ではトヨタに劣っていた。本田技研は 3 チャネルを有していたが，人気車を販売するディーラー店舗を増加させるために併売を拡大した結果，身内同士の値引き競争が起き，自社登録が常態化した。そこで本田技研は 3 チャネルを一本化することとし，2006 年 3 月から「ホンダ」チャネルを開始し，これにより本田技研が生産する自動車すべてを扱うチャネルへと一本化した。一方で，トヨタのレクサスと同様，北米で支持されていたプレミアムブランド「アキュラ」チャネルを 08 年秋に国内に導入することを発表したが，07 年 7 月には導入の 2 年延期を発表し，08 年 10 月には無期限の延期とした。

三菱自動車は，1990 年代前半は，RV 車の販売増加により順調に業績が推移していた。しかし，海外や国内での度重なる不祥事により，急激に販売が減少した。そこで，2 チャネルあった乗用車チャネルを 2003 年 1 月に統合し，「Mitsubishi Motors」へと一般化した。そして，02 年 10 月には全国のディーラー企業 227 社を 3 割減らし，約 150 社へ集約することも発表した。また，マツダでは，乗用車を 2 チャネル，軽自動車を 1 チャネルに集約した。その背景には，バブル経済の崩壊を契機として，販売が急激に落ち込み，ディーラー企業からはチャネル別の車種限定解除要求が出されていた。これにより，特定チャネルのみの専売車を他チャネルでも販売可能にする併売方針を採用し，実質的に 5 チャネル体制が放棄された。一方，軽自動車の生産を主体とするメーカーでは，富士重工は 1998 年以降，業販店を拡大し，ダイハツでも有力業販店の集客力を強化する取り組みが継続して行われている。

(4) マーケティング・チャネルをめぐる新しい動き

これまでのメーカーとディーラーとの関係は，ディーラーの大幅な値引きに対してメーカーが補填する護送船団方式であった。それが 1990 年代後半から販売奨励金の削減方針が打ち出され，経済的基盤が豊かでないディーラー企業は，将来の見通しが立てられなくなった。また，メーカーとディーラー企業との契約においても，トヨタでは 1998 年に排他的専売条項に類する契約上の文言を削除しており，同年に三菱自動車では，ディーラーとの契約に 3 年の契約期限を設定し，「主たるエリア」という表現に変更，隣接地域への出店・販売が可能となり，これまで厳然とあったテリトリーの厳密さがなくなった。さらには，各メーカーにおける複数マーケティング・チャネル系列を超えた自動車展示と販売が行われ，「オートモール」が開業し，複数マーケティング・チャネルの今後の方向性が探られている。最近は，バブル経済の崩

壊を直接の契機として始まったメーカー段階でのチャネルの再編だけにとどまらず，わが国ユーザーの自動車に対する態度変容もあり，現在も自動車を取り巻く環境は大きく変化し続けている。この状況で，メーカーとディーラーとの関係も，これまでの「持ちつ持たれつ」という関係からの変化が見られる。メーカーはディーラーに対して，経済的な自立を強く期待し，ディーラーはメーカーに対して他メーカーとの競争優位となる製品開発をはじめとしたマーケティング政策を強く期待するようになった。また，メーカーの代理競争から脱し，ディーラー企業独自のマーケティング政策も重要となってきた。それはディーラー店舗が個店として，ユーザーと向き合うリレーションシップ・マーケティングの具現化であろう。

5　自動車流通における「相互利益関係」の形成

　ここでは，最初にあげた4つの「本書で明らかにしたかったこと」に基づいて，史的研究から得られた事象に基づいて，それぞれについて検証していきたい。

(1)「なぜわが国の自動車流通においては専売チャネルが採用されたのか」

　他の製品の流通と比べた場合，わが国の自動車流通の特徴として専売チャネルがなぜ採用されてきたかについては，1920年代半ばにアメリカ系メーカー2社が，それぞれわが国において，各メーカーのマーケティング・チャネルを構築・展開したことが，その後のわが国の自動車流通における「専売制」を決定づけたといえる。

　そして，1930年代半ば，わが国のメーカーがマーケティング・チャネルを構築するにあたって，アメリカ系メーカーのマーケティング・チャネル政策を模倣し，さらには自動車製造事業法により，アメリカ系メーカーのわが国での企業活動が制限される中，アメリカ系メーカーのチャネルをそのまま引き継いだ方が，経済的な面，スピードの面においても有益であったと思量できる。ただ，他の製品と比較した場合，自動車という製品の製品特性も専売制を採用するにあたって，大きく影響したことも事実である。最終ユーザーへ販売する価格が，他の製品に比べて比較にならないほど高価であり，この高価な製品を販売するためには，卸売業者，小売業者も相当な経済力を持っていなければ，経営できなかったということから，複数メーカーと取引をし，多くの車種ブランドを扱うということができなかったという背景もあるだろう。

(2)「同じメーカーでありながら，なぜマーケティング・チャネルを複数展開する必要があったのか」

　わが国の自動車メーカーだけでなく，海外のメーカーにおいても採用しているメーカーがあるが，わが国の自動車流通における「排他的マーケティング・チャネル（専売制）」という特徴のほか，もうひとつの特徴とされるのは，同一のメーカーの自動車であっても，ディーラー段階では，車種ブランドにより，販売するチャネルを分け

る「複数マーケティング・チャネル」が，1950年代前半にトヨタを皮切りに，その後50年代後半には全国的に採用されたことである。そして，60年代には各メーカーはさらに多くのチャネルを増やし，80年代に至ってもさらに拡大するメーカーも存在した。これまで専売制は，わが国でいわゆる流通系列化を行ってきた業界とされる家電業界や化粧品業界では一部見られたが，ブランドにより，さらに細かくチャネルを区分したのは，自動車くらいである。

それではなぜ自動車では「複数マーケティング・チャネル」を採用しなければならなかったのかについては，自動車という製品を普及させるには，販売窓口であるディーラー店舗を増やさなければならなかったことが理由としてあげられるだろう。実際に製品政策だけでなく，マーケティング・チャネル政策をどのメーカーよりも展開し「販売のトヨタ」といわれたトヨタ自動車は，ユーザーとの接点であるディーラー店舗を拡大した。そして，このディーラー店舗の拡大にあたっては，各地の地元資本家をリクルートしなければならず，各地において異なる資本家をリクルートするためには，メーカーは同一であっても異なる製品を用意し，そのためには複数のマーケティング・チャネルが必要であった。イギリスのフォードは経済が発展してくると，奢侈品を扱う店舗数が増え，その販売額が増加するということを主張した「フォード効果」と呼ばれる仮説を提唱したが，わが国の自動車の複数マーケティング・チャネルによるチャネルとディーラー店舗の増加が，その後の自動車販売台数を増加させてきたことから，まさにフォード効果そのものであったといえる。

(3)「なぜ自動車需要拡大期には複数マーケティング・チャネルを展開し，需要の頭打ちが見られると一部メーカーはマーケティング・チャネル数を削減するのか」

1980年代の日産を皮切りに，特にバブル経済崩壊以後，不況が長引くにしたがって，わが国の自動車流通において他製品と比べた場合の特徴とされる「複数マーケティング・チャネル」政策を変更するメーカーが出てきた。それがマーケティング・チャネル数の削減である。チャネルの削減には各メーカーによりさまざまな背景があり，全く同じ事情ではない。ただ，わが国の市場状況はどのメーカーにも共通しており，ほぼ買い換え需要だけになってしまい，新規需要がかなり減少していること，所有するという「クルマ」離れが確実に進んでいることである。

これまで取り上げてきたように複数マーケティング・チャネルにより，異メーカーのディーラーによる競争（「外」の競争）と同一メーカーの異系列による競争（「内」の競争）により，過当競争になったことがまず原因としてあげられる。メーカーは異なるマーケティング・チャネルには異なったブランドを用意しなければならないため，「双子車・三ツ子車・きょうだい車」と呼ばれる自動車が多数出現した。また限られた範囲で異なるマーケティング・チャネルであるディーラーが犇めき合うため，ディーラーも疲弊してしまい，結果的にメーカーの疲弊につながった。それがメー

カーによるマーケティング・チャネル数の削減へと大きく梶を切らせた背景と考えられる。

　また，それ以前の時代とは異なり，特に若者を中心とした自動車に対する意識変化が見られるようになった。自動車という製品自体が年齢とともにクラスアップ（グレードアップ）する商品でもなくなり，これまでのようにその所有が一種の憧れや，ステータスでもなくなり，移動のための手段やレジャーの一部品となったことが大きい。そして，スピードを競うという時代も終わり，これまで環境に負担をかけてきた代表格であった自動車をいかに環境に負担をかけない製品として所有するかが課題となってきた。中には個人で所有することをやめ，あるいは複数所有や必要なときだけ借りるという行動をとるユーザーも増えてきた。そのうえ，所有をしてもそれ以前のようなサイクルでは買い換えをしなくなった。したがって，次から次へとユーザーに自動車を販売する拠点であったディーラー店舗がユーザーの自動車所有や使用の状況によって影響を受け，以前ほどの店舗数が必要ではなくなったことが複数マーケティング・チャネルを減少させ，一本化させる大きな動機となった。したがって，需要の頭打ちだけではなく，ユーザーの消費行動，利用行動の変化という影響もある。また，削減されるディーラー企業には，メーカーの完全子会社が多く含まれている。これはメーカーの経営体質をスリム化しようという意思も含まれている。

(4) 「わが国の自動車流通においてはその参加者であるメーカー，流通業者間で『相互利益関係』が成立するのか」

　これまでのわが国の自動車流通では「流通系列化」がことさら強調されてきた。系列化という言葉の負のイメージからくる支配—被支配の抜け出せない関係の中，「メーカーはディーラーを生かさず，殺さず」というスタンスで，関係構築をしてきたかのように語られてきた。そして，いわゆる流通系列化に対する好意的な評価については，流通系列化は生産部門と流通部門の取引を媒介する方法として，市場拡大が持続する限りにおいて比較的効率的な方法であったとされてきた。一方で，わが国では，自動車流通をはじめさまざまな製品の流通において，その取引の過程ではこれまで「対立」が前提とされてきた。そして，自動車流通を歴史的に辿る上で，本当にそもそも同じ製品の生産や流通に関わる参加者が対立しなければならないのかについて意識してきた。たしかに，ある短期的な期間ではメーカーの苦境に対し，ディーラーもその影響を受けた。しかし，これまでわが国においてディーラー企業数，ディーラー店舗数が頂点であった時期から減少している。ただ他に流通系列化を推し進めてきた製品分野の販売店舗数の減少と比較すると，自動車ディーラーの店舗数は，極端に変化することなくその数を維持している。これはメーカーの経営の影響を受けながらも，ディーラー企業自身の経営努力だけではなく，メーカーからのさまざまな支援もあり，その関係の中で生き延びてきたということができるであろう。まさにそこに

おける関係は支配─被支配の関係ではなく，相互に何らかの利益を生み出してきた関係があったからこそである。

　ただこのような関係が長期的に継続するのは，自動車産業を取り巻く環境が大きく変わらないことが前提となる。家電業界や化粧品業界などで見られたいわゆる「流通系列化」の状態は，大規模な小売業者の出現により幕を閉じた。自動車においては，これまでの歴史を振り返ったとき，大規模な小売業者が出現する可能性はそれほど大きくないといえる。

　20世紀はガソリン自動車の世紀であったが，むしろ，（現在その胎動は感じられるが）自動車という製品自体がガソリンから電気など他の動力へと変化したときに，これまでのメーカー自体も変化し，サプライヤーである部品供給業者，流通業者であるディーラー企業の入れ替わり，そして，ガソリンを供給してきたガソリンスタンドなど，多くの分野での変化が予想される。したがって，これまでのメーカーが自動車を生産するということだけではなく，現在の電機メーカーが自動車生産へ参入したり，またこれまでの既存の自動車ディーラーだけではなく，大手家電販売店などの流通への参入も十分に可能性があろう。ユーザーに価値が伝達することができれば，特にこれまでの自動車流通チャネルへの参加者が，担当するだけではなく，多くの参加者が参加しても問題ないのである。そこでもやはり，流通系列化という視座ではなく，メーカーからユーザーまでの価値を伝達する事業システムという視座が必要になろう。

　20世紀は対立的なものの見方をする時代であった，しかし今後は，二者間，あるいはそれ以上の間での関係を考察するにあたって，「対立的なものの見方」を根本から変える必要がある。したがって，自動車流通においては，「流通系列化」という視座によって観察するだけではなく，「協調的なものの見方」をすることによって，「相互利益」的なものの見方ができるようになり，これまで見落とされてきた事実や新しい発見もあるのではないだろうか。

おわりに

　終章では，まずこれまでのチャネル研究について振り返り，「チャネル概念」の曖昧性と，本書を通してこだわってきた「流通チャネル」「マーケティング・チャネル」の使い分けについて取り上げてきた。そして，1980年代半ばまでのチャネル研究がパワーを主として展開するものであったとし，それ以降のチャネル研究の新潮流として，「協調的・社会的・長期的」視点に基づく研究の重要性について取り上げた。そして，自動車流通におけるマーケティング・チャネルを「事業システム」として捉えた。それはこの事業に関係する参加者がすべて長期的に利益を得る「相互利益関係」

の立場から，自動車流通を観察する新しい視座を提案するものである。

　また，本書を通してのわが国の自動車流通の生成・展開，そして現在に至るまでの現象を簡単に振り返った。あらためて，わが国自動車流通の特徴である「排他的マーケティング・チャネル」「複数マーケティング・チャネル」によるメーカー，流通業者，顧客（ユーザー）の立場から，これの意味について取り上げた。時間の経過とともに，それぞれの立場における意味は変化したが，わが国の自動車流通における参加者が「対立」するのではなく，それぞれが多くの価値を得るためには，協調する長期的な関係を構築しなければならないことを強調した。冒頭にあげた4つの研究課題は，本書を通して明確になった部分，やや明確になった部分，まだ明確になっていない部分など存在する。しかし，これまで連綿と継続してきたわが国の自動車流通の現場をさまざまな資料によって考察することにより，少しは進捗が見られたのではないかと考える。

▰補章▰

わが国自動車流通における根本的問題
──他製品の流通にはない「制度・慣行」を中心として──

はじめに

　自動車メーカー（以下「メーカー」）の業績に関していえば，21世紀になる頃から，トヨタ自動車（以下「トヨタ」）を中心として好業績が伝えられてきたが，ほとんどは海外市場における貢献であった。国内市場においては販売台数は減少傾向にある。そのため，国内メーカーによる国内の販売体制（マーケティング・チャネル[1]体制）を見直す動きが顕在化している。この動きは新車需要の大幅な伸張が期待できない中，収益力向上を目指すためであるが，1台あたりの利益幅が大きい高級車ブランドの展開を含め，マーケティング・チャネル再構築の成否が，国内市場のシェアに影響を与えそうである。

　わが国では，他の製品に比べて，自動車のマーケティング・チャネルでは，各メーカーで新車の販売チャネルが分かれている「排他的マーケティング・チャネル」（専売制）と，各メーカーが車種ブランドによってチャネルを分ける「複数マーケティング・チャネル」という特徴があった。前者については変化はないが，後者については，21世紀になる前後から大きな変化がみられた。補章では自動車のマーケティング・チャネルの統合の前段階において，本来メーカーやディーラー企業が考え，取り組まなければならなかった問題について取り上げたい。さらにこれまでに取り上げられてきたわが国の自動車流通をめぐる問題を中心に，これまでの章として少し異なった角度から取り上げてみたい。

1　メーカーの流通チャネルへの影響力

(1) 理論と現実のギャップ

　経済はさまざまなシステムにより構成され，多くの分割可能な活動により成立している。流通もその一部である。メーカーが製品を生産し，最終的に消費者（顧客・ユーザー）に届くまでには，さまざまな活動がある。一般的にメーカー段階では，少品種多量の生産が要求されるが，小売段階では消費者は多品種少量の販売を期待す

る。問題は，これをどのような組織的形態で運営するのが一番望ましいかである[2]。問題になるというのは，メーカー，流通業者，そして消費者にとって，すべての主体が望ましい状態がこれまでに一致してこなかったからである。つまり，部分最適ではあっても，全体最適とはならなかった。ここでは理論と現実のギャップとメーカーによる流通チャネルへの影響力行使について考えていきたい。

　生産から消費（使用）に至る流通段階では，歴史的に多くの機能が分化し，それを専門に行う流通機関が生まれてきた。そして，当該流通機関が有機的に結びつくことで，社会的に効率的な流通システムを構築することが目指された。一方，ある財の流通では異なる流通機関が担当するのではなく，メーカーが最終消費者に届ける垂直統合した流通（マーケティング）機構を構想することも可能である。しかし，どちらの場合も，具体的な製品（商品）について個別に考えるとき，机上の空論という誹りを逃れ得ない。ここにあるべき，また理想的な流通システムの構想と現実とのギャップがある。

　実際にはこの両者の間に現実があることが多く，同じ財であっても垂直統合することもあれば分権的な組織の利用もされてきた。また併用している場合もある。したがって，個々の経済やそれぞれの産業において，その財の流通をどのような分業形態で行うかが，非常に大きな問題である。これらには製品（商品）の多様性，保存可能性，生産時間（期間），需要の予測可能性，規模の経済性の有無，消費者の購買頻度，行動半径などの要素が分業形態の形成に影響する。これらの要素が，組織のリスクやコスト構造に大きな影響を及ぼし，結果として組織が，リスクを最も効率的に負担でき，柔軟に対応することができるようなシステムを目指している[3]。

　また，流通過程で提供されるサービスが，適正価格で適正程度に付加されることは，流通システムを測る尺度となる。Stern & El-Ansary（1992）は，これを「有効性」と呼んだ[4]。しかし，実際にどのようなサービスが，どの程度付加されるかは，財の性質に依存している。この意味で有効な流通システムが，そうでないシステムよりも消費者，あるいは経済全体にとって望ましいことが明確であっても，この考え方に沿った流通システムの評価を実際に行うことは困難である[5]。それは財によって，歴史的にメーカーや流通業者は，自らにとって最も効率的と判断したマーケティング・チャネルを選択してきたためである。このような状況を産業全体として見るとき，理想的な流通システムは，消費者を中心として構築されてきたのではなく，当該の財が流通する過程において，最も影響力のある機関によって，主導され構築されてきたといえる。

(2) メーカーによるマーケティング・チャネルの掌握

　わが国ではメーカーが，自社のマーケティング・チャネル政策を消費者まで浸透させるという意図の下に，さまざまな産業でこれまでいわゆる「流通系列化」が行われ

てきた。流通系列化の目的は，自社製品のマーケティング・チャネルを限定し，価格や販売管理の操作容易性にあると指摘されてきた。したがって，全くマーケティング・チャネル政策を行わず，意識していないメーカーはほとんどなく，各メーカーは，自社のマーケティング・チャネルの最適化を念頭に置きながら，日々行動してきたといってよい。

メーカーがマーケティング・チャネルを自社の管理下に置く方法は，対象チャネルの自己所有，つまり，資本を投下し，自らの企業組織内に取り込むことである。この所有によるマーケティング・チャネルの統合には，自ら新たにチャネルを創設する方法と，既存のチャネルを合併する方法がある。

一方，メーカーがマーケティング・チャネルを所有せず，つまり，契約によって統合する方法は，流通機関が自己の所有権の独立性を保ったまま，実質的に所有権による統合と同様の影響力をマーケティング・チャネルに及ぼすことが可能となる。当該のマーケティング・チャネルにはメーカーの所有権が及ばないため，メーカーとマーケティング・チャネルの関係は，法的には契約に基づくことになる。そのために契約による統合といういい方をするが，実際に重要なのは，契約の正式内容ではなく，実行面でメーカーがマーケティング・チャネルに対し，どのような影響力を持っているかということである。

契約による統合が，所有権による場合と同様の影響力を及ぼすためには，少なくとも当該メーカーとマーケティング・チャネルの関係は，そのチャネルから競合メーカーを排除しなければならない。つまり，再販売価格維持制（再販制）やテリトリー制のような排他的取引制限を含まない垂直的取引制限だけによる関係は，契約による統合には含まれない。また，所有権による方法のように強い影響力を行使するには，通常，契約の締結だけでは不十分で，メーカーは契約している流通業者に対して経営内容の指導，営業員（セールスマン）の派遣等の企業内取引と同様の直接的方法を同時に用いる必要もある[6]。

メーカーがマーケティング・チャネルにおいて，契約による方法と同程度の影響力が得られる場合，コストがかかる自己資本投資という所有権による統合をせず，契約による統合で十分であると判断するようになる。しかし，契約による統合は，メーカーにとっては一般的にチャネル・パワーの点で所有権による統合よりも劣ってしまう。一方，経営の環境変化に対する柔軟性といった市場取引のメリットを活用するという点では，所有権による統合よりも優れているといえる。したがって，メーカーはマーケティング・チャネルを統合する場合は，所有権による方法と契約による方法のメリットとデメリットを総合的に判断して，自己の経営戦略の上から最も適した統合形態を選択する[7]。これまで自動車産業においては，所有権によるコントロール，つまり，ディーラー企業を直営することが行われ，一部で目指してきたメーカーも存在

したが[8]，多くのメーカーは，ディーラー企業を所有せず，マーケティング・チャネルを管理しようとしてきた。その行動が，いわゆる「流通系列化」と称されるものであった。

2　わが国における中間組織としての流通系列化

(1) 流通系列化の概念

　石原（1982）は，メーカーが流通チャネルを系列化しようとするのは，競争的価値の実現を有利に展開するためであり，系列化手段と系列化によるメーカーと流通業者との関係は，一般的な社会関係ではなく，売買によって結合された特殊な関係であり，その関係において交渉が行われるとした。そのため，すべて売手—買手間の売買関係の中に集約的に表現され，そこから両者間の依存度を，販売依存度と仕入依存度によって概念化した[9]。

　まず，販売依存度は，メーカーの販売総額に占める流通業者への販売比率である。販売依存度は，メーカーの取引企業数の制限が選択された流通業者に対する販売依存度を高めるため，系列化の第1の次元に対応する。つまり，メーカーは取引企業数の制限で喪失する販売高を選択した流通業者に対する販売高を増加させることで確保する必要があり，当該流通業者への販売依存度が高くなる。排他的流通の場合，メーカーの販売総額が特定流通業者に対する販売額と同額になり，販売依存度は1となる。すなわち，販売依存度は0と1の間に分布することになる[10]。

　また仕入依存度は，流通業者の仕入総額に占めるメーカーからの仕入額比率である。そして，仕入依存度は流通業者の品揃えにおける偏向を表すため，系列化の第2の次元に対応する。専属的流通の場合，流通業者の仕入額が特定メーカーからの仕入額と同額になると，仕入依存度は1となる。つまり，仕入依存度も0と1の間に分布する。そして，販売依存度と仕入依存度の双方が1の場合は，完全系列化，双方が0の場合を市場取引とすると，その間にある関係が系列化された関係となる[11]。またこの関係が，市場と組織の中間にあるため中間組織と呼ばれるグレーゾーンとしてとらえることもできる。

　従来，流通系列化は，メーカーの流通業者に対する支配と，専売制による品揃えの制限等によるマーケティング・チャネル支配による自己のマーケティング政策の実現を目的とした。一方，メーカーと流通業者が資本提携することで，メーカーによる流通業者への影響力を残そうとする動きもある。そして，流通業者の品揃えを拡大することで仕入依存度の低下とメーカー自身の販売依存度低下で流通業者の依存度を高め，相互の機能分担による不足分を補填し競争優位を獲得する関係への変容もある。これは流通系列化がその内部に資本関係も含んでおり，メーカーがその占有率によっ

図表補-1　販売依存度・仕入依存度による流通系列化の概念図

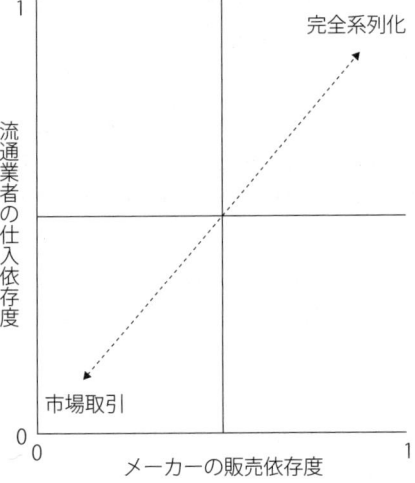

[出所] 山内孝幸（2008）「系列化チャネルにおける支配関係からパートナー関係への変容」『阪南論集　社会科学編』阪南大学学会，第43巻第2号，p.40

て，影響力を行使しようとするため，系列化された流通チャネルにおけるメーカーと流通業者との関係には，風呂（1968）や石原（1982），（1989）による取引依存度モデルだけでなく，メーカーから流通業者に対する出資比率を考慮した3次元モデルで把握する必要も指摘されている。ただメーカーと流通業者との資本関係について，その出資比率と企業間の意思決定をめぐる関係は検討する必要がある[12]。それは全額，半数以上，1/3以上など出資比率によって当該企業に及ぼす影響力が全く異なってくるからである。さらに企業の資本規模などもこの関係に影響してこよう。

(2) 流通系列化の本質

　これまで多くの研究者によって，流通系列化が定義づけられてきた。風呂（1968）[13]は，商業資本の系列化を個別の産業資本家が，個別の商業者に対し，個別の支配関係を構築し，自己製品の個別化された価値実現操作を図ることとし，系列化された流通とはメーカーによる内部組織に似た命令・権限の関係，他方でメーカーと流通業者との特殊な売買関係を併せ持つ複合的な性格を持つことを指摘した。また，石原（1982）[14]（1989）[15]では，流通業者の系列化は流通業者を自己の価値実現過程の中で形式的に存続させながら，その社会性・独自性行動をできるだけ排除し，寡占企業のマーケティング活動の中に組み込み，メーカーが流通業者を緩衝帯として介在させ，その影響力を発揮しようとする間接支配とした。そのうえで，メーカーが，自己の製品を卸・小売から消費者へ至るマーケティング・チャネルを統合し，流通業者の

協力を確保し，自己のマーケティング政策の実現のために流通業者を掌握・組織化する行為と指摘している[16]。つまり，わが国では流通系列化はメーカーが主導するのが一般的であり，メーカーによるマーケティング・チャネル政策の一典型としてとらえられてきたといえる。

　また山内（2006）は，流通系列化を複数企業間の特定取引関係や結合関係，特定大企業を頂点として形成された企業間の固定的な関係としている。しかし，企業間取引で「系列」を用いる場合，そこでは3つの側面が前提とされている[17]。3つの側面とは次の通りである。

① 　企業間取引には反復ではない1回限りの取引である単発的なものもあれば，長期継続的に取引が行われるものもあり，系列取引では長期的取引が存在し，継続的取引が行われている。

② 　取引を行う主体の企業間関係である。そこでは取引を行う企業が所有する経営資源の相違により，一方による他方の支配関係がある。そのため取引条件の決定におけるパワー関係や資本の所有関係，役員の派遣がみられる。こうしたパワーによる支配関係として非対称性が生じるのは，その取引がある程度の長期的継続性を持つことが必要になる。

③ 　企業間取引で系列を用いる場合，取引主体間に人・資本・取引上のつながりがあり，特に人的関係は資本面での関係が前提となる。

　これら3つの側面を前提としながら，そのうえで系列にはいくつかの形態が存在する。それは半製品・中間部品の供給のために関係を構築する生産系列，完成品の販売のために関係を構築する流通系列，資金の融資や株式の所有による資本系列である[18]。さらにこうした生産系列や流通系列の内部には資本関係も含まれることがある[19]。つまり別会社を設立する際，親会社は別会社が発行する株式の過半数がそれ以上を所有して支配関係を構築する。このように系列化という企業行動は，多くの場合，相手企業を支配可能な株式の取得と重なり合う部分が存在している[20]。ここでは，これまでのわが国の流通系列が取引における手段として取り入れられてきた部分を指摘することが多かったが，資本注入による系列化を重視しているといえる。

3　わが国でみられた流通系列化

（1）流通系列化と流通系列的行為類型

　一般に流通系列化とは，メーカーがその取引の相手である流通業者を選別し，その再販売購入活動に介入し，建値制の維持と販路の組織化を行うこととされる[21]。流通系列化と手段としての行為類型の関係は，「行為類型の集合を流通系列化とするもので，流通系列化を行為類型の集合概念と捉えるもの」と「流通系列化を目的概念と

し，流通概念と捉え，流通系列化は目的，行為類型はその手段」とする考え方がある[22]。流通系列化を「メーカーが販売業者を選別し，組織化して，自社製品の販路の規制を目指すもの」として捉える立場では，専売店制，テリトリー制，一店一帳合制，店会制[23]，リベート制，委託販売制を一括して流通系列化の手段としている。つまり，手段として専売店制，テリトリー制，一店一帳合制などが用いられ，系列の維持強化のために店会制，リベート制が取り扱われる[24]。

　一方，「他社製品に優先して，あるいは，他社製品を排除して自社製品を扱わせるように流通業者を何らかの形で拘束すること」とする立場では，専売店制が流通系列化の典型であり，他の制度はそれに付随するもの，あるいはその効果を達成する手段と捉えられる[25]。したがって，前者と後者では大きな違いがあり，前者は専売店制，テリトリー制，一店一帳合制は同列であるが，後者では専売店制を頂点として，さまざまな手段で，それを支えるという構図となろう。

　また，流通系列化には，いかにチャネルを設計，構築するかというチャネル組織化といかに構築したチャネルを管理するかというチャネル支配の2通りの意味がある。そのため，不明瞭な流通系列化という用語を用いずに，チャネル組織化とチャネル支配という2つの言葉を使い分けることが用語法としては適切であるという主張もあ

図表補-2　チャネル支配の手段

間接的な支配手段	直接的な支配手段
①商標の確立	①販売業者向け広告の実施
②包装の改善	②販売業者向け販売促進の実施
③消費者向け広告の実施	③販売業者コンテストの実施
④消費者向け販売促進の実施	④店頭販促物の配布
⑤特売価格設定	⑤販売業者教育訓練の実施
⑥定価設定	⑥コンサルティング・セールの実施
⑦製品品質の改善	⑦販売業者監査の実施
⑧製品保証	⑧販売業者サービスの実施
⑨消費者サービスの提供	⑨大幅な利益保証
⑩売場雰囲気の改良	⑩値引き，割戻しの提供
	⑪フランチャイズの提供
	⑫販売割当の設定
	⑬テリトリーの制限
	⑭競合品取扱の制限
	⑮取扱品目の制限
	⑯抱き合わせ販売，押しつけ販売の実施
	⑰販売価格の維持要求
	⑱取引活動の制限
	⑲差別対価の設定
	⑳取引拒絶，取引停止の実施

[出所] 江尻弘（1983）『流通系列化』中央経済社，p.29（一部改）

る[26]。以上のように2通りに区分した上で，チャネル組織化という側面から，これまでメーカーは取引先である卸売業者や小売業者に対して，7つの行動（①チャネル構成員の選別，②卸売段階における販社網の整備，③小売段階における主力取扱店の整備，④小売段階における専売，⑤小売段階における自社製品売場の確保，⑥チャネル構成員との帳合固定，⑦チャネル構成員への援助）をとってきた[27]。そして，自動車流通においては，まさにこの7つの行動が具現化されてきたといえる。

チャネル支配の目的として，Sims et al.(1977) は，短期的目的（①商品販売活動の統制，②チャネルの収益性改善，③商品シェアの向上，④チャネル構成員の政策調整，⑤チャネル内衝突の予知，⑥チャネル構成員の非価格競争行動の誘導），長期的目的（①営業活動に関する権利保障，②価格統制，③競合品取扱の規制，④販売テリトリーの統制，⑤販売促進の統制），その他の目的（①情報フィードバック化，②システム運営に関する標準の制定，③チャネル成果の点検，④チャネル構造の革新）の3つに分類している[28]。また，Waters (1977) は，チャネル組織全体の究極的目標の遵守，製品ラインに対する忠誠心の確立，成果評価の基準に関する合意形成，チャネル組織内での強調の実現をあげている[29]。

さらにチャネルを1つの組織ととらえると，組織全体を設計，運営，管理する責任者の存在に注目される。それがチャネル・リーダー（キャプテン）である[30]。チャネル組織は，伝統的なチャネルの構築と垂直的マーケティング・システム[31]としてつながりの緊密な垂直的組織の構築に分かれる。そして，現在の流通系列化は，連携が密である垂直的チャネル組織を構築することを意味している。

そこでチャネル・リーダーが用いるチャネル支配の手段としては次の2つの方法が指摘されている[32]。

① メーカーが直接消費者に対して各種の活動を実施した結果，消費者が小売店へ足を運び，メーカーの商品を指名購買する状態を作ることで，メーカーが卸売業者や小売業者の行動を統率する間接的アプローチ

② メーカーが卸売業者や小売業者に対して，各種の活動を実施することによって，卸売業者や小売業者の行動を統率する直接的アプローチ

これまでのわが国の自動車流通においては圧倒的に直接的アプローチが多かったといえる。

(2) 流通系列化の効果と弊害

1955年頃，わが国では家電メーカーが自社製品の市場シェア拡大のために，卸売業者の拡大・獲得競争を激しく行った。その手段として，家電メーカーはリベートや販売奨励金を交付し，一部総合卸売業者は，各メーカーからの競争により大きな利益を得ていた。そこには値引き競争の余地があった。そこで家電メーカーは，卸売業者，小売業者の乱売による値崩れ防止のために系列体制を確立し，小売価格の維持を

図ろうとしたところに流通系列化の端緒があったと指摘されている[33]。

　さまざまな業界で流通系列化が見られるようになった原因は，各メーカーにとって，生産から流通までの取引を市場に委ねたり，企業組織を通して行うことは効率的ではないため，総体的に比較的優位を持つ系列化による取引が選択されたといえよう。そして，メーカーは，系列化した流通業者と取引することにより，安定的な情報のチャネルを確保し，販売方法，品質保持，アフターサービスを自ら望む方向で実施可能となった。また，それを自社ですべて行った場合の不確実性やロスを回避することができた。そのため，わが国では，グループ取引や流通系列化は，生産—流通の取引を媒介する方法として，比較的効率的な方法であったといえる[34]。

　さらに流通系列化の動機として，メーカー側のメリットとして5つが指摘されている[35]。

① 安定的なマーケティング・チャネルにより，短期間での需要測定が可能であり，計画生産や計画販売が可能である
② 製品開発，マーケティング政策上の各種市場情報を迅速に入手可能である
③ マーケティング・チャネルの育成努力が傾注でき，個々の販売店までその実態を把握することができ，個別にきめ細かい育成策を採ることが可能である
④ 価格維持を比較的徹底することが可能である
⑤ 系列店を通してその傘下の顧客にまでブランド名が浸透可能である

　家電市場においては，メーカーごとに系列化されたマーケティング・チャネルは「流通段階の寡占的支配」であり，参入障壁を形成しているとして，流通系列化に対する弊害も指摘された。これに関しては，市場の特性に基づいて必然的に形成されたものではなく，独占禁止策が不十分であったために形成された人為的寡占体制といえる。その理由として指摘されているのは次の3点である[36]。

① 系列化体制の下では流通段階の自由な競争が抑制される
② （当時の家電メーカーの）系列化体制は，排他的性格を強く持っている
③ （①不便さを作り出すことがメーカーの系列化政策の目的，②メーカーはあらゆる種目の製品を生産しなければならず，専門化を妨げ，生産面での非効率を生み出す）2つの点で効率に逆行する要素を持っている

　以上の理由から，家電メーカーの系列化体制によるマーケティング政策は，反社会的であるとされた。

　また，過去において，カメラ業界で見られた系列化は，流通段階の独占を意味し，古くからあった参入障壁をさらに高くした。これでは市場成果を達成することは難しく，消費者が一軒の小売店で比較購買する機会を失ない，産業の競争力強化への刺激を喪失させることになる[37]。さらに流通系列化は，独占禁止法上の観点からは次の5つの問題が指摘されている[38]。

① 同一ブランド内の競争が減少し，流通段階の価格が維持しやすくなる。

② 流通業者が特定メーカーに対する依存度を高める結果，メーカーに対する価格交渉力が弱まり，価格決定に影響する。

③ メーカー及び流通業者の新規参入の障害となる傾向が大きい。

④ 流通業者がメーカーに従属するため，流通業者の創意の発揮がしにくくなり，流通段階の革新が妨げられることがある。

⑤ 寡占業種における系列化は，メーカー間の協調的行動，非価格競争を流通の末端にまで及ぼす傾向をもたらす。

これら独占禁止法上の問題は，多くの業界において，程度の差はあるが残っている。

4　メーカーのマーケティング・チャネル政策

(1) フランチャイズ契約による流通システム

わが国の産業では，メーカーが自己資本によって小売機関を直営することは少なかったが，さまざまなパワーにより流通チャネル（マーケティング・チャネル）に対して影響力を与えてきた。とりわけ，自動車，家電製品，化粧品，医薬品などの産業がいわゆる「流通系列化」された代表とされてきた。流通系列化は産業により，その形態が異なっている。たとえば家電メーカーは系列小売店を，当初は技術的なサービスのためのネットワークとして構築したが，次第に需要開拓・販売促進のためのネットワークとして利用していった[39]。つまり，顧客にサービスを提供するネットワークが，メーカーにとっては自らの製品を押し出すチャネルとして，別の面では機能していたのである。

また，ほとんどの自動車は，小売機関であるディーラーを通じて販売されている。メーカーとユーザーが直接結びつくのは，官公庁などがユーザーとなる場合くらいである。さらに，ディーラー店舗から修理業者や中古車販売業者などの業販店と呼ばれる流通業者を通じて販売されることもあるが，自動車販売全体に占める業販店のシェアはわずかである。そしてメーカー2社，あるいはメーカー1社中，2つ以上のチャネルの自動車を扱うこともあるが，これは主に軽自動車に限定されている。

そこでわが国の自動車のマーケティング・チャネル・システムの特徴を見い出すには，他の地域との相違点を見ることにより明確になる場合がある。日本，アメリカ，ヨーロッパの3地域では，自動車流通の基本的システムは，メーカーが流通機関の所有権を得る（メーカーが卸売機関，小売機関を直営する）のではなく，販売権を与えられたディーラー企業が，当該メーカーの製品（商品）を販売し，アフターサービスを提供してきた。この点は，3地域で共通している。つまり，メーカーとディーラー

企業の間にはフランチャイズ契約が交わされ，販売が行われるフランチャイズ・システムがとられている。しかし，各地域の歴史的背景，競争，市場環境，法的条件などにより，それぞれ異なった側面がある[40]。

　経営の基本となるヒト，モノ，カネ，情報の経営資源の面から見ると，自動車メーカーのディーラー企業に対する経営資源の供与では，わが国ではメーカーのディーラー企業に対する資本参加や人材派遣は，他地域に比べると非常に盛んであった。その理由は，少数のディーラー企業に主に都道府県単位という広範囲の地域で販売を任せているため，1つひとつのディーラー企業の重要性が高く，その維持・強化のために，メーカーからさまざまな助言や経済的支援がされてきたためである[41]。つまり，わが国ではディーラー店舗を少数所有しているフランチャイジーは少なく，フランチャイジーといえども，店舗を多く所有しているので，フランチャイザーであるメーカーとしては蔑ろにできないためである。

　地域的に見ると，わが国では上位自動車メーカーの株式所有比率が，50％以上のディーラーは，東京，大阪等の大都市に多く，これら販売量の多い地域に対して，事実上，自ら直接小売販売に進出していこうとする動きが見られた。下位のメーカーでは，特に地域的な差異は見られない[42]。一方，メーカーによっても，直営比率の割合は大きく異なっている。

(2) メーカーとディーラー（小売）との関係

　わが国の自動車流通においては，メーカーによるチャネルへの影響力が強く反映されてきた。それは排他的マーケティング・チャネルという言葉に端的に表現される。具体的には，専売制，テリトリー制によって，それらを下支えする責任販売台数（押し込み販売），白地手形，オーダー・エントリー・システムなどがある。

　これらのシステムにより，ディーラー企業はメーカーのマーケティング・チャネル政策への一体化を要求されてきた。一方では，ディーラー企業は経営上の自立も同時に要求されてきた。したがって，わが国とアメリカのフランチャイズ・システムの本質はほぼ同様であるが，実体的な運用面では相違がある。それはアメリカからわが国にそのシステムが移転される時に，わが国に適合するように修正が加えられ，わが国自動車市場発展の歴史的経過やユーザーのニーズ特性がこれに反映されたためである[43]。次に，これまでわが国の自動車流通においてみられてきた流通系列化のための手段について，それぞれみていきたい。

1）専売制

　わが国では，自動車販売の黎明時期から排他的マーケティング・チャネル（専売制）が取り入れられ，その起源は1930年代の初期に日本フォードや日本GMが，マーケティング・チャネルを構築した時期にまで遡る。そして，新車販売ではディーラー企業は，特定メーカーとフランチャイズ契約を締結し，他メーカーの自動車を併

売することが不可能であった。

　一方，第二次世界大戦後，自動車需要が拡大した際，メーカーは既存ディーラー企業のフランチャイズ地域を削らず，同じ地域に別の車種ブランドを販売するディーラーを設置した。この状況では，同一メーカーでもマーケティング・チャネルが異なるものは販売できなくなった。これは既存ディーラーとの摩擦を避ける意図と，自動車の普及を促進し，新規需要を開拓する余地が残っていたからである。したがって，この時期にはターゲットを絞り込んだディーラー企業を設置することには合理性があった。しかし，市場が成熟化し，新規需要が少なくなり，買換需要が大半を占めるようになると，ユーザーに次々と小型車から大型車に乗り換えてもらうこと，つまり，ランクアップしてもらうことが，メーカーにとっては重要なマーケティング政策となってきた。

２）テリトリー制

　専売制と同様，第二次世界大戦直前，国策によりアメリカ系メーカーが，わが国市場から締め出された後，現在のトヨタ自動車（以下「トヨタ」），日産自動車（以下「日産」）が，これらのメーカーのディーラーをほぼ引き継いだため，おおよそ都道府県単位であった１県１ディーラー制という慣習が残った。これは当時自動車が普及していなかったわが国にとっては，１県に１ディーラーくらいが市場規模に合致していた。したがって，わが国では自動車産業全体としてその形成時期から，メーカーは都道府県単位で，ディーラー企業を募集し，フランチャイズ契約を行い，さまざまなチャネル管理方法により，影響力を及ぼしてきた[44]。しかし，自動車が普及するにしたがって，メーカーが，市場範囲を狭くすることを検討・実施することなく，市場範囲はそのままで別チャネルを同じ市場範囲に重ねるという行動をとったことに対しては，その成果について今後さらに検討されてもよいだろう。

　テリトリー制のメリットは，①需要の深耕，販売努力の傾注が可能であること，②同系列内の無用な競争回避が可能なこと，③地域との密着度が向上し，販売促進に効果的であること，④アフターサービスの円滑化，⑤努力目標が立てやすく，販売効率が向上すること，⑥登録関係業務が関係する地域ごとの行政機関が特定されるため，時間的・経済的負担が軽くなることが指摘されている[45]。

３）その他

　わが国では自動車販売は，1920年代の「メーカーが作った，あとはディーラーが売れ」といったメンタリティで行われ，一種のプッシュ・セールス（メーカーの在庫を押し出す販売方式）を継続してきた[46]。これはメーカーによるマーケティング活動が，高圧的であった時期の象徴である。その表れが，責任販売台数であり，基本的にこれがリベートの基準となった。そして，契約書にある責任販売台数の引取義務の規定が圧力になっていった[47]。これは言い換えれば，メーカーとは別の機関でありなが

ら，機関内部で行われるノルマを課す行動と全く変わらないものである。

　また，かつてわが国の自動車業界で行われていた白地手形による決済制度は，金額，満期等の手形要件の一部を空白としたままの手形をディーラー企業などに預託し，後日メーカーなどがその空白要件を補充することによって，当該ディーラー企業との取引の決済を行うこともあった[48]。この制度も圧倒的にメーカーにとっては有利な決済制度となった。

　さらにわが国では，注文から納車までの期間を短縮することが，ユーザーへのプロモーション上，重要なものとされ，オーダー・エントリー・システムにより実現している。このシステムは，一般的にメーカーが，ディーラー企業への基本的な配車計画を月単位程度で決定し，生産直前でも変更できるオプションは，ユーザーと契約が成立してから指定（変更）できるようにしているものである。このようにすることで，ユーザーの要望に合わせて自動車を短期間で届けることが可能になる。このシステムは，メーカーとディーラーのコンピュータ・ネットワークにより稼働させている[49]。これは他の地域での買取制とは異なるユーザー志向のシステムであるといえるだろう。

(3) メーカーのマーケティング政策変更への要請

　自動車が一部富裕層にとっての贅沢品であった時代から，庶民の足代わりになるにしたがい，「大衆品」へと移行した。次第にその売買取引では，公正化が求められるようになってきた。それは「自家用」という言葉が車の上についていた時代から，単なる「車」へと変化した時期とほぼ重なるようでもある。

　製品（商品）情報がユーザーになく，メーカーや流通業者が一方的に情報を保有していた時期には，メーカーや流通業者主導のマーケティングが行われてきた。ただ，流通業者主導のマーケティング活動，つまり，自動車の流通チャネルにおいて流通業者が，チャネル・リーダーシップを握るような場合はほとんど見られなかった。したがって　専売制，テリトリー制が敷かれた自動車産業では，圧倒的にメーカーが主導することが多かった。このようにメーカーがチャネル・リーダーとなった状況では，時に多くの問題が起こった。特にメーカーとディーラーとの関係では，圧倒的にメーカーの影響力が強く，メーカーのマーケティング政策にディーラーが従わざるを得ない局面がこれまで見られてきた。

　このような状況に対して，公正取引委員会は自動車取引の公正化を図る当面の措置として，ディーラー企業と締結する取引契約書等を見直して，所要の改訂を行い，これに則して運用するよう，1979年11月下旬にメーカー・自販各社を指導したこともあった。次の4点がその指導概要である。

① 押込販売（ア　責任販売台数（臨時割当台数）の制度を廃止し，販売目標台数制度に改めること。イ　販売目標台数の他，注文引き受け台数の設定，変更について

ディーラーと十分協議すること。ウ　解約条項等についても押し込み販売の担保手段となることの内容を見直すこと）

② 白地手形制度（ア　白地手形制度を廃止することが望まれること。イ　採用する場合であっても，白地手形と通常の支払方法との自由な選択を可能にすること等）

③ リベート政策（ア　リベート全体を見直して，できるだけ仕切価格の引き下げの形でディーラーに還元するようにすること。イ　リベート支給基準を明確にすること，ウ　累進リベート等を見直すこと）

④ その他（専売店制，テリトリー制についても改善措置を自主的に検討すること）

　わが国では流通系列化の問題は，これまでに何十年もその功罪について取り上げられてきた。特に公正取引委員会の私的諮問機関であった独占禁止法研究会は，1980年3月に「流通系列化に関する独占禁止法上の取り扱い」と題する報告書を委員長に提出したが，この時期は流通系列化論議が高まった時期でもあった。この研究会では，流通系列化については，法律学や経済学，経営学の関係者などから学際的な意見が多く出されたが，その「罪」だけではなく，産業構造論の立場からの視点やメリットである「功」の部分も指摘されている。しかし，流通系列化の規制は，厳格に行われるべきことと，流通系列化といっても多様な概念であり，競争政策上，好ましいような場合であっても，形式的に規制を加えることは回避すべきことが指摘された[50]。

　ここで指摘された流通系列化の具体的な行為類型では，再販売価格維持行為，一店一帳合制，テリトリー制，専売制，店会制，委託販売制，払込制，リベートの8類型が取り上げられている[51]。このような指摘がかなり以前からあったにもかかわらず，自動車における流通系列化は，ここで取り上げられた行動類型の多くのものが，形態の変化は時間とともにあったが，継続して行われてきた。

5　ディーラー段階におけるマーケティング政策

(1) 他地域との比較によるディーラーの特徴

　ユーザーの商品選択が，性能や品質，ブランドに依存する自動車などの場合は，製品企画に際して技術的ノウハウが重要であり，当該ノウハウを持つメーカーが企画の中心となる。つまり，多くの情報を他のプレーヤーよりもメーカーが保有することになる。また，メーカーは，プロモーションにおいても重要な役割を果たし，チャネル・リーダーとして他のプレーヤーの行動にさまざまな影響を与える。自動車販売では，ディーラー企業は，店舗などの設備にさまざまな工夫をし，セールスマンは研修や商品知識，販売技術を習得してきた。このような商品知識は，当該商品メーカー以外のメーカーの商品を扱うときには，その有用性は低下するとされている。したがって，特定商品を生産するための人的・物的資源とそれを販売するための資源は相互補

完的であり，メーカーとディーラー企業との間の取引関係に特殊な資源であるという指摘もある[52]。

1）ディーラー規模

　ディーラーを分析する単位には，企業レベルと店舗レベルがある。図表補-3によると，2005年7月末時点でトヨタの場合，4チャネルのうちディーラー企業数は294社（DUO店を除く）あり，新車を販売するディーラー店舗が4,911店舗あった。単純に店舗数を社数で除すると，ディーラー企業1社平均16.8店舗保有していた。また日産の場合は151社あり，3,013店舗あったので，1社平均20.0店舗保有していたことになる。他のメーカー，チャネルにより，ディーラー企業の保有店舗数に差はあるが，欧米ディーラー企業・オーナーの平均規模とはかなりの格差がある。ディーラー企業の規模に差があるのは，欧米では細分化された販売地域を担当する単独店舗ディーラー（シングル・ディーラー）が一般的であるのに対して，わが国のディーラー企業は主たる販売地域として，1県1ディーラー企業という広範囲の地域をカバーし，多数の店舗を展開しているためである[53]。

　一方，徐々にではあるが，アメリカでは新車ディーラー数は減少している。1978年には全米で約29,000店あったディーラー店舗は，99年には約23,000店にまで減少している。またそれと反比例して，1店あたりの販売規模は年々拡大している。たとえば，79年には年間の新車販売台数が150台未満のディーラー企業が全体の4割弱を占めていたが，99年にはその比率は2割弱までに低下した[54]。つまり，アメリカでは，新車ディーラーの減少と販売台数の少なかったディーラーが淘汰され，1店あたりの販売台数が以前より増加したのである。

2）販売状況

　わが国とアメリカでは自動車の販売，とりわけ併売については大きな差がある。併売状況を見る場合，ディーラー店舗における併売（1店舗内で複数のフランチャイズを扱う場合）とオーナーや企業レベルでの併売（1人のオーナーもしくは1つのディーラー企業が複数のフランチャイズを扱う場合。店舗は特定のフランチャイズ専売の場合もある）を区別して，分析する必要がある。わが国ではディーラー企業レベル，ディーラー店舗レベルでも，併売を行うディーラー企業が増加し，企業レベルではアメリカの併売率を上回る水準にある。

3）ディーラーの参入・退出

　わが国ではディーラー企業の参入・退出はほとんどない。その理由は不動産価格が高く，高い土地を保有した大きなディーラー企業を買収するには莫大なコストがかかるためである。メーカーによっては，ディーラー再編を主導しているところもあるが，そのほとんどは，メーカーが直営しているディーラー企業の再編成である[55],[56]。ただし，全体の販売の2割近くを占める業販店などの交代は，一般ディー

図表補-3　主要メーカーの系列・社数・営業所・従業員数（2005 年 7 月 1 日現在）

	系列	社　数	新車営業所	従業員数	備考
ト ヨ タ	トヨタ	50	987	約 25,000	
	トヨペット	52	1,015	約 27,000	
	カローラ	74	1,296	約 30,000	
	ネッツ	118	1,613	約 30,000	
	合計	294	4,911	約 112,000	DUO 店は合計のう
	DUO	(94)	(138)	(約 1,800)	ち数
日 産	日産	58	1,099	20,546	
	モーター	14	402	3,624	新車営業所には中
	サティオ	39	683	9,514	古車営業所を含む
	プリンス／チェリー	40	829	15,881	2005 年 4 月 25 日
	合計	151	3,013	49,565	より全車種併売
ホ ン ダ	クリオ	80	511	約 10,200	
	ベルノ	75	400	約 7,400	
	プリモ	863	1,499	—	
	合計	1,018	2,410	—	
マ ツ ダ	マツダ	40	800	約 15,700	
	マツダアンフィニ	20	89	約 1,500	
	マツダオートザム	254	277	N.A.	
	合計	314	1,166	N.A.	
三 菱	三菱	164	861	18,060	

［出所］日本自動車新聞社『自動車年鑑 2005 年版』2005 年，392 ページより筆者抜粋作成

ラーよりもかなり多くなっている[57]。

　以上のように，ディーラー企業の規模，販売状況，参入・退出について，欧米との比較からわが国のディーラー・システムの特徴をあげたが，わが国のディーラー・システムの特徴は，メーカーにとって有利なシステムということができる。メーカーは限られた数のディーラー企業を管理，支援すれば多数の店舗を維持できるため，効率的にマーケティングを行うことができるといえよう。

(2) ディーラーによるユーザーへの働きかけ

　製品特性もあるが，自動車はディーラーとユーザーとの関係においても他の製品に比べて特徴的なことが多い。わが国ではこれまでディーラーがユーザーに対して行うマーケティング活動は，訪問販売と価格交渉という時代が長い間継続してきた。

1）訪問販売

　わが国のディーラーのマーケティング活動は，メーカーによって系列化された
ディーラー企業との安定的な関係から，メーカーにおける生産の安定的拡大を可能に
してきた[58]。高度成長期以前，贅沢品であった自動車は，3Cブーム以降，大衆から
受容される財となった。こうして大衆財となった自動車の販売は，セールスマンがカ
タログなどを持参して，（潜在）ユーザーの家庭を訪ねて販売活動を行う訪問販売が
重要な手段であった。欧米では訪問販売は例外的で，店頭販売が主体である。そのた
め，わが国ではセールスマン数とディーラー店舗数に比例して，販売台数が決まると
いわれてきた[59]。

　店頭販売に比べて訪問販売は，メーカーにとって有利な側面がある。それは特に市
場が沈滞しているとき，需要の掘り起こしが可能であるため，販売維持と生産量確保
に寄与するからである。わが国では，その効果に限界はあると認識されつつも，潜在
ユーザーを訪ね，主体的，能動的に働きかけることができ，既納ユーザーとより安定
的な関係を築くことが可能であった[60]。このような訪問販売が可能であったのは，わ
が国のユーザー特性（消費者行動特性）とセールスマンの人件費の安さによる両面か
ら支えられてきた成果である。

　2004年度は，セールスマン1人あたりの新車直販台数は年間平均39.9台となり，
前年度に比べて1.2台増加した。車種ブランド店別では，大型車店が22.1台（前年度
比6.8台増），普通乗用車のウェートの高い乗用車店Ⅰが37.9台（同0.3台減），小型
乗用車のウェートが高い乗用車店Ⅱが47.8台（同0.3台減），軽四併売店が39.8台
（同3台増）となっている。そして，週末の受注比率は毎年上昇し，乗用車平均で
54.2%（同0.7ポイント増）となった[61]。

　また，わが国のディーラーは，メーカーの指導の下，セールスマンを通じて新車販
売だけでなく，ユーザーが車を利用する上で必要不可欠なサービスをまとめて供給し
ている。セールスマンとユーザーとの接触は，極めて濃密であり，一旦車を販売した
後も，定期点検や車検などに合わせてフォローアップされる。一方，ユーザーも信頼
できるセールスマンには，車のメンテナンスから利用上の便宜，煩わしい諸手続きな
どを依頼している。つまり，セールスマンは一種のカー・コンシェルジェのような性
格を有している。そして，ユーザーに対するサービスは，ディーラーの責任で実施す
るものではあるが，メーカー側もサービス・マニュアルを作成し，サービスの徹底化
を支援している[62]。

　わが国では商品知識，技術情報や消費情報の伝達といった面で，メーカーとディー
ラーとが密接な関係を維持しているが，アメリカでは両者は比較的独立している。店
頭販売主体のアメリカでは，セールスマンの商品知識はあまり重視されていない。ま
た品揃えも，アメリカでは主に展示車のみが販売対象であるのに対し，カタログ販売

が主流のわが国では，ディーラー企業が取り扱い可能な全車種ブランドが販売対象であり，ユーザーに対して広い選択肢を提供している。そしてユーザーは，セールスマンの提案に同意した上で購入するため，ミスマッチが少なく購入後の不満も少なくなっている。これがブランド・ロイヤルティの維持に貢献している[63]。

2) 価格交渉

　最近ではオープン価格がさまざまな商品に拡大し，メーカー希望小売価格が家電量販店などの小売店等において表示されていることが少なくなった。しかし，自動車は依然として，それを表示している場合が多い。テレビコマーシャルや新聞の折込広告，店頭でも表示されている。それは各メーカーが，取り扱い車種のグレードごとに各地区のメーカー希望小売価格を設定し，ディーラーに通知しているからである。

　ディーラーでは，メーカー希望小売価格を参考に店頭表示価格を設定しているが，実際には，値引き販売が行われている。また値引きの方法としては，表示価格を割り引いて販売する方法以外に，①中古車の高値下取り，②付属品のサービス，③特別仕様のサービスなどがあり，それぞれが相互に組み合わされて，その態様は非常に複雑となっている[64]。したがって，表示価格は，形式的なものであり，ユーザーが購入する際に価格交渉を行い，購入価格が決定している。

　最近，「一物一価」の崩壊がいわれることがあるが，自動車（新車）に関しては，当初からそれは成立していなかったといってよいだろう。つまり，これまで同じ新車であっても，ユーザーによって価格差が生じていた。また，同一ディーラー店舗のセールスマンでも提示する販売価格は異なっている。しかし，最近ではこれまでのユーザーの不信から，自社で自主的に特定車種，特定期間，ユーザーに提供できる値引率・サービス等についてあらかじめ一定に決めて販売する「ワン・プライス」を掲げるディーラー店舗も見られたが，実施率は低下傾向にあるという指摘もある[65]。

6　自動車流通に内包されてきた問題

(1) メーカーにおけるマーケティング・チャネル問題

　当該製品の生産の歴史が長くなればなる程，多くの問題を内包しているのは世の常である。また流通も同様である。自動車流通もその例に漏れず，製品特性やメーカーのマーケティング政策により，他の財の流通とは異なった流通システムが形成されてきた。また，他の地域と比較しても特異な流通システムができあがってきた。それらはこれまで取り上げてきた多くの特徴からいえることであり，それゆえに多くの問題を抱え込んだまま，時間が経過してきたため，改善しなければならない面も多い。

　わが国では，一般的にディーラー店舗は修理施設を保有している。それは自動車という新しい製品を普及させるために，ユーザーを説得することが重要な機能であった

ためである。もしユーザーが購入した自動車に不具合が発生しても，ディーラー店舗が修理施設を保有していれば安心感が与えられた。しかし，これまでのようなユーザーへの対応が以前よりも必要でなくなったとき，これらのシステムにおける資源，特に人的資源をいかに再配分するかという問題が顕在化し，社会に新たなコストが発生するようになった。つまり，有効な流通サービス水準の変化に柔軟に対応できない流通システムは，長期的に先送りされたコストが内部に含まれるようになった[66]。これはユーザーや社会環境が変化したために起こる問題でもある。したがって，メーカーはユーザーによって，当該ユーザーに合致したディーラーを用意するか，これまでのディーラーを変化させる必要がある。

　わが国では，歴史的には自動車産業の成長によって，トヨタがまずマーケティング・チャネルを区別した。車種ブランド別のマーケティング・チャネルは，メーカーが市場を細分化することにより，多様化した車種ブランドをそれぞれのチャネルに配分した。それはチャネルにより異なる市場形成が可能であれば，競争回避，市場拡大・浸透が可能と判断したからである。車種ブランド別のマーケティング・チャネルは，将来も新車種ブランドが既存市場を侵食しないことが前提であった。つまり，メーカーの車種ブランド別マーケティング・チャネル政策を正当化できる理由は，メーカーにおける製品開発が，ユーザーから見ても車種ブランド別といえる程度に車種間の製品差別化が明確なことである。そのためには，部分市場を形成可能な差別化された製品開発が不可欠となる[67]。

　ディーラー間における車種ブランドの競合は，わが国では1980年頃から顕在化した。それ以前は乗用車については，マーケティング・チャネルによって取り扱い車種ブランドの価格帯は，比較的差別化されていた。しかし，製品差別化は行き詰まり，車種間で競合し，特に同一メーカーの異なるマーケティング・チャネル間の競争が激化した。「双子車・きょうだい車問題」の多くは，価格競争の要素が強く，ディーラー企業の経営を圧迫していった。ここでディーラー段階における競争は，異なるメーカーの車を販売するディーラーとの競争と同一メーカーの系列が異なるディーラーとの競争が浮かび上がってくる。つまり，1つのメーカーを「内」とするならば，「内」と「外」の競争であり，「競争の二重構造」が存在するようになった[68],[69]。現在，メーカーにより，異なっているが，特に資本関係のないメーカーとディーラーの場合，メーカーが一方的にディーラーの地位を剥奪できないため，フランチャイズ地域の再編はメーカーにとって非常に難しい問題となっている。

　また，アメリカやヨーロッパでは，ディーラー・グループの成長が著しく，フランチャイズ売買の自由が保障されている。その売買システムが活性化されている限り，他のフランチャイズを比較的自由に獲得することが可能になることから，1つのディーラー店舗が専売であっても，ディーラー・グループ全体として経営拡大がス

ムーズに拡大しているので，専売制が阻害要因となる程度は低くなる[70]。

　個別メーカーの例でいえば，トヨタは複数のマーケティング・チャネルを展開している。当然，マーケティング・チャネルそれぞれに専売車種ブランド，テリトリーをもっている。現在，トヨタの場合，2005年8月にスタートした新規チャネルのレクサスを含め，5チャネルがあるため，1地域を担当する同一メーカーのディーラーが，最大5社存在している。アメリカのメーカーもディビジョンと呼ばれるマーケティング・チャネル系列を複数保有している。これは大衆車から高級車までのプライスラインに対応させ，それらのメーカーが多くのメーカーを合併吸収してきた名残でもある。

(2) ディーラーにおけるマーケティング問題

1）メーカーとディーラーの相互依存

　わが国のディーラー企業は，メーカーからの増販要請に応え，当初発注した以上の自動車を引き取り，メーカーからの市場実勢を超えた要求に応じることもあった。メーカーは販売不振の際には，ディーラー企業に対して強引に販売してきた（押し込んできた）。つまり，ディーラー企業がメーカーのバッファーとして利用されてきた側面もある。一方，ディーラー企業が赤字を計上し，在庫負担が大きくなると，メーカーが資金や支払い条件面で支援をすることもあった。メーカーによるディーラー企業への支援は，ディーラーが販売台数を増やすためにインセンティブを出す取引慣行によっても進められ，メーカーからディーラー企業への出資や幹部の人的交流，セールスマンの派遣による販売支援も行っている[71]。

　また，わが国ではディーラー企業が他メーカーのマーケティング・チャネルに変わることはほとんどないが，これは排他的契約でディーラーが拘束されているからではなく，ディーラー企業の経営原則が長期的利益追求志向に立っており，メーカーとの信頼関係を重視する傾向が強いことが指摘されている[72]。

2）新車販売優先

　わが国ではディーラー企業1社の売上高のうち，新車の販売による売上が，最近までかなりの割合を占めてきた。したがって，新車販売によって，売上を上げるために，新車販売が優先されてきた。メーカーにとっても，新車の販売台数を捌くことで，市場シェアが決定することから，ディーラー企業に対して，これまでさまざまなインセンティブを付与してきた。また，インセンティブの付与だけでなく，新車を販売するためにはディーラーをさまざまな形で支援し続けてきた。そして，ディーラーは新車販売でのマイナス分は，メーカーからのインセンティブで補填されるような形態となった。したがって，ディーラーの本分である新車を販売してマージンを得るという根本から遠ざかった。ディーラー企業収益の源泉は，サービスや部品，装着品の販売が中心となってしまった。つまり，利益の面から見れば，新車販売は収益の種ま

図表補-4　ディーラー経営状況（全車種店 1 社平均）

年度 項目／対象社数		2004 年度 1,395 社 （単位：千円）	2003 年度 1,435 社 （単位：千円）	売上高に対す る比率 （単位：%）	売上総利益に 対する比率 （%）
売上高	新車	6,326,428	6,144,690	65.4	
	中古車	1,290,843	1,201,563	13.3	
	（車両部門小計）	7,617,271	7,346,253	78.7	
	サービス・部品	1,906,431	1,763,374	19.7	
	その他	155,227	144,213	1.6	
計		9,678,929	9,253,840	100	
売上総利益	新車	584,180	587,130		38.8
	中古車	179,172	166,886		11.8
	（車両部門小計	763,352	754,016		50.6
	サービス・部品	721,573	666,887		47.9
	その他	22,686	21,973		1.5
計		1,507,611	1,442,876		100

［出所］（社）日本自動車販売協会連合会『自動車ディーラー経営状況調査報告書』2003
　　　年度，2004 年度版より筆者作成

きに過ぎないのである[73]。これは図表補-4 からもわかるようにディーラー 1 社あた
りの売上高に占める新車の売上高は 65.4% となっており，サービス・部品部門は 19.7
％であるが，売上総利益に占める新車の割合は 38.8% となり，サービス・部品部門
は 47.9% にも達していることからわかる。これは新車を販売し，のちに販売した車
のサービス・部品で稼ぐという図式があるからかもしれない。

3）販売方法の行き詰まり

　時間の経過とともに，セールスマンによる労働集約的な訪問販売は，2 つの点で問
題を抱えるようになってきた。1 つにはセールスマンが各家庭を訪問するという人海
戦術は，賃金上昇に比例して，高コストなマーケティング手法へと変化した。もう 1
つは，訪問販売という手法そのものが消費者のライフスタイルに適合しなくなっ
た[74]。依然として，訪問販売がきっかけで成約した商談の割合は現在でも 6 割近くあ
るといわれている[75]。しかし，最近では訪問しても不在の家庭が多かったり，イン
ターフォン越しに断られたりするために，手配りのチラシやセールスマンの名刺をポ
ストに投函するのが関の山であり，訪問販売の効率は低下し続けている。つまり，訪

368

図表補-5　試乗に関する指標

	月間平均試乗者数（人）	前回差	来場者中の試乗者比率（%）	前回差	通常の試乗車準備台数（台）	前回差
乗用車店（計）	30.5	3.1	8.7	0.6	5.1	0.3
乗用車店 I	39.0	6.0	10.5	1.6	5.0	0.4
乗用車店 II	25.6	3.7	7.1	0.6	4.9	0.1
軽四併売店	23.6	−1.2	8.5	−1.1	5.7	0.3
輸入車店	22.2	−0.3	8.0	−0.7	5.6	0.6

［出所］（社）自動車販売協会連合会『国内自動車販売の現状と課題（平成16年版）』2005年，p.8

間販売にセールスマンの数を乗じれば台数が捌けたという認識が薄くなっている。

　さらに新車販売の効率化に向けて，乗用車ディーラー企業や軽四輪併売店が，ディーラー店舗を有効に活用した来店型のプロモーション積極的に取り組んでいる。たとえば，「個人向け乗用車系販売の状況がわかる法人・商用車分を除く店頭販売比率」が46%，「店頭納品率」は49%となっている。乗用車ディーラー店舗の状況は，1店舗あたりの月間平均試乗者数が30.5人（前年比3.1人増）となり，来店者に占める試乗車比率も前年に比べて0.6ポイント増加し，8.7%となった[76]。試乗者数の増加については，通常の試乗者準備台数などを増加させるなどして，これまでの訪問販売でのカタログ等に比べて，顧客に対しては体験型のプロモーションを志向するようになったといえる。

おわりに

　これまで長い時間をかけて自動車流通において形成されてきた取引について，メーカーとディーラーに分けて取り上げてきた。両者相互に強く結びつき，取引形態については多少の手直しをしつつも，温存してきたといえる。またユーザーに対しても，わが国独自のマーケティング活動が重ねられてきた。しかし，ユーザーのライフスタイル，購買行動も変化し，自動車の普及など以前の市場環境ではなくなった。この状況に至ると，抜本的な変革をしなければならなくなった。その変革の方向の1つが，各メーカーによるマーケティング・チャネルの統合であろう。

　ただ，これまでわが国の自動車メーカーが行ってきた流通系列化は，生産—流通の取引を媒介する方法として，比較的効率的な方法であったという面もある。しかし，この方法は，市場の拡大が持続的に維持される限りにおいて有効な方法であった。特

に「排他的マーケティング・チャネル」と「複数マーケティング・チャネル」という
わが国の自動車流通特有の流通システムは，他の業界の生産—流通には見られない
「内」と「内」,「内」と「外」という「二重の競争構造」を生み出してきた。そこで
はメーカーは，ディーラー企業に販売奨励金を支払い続け，ディーラーを過保護にす
ることにより，「二重の競争構造」を維持してきたのである。

　わが国において流通チャネル（マーケティング・チャネル）統合は，大別して，①
経済学における産業組織論，②法律学における独占禁止法理論，③マーケティング
論，から既に学際的に検討されている。しかし，分析方法が異なるとさまざまな視角
が存在する。経済学者は，流通チャネルの統合を「寡占企業による市場支配力強化の
ための手段」として捉え，実質的な経営効率化による効果は，ほとんど検討されたこ
とがなかった。経済学者が流通チャネル統合による経営効率の上昇効果に，これまで
関心をあまり示さなかったのは，この問題が扱われる経済学の分野である産業組織論
が，完全競争モデルの上に立つ伝統的なミクロ経済理論を基礎として形成されてきた
ため，アプローチによっては，メーカーがマーケティング活動を行うことによる経営
効率の上昇効果を分析するための視点を取り入れることができなかったためという指
摘もある[77]。

　したがって，マーケティング・チャネル統合の研究に際して取り入れることが必要
となるマーケティング活動の性格に関する理論と消費者の購買行動に関する理論は，
伝統的に経済学者ではなく，マーケティング学者が主に担当するものとされてきた。
この点からもマーケティング論によるこの現象の分析方法は，伝統的な経済学による
分析よりも優位である。ただ，マーケティング論の視点による分析の限界は，企業利
益に対する貢献効果の検討の面からだけ行われていることである。企業利益の上昇に
つながるマーケティング方法の採用には，それがより以上の公共的利益をもたらす性
格のものと，私的な利益に留まって公共的にはかえって不利益をもたらす性格のもの
がある[78]。つまり，企業行動が社会的利益に結びつくものか，それとも特定企業の利
益優先であるのかである。ただ，最近では，マーケティング研究や実際の活動におい
ても，社会性の視点は以前よりも一層強調され，反映されるようになっている。

--- 注 ---

1)　本章におけるマーケティング・チャネル政策と流通系列化という言葉についてである
　　が，個別の企業が自社のマーケティング・チャネルをいかに編成するかという場合に
　　は，マーケティング・チャネル政策という言葉を使用し，ある特定の業界などで，行
　　われているマーケティング・チャネル政策を社会的な視点から見た場合には，流通系
　　列化政策として使い分けている。

370

2) 伊藤元重 (1994)「分散か統合か—日本型流通システムの功罪—」『ビジネスレビュー』Vol.41, No.3, p.21

3) 伊藤 (1994), p.2

4) Stern, L.W.& A.I. El-Ansary (1992), *Marketing channels 4th ed.*, Englewood Cliffs, NJ: Prentice Hall, p.496

5) 並河永 (2000)「流通系列化と流通サービス—カラーテレビ修理への業界の対応—」『経営史学』第 34 巻第 4 号, p.29

6) 滝川敏明 (1980)「メーカーによる流通チャネルの統合と公共政策—企業家競争過程の視点から— (上)」『公正取引』No.359, pp.59–60

7) 滝川 (1980), pp.59–60

8) わが国の新車ディーラー企業にはメーカーの資本が数多く入っているが，各メーカーにより，明確な特徴がある。たとえば，トヨタは他社と比較して，子会社化されたディーラーの比率が圧倒的に少ない。反対に，日産とマツダは子会社ディーラーの比率が高く，ほぼ半分以上を占める。ホンダと三菱はその中間である。(森田正隆・西村清彦 (2001)「情報技術が流通戦略を変える—日米自動車流通の比較分析—」新宅純二郎・淺羽茂『競争戦略のダイナミズム』日本経済新聞社, p.187)

9) 山内孝幸 (2008)「系列化チャネルにおける支配関係からパートナー関係への変容」『阪南論集　社会科学編』阪南大学学会, 第 43 巻第 2 号, p.39

10) 山内 (2008), p.39

11) 山内 (2008), p.39

12) 山内 (2008), pp.51–52

13) 風呂勉 (1968)『マーケティング・チャネル行動論』千倉書房

14) 石原武政 (1982)『マーケティング競争の構造』千倉書房

15) 石原・池尾・佐藤 (1989)『商業学』有斐閣

16) 山内 (2008), p.38

17) 山内 (2008), pp.37–38

18) 山内 (2008), p.38

19) 田島義博・原田英生編著 (1997)『ゼミナール流通入門』日本経済新聞社, p.317

20) 山内 (2008)「前掲論文」p.38

21) 風呂勉執筆 (1995)『最新商業辞典』久保村・荒川・鈴木・白石編, 同文舘, p.334

22) 野田 (1980), pp.271–272

23) メーカーが流通系列化を効果的に推進するために，卸売段階，小売段階における販売店の組織を活用することがある。流通系列化の効果的実施のために販売店間の親近性が必要であり，これを醸成するためには，店会組織による頻繁な販売店相互および販売店とメーカー間の接触が有効である (野田実編著 (1980)『流通系列化と独占禁止法』, p.319)

24) 公正取引委員会 (1979)「流通系列化をめぐる独禁法上の問題」公正取引委員会事務局編『独占禁止策の主要課題』(独占禁止懇話会資料集Ⅳ), 大蔵省印刷局, p.1

25) 今井賢一, 宇沢弘文, 小宮隆太郎, 根岸隆, 村上泰亮 (1972)『価格理論Ⅲ』岩波書店, p.247

26) 江尻弘 (1983)『流通系列化』中央経済社, pp.13–14

27) 江尻 (1983), pp.16–17

28) Sims, J.T., J.R. Foster, and A.G. Woodside, (1977), *Marketing Channels,* Harper & Row,

pp.186–187

29) Waters, C.G. (1977), *Marketing Channels*, Goodyear Publishing, p.527

30) チャネル・リーダーとなる企業の存在については，市場支配力を有する寡占メーカーの行動が非難されるが，市場支配力を持つ寡占メーカーがチャネル・リーダーとなること自体は必然であり，チャネル・リーダーとしての寡占メーカーがある種の市場支配的行動をとるのも当然の結果である。（江尻（1983），pp.20–21）

31) Stern and El-Ansary (1977), pp.391–392

32) Waters(1977), pp.532–537

33) 小宮隆太郎，竹内宏，北原正夫（1973）「家庭電器」熊谷尚夫編『日本の産業組織Ⅰ』中央公論社，p.54

34) 後藤晃（1977）「流通系列化と市場経済」松下満雄編『流通系列化と独禁法』日本経済新聞社，pp.36–37

35) 川井進（1966）「日立家電品の系列販路政策」深見一義代表編集『マーケティング講座第3巻流通問題』有斐閣，pp.351–352

36) 小宮他（1973），中央公論社，pp.73–75

37) 新飯田宏，武蔵武彦（1973）「カメラ」熊谷尚夫編『日本の産業組織Ⅱ』中央公論社，pp.146–147

38) 公正取引委員会（1979），pp.4–5

39) 並河（2000），p.48

40) 武石彰・川原英司（1994）「システム安定とディーラーシステム」『ビジネスレビュー』Vol.41, No.3, pp.37–38

41) 武石・川原（1994），pp.38–43

42) 宮崎友次・藤波和夫（1980b）「自動車業における流通系列化の実態（2）」『公正取引』No.356, pp.25–26

43) 下川浩一（2004）『グローバル自動車産業経営史』有斐閣，p.101

44) ヨーロッパでは，自動車流通規則の改正により，2005年10月以降，ディーラー・アグリーメントにおけるロケーション条項が廃止されるために，100年近く継続したフランチャイズシステムに画期的な変化を及ぼす可能性が指摘されている。（塩地洋（2004）「自動車販売業の課題と対応の方向に関する調査研究」『自動車販売』Vol.42, No.7, p.22）

45) 野田（1980），p.377

46) 藤本隆宏（2000）「米国自動車流通の新展開と情報技術」下川浩一・岩澤孝雄編著『情報革命と自動車流通イノベーション』文眞堂，p.224

47) 宮崎・藤波（1980b），p.28

48) 宮崎友次・藤波和夫（1980c）「自動車業における流通系列化の実態（3）」『公正取引』No.357, p.32

49) トヨタの場合，ユーザーの希望によって，最終仕様の変更は生産日の4日前まで許されている。その結果，迅速な物流システムと併せて，納期は10日程度に短縮されている。同時に，実際の需要に応じた生産が行われる結果，流通在庫を削減する効果も併せ持っている。このようなオーダー・エントリー・システムが機能するには，平準化に基づく伸縮的な生産体制の確立と同時に，メーカーとディーラー企業の間の密接な関係が必要とされる。（成生達彦「チャネルの競争優位と製販連携―機能，構造およびその歴史的変遷―」新宅純二郎・淺羽茂（2001）『競争戦略のダイナミズム』日

本経済新聞社，p.156）

50）たとえば，新規参入業者や下位の業者が，一店一帳合制とかテリトリー制などを採る
場合には，むしろ，ブランド間競争を促進する効果を持つ場合がある。そうした点を
考慮しないで，一店一帳合制やテリトリー制であるということだけを見て規制すると
いうようなことは好ましくないこともある。（金澤良雄（1980）「流通系列化に関する
報告書を提出して」『公正取引』No.354，pp.5-6）

51）金澤（1980），p.6

52）成生（2001），p.154

53）武石・川原（1994），pp.37-38

54）森田・西村（2001），pp.176-177

55）下川浩一（2000）「情報革命と自動車流通イノベーション」下川浩一・岩澤孝雄編著
『情報革命と自動車流通イノベーション』文眞堂，p.81

56）自動車販売の場合，部品とは異なり，競争形態の制約があるため，排他的系列組織に
よるメーカーの一元的支配の硬直性が目立っている。メーカーからの増販要請とシェ
ア拡大圧力が，自動車の販売秩序を乱し，ディーラー企業経営の不安定性を招き，そ
の結果，リベートの注入，そしてディーラー企業の参入退出がない中で，実質的な
ディーラー企業の直営化傾向が強まっている。自動車の排他的系列販売の経験は，競
争原理に極端な制約を与えるような系列組織の運営が継続すると，やがては行き詰ま
るものであることを示していた。日産は国内ディーラー企業の直営店比率がトヨタに
比べて高く6割以上のディーラーがそうなっている。かつては地場資本の方が多かっ
たが，ディーラー企業に押し込み販売など無理を強いたために地場資本ディーラー企
業が破綻に瀕し，やむなくメーカーが経営を肩代わりしたためといわれている。（下
川（2004），pp.95-98）

57）「日経ビジネス」1997年3月31日号，pp.28-29

58）メーカーが主張する「他社製品取り扱い禁止」の理由は，①安定的生産・供給体制の
確立，②効率的品質維持体制の確立，③信用供与，④効率的マーケティング活動，⑤
効率的情報ルートの維持，である。（宮崎・藤波（1980c）「前掲論文」p.34）

　　ただ，メーカー主張に対する反論では，他社製品の取扱禁止がなければ，①安定的
生産・供給体制の確立は，ディーラー企業にとって，他社製品の取扱禁止が安定的供
給源の確保にどうつながるのかという基本的な疑問はあるが，メーカーの安定的な供
給先の確保については，現行，原則1年の契約期間を延長することで十分対処できる
だろう。②効率的品質維持体制の確立についても，現アフターサービスの確保のため
の規定を契約書の中に設けており，必要ならばこの規定を強化することで十分手当が
つくだろう。③信用供与および④効率的マーケティング活動については，他社製品の
取扱禁止を削除して，ディーラー企業が自由に取引先メーカーを選択できるようにし
たとしても，メーカー間のディーラー企業獲得競争の活発化によって，依然として
ディーラー企業に対する信用供与，各種の指導援助等は継続される。⑤効率的情報
ルートの維持は，現行契約書でも規定しており，必要ならばその規定を強化すること
で済むのではないか。したがって，メーカーが自己の系列ディーラー企業が他社の製
品を取り扱うことを禁止している最大の目的は，系列ディーラー企業を100%自己に
専属させることによって，ディーラー企業のメーカーに対する交渉力を殺ぎ，その販
売努力を自社製品の増販および占有率の向上に振り向けさせるためである。他社製品
の取扱禁止規定をディーラー企業側から見ると，これによってディーラー企業は，特

定のメーカーに 100% 専属化せざるを得なくなると同時に，ディーラー企業のメーカー間の移動が著しく困難になる結果，ディーラー企業の経営および企業としての成否は，取引先メーカーの行うマーケティング活動や，その提供する製品の良否に決定的に左右されることになり，ディーラー企業の経営の自主性は著しく制約されることになる。その結果，ディーラー企業は，メーカーの要請に従わざるを得ない弱い立場に置かれる。（宮崎・藤波（1980 c），pp.34-35）

59）日本自動車販売協会連合会（1997）『自動車販売』Vol.35，No.1，p.30

60）武石・川原（1994），pp.44-45

61）日刊自動車新聞社（2005）『自動車年鑑 2005 年版』日刊自動車新聞社，p.205

62）下川（2004），p.107

63）成生（2001），p.156

64）宮崎・藤波（1980 a）「自動車業における流通系列化の実態（1）」『公正取引』No.355，pp.28-29

65）日本自動車販売協会連合会（2004）『自動車販売』Vol.42，No.5，p.4

66）並河（2000），pp.48-49

67）岩澤孝雄（1991）『カーライフ産業の未来戦略』白桃書房，pp.111-112

68）石川和男（1999）「わが国における自動車流通再編に関する一考察」『中央大学企業研究所年報』第 20 号，p.175

69）このような構造は，多くの車種が生産されるほど，より大きな問題として浮上してくる。指摘されているのは，1990 年代後半になってトヨタのモデル数増加のペースが加速していることである。実際，同社のモデル数は双子車などによる重複を除いたうえでも，96 年の 29 モデルから 2000 年までの 5 年間で 38% 増加しており，このペースは驚異的である。さらにバリエーション数を考慮して，各社が持つ乗用車のタイプ数を比較すると，基本車型のレベルの多様化では，トヨタと日産のタイプ数は 70 年代後半に急増し，三菱とマツダのタイプ数は 80 年代半ばに増え始め，本田技研のタイプ数が増え始めるのは 80 年代後半になってからである。バブル期に入ると，各社ともタイプ数が増える中で，本田技研のみは押さえ気味のまま終始していた。ところがトヨタ，日産，三菱が 92-93 年頃から，マツダが 95 年頃からタイプ数の増加を抑制する一方で，本田技研だけは 98 年頃まで一貫してタイプ数を増やしていた。これは主として本田技研が同時期にモデル数を増加したことに伴うものであり，この間も同社の平均バリエーション数はほとんど変化がなかった。（近能善範・奥田健裕（2005）「日本自動車産業の変貌：1990 年代を中心として」『経営志林』第 42 巻第 2 号，pp.23-24）

70）塩地洋（2004），p.22

71）下川（2004），p.102

72）下川（2004），p.102

73）沖野啓二朗（2003）「系列色から一歩抜け出す」『e 時代のくるまビジネス情報』No.287，p.4

74）日本自動車販売協会連合会（1997）『自動車販売』Vol.35，No，p.4

75）日本自動車販売協会連合会（1997），p.4，森田・西村（2001），p.187

76）日刊自動車新聞社，pp.204-205

77）滝川（1980），pp.62-63

78）滝川（1980），p.64

参考文献・資料

愛知トヨタ自動車(株)史料編集室編 (1969)『愛知トヨタ25年史』

青木昌彦 (1989)『日本企業の組織と情報』東洋経済新報社

青島矢一・加藤俊彦 (2003)『競争戦略論』東洋経済新報社

青野豊作 (1982)『トヨタ販売戦略―世界をねらう"三段とび構想"―』ダイヤモンド社

秋田日産(株)(1972)『星霜35年』秋田日産

浅沼萬里 (1997)『日本の企業組織：革新的適応のメカニズム―長期取引関係の構造と機能』東洋経済新報社

天谷章吾 (1982)『日本自動車工業の史的展開』亜紀書房

新飯田宏，武蔵武彦 (1973)「カメラ」熊谷尚夫編『日本の産業組織Ⅱ』中央公論社

荒川久治 (1995)『自動車の発達史（下）』山海堂

荒川久治 (1995)『自動車の発達史（上）』山海堂

荒川祐吉 (1965)「マーケティング・チャネル概念とチャネル行動―チャネル行動論序説―」『国民経済雑誌』第12巻，第5号

荒川祐吉 (1983)『商学原理』中央経済社

池尾恭一 (2004)「流通チャネル政策」慶應義塾大学ビジネススクール編『マーケティング戦略』有斐閣

碇義朗 (1988)『三菱自動車全開―「攻め」に転じたグローバル戦略』ダイヤモンド社

石川和男 (1999)「我が国における自動車流通再編に関する一考察」中央大学『企業研究所年報』第20号

石川和男 (2007)「高圧的マーケティングと消費者信用の発達に関する一考察―耐久消費財普及の視座から―」『商学研究所報』専修大学商学研究所，第38巻第2号

石川和男 (2008)「朝鮮戦争から貿易自由化時期における自動車産業の環境をめぐって―複数マーケティング・チャネル性への移行背景―」『専修商学論集』第87号

石井淳蔵 (1979)「流通チャネル・システムと環境」『同志社商学』Vol.31，No.3

石井淳蔵 (1983)『流通におけるパワーと対立』千倉書房

石井・奥村・加護野・野中 (1996)『経営戦略論（新版）』有斐閣

石原武政 (1973)「マーケティング・チャネル論の系譜」京都ワークショップ『マーケティング理論の現状と課題』白桃書房

376

石原武政（1982）『マーケティング競争の構造』千倉書房

石原・池尾・佐藤（1989）『商業学』有斐閣

石原武政（1997）「流通とは」田島・原田編著『ゼミナール流通入門』日本経済新聞社

石原武政（2002）「閉鎖的体系の構築とその限界」大阪市立大学商学部編『ビジンスエッセンシャルズ⑤流通』有斐閣

石山順也（1989）『日産・快進撃へ』日本能率協会

いすゞ自動車(株)(1957)『いすゞ自動車史』いすゞ自動車史編纂委員会

いすゞ自動車(株)三宮吾郎伝刊行委員会（1963）『三宮吾郎伝』いすゞ自動車

板垣暁（2004）「復興期外国車輸入をめぐる意見対立とその帰結―自動車メーカー・通産省対運輸業者・運輸省―」『経営史学』第38巻第3号

伊丹敬之（2008）「組織が知識を蓄積し，市場が利用する」『一橋ビジネスレビュー』55巻4号

市川優編（2003）『変革の構図　トヨタ新成長戦略』日刊自動車新聞社

伊藤秀史（2008）「市場と組織」伊藤秀史・沼上幹・田中一弘・軽部大編『現代の経営理論』有斐閣

伊藤元重（1988）「温室の中での成長：産業政策のもたらしたもの」伊丹敬之・加護野忠男・小林孝雄・榊原清則・伊藤元重『競争と革新―自動車産業の企業成長』東京経済新報社，

伊藤元重（1989）「企業間関係と継続的取引」今井・小宮編『日本の企業』東京大学出版会

伊藤元重（1993）「企業と市場」伊丹敬之・加護野忠男・伊藤元重『リーディングス日本の企業システム4』有斐閣

伊藤元重（1994）「分散か統合か―日本型流通システムの功罪―」『ビジネスレビュー』Vol.41，No.3

井上昭一（2002）「自動車企業の合併・買収と連合体の結成―ダイムラー・クライスラーとルノー・日産を素材にして―」関西大学『商学論集』第47巻第4・5号合併号

井上昭一（2004）「日米自動車企業の経営戦略―GM，いすゞ，スズキの提携強化を事例として―」『関西大学商学論集』第49巻第1号

井上久男（2007）『トヨタ愚直なる人づくり―知られざる究極の「強み」を探る』ダイヤモンド社

今井賢一，宇沢弘文，小宮隆太郎，根岸隆，村上泰亮（1972）『価格理論Ⅲ』岩波書店

今井賢一・伊丹敬之・小池和男（1982）『内部組織の経済学』東洋経済新報社

今井賢一・伊丹敬之（1993）「組織と市場の相互浸透」伊丹敬之・加護野忠男・伊藤元重『リーディングス　日本の企業システム4』有斐閣

李真薫（1993）「日本の自動車産業における企業成長と産業政策」『三田商学研究』第
　　36巻第3号

林美玉（2006）「流通チャネルにおける取引コスト分析の展開（1）」『経済論叢』京都
　　大学，第178巻第5・6号

岩越忠治（1968）『日本自動車工業史』東京大学出版

岩崎尚人（2005）「ケーススタディ　トヨタ自動車」『経済研究』成城大学経済学会，
　　第171号

岩澤孝雄（1991）『カーライフ産業の未来戦略―自動車ディーラーと創造経営』白桃
　　書房

インダストリーリサーチシステム（1981）『トヨタ・グループの全貌』インダスト
　　リーリサーチシステム

インダストリーリサーチシステム（1983）『日産自動車グループの企業戦略と組織』
　　インダストリーリサーチシステム

宇田川勝（1971）「日産財閥の自動車産業進出について（下）―日産とGMとの提携
　　交渉を中心として―」『経営志林』第14巻第1号

宇田川勝（1977）「日産財閥の自動車産業進出について（上）」『経営志林』第13巻第
　　4号

宇田川勝（1983）「我が国自動車産業の史的展開」法政大学経営学部編『我が国自動
　　車産業の展望』法政大学出版局

江尻弘（1983）『流通系列化』中央経済社

遠藤徹（2002）「トヨタの販売と輸出実績の足跡」岡崎宏司・畔柳俊雄・熊野学・遠
　　藤徹・桂木洋二『トヨタ自動車の研究』グランプリ出版

エンパイヤ自動車（株）（1983）『エンパイヤ自動車70年史』

大澤喜市（1950）『日本自動車史と梁瀬長太郎』日本自動車史と梁瀬長太郎刊行会

大島卓「自動車メーカーの『流通系列化』」平和経済計画国民会議独占白書委員会編
　　『国民の独占白書第14号　日本の流通産業』お茶の水書房，1991年

大薗恵美・清水紀彦・竹内弘高（2008）『トヨタの知識創造経営』日本経済新聞出版

大滝精一（1997）「ネットワーク戦略」大滝・金井・山田・岩田『経営戦略』有斐閣

岡崎宏司（2007）「車，流行と変遷の40年」『JAMAGAZINE』Vol.41

岡田浄二（2001）「自動車業界の再編とグローバル・マーケティング―その背景と課
　　題を探る―」岡山商科大学『岡山商大論叢』第36巻第3号

岡崎哲二（2006）「経済活動の組織とコーディネーション」伊丹・藤本・岡崎・伊
　　藤・沼上編（2006）『日本の企業システム　第II期　第3巻　戦略とイノベーショ
　　ン』有斐閣

岡山商科大学法経学部創設記念論集編集委員会編（1994）『現代経済学の諸相』中央
　　経済社

沖野啓二朗（1997）「価格システムの再構築を最優先に諸施策を」『自動車販売』日本

　　自動車販売協会連合会

沖野啓二朗（1998）「ワンプライス販売その課題と対応策」『自動車販売』日本自動車
　　販売協会連合会

沖野啓二朗（2003）「系列色から一歩抜け出す」『e 時代のくるまビジネス情報』
　　No.287

奥村宏・星川順一・松井和夫（1965）『現代の産業自動車工業』東洋経済新報社

尾崎久仁博（1990）「中間商人の排除とチャネルタイプの選択理論」陶山計介・高橋
　　秀雄編著『マーケティング・チャネル―管理と成果―』中央経済社

尾崎正久（1955 a）『日本自動車史 上巻』自研社

尾崎正久（1955 b）『自動車日本史 下巻』自研社

尾崎政久（1966）『国産自動車史』自研社

小野桂之介・根来龍之（2001）『経営戦略と企業革新』朝倉書店

恩蔵・三浦・和田『マーケティング戦略』有斐閣

翟林瑜（1991）『企業のエージェンシー理論』同文舘

折橋伸哉（2008）「三菱自動車工業株式会社の最近のあゆみ」『東北学院大学経営・会
　　計研究』第 15 号

影山僖一（1980）『現代自動車産業論』多賀出版

影山僖一（1999）『通商産業政策論研究 自動車産業発展戦略と政策効果』日本評論社

加護野忠男（1988）「企業家精神と企業家的革新」伊丹敬之・加護野忠男，小林孝
　　雄・榊原清則・伊藤元重著『競争と革新―自動車産業の企業成長』東洋経済新
　　報社

加護野忠男（2006）「新しい事業システムの設計思想と情報資源」伊丹・藤本・岡
　　崎・伊藤・沼上編（2006）『日本の企業システム 第Ⅱ期 第 3 巻 戦略とイノ
　　ベーション』有斐閣

加護野忠男・井上達彦（2004）『事業システム戦略』有斐閣

勝又自動車(株)(1975)『勝又自動車 50 年史』勝又自動車

加藤寛・野田一夫監修（1980）『トヨタ自動車工業 1980 年版』蒼洋社

加藤寛・野田一夫（1980）『本田技研工業』蒼洋社

加藤誠之（1982）「これがトヨタの真実だ②」『週刊ダイヤモンド』，10 月 16 日号

桂木洋二（1999）『日本における自動車の世紀―トヨタと日産を中心に』グランプリ
　　出版

桂木洋二（2002）「トヨタ自動車 70 年の歩み―トヨタ自動車に見る天気と危機の乗り
　　越え方―」岡崎宏司，畔柳俊雄，熊野学，遠藤徹，桂木洋二『トヨタ自動車の
　　研究―その足跡をたどる』グランプリ出版

神奈川トヨタ(株)(1998)『モビリティライフの創造 神奈川トヨタ 50 年の軌跡』神奈
　　川トヨタ

金澤良雄（1980）「流通系列化に関する報告書を提出して」『公正取引』No.354

兼村栄哲（1999）「流通機構」兼村・青木・林・鈴木・小宮路『現代流通論』八千代出版

加茂英司（1996）『再販制と日本型流通システム』中央経済社

川井進（1966）「日立家電品の系列販路政策」深見一義代表編集『マーケティング講座第3巻流通問題』有斐閣

川崎進一（1979）『現代商学の基本問題』同文舘

川又克三（1988）『自動車とともに』日産自動車

河村泰治（2000）『自動車産業とマツダの歴史』郁朋社

木南章（1993）「不完全情報と食品小売市場の経済理論」『生物資源紀要』三重大学，第9号

岸田民樹（2009）「課業環境と組織プロセス」岸田・田中著『経営学説史』有斐閣

木村敏男（1959）『日本自動車工業論』日本評論新社

木綿良行（1989）「マーケティング・チャネル政策」木綿・懸田・三村『現代マーケティング論』有斐閣

経済評論社（1964）『世界市場に挑戦する日本の自動車工業』経済評論社

久保村隆祐（1975）『新訂マーケティング管理』千倉書房

黒川文子（2008）『21世紀の自動車産業戦略』税務経理協会

高瑞紅・下野由貴（2006）「中国における日系自動車メーカーのサプライヤー・システム—企業間取引におけるコンテクスト共有の意味—」『国民経済雑誌』第194巻，第1号

公正取引委員会（1959）『自動車工業の経済力集中の実態』

公正取引委員会事務局編集（1974）『流通系列化』大蔵省印刷局

公正取引委員会（1979）「流通系列化をめぐる独禁法上の問題」公正取引委員会事務局編『独占禁止策の主要課題』（独占禁止懇話会資料集Ⅳ），大蔵省印刷局

國領二郎（1999）『オープン・アーキテクチャ戦略』ダイヤモンド社

小島健司（2009）「取引関係固有投資と系列販売網の生成過程」『国民経済雑誌』神戸大学経済経営学会，第199巻第3号

五十年史編纂委員会（1970）『明日をひらく東洋工業—東洋工業株式会社五十年史現況編』東洋工業

小平勝美（1968）『自動車 日本産業経営史大系 第5巻』亜紀書房

後藤晃（1977）「流通系列化と市場経済」松下満雄編『流通系列化と独禁法』日本経済新聞社

小原博（1987）『マーケティング生成史論』税務経理協会

小原博（1994）『日本マーケティング史—現代流通の史的構図』中央経済社

小宮隆太郎，竹内宏，北原正夫（1973）「家庭電器」熊谷尚夫編『日本の産業組織Ⅰ』中央公論社

小宮隆太郎『日本の産業政策』東京大学出版会

小宮隆太郎（1989）『現代中国経済』東京大学出版会

近藤和明（1994）「系列化と取引慣行の諸問題」同志社大学商学会『同志社商学』第45巻第5号

埼玉日産自動車(株)創立30年史編さん委員会（1974）『埼玉日産自動車の30年』埼玉日産自動車

佐伯啓思（1991）『市場社会の経済学』新世社

坂本英樹（2000）「取り引き形態の新展開」黒田・佐藤・坂本『現代商学原論』千倉書房

桜井清（1987）『戦前の日米自動車摩擦』白桃書房

佐々木烈（1994）『明治の輸入車』日刊自動車新聞社

サトウマコト（2000）『横浜製フォード，大阪製アメリカ車』230クラブ

佐藤正明（1995）『ホンダ神話 教祖なき後で』文藝春秋

佐藤芳彰（2000）「流通システムと流通業の発展」黒田・佐藤・坂本『現代商学原論』千倉書房

佐藤義信（1994）『トヨタ経営の源流』日本経済新聞社，p 99

佐藤義信（1997）『トヨタグループの戦略と実証分析（第7版）』白桃書房

塩地洋（1988）「日野・トヨタ提携の指摘考察」『経営史学』第23巻第2号

塩地洋（1991）「自動車販売における二重の「系列」問題」九州産業大学商経学会『商経論叢』第32巻第1号

塩地洋・T.D.キーリー（1994）『自動車ディーラーの日米比較―「系列」を視座として―』九州大学出版会

塩地洋（2004）「自動車販売業の課題と対応の方向に関する調査研究」『自動車販売』Vol.42，No.7

自動車工業会（1967）『日本自動車工業史稿（2）』

自動車工業振興会（1979）『自動車資料シリーズ（3）』四宮正親（1983）「両大戦間における在日外資系自動車会社の経営活動―日本フォード，日本GMの創設と販売活動」西南学院大学『経営学研究論集』第2号

四宮正親（1984）「戦前の自動車産業―産業政策とトヨタ―」西南学院大学『経営学研究論集』第3号

四宮正親（1998）『日本の自動車産業―企業者活動と競争力：1918-70―』日本経済評論社

嶋口充輝（1981）「マーケティングチャネル 誰がこの外部企業組織をリードすべきか」『消費と流通』Vol.5，No.1

下川浩一（1975）「米国自動車産業におけるマーケティングの成立と展開（1）」『経営志林』第11巻第3号

下川浩一（1976）「トヨタ自販のマーケティング」下川・小林編『日本経営史を学ぶ（3）』有斐閣

下川浩一　(1981)『米国自動車産業経営史研究』東洋経済新報社

下川浩一　(1983)「耐久消費財マーケティングＡ自動車」森下二次也監修『現代日本
　　独占のマーケティング』大月書店

下川浩一　(1985)『日経産業シリーズ　自動車』日本経済新聞社

下川浩一　(1990)「自動車」米川伸一・下川浩一・山崎広明編『戦後日本経営史第Ⅱ
　　巻』東洋経済新報社

下川浩一　(2000)「情報革命と自動車流通イノベーション」下川浩一・岩澤孝雄編著
　　『情報革命と自動車流通イノベーション』文眞堂

下川浩一　(2004)『グローバル自動車産業経営史』有斐閣

下村博史　(2005)『中間流通の協創戦略』白桃書房

白石善章　(1995)「自動車のマーケティング」マーケティング史研究会編『日本の
　　マーケティング』同文舘出版

全国軽自動車協会連合会　(1979)「座談会オール小型自動車走行開会開催の意義と成
　　果」『小型・軽自動車会三十年の歩み』

鈴木安昭・田村正紀　(1980)『商業論』有斐閣

鈴木安昭　(2006)『新・流通と商業（第4版）』有斐閣

鈴木自動車工業社史編纂委員会　(1970)『50年史』鈴木自動車工業

鈴木自動車工業(株)経営企画部広報課　(1990)『70年史』鈴木自動車工業

住商アビーム自動車総合研究所　(2008)『自動車立国の挑戦』英治出版

陶山計介・高橋秀雄編著　(1990)『マーケティング・チャネル―管理と成果―』中央
　　経済社

曽我信孝編著　(1995)『マツダマーケティング戦略』白桃書房

孫飛舟　(1996)「自動車の流通システムにおける系列化の意義について―今後中国の
　　自動車流通とのかかわりで―」『星陵台論集』神戸商科大学大学院研究会，第
　　29巻第2号

孫飛舟　(1998)「日本の自動車流通におけるディーラー・サービス体制に関する研究」
　　『星陵台論集』神戸商科大学大学院研究会，第31巻第2号

孫飛舟　(2003)「早期アメリカ自動車流通におけるメーカー・ディーラー対立関係の
　　形成と解決」『大阪商業大学論集』大阪商業大学商経学会，第126号

孫飛舟　(2003)『自動車ディーラー・システムの国際比較―アメリカ，日本と中国を
　　中心に―』晃洋書房

孫飛舟　(2006)「日・中・韓自動車流通の発展に関する一考察」『地域と社会』大阪商
　　業大学比較地域研究所，第9号

高嶋克義　(1994)『マーケティング・チャネル組織論』千倉書房

高橋佐太郎　(1957)『私の歩んだ五十年』

高橋忠生　(2008)「日産自動車のマネジメント改革」『横浜経営研究』第28巻第3.4
　　号

382

高橋伸夫編（2000）『超企業・組織論』有斐閣

高橋秀雄（1990）「チャネル・システムの分析枠組みとその組織的構造」陶山計介・
　　高橋秀雄編著『マーケティング・チャネル—管理と成果—』中央経済社

滝川敏明（1980）「メーカーによる流通チャネルの統合と公共政策—企業家競争過程
　　の視点から—（上）」『公正取引』No.359

竹内敏雄（1968）『自動車販売』日本経済新聞社

武石彰・川原英司（1994）「システム安定とディーラーシステム」『ビジネスレ
　　ビュー』Vol.41, No.3

武石彰（2003）『分業と競争—競争優位のアウトソーシング・マネジメント』有斐閣

田島義博・原田英生編著（1997）『ゼミナール流通入門』日本経済新聞社

田中紀夫（2004）「三大エネルギー革命と自然環境の変貌」『石油天然ガスレビュー』
　　石油天然ガス・金属鉱物資源機構

田中正郎（1992）「パワーコンフリクト理論からみたチャネル管理」チャネル・マネ
　　ジメント研究会『大転換期のチャネル戦略』同文舘

橘川武郎（1995）「中間組織の変容と競争的寡占構造の形成」『日本経営史4「日本
　　的」経営の連続と断絶』岩波書店

田内幸一（1990）『マーケティング』日経文庫

田村正紀（1965）「マーケティング・チャネル・システムの分析フレーム」『六甲台論
　　集』第12巻, 第4号

田村正紀（1986）『日本型流通システム』千倉書房

丹下博文（2005）『企業経営の社会性研究（第2版）』中央経済社

崔容熏（2003）「マーケティング・チャネルにおける「統御（governance）」のメカ
　　ニズム」京都大学『経済論叢』第171巻第3号

崔容熏（2006）「マーケティング・チャネル研究の回顧と批判的検討」『福井県立大学
　　経済経営研究』第17号

近能善範・奥田健裕（2005）「日本自動車産業の変貌：1990年代を中心として」『経
　　営志林』第42巻第2号

中小企業診断協会編（1999）『企業診断』Vol 46, No.2 同友館

通商産業省（1976）『商工政策史』第18巻

通商産業省自動車課（1987）『明日の自動車流通を考える』通商産業調査会

通商産業省機械情報産業局自動車課（1988）『21世紀高度自動車社会をめざして—自
　　動車問題懇談会とりまとめ—』通産資料調査会

遠山正朗（2002）『情報通信技術と取引コスト理論』白桃書房

トヨタ自動車工業(株)(1978)『トヨタのあゆみ』トヨタ自動車工業

トヨタ自動車販売(株)(1970)『モータリゼーションとともに』トヨタ自動車販売

トヨタ自動車販売(株)社史編集委員会（1962）『トヨタ自動車販売株式会社の歩み』
　　トヨタ自動車販売

トヨタ自動車販売店協会（1977）『三十年の歩み』トヨタ自動車販売店協会，pp.8-9

トヨタ自動車販売(株)社史編集委員会編（1980）『世界への歩み トヨタ自販 30 年史』

トヨタ自動車(株)編（1987）『創造限りなく トヨタ自動車 50 年史』

東京トヨタ自動車(株)(1986)『東京トヨタ自動車四十年史』東京トヨタ自動車四十年史編纂委員会

東京トヨペット 20 年史編纂委員会（1973）『東京トヨペット 20 年史』東京トヨペット

東京日産自動車販売(株)20 年社史編纂委員会（1964）『東京日産 20 年の歩み』東京日産自動車販売

東洋工業（1970）『東洋工業五十年史』

長沢伸也・木野龍太郎（2004）『日産らしさ，ホンダらしさ—製品開発を担うプロダクト・マネジャーたち—』同友館

長島修（1992）「戦時経済研究と企業統制」下谷政弘・長島修編『戦時日本経済の研究』晃洋書房

永田晃也（2003）『価値創造システムとしての企業』学文社

永田広治（1959）「自動車産業はどのような産業か」ダイヤモンド社編『自動車』ダイヤモンド社

中村静治（1957）『日本の自動車工業』日本評論新社

中山成基（1976）『佐賀日産自動車三十年史』佐賀日産自動車

名古屋トヨペット社史編集室（1988）『名古屋トヨペット 30 年史』名古屋トヨペット株式会社

根来龍之・桑山卓三（2001）『ポスト CRM の顧客関係』

並河永（2000）「流通系列化と流通サービス—カラーテレビ修理への業界の対応—」『経営史学』第 34 巻第 4 号

成生達彦（1993）「自動車の流通：日米比較」『南山経営研究』第 7 巻第 3 号

成生達彦（2001）「チャネルの競争優位と製販連携—機能，構造およびその歴史的変遷—」新宅純二郎・淺羽茂『競争戦略のダイナミズム』日本経済新聞社

林・高橋編集代表（2003）『戦略経営ハンドブック』中央経済社

西村晃（2000）『ホンダにみる挑戦する会社の経営戦略』たちばな出版

西村栄治（1994）『マーケティング経済研究序説—E.T. グレサーの研究—』同文舘

日刊自動車新聞社編（1998）『1998 年度版自動車年鑑』日刊自動車新聞社

日産自動車(株)調査部（1983）『21 世紀への道—日産自動車 50 年史—』日産自動車

日産自動車(株)調査部（1983）『日産自動車 50 年史』日産自動車

日産自動車販売協会（1974）『二十五年史』日本科学史学会編『日本科学技術史体系』第 18 巻，第一法規出版，1966 年

日本科学史学会編（1966）『日本科学技術史大系』第 4 巻通史 4，第一法規出版

日本経済新聞社（1981）『私の履歴書 経済人 15』日本自動車工業会（1969）『日本自

384

　　動車工業史稿（3）』

日本交通(株)社史編纂委員会（1961）『社史　日本交通株式会社』

日本自動車工業会（1988）『自動車産業史』

日本自動車工業振興会（1975）『日本自動車工業史口述記録集』自動車資料シリーズ
　　(2)　日本自動車会議所編（1947）『日本自動車年鑑』

日本自動車販売協会連合会（1970）『ディーラーの経営』日本自動車販売協会連合会

日本自動車販売協会連合会（1989）「営業マンのあるべき姿について―業態開発を軸
　　とした営業マンイメージの向上―」『業態開発研究会報告書』日本自動車販売協
　　会連合会（1990）「拠点長のあるべき姿について―90年代のカーライフ・サー
　　ビス販売への対応―」『業態開発研究会報告書』

日本長期信用銀行（1966）『長銀調査月報』No.95

日本長期信用銀行調査部（1968）「日本自動車産業における競争」『長銀調査月報』日
　　本長期信用銀行，No.110

日本長期信用銀行（1979）「梗概」『長銀調査月報』日本長期信用銀行調査部，No.165

野田一夫執筆編集総責任（1969）『日本経営史　現代経営史』日本生産性本部

野田実編著（1980）『流通系列化と独占禁止法』

箱田昌平（2004）「戦後日本の自動車産業における参入と産業政策」近畿大学経済学
　　会『生駒経済論叢』第1巻第3号

箱田昌平（2007）「軽自動車の規格改正と企業競争―1950年～1990年の軽自動車市
　　場―」『追手門経済論集』第42巻第2号

橋本勲（1973）『現代マーケティング論』新評論

橋本寿朗（1990）「現代日本企業の組織と行動」『経営史林』法政大学，第27巻第1
　　号

橋本寿朗（1991）『日本経済論』ミネルヴァ書房

肴倉弥八編纂（1980）『青森日産自動車50年史』青森日産自動車販売(株)

原頼利（2007）「流通における組織間のコーディネーション」『明大商学論叢』第89
　　巻第3号

久富繁雄（1975）『業種別会計実務＜自動車販売業＞』第一法規出版

日野自動車工業（1982）『日野自動車工業40年史』日野自動車工業

福田敬太郎（1955）『商学総論』千倉書房

富士重工業(株)社史編纂委員会（1984）『富士重工業三十年史』富士重工業

藤本隆宏（2000）「米国自動車流通の新展開と情報技術」下川浩一・岩澤孝雄編著
　　『情報革命と自動車流通イノベーション』文眞堂

風呂勉（1968）『マーケティング・チャネル行動論』千倉書房

風呂勉（1970）「マーケティングとチャネル行動の理論」森下二次也・荒川祐吉編著
　　『体系マーケティング・マネジメント』千倉書房

風呂勉執筆（1995）『最新商業辞典』久保村・荒川・鈴木・白石編，同文舘

星野芳郎・向坂正男（1955）「機械工業の史的展開」『現代日本産業講座V　機械工業1』岩波書店

馬頭忠治（1986）「わが国自動車産業における量産体制の確立と企業経営―蓄積構造の転換と企業経営の展開（1）―」『鹿児島経大論集』第27巻第2号

牧野克彦（2003）『自動車産業の興亡』日刊自動車新聞社

牧良明（2007）「戦後日本自動車産業における競争関係の特殊性―日本自動車産業の競争力形成要因との関連で―」『大阪市大論集』大阪市立大学大学院経済・経営学研究会，第119号

真鍋誠司・延岡健太郎（2003）「信頼の源泉とその類型化」『国民経済雑誌』第187巻第5号

丸山雅祥（2005）『経営の経済学』有斐閣

三浦功（1984）「マーケティング・チャネル政策の考え方と進め方」流通問題研究協会編『変貌する流通とマーケティング・チャネル』税務経理協会

三浦信（1970）「流通機構の動向とマーチャンダイジング・マネジメント」三浦・菅原『マーチャンダイジング・マネジメント』千倉書房

三浦信（1971）『マーケティングの構造』ミネルヴァ書房

三菱自動車工業(株)総務部社史編纂室（1993）『三菱自動車工業株式会社史』三菱自動車工業

峰如之介（2006）『日産最強の販売店改革』日本経済新聞社

三村優美子（2004）「マーケティングの基軸移動とマーケティング・チャネル研究の再検討―マーケティング・チャネルの二面性の観点から―」『青山経営論集』第39巻，第3号

宮城徹（1985）「企業制度とプロパティ・ライツ理論―ひとつの覚書」『商学研究科紀要』早稲田大学，第20号

宮崎義一（1966）『戦後日本の経済機構』新評論

宮崎友次・藤波和夫（1980b）「自動車業における流通系列化の実態（2）」『公正取引』No.356

宮崎友次・藤波和夫（1980c）「自動車業における流通系列化の実態（3）」『公正取引』No.357

宮田由紀夫（1998）「自動車産業におけるメーカー・ディーラー関係の日米比較：［ソローンの仮説］をめぐる歴史的考察」大阪商業大学110号

宮本光晴（1991）『企業と組織の経済学』新世社

森川英正監修（1977）『戦後産業史への証言2　巨大化の時代』毎日新聞社

森川英正（1977）『戦後産業史への証言二』毎日新聞社

森下二次也（1959）「Manegirial Marketingの現代的性格について」『経営研究』第40号

森田正隆・西村清彦（2001）「情報技術が流通戦略を変える―日米自動車流通の比較

分析—」新宅純二郎・淺羽茂『競争戦略のダイナミズム』日本経済新聞社

安森寿朗（1994）『ディーラーパニック』ダイヤモンド社

矢島鈞次監修（1980）『トヨタ自販カープロフェッショナル』弘済出版社

柳田諒三（1941）『自動車三十年史』山水社

矢作敏行（1997）「変容する流通チャネル」田島・原田編著『ゼミナール流通入門』日本経済新聞社

矢吹雄平（2000）「ニッチャー戦略の行方と自動車業界の再編」岡山商科大学『岡山商大論叢』第36巻第2号

山内孝幸（2008）「系列化チャネルにおける支配関係からパートナー関係への変容」『阪南論集 社会科学編』阪南大学学会，第43巻第2号

山倉健嗣（1999）「経営戦略と組織間関係論」『横浜国際開発研究』4（3）山崎広明（1991）「日本企業史序説」東京大学社会科学研究所編『現代日本社会第五巻 構造』東京大学出版会

山崎朗・吉川勝広（2002）「情報技術導入による自動車ディーラ企業の変質」『経済学研究』九州大学経済学会，第68巻第6号

山崎修嗣（2006）「マツダグループの経営戦略」産業学会『産業学会研究年報』第21号

吉田博・ラルフ・ビーブンロット（2006）「日産自動車と三菱自動車の経営再建における行動分析—コーポレート・ガバナンスの視点から」『国民経済雑誌』神戸大学経済経営学会，第194巻第3号

米倉誠一郎（2004）「解説—20世紀経営史の金字塔」アルフレッド・D・チャンドラー．Jr.著，有賀裕子訳（2004）『組織は戦略に従う』ダイヤモンド社

呂寅満（2002）「戦後日本における「小型車」工業の復興と再編—三輪車から四輪車へ—」『経営史学』第36巻第4号

若林靖永（1990）「マクロ・チャネル論における機能的アプローチと制度主義的アプローチ」陶山計介・高橋秀雄編著『マーケティング・チャネル—管理と成果—』中央経済社

和田一夫（1991）「自動車産業における階層的企業間関係の形成—トヨタ自動車の事例—」『経営史学』経営誌学会，第26巻第2号

和田一夫，由井常彦（2002）『豊田喜一郎伝』名古屋大学出版会

渡辺達朗（1994）「流通における戦略同盟とチャネル組織の再編成（1）-（5）」『流通情報』No.303-307

渡辺達朗（1997）『流通チャネル関係の動態分析—製販の協働関係に関する理論と実証』千倉書房

Achrol, R.S., T.Reve and L.W.Stern (1983), "The Environment of Marketing Channel Dyads : A Framework for Comparative Analysis," *Journal of Marketing*, Vol.47,

Fall

Albert Kirsch (1931), *Kaufen und Verkaufen*, Leipzig

Alderson, W. (1957), *Marketing Behavior and Executive Action*. Homewood, Ill. : Richard D. Irwin

Alderson, W. (1965), *Dynamic Marketing Behavior*

Alexander, R.S. and T.L. Berg, (1965), Dynamic Management in Marketing

Arndty, J. (1981), "The Political Economy of Marketing systems : Reviving the Institutional Approach", *Journal of Macromarketing*, Vol.1, Fall

Arndt, J. (1983), "The Political Economy Paradigm : Foundation For Theory Building in Marketing", *Journal of Marketing*, Vol.47

Anderson, J.C., and J.A. Narus (1984), "A Model of the Distributor's Perspective of Distributor–Manufacturer Working Partnership", *Journal of Marketing*, vol.48 (Fall)

Anderson, J.C. and J.A. Narus (1990), "A model of Distributor Firm and Manufacturer Working Pertnership", *Journal of Marketing*, 54(January)

Anderson, E.(1985), "The Salesperson as Outside Agent or Employee : A Transaction Cost Analysis", *Marketing Science*, 4 (Summer)

Anderson, E. and B. Weitz (1989), "Determinants of Continuity on Conventional Industrial Channel Dyads", *Marketing Science*, Vol.8, No.4 Fall

Arrow, K.J. (1974), The Limits of Organization, Norton (村上泰亮訳(1976)『組織の限界』岩波書店)

Asanuma, B. (1989), "Manufacturer–Sopplier Relationships in Japan and the Concept of Relation–Specific Skill", Journal of the Japanese and International Economies, 3(1)

Anderson, E. and B.Weitz (1992), "The Use of Pledges to Build and Sustain Commitment in Distribution Channels", *Journal of Marketing Research*, Vol.29, February

Aspinwall, Leo(1958), "The Characteristics of Goods and Parallel Systems Theories", in E.J.Kelly & W. Lazer(eds.), *Manegirial Marketing : Perspectives and Viewpoints*

Baker, G.P., R. Gibbons and K.J. Murphy (2002), "Relational Contracts and the Theory of the Firm", *Quarterly Journal of Economics*, 117 (1)

Benson, J.K.(1975), "The Interorganizational Network as a Political Economy", *Administrative Science Quarterly*, Vol.20, June

Berg, T.L. (1962), *Designing the Distribution System*, in W.D. Stevens (ed.), The Social Responsibility of Marketing

Berg, T.L. (1963), "Designing the Distribution System", in S.H. Britt & H.W. Boyd, Jr. (eds.), *Marketing Management and Administrative Action*

Blackford, M.G. and A. Kerr (1986), *Business Enterprise in American History*, Houghton

388

Mifflin Company,(川邉信雄監訳（1988）『アメリカ経営史』ミネルヴァ書房）

Boorstin, D.J.(1972), *The Americans : The Democratic Experience*, Random House

Boyle, B. A. and F.R. Dwyer (1995), "Power, Bureaucracy, Influence and Performance : Their Relationships in Industrial Distribution Channels", *Journal of Business Research*, 32

Breyer, R. F. (1934), *The Marketing Institution*, McGraw–Hill

Breyer R. F. (1949), Quantitative Systemic Analysis and Control : Study No.1, Channel and Channel Group Costing

Brown, J.R. (1981), "A Cross–Channel Comparison of Supplier–Retailer Relations", *Journal of Retailing*, Vol.57, Winter

Brown, J.R. and G.T. Stoops (1982), "Sources of Marketing Channel Power : Differences across Channel Types", in M.G. Harvey and R.F.Lusch (ed.), *Marketing Channels : Domestic and International Perspectives*, University of Oklahoma Printing Services

Brown, R., F. Lusch and Y. Nicholson (1995), "Power and Relationship Commitment : Their Impact on Marketing Channel Membership Performance", *Journal of Retailing*, Vol.71

Brown, J.R., C.S. Dev and Dong–Jin Lee (2000), "Managing Marketing Channel Opportunism : The Efficacy of Alternative Governance Mechanisms", *Journal of Marketing*, vol.64 (April)

Bucklin, Louis P. (1966), *A Theory of Distribution Channel Structure*, University of California（田村正紀訳『流通経路構造論』千倉書房）

Bucklin, L.P. and S. Sengupta (1993), "Organizing Successful Co–Marketing Alliances", *Journal of Marketing*, 57 (April)

Butaney, G. and L.H.Wortzel (1988), "Distributor Power versus. Manufacturer Power", *Journal of Marketing*, 52 (January)

Butler, R. S. (1911), "Selling & Buying", Part II, *Advertising, Selling and Credits*, Vol. IX of Modern Business. New York : Alexander Hamilton Institute

Butler, R.S. et al. (1914), *Marketing Methods and Salesmanship*

Butler, R.S. (1917), *Marketing Methods*

Buvik, A. and G. John(2000), "When does Vertical Coordination Improve Industrial Purchasing Relations?", *Journal of Marketing*, Vol.64 (October)

Carroll, G.R., P.T. Spiller and D.J. Teece (1999), "Transaction Cost Economics : Its Influence on Organizational Theory, Strategic Management, and Political Economy", in G.R. Carroll and D.J.Teece eds., *Firms, Markets, and Hierarchies : The Transaction Cost Economic Perspective*, Oxford ; New York : Oxford University Press

Chandler, A.D.Jr., (1962), *Strategy and Structure*, Massachusetts Institute of Technology（有賀裕子訳（2004）『組織は戦略に従う』ダイヤモンド社）

Chandler, A.D.(1964), *Giant Enterprise Ford, General Motors, and the Automobile Industry*, Harcourt, Brace & World, Inc.(内田忠夫・風間禎三邦訳（1970）『競争の戦略　GMとフォード―栄光への足跡』ダイヤモンド社）

Clark, F. E. (1922), *Principles of Marketing*, New York : Macmillan

Clark, F.E. and C.P, Clark (1942), *Principles of Marketing*, 3 rd ed

Clewett, R.M. (1954), *Marketing Channel*, Richard D. Irwin, Inc.

Coase, R.H.(1937), "The Nature of the Firm", *Economica*, N.S., 4 (16)

Coase, R.H.(1960), "The Problem of Social Cost", *Journal Of Law and Economics*,

Converse, P.D.(1936), *Essentials of Distribution*, New York : Prentice-Hall

Copeland, M.T.(1924), *Principles of Merchandising*, McGraw-Hill

Cox, R. (1950), Quantity Limits and Economic Opportunity, in R. Cox, W. Alderson, Theory in Marketing

Cusumano, M. and A.Takeishi (1991), "Supplier Relations and Management : A Suvery of Japanese, Japanese-Transplantand U.S. Auto Plants", *Strategic Management Journal*, 12 (8)

Daniel I. Okimoto (1989), *Between MITI and the Market*, Stanford University Press, Stanford（渡辺敏訳（1991）『通産省とハイテク産業』サイマル出版会）

Dant, R.P. and P.L. Schurr(1992), "Conflict Resolution Processes in Contractual Channels of Davidson, W.R. (1961)　Channels of Distribution-One Aspect of Marketing Strategy", *Business Horizons* (Special issue, First International Seminar on Marketing Management)

Distributions, *Journal of Marketing*, 56 (January)

Davidson, W.R.(1961) "Channels of Distribution-One Aspect of Marketing Strategy", *Business Horizons* (Special issue, First International Seminar on Marketing Management)

Day, G.S. (2000), "Managing Market Relationships", *Journal of Academy of Marketing Science*, 28 (1)

Duncan, C. S. (1922), *Marketing : Its Problems and Methods*, D. Appleton and Company

Duncan, D. J. (1954), "Selecting a Channel of Diostribution", In R. M. Clewett (ed.), *Marketing Channels for Manufactured Products*, Richard D. Irwin

Dutta, S. and G. John (1995), "Combining Lab Experiments and Industry Data in Transaction Cost Analysis : The Case of Competition as a Safeguard", *Journal of Law, Economics, and Organization*, 11 (1)

Dwyer, F.R. and M.A,Welsh (1985), "Environmental Relationships of the Internal Political Economy of Marketing Channels", *Journal of Marketing Research*, Vol.22,

390

November

Dwyer, F.R. and S. Oh (1988), "Output Sector Munificence Effects on the Internal Political Economy of Marketing Channels", *Journal of Marketing Research*, Vol.24, November

Etgar, M., (1977), "Channel Environments and Channel Ledership", *Journal of Marketing Rsearch*, Vol.14, Feburuary

Etgar, M., (1976), "Effects of Administrative Control on Efficiency of Vertical Marketing System", *Journal of Marketing Research*, Vol.13, February

Fisk, G. (1962), *The Genneral Systems Approach to the Study of Marketing*, in W.D. Stevens (ed.), The Social Responsibility of Marketing

Fisk, G. (1966), *Marketing Systems*, Harper & Row

Frazier, G. L. (1983), "Interorganizational Exchange Behavior in Marketing Channels : A Broadened Perspective", *Journal of Marketing*, Vol.47, Fall

Frazier, G.L. (1984), "The Interfirm Power–Influence Process Within a Marketing Channel", in J.N. Sheth (ed.), *Research in Marketing*, Vol.7

Frazier G.L. and J.N. Sheth (1985), "An Attitude–Behavior Framework for Distribution Channel Management", *Journal of Marketing*, Vol.49, Summer

Frazier, G. L. and K.D.Anita (1995), "Exchange Relationships and Inter–firm Power in Channels od Distribution", *Journal of the Academy of Marketing Science*, 23, Fall, Special issue on Relationship Marketing

Frazier, G.L. (1999), "Organizing and Managing Channels of Distribution," *Journal of the Acadmy of Marketing Science*, 27 (Spring)

French, J. and B. Reven (1956), "The Bases of DSocial Power", *Studies in Social Power*, D. Cartwright, ed., Ann Arbor

Genesan, S., (1994), "Determinants of Long–Term Orientation in Buyer–Seller Relationships", *Journal of Marketing*, 58 (April)

Gibbons, R. (2005), "Four Formal (izable) Theories of the Firm?" *Journal of Economic Behavior and Organization*, 58 (2)

Grether, E.T. (1966), *Marketing and Public Policy*, McGraw–Hill,

Grossmn, S.J. and O.D.Hart (1986), "The Costs and Benefits of Ownership : A Theory of Vertical and Lateral Integration", *Journal of Political Economy*, 94 (4)

Griffin, C.E. (1925), Wholesale Organization in the Automobile Industry, *Harvard Business Review*, April

Gundlach, G.T., R. Achrol and J. Mentzer, (1995), "The Structure of Commitment in Exchange," *Journal of Marketing*, Vol.59 (January)

Hallen, L., J.Johanson and N. Seyed–Mohamed (1991), "INterfirm Adaptation in Business Relationships," *Journal of Marketing*, vol.55 (April)

Halonen, M. (2002), "Reputation and the Allocation of Ownership", *The Economic Journal*, 112

Hart, O. and J. Moore (1990), "Property Rights and the Nature of the Firm", *Journal of Political Economy*, 98 (6)

Hart, O., (1990), "An Economist's Perspective on the Theory of the Firm", in Williamson O.E., (ed.), Organization Theory : From Chester Barnard to the Present and Beyond, Oxford University Press

Hart, O. (1995), *Firms, Contracts, and Financial Structure*, Oxford : Oxford University PressHeide, J.B. (1994), "Inter-organizational Governance in Marketing Channels", *Journal of Marketing*, 58 (January)

Hauglan, S.A. and T. Reve (1993), "Relational Contracting and Distribution Channel Cohesion," *Journal of Marketing Channels*, vol.2 (3)

Heide, J.B. (1994), "Inter-organizational Governance in Marketing Channels", *Journal of Markting*, 58 (January)

Heide, J.B. and G. John (1988), "The Role of Dependence Bblancing in Safeguarding Transaction-Specific Assets in Conventional Channels," *Journal of Marketing*, 48 (January)

Heide, J.B. and G. John (1990), "Alliances in Industrial Purchasing ; The Determinants of Joint Action in Buyer-Supplier Relations," *Journal of Marketing Research*, Vol.27,

Heide, J.B. and G. John (1992), "Do norms Matter in Marketing Relationships?", *Journal of Marketing*, 56 (April)

Hewitt, C.M. (1956), *Automobile Franchise Agreement*, Richard D. Irwin. Inc

Holmstrom, B. and P. Milgrom (1991), "Multitasak Principal-Agent Analyses : Incentive Contracts, Asset Ownership , and Job Design", *Journal of Law, Economics, and Organization*, 7 (Special Issue)

Holmstrom, B. and P. Milgrom (1994), "The Firm as an Incentives System", *American Economic Review*, 84 (4)

Holmstrom, B. and J. Roberts (1998), "The Boundaries of the Firm Revisited", *Journal of Economic Perspectives*, 12

Holstrom, B. (1999), "The Firm as a Subeconomy", *Journal of Law, Economics, and Organization*, 15 (1)

Hounshell, D.A. (1984), *From the American System to Mass Production, 1800-1932 : The Developm,ent of Manufacturing Technology in the United States*, The John Hopkins Univ. Press（和田一夫・金井光太朗・藤原道夫訳(1998)『アメリカン・システムから大量生産へ』名古屋大学出版会）

Howard, John A. (1963), *Marketing Management, Analysis and Planning*

392

Imai, K. and H. Itami (1984), "Interpeneration of Organization and Market: Japan's Firm and Market in Compariosn with the U.S.", *International Journal of Industrial Organization*, 2 (4)

Jap, S.D. (1999), "Pie Expansion Efforts: Collaboration Processes in Buyer–Seller Relationships", *Journal of Marketing Research*, vol.36 (November)

John, G. (1984), "An Empirical Examination of Some Antecedents of Opportunism in a Marketing Channel", *Journal of Law, Economics, and Organization*, 4 (Fall),

John G. and A. Weitz (1988), "Forward Integration into Distribution: An Emprical Test of Transaction Cost Analysis", *Journal of Law, Economics, and Organization*, 4 (Fall)

Chalmers Johnson (1982), *MITI and the Japanese Miracle*, Stanford University Press, Stanford (矢野俊比古訳 (1982)『通産省と日本の奇跡』TBS ブリタニカ)

Kaiwani, N. and N. Narayandas (1995), Long–Term Manufacturer–Supplier Relationship: Do They Off for Supplier Firms?", *Journal of Marketing*, 59 (1)

Keep, W. W., S.C.Hollander and R. Dickinson (1998),"Forces Ompinging on Long–Term Business to Business Relations on Historical Perspectives", *Journal of Marketing*, Vol.62 (April)

Klein, S. (1989), "A Transaction Cost Explanation of Vertical Control in International Markets", *Journal of the Academy of Marketing Science*, 17 (Summer

Klein, S., G. L. Frazier and V.J. Roth (1990), "A Transaction Cost Analysis Model of Channel Integration in International Markets", *Journal of Marketing Research*, 27 (May)

Kumar, N., L.W.Stern and R.S.Achrol (1992), "Assessing Reseller Performance From the Perspective of the Sipplier," *Journal of Marketing Research*, Vol.29 (May)

Kumar, N., L.K.Scheer and J.E. Steenkamp (1995 a), "The Effects of Supplier Fairness on Vulnerable Resellers", *Journal of Marketing Research*, Vol.32, February

Kumar, N., L.K.Scheer, and J.E.M. Steenkamp (1995 b), "The Effects of Perspectived Interdependence on Dealer Attitudies," *Journal of Marketing Research*, Vol.32 (August)

Little, R.W. (1970), "The Marketing Channel: Who Should Lead This Extracorporate Organization?", *Journal of Marketing*, Vol.34

Lorsch, J. W. & S. A. Allen (1973), "*Managing diversity and interdependence: An organizational study of multidivisional firms*", Boston: Harvard Press

Lusch, R. F. (1976), "Channel Conflict: Its Impact on Retailer Operating Performance", *Journal of Retailing*, Vol.52, Summer

Lusch, F. and R. Brown (1996), "Interdependency, Contraction, and Relational Behavior in Marketing Channels", *Journal of Marketing*, vol.60 (Octorber)

McCarthy, E.J. (1960), *Basic Marketing*, Manegirial Approach

McCammon, B.C. (1964), *Alternative Explanations of Institutional Change and Channel Revolution*, in S.A.Greyser (ed.), Toward Scientific Marketing

McCammon, B.C.Jr. and R.W Little (1965), "Marketing Channels : Analytical Systems and Approaches", in G. Schwartz (ed.), *Science in Marketing*

Macaulay, S. (1963), "Non-Contractual relations in Business : A Preliminary Study", *American Socioligical Review*, 28 (1)

Marx, T.G. (1985), "The Development of the Franchase Distribution System in the U. S.Automobile Industry", *Business History Review*, Vol.59 Autumn

Maynard H.H.and T.N. Beckman (1952), *Principles of Marketing*

Metcalf, L. E. Carl, R. Frear and R. Krishman (1990), "BUyer-Seller Relationship : An Application of the IMP Interaction Model," *European Journal of Marketing* 26

Milgrom, P. and J. Roberts (1992), *Economics, Organization and Management*, Englewood Cliffs, New Jersey, PrenticeHall　(奥野他訳 (1997)『組織の経済学』NTT 出版)

Mohr, J. and R.Spekman (1994), "Chracteristics of Partnership Success : Partnership Attributes, Communication Behavior, and Confklict Resolution Techniques.", *Strategic Management Journal*, 15 (2)

Mohr, J., J.J. Fisher and J.R. Nevin (1996), "Collaborative Communication in Interfirm Relationships : Moderating Effects of Integration and Control", *Journal of Marketing*, 60 (July)

Morgan, R. and S.D.Hunt (1994), "The Commitment-Trust Theory of Relationship Marketing, *Journal of Marketing*, 58 (July)

Morris, M. and M.J.Sirgy (1985), "Application of General System Theory Concepts to Marketing Channels", in R.F. Lush, et al. (eds.), *Educatiors Conference Proceedings*, A.M.A

Noordwier, T.G., G. john and J.R. Nevin (1990), "Performance Outcomes of Purchasing Agreements in Industrial Buyer-Vendor relationships", *Journal of Marketing*, 54 (October)

Okun, A. (1981), Prices and Quantities (Qashington, D.C. : The brookings Institution.). (藪下史郎訳 (1986)『現代マクロ経済分析—価格と数量』創文社)

Palamountain, Jr., J.C. (1955), *The Politics of Distribution*, reprinted in 1968

Parkhe, A. (1993), "Strategic Alliance Structuring : A Game Theoretic and Transaction Cost Examination of Interfirm Cooperation", *Academy of Management Journal*, 36 (August)

Picot., A., (1985), "*Transaktionskosten*", Die Betriebswirtschaft, 45 (2)

Picot, A., (1991), "Okonomische Theorien der Organisation : Ein Uberblick uber neuere

Ansatze und deren betriebswirtschaftliches Anwendungspotential", in Ordel-
heide, D., Rudolph, B., und Busselmann, E. (Hrsg.), *Betriebswirtschaftslehre und
Okonomische Theorie*, C. E. Poeschel

Picot, A., H. Dietl and E. Frank (1997), Organization, Stuttgart : Schaffer-Poeschel
Verlag. （丹沢安治・榊原研互・田川克生・小山明宏・渡辺敏雄・宮城徹訳
(1999)『新制度派経済学による組織入門　市場・組織・組織関係へのアプロー
チ』白桃書房）

Pilling, B.K., L.A. Crosby and D.W. Jackson jr. (1994), "Relational Bonds in Industrial
Exchange : An Experimental Test of the Transaction Cost Economic Frame-
work", *Journal of Business Research*, 30 (July)

Porter, M. E., (1976) "Consumer Behavior, Retailer Power, and Market Performance
in Consumer Goods Industries", *The Review of Economics and Statistics*, Vol.56,
November

Porter, M.E., (1990), *The Conpetitive Advantage of Nations*, The Free Press, New York,
（土岐坤ほか訳 (1992)『国の競争優位 (下)』ダイヤモンド社）

Pound, A. (1934), *The Turning Wheel*, N.Y.

Powell, W.W. (1990), "Neither Market nor Hierarchy : Network Form of Organization",
Research in Organizational Behavior, 12

Rae, J.B. (1965), *The American Automobile*

Reve, T. and L.W. Stern (1985), "The Political Economy Framework of Interorganiza-
tional Relations, Revisited", in N.Dholakia and J. Arndt (ed.), *Changing the Course
of Marketing : Alternative Paradigms for Widening Marketing Theory*, JAI Press
Inc

Reve, T. and L.W.Stern (1986), "The Relatioship between Interorganizational Form,
Transaction Climate, and Economic Performance in Vertical Interfirm Dyads",
in L.Pellegrini & S.K.Redd (ed.), *Marketing Channels : Relationships and Perform-
ance*, Lexington Books

Report of Committee on Definitions (1935), National Association of Marketing Teach-
ers, "Definitions of Marketing Terms", The National Marketing Review, 1 (Fall
1935)

Revzan, D. A. (1961), *Wholesaling in Marketing Organization*, John Wiley & Sons

Ridgeway, V.F. (1957), "Administration of Manufacturer-Dealer Systems", *Administra-
tive Science Quarterly*, Mar., reprinted in L.W.Stern (1969), *Distribution Channels :
Behavioral Dimensions*

Robicheaux, R. A. and A.I.El-Ansary, (1975-6), "A General Model for Understanding
Channel Member Behavior", *Journal of Retailing*, Vol.52, Winter

Ring, P.S. and A.H.Van de Van (1992), "Structuring Cooperative Rlationships between

Organizations", *Strategic Management Journal*, 13

Rotemberg, J.J. (2006), "Endogeneous Altruism in Buyer–Seller relations and Its Implications for Vertical Integration", mimeo

Rudolf Seyffert (1951), *Wirschaftslehre des Handels*, Koln, Teil 7. Die Handelsketten

Sako, M. (1992), *Price, Quality, and Trust : Inter–Firm Relations in Britain and Japan*, Cambridge University Press, Cambridge, U.K.,

Schul, P. T., W.M. Pride and T. L. Little (1983), "The Impact of Channel Ledership Behavior on Interchannel Conflict", *Journal of Marketing*, Vol.47, Summer

Scott, R.W. (1987), *Organizations : Rational, Natural, and Open Systems*, 2 nd ed., Englewood Cliffs, NJ, Prentice–Hall

Selnes, F. (1998), "Antecedents and Consequences of Trust and Satisfaction in Buyer–Seller Relationships," *European Journal of Marketing*, vol.32

Shamdasani, N. and N.Sheth (1995), "An Experimental Approach to Investigatings Satisfaction and Contunuity in Marketing Alliances," *European Journal of Marketing*, Vol.29

Shaw, A.W. (1914), "Scientific Management in Business", C.B.Thompson (ed.), *Scientific Management*

Shelanski, H. and P.G. Klein (1995), "Emprical Research in Transaction Cost Economics : A Review and Assessment", *Journal of Law, Economics, and Organization*, 11 (2)

Sims, J.T., J.R. Foster and A.G. Woodside (1977), *Marketing Channels*, Harper & Row

Simon, H., (1957), *Models of Man*, New York : John Wiley & Sons. Inc

Simpson, J.T. and C. Paul (1994), "The Combined Effects of Depandence and Relationalism of the Use of Influence in Marketing Distributon Channels", *Marketing Letters* 5 : 2

Skinner, S.J., J.B. Gassenheimer and S.W.Kelly (1992), "Cooperation in Supplier–Dealer Relations," *Journal of Retailing*, Vol.68, No.2 (Sum)

Sloan, A.P. (1972), *My Years with G.M.*, N.W. An Anchor Press Book

Speh, T.W. and E.H. Bonfield (1978), "The Control Process in Marketing Channels : An Exploratory Investigation", *Journal of Retailing*, Vol.54, spring

Stern, L.W. (1965), "Channel Control and Interorganizational Management" in P.D. Benett (ed.), *Marketing and Economic Development*, reprinted in W.G. Moller, Jr. and D.L.Wilemon (eds.) (1971), *Marketing Channels : A Systems Viewpoint*,

Stern, L. W.,ed (1969), *Distribution Channels : Behavioral Dimensions*, Houton Mifflin

Stern, L.W.& A.I. El–Ansary (1992), *Marketing channels 4 th ed.*, Englewood Cliffs, NJ : Prentice Hall

Stern, L.W. and T. Reve (1980), " Distribution Channels as Political Economies : A

Framework for Comparative Analysis", *Journal of Marketing*, Vol.44, Summer

Stern, L.W. and A.I.El-Ansary (1988), *Marketing Channels*, 3 rd ed., Prentice-Hall

Tedlow, R.S. (1990), *New and Improved*, Harvard Business School Press

Thomas, R.P. (1973), "Style Change and the Automobile Industry during the Roaring Twenties", *Business Enterprise and Economic Change*, Kent State Univ. Press

Vail, Grether and Cox (1952), *Marketing in the American Economy*

Wathne, K.H. and J.B.Heide (2000), "Opportunism in Interfirm relationships : Forms, Outcomes, and Solutions," *Journal of Marketing*, Vol.64 (October)

Wathne, K.H. and J.B.Heide (2004), "Relationship Governance in a Supply Chain Network", *Journal of Marketing*, 68 (January)

Waters, C.G. (1977), *Marketing Channels*, Goodyear Publishing

Weita, B., and S.Jap (1995), "Relationship Marketing and Distribution Channels, *Journal of the Academy of Marketing Science*, 23 (fall), Special issue on Relationship Marketing

Weitz, B. and S.Jap (1995), "Relationship Marketing and Distribution Channels", *Journal of the Academy of Marketing Science*, 23 Fall, Special issue on Relationship Marketing

Wilkins, M. and F.E. Hill (1964), *American Business Abroad* (岩崎玄訳 (1970) 『フォードの海外戦略 (上)』小川出版)

Williamson, O.E.,(1975), *Markets and Hierarchies*, New York : Macmillan (浅沼万里・岩崎晃訳 (1980) 『市場と企業組織』日本評論社) Williamson, O.E.(1979), Transaction-Cost Economics : The Governance of Contrctual Relations, *Journal of Low and Economics*, Vol.22

Williamsn. O.E. (1985), *The Economic Institutions of Capitalism : Firms, Markets, Relational Contracting*, New York : Free Press

Williamson, O.E., (1986), *Economic Organization : Firms, Markets and Policy Control*, WheatsheafBooks(井上薫・中田善啓監訳(1989)『エコノミック・オーガニゼーション-取引コストパラダイムの展開』晃洋書房)

Williamson, O.E., (1990), "A Comparison of Alternative Approach to Economic Organization", *Journal of Institutional and Theoritical Economics*, 146 (1)

Williamson, O.E., (1991 b), "Comparative Economic Organization : An Analysis of Discrete Structural Alternatives", *Administrative Science Quarterly*, 36 (June)

Williamson, O.E., (1993), "Calculativeness, Trust, and Economic Organization", *Journal of Law and Economics*, 36 (April)

Williamson, O.E. (1996), *The Mechanisms of Governance*, New York, The Free Press

Womack et al., (1990), *The Machine That Changed the World*, Macmillan Publishing Co., Ch 3

Zald. M. (1970),"Political Economy : A Framework for Comparative Analysis", in M. Zald, (ed.) *Power in Organizations*, Vanderbilt University Press

Zajac, E.J. and C.P.Olsen (1993), "From Transaction Cost to Transactional Value Analysis ; Implications for the Study of Inter-prganizational Strategies", *Journal of Management Studies*, 30, January

「日本経済新聞」日本経済新聞社

「日経産業新聞」日本経済新聞社

「日経流通新聞」「日経 MJ」日本経済新聞社

『自動車販売』日本自動車販売協会連合会

『日経ビジネス』日経 BP

『自動車年鑑』日刊自動車新聞社，各年度版

http : //autoc-one.jp/corporate/history/（オートックワンウェブサイト）

http : //gazoo.com/top/gazootop.aspx（GAZOO.com.ウェブサイト）

http : //h 50146.www 5.hp.com/lib/products/handhelds/pocketpc/user/nissan.pdf （株）日本ヒューレットパッカードウェブサイト）

http : //www.carview.co.jp/company/outline/history.aspx（カービューウェブサイト）

http : //www.toyota-automall.co.jp/history.html（株）トヨタオートモールクリエイト ウェブサイト）

索　引

石川 和男（いしかわ　かずお）
専修大学商学部教授

1968 年愛媛県出身。
中央大学商学部卒業，同大学大学院博士前期課程修了。同
大学院博士後期課程単位取得退学。東北大学大学院経済学
研究科博士課程後期経済経営専攻修了。博士（経営学）。
専門はマーケティング史。
著書『商業と流通（第 2 版）』（単著，中央経済社，2007
年），『自動車のマーケティングチャネル戦略史』（単著，
芙蓉書房出版，2009 年），『日本企業のマーケティング』
（共著，同文舘出版，2010 年）など。
kazz@isc.senshu-u.ac.jp

わが国自動車流通のダイナミクス

2011 年 2 月 10 日　第 1 版第 1 刷

著　者	石川　和男	
発行者	渡辺　政春	
発行所	専修大学出版局	

〒101-0051　東京都千代田区神田神保町 3-8
　　　　　　（株）専大センチュリー内
電話 03-3263-4230（代）

印　刷　藤原印刷株式会社
製　本